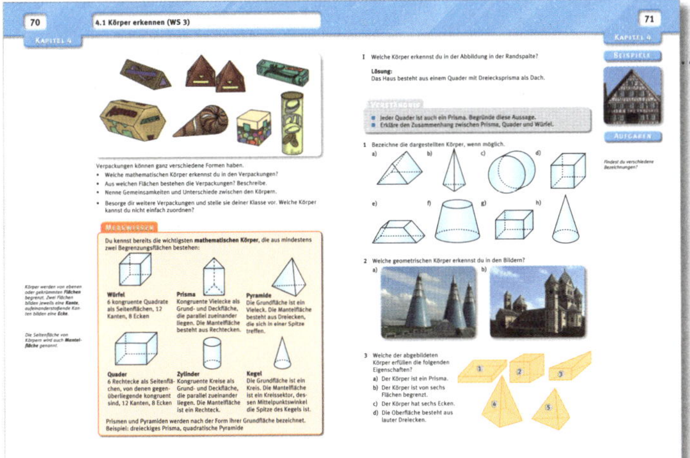

Auch die relevanten Themen für die Schüler der **dreistufigen Wirtschaftsschule** fehlen nicht. Die entsprechenden Kapitel sind mit „WS3“ gekennzeichnet.

Der **zweite Teil** enthält „Diskussionsaufgaben“: Bezieht Stellung zu den Behauptungen und begründet oder widerlegt sie. Anschließend vergleicht ihr eure Ergebnisse mit einem Partner.

Die Doppelseite **Das kann ich!** hat verschiedene Teile: Im **ersten Teil** findet ihr Aufgaben, die ihr alleine löst. Anschließend bewertet ihr euch selbst. Näheres findet ihr auf den Seiten selbst. Die Aufgaben sind einfach gehalten, ihr solltet also einen Großteil davon gut schaffen.

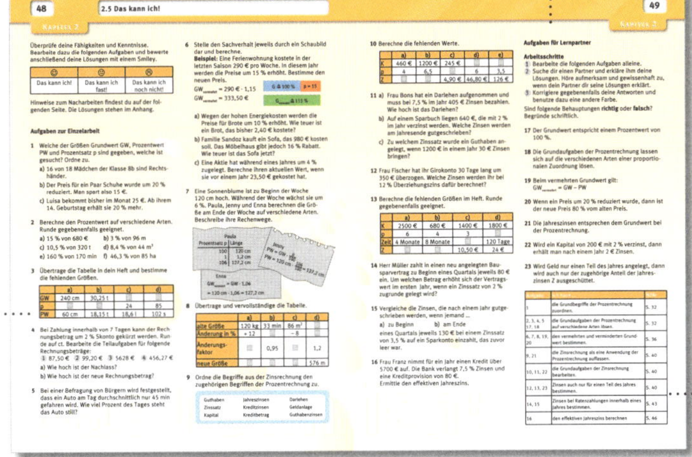

Mithilfe der Tabelle könnt ihr prüfen, was ihr gut könnt und wo ihr noch üben müsst. Ihr findet auch Seitenverweise zum Nacharbeiten.

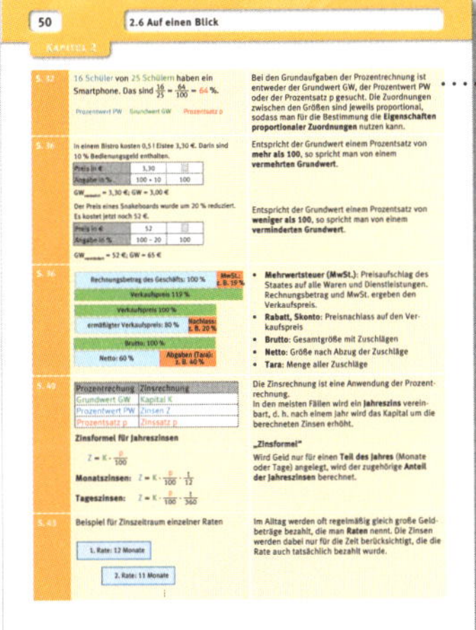

Die Seite **Auf einen Blick** enthält das Grundwissen des Kapitels in kompakter Form.

Jedes Großkapitel schließt nach den Vermischten Aufgaben mit einer **Lernsituation** ab.

Wirtschaftsschule Bayern

Herausgegeben von Michael Kleine

Bearbeitet von Ingolf Enghardt,
Eva Fischer,
Andreas Gilg,
Maximilian Heel,
Michael Kleine,
Petra Kraft,
Sonja Krause,
Thomas Prill,
Sandro Reinhardt,
Patricia Weixler

C.C. BUCHNER

Mathe.Logo
Wirtschaftsschule Bayern
Herausgegeben von Michael Kleine

Mathe.Logo 8
Bearbeitet von, Ingolf Enghardt, Eva Fischer, Andreas Gilg, Maximilian Heel, Michael Kleine, Petra Kraft, Sonja Krause, Thomas Prill, Sandro Reinhardt und Patricia Weixler

1. Auflage, 3. Druck 2018
Alle Drucke dieser Auflage sind, weil untereinander unverändert, nebeneinander benutzbar.

Dieses Werk folgt der reformierten Rechtschreibung und Zeichensetzung. Ausnahmen bilden Texte, bei denen künstlerische und lizenzrechtliche Gründe einer Änderung entgegenstehen.

Redaktion: Sonja Krause
Grafische Gestaltung: Wildner+Designer GmbH, Fürth
Druck- und Bindearbeiten: creo Druck- und Medienservice GmbH, Bamberg

www.ccbuchner.de

ISBN: 978-3-7661-**6252**-6

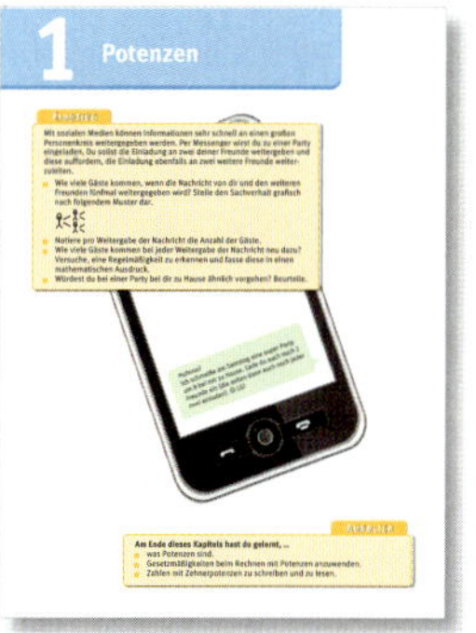

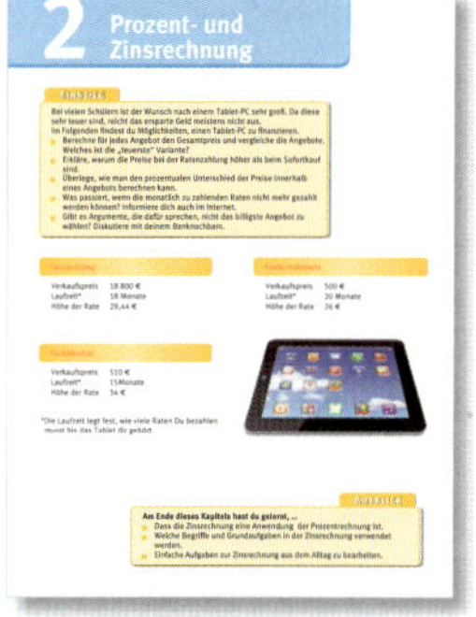

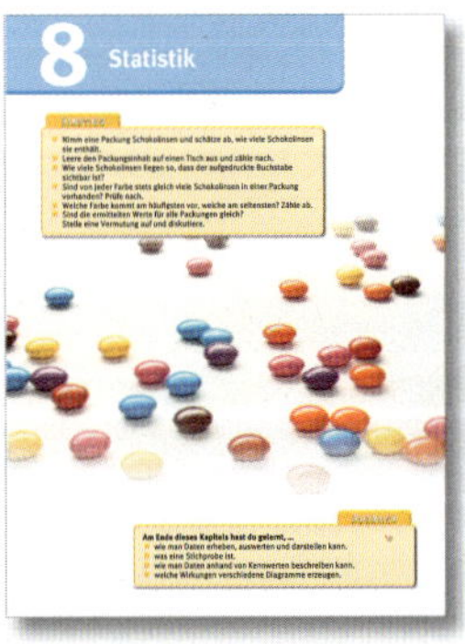

$\mathbb{N}$	Menge der natürlichen Zahlen
$\mathbb{N}_0$	Menge der natürlichen Zahlen mit Null
$\mathbb{Z}$	Menge der ganzen Zahlen
$\mathbb{Q}$	Menge der rationalen Zahlen
$\mathbb{Q}^+$	Menge der positiven rationalen Zahlen
$\mathbb{D}$	Definitionsmenge; Definitionsbereich einer Funktion
$\mathbb{W}$	Wertemenge; Wertebereich einer Funktion
$\mathbb{G}$	Grundmenge
$\mathbb{L}$	Lösungsmenge
$\varnothing$	leere Menge
{a, b, c}	aufzählende Form der Mengendarstellung „Menge mit den Elementen a, b, und c“
$T_1, T_2, \ldots$	Terme
$\in$ ($\notin$)	Element von (nicht Element von)
$\Longrightarrow$	daraus folgt
$\Longleftrightarrow$	äquivalent
$\longmapsto$	ist zugeordnet
f (x)	Funktionsgleichung; Funktionsterm; Funktionen
m	Steigung
t	y-Achsenabschnitt
x_0	Nullstelle
$N(x_0 \mid 0)$	Schnittpunkt eines Funktionsgraphen mit x-Achse
$P(0 \mid t)$	Schnittpunkt eines Funktionsgraphen mit y-Achse
=	gleich
$\neq$	ungleich
$\approx$	ungefähr gleich
$>$	größer als
$<$	kleiner als
$\geqq$	größer oder gleich
$\leqq$	kleiner oder gleich
$\widehat{=}$	entspricht
$\mid$	teilt
$\nmid$	teilt nicht
+	plus
–	minus
$\cdot$	mal, multipliziert mit
:	geteilt durch, dividiert durch
$\frac{a}{b}$	Bruch mit Zähler a und Nenner b
a^n	Potenzschreibweise; „a hoch n“
%	Prozent
H (Z)	absolute Häufigkeit, mit der das Ergebnis Z (z. B. Zahl) vorkommt
h (Z)	relative Häufigkeit, mit der das Ergebnis Z (z. B. Zahl) vorkommt
$\bar{x}$	arithmetisches Mittel (Durchschnittswert)
m	Modalwert
z	Median (Zentralwert)
s	Spannweite
P, A, ...	Punkte
$P(x_1 \mid y_1)$	Punkt P mit den Koordinaten x_1 und y_1
g, h, ...	Geraden
[PQ]	Strecke mit den Endpunkten P und Q
$\overline{PQ}$	Länge der Strecke [PQ]
k (M; r)	Kreislinie mit Mittelpunkt M und Radius r
$\alpha, \beta, \gamma, \ldots$	Winkelbezeichnungen
°	Grad, Maßeinheit für Winkel
u	Umfangslänge
r	Radius eines Kreises
d	Durchmesser eines Kreises
A	Flächeninhalt
A_O	Oberflächeninhalt
A_G	Grundfläche
A_M	Mantelfläche
V	Volumen, Rauminhalt
$\perp$	senkrecht auf
$\parallel$	parallel zu

Die Lösungen zum Grundwissen stehen im Anhang.

Mit Brüchen rechnen

1 Vervollständige die Additionsmauern im Heft.

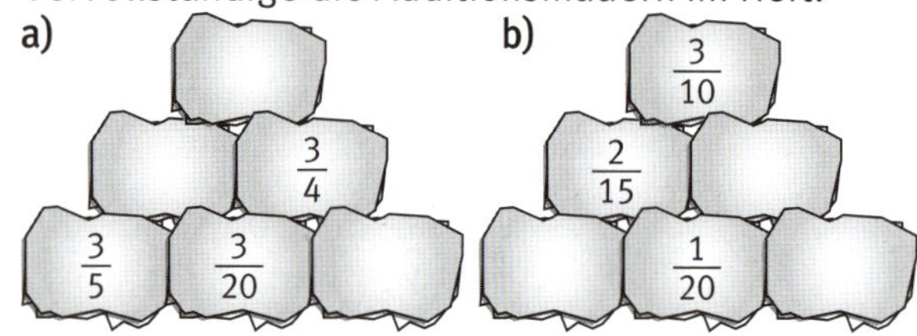

2 Berechne.

a) $\frac{4}{13} \cdot \frac{65}{88}$ b) $2\frac{4}{7} \cdot \frac{14}{36}$ c) $\frac{24}{7} \cdot 2\frac{14}{36}$

d) $\frac{7}{13} : \frac{14}{65}$ e) $2\frac{1}{7} : \frac{15}{42}$ f) $\frac{43}{77} : 2\frac{14}{36}$

Addition und Subtraktion
Ungleichnamige Brüche werden zunächst **gleichnamig gemacht**. Anschließend werden die **Zähler addiert bzw. subtrahiert**. Der gleichnamige Nenner wird beibehalten.

Multiplikation
Brüche werden multipliziert, indem man **Zähler mit Zähler** und **Nenner mit Nenner** multipliziert.

Division
Man dividiert durch einen Bruch, indem man mit seinem **Kehrbruch multipliziert.**

Mit ganzen Zahlen rechnen

3 Schreibe die Aufgaben zunächst ohne Klammern und berechne dann.

a) $(-4) + (-7) + (-2)$ b) $(+25) + (+35) + (+65)$

c) $(-350) + (-225)$ d) $(+25) + 175 + (-50)$

e) $(-4) - (+7)$ f) $(+24) - (+14) - (+36)$

4 Berechne.

a) $(-4) \cdot (+7)$ b) $(+23) \cdot (+15)$

c) $(+14) \cdot (-125)$ d) $(+40) \cdot 35 \cdot (-2)$

e) $(-100) \cdot 21$ f) $87 \cdot (-25) \cdot (-4)$

Addition und Subtraktion
Vor- und Rechenzeichen lassen sich stets durch ein Zeichen ersetzen: **Zwei verschiedene Zeichen** ergeben **„–", zwei gleiche Zeichen „+"**:

Multiplikation und Division ganzer Zahlen
Zwei ganze Zahlen werden **multipliziert (dividiert)**, indem man zunächst die **Beträge** der Zahlen multipliziert (dividiert).
Haben beide Zahlen dasselbe Vorzeichen, so ist das **Ergebnis** positiv; haben sie verschiedene Vorzeichen, so ist das **Ergebnis** negativ.

Mit rationalen Zahlen rechnen

5 Rechne vorteilhaft und benütze dabei die Rechengesetze. Gib auch das Gesetz an.

a) $(-0{,}62 + (-4{,}5)) + (-1{,}38)$ b) $2\frac{1}{3} + \left(\frac{-5}{8}\right) - \frac{7}{3}$

c) $-4{,}5 + 8{,}23 - 15{,}5$ d) $-\frac{1}{5} - \left(\frac{3}{-8}\right) + \frac{3}{10}$

6 Übertrage die Tabelle ins Heft und fülle sie aus.

a	b	c	a – (b – c)	(a – b) – c
$\frac{1}{2}$	$\frac{1}{3}$	$\frac{1}{6}$		
$\frac{7}{10}$	$-\frac{2}{5}$	$\frac{1}{4}$		
$3\frac{1}{4}$	$-2\frac{1}{4}$	$-1\frac{3}{8}$		

7 Berechne auf zwei unterschiedliche Arten.

a) $\left(-\frac{3}{5} - \frac{2}{5}\right) \cdot \left(-\frac{5}{6}\right)$ b) $(-2{,}5 + 3{,}48) \cdot \left(-\frac{3}{4}\right)$

Alle positiven und negativen Zahlen zusammen mit der Null bezeichnet man als Menge der rationalen Zahlen $\mathbb{Q}$. Es gelten die bekannten Rechenregeln.

Kommutativgesetz
$a + b = b + a$ $a \cdot b = b \cdot a$ für alle $a, b \in \mathbb{Q}$

Assoziativgesetz
$a + (b + c) = (a + b) + c$ für alle $a, b \in \mathbb{Q}$
$a \cdot (b \cdot c) = (a \cdot b) \cdot c$ für alle $a, b \in \mathbb{Q}$

Distributivgesetz
$a \cdot (b + c) = a \cdot b + a \cdot c$ für alle $a, b, c \in \mathbb{Q}$
$a \cdot (b - c) = a \cdot b - a \cdot c$ für alle $a, b, c \in \mathbb{Q}$

Mit Dezimalbrüchen rechnen

8 Übertrage die Tabellen ins Heft und berechne.

a)

+	0,34	2,8
3,45	▢	▢
2,647	▢	▢
3,012	▢	▢

b)

−	1,56	0,563
12,34	▢	▢
3,172	▢	▢
5	3,44	▢

9 Es gilt: $163 \cdot 3418 = 557\,134$
Gib den Produktwert an, ohne zu rechnen.

a) $16{,}3 \cdot 34{,}18$ b) $0{,}163 \cdot 341{,}8$ c) $1{,}63 \cdot 3{,}418$

10 Berechne.

a) $32{,}65 \cdot 1{,}4$ b) $0{,}352 \cdot 4{,}21$ c) $7{,}45 \cdot 8{,}02$

11 Vervollständige die Multiplikationsmauern im Heft.

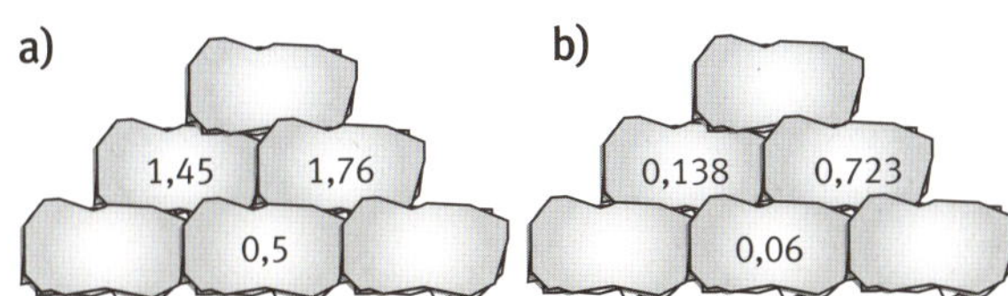

Dezimalbrüche werden wie natürliche Zahlen **stellenweise addiert** (**subtrahiert**), „Komma unter Komma". Nicht besetzte Dezimalstellen werden mit Nullen aufgefüllt.

Dezimalbrüche werden mit natürlichen Zahlen und mit Dezimalbrüchen so **multipliziert**, als ob **kein Komma** vorhanden wäre. Anschließend wird das Komma gesetzt: Dabei erhält das Ergebnis so viele **Nachkommastellen** wie **beide Faktoren** zusammen haben.

Dividiert man einen Dezimalbruch durch einen Dezimalbruch, so verschiebt man das Komma bei Dividend und Divisor um **gleich viele Stellen** so weit **nach rechts, bis der Divisor kommafrei** ist. Anschließend dividiert man wie bei natürlichen Zahlen. Beim Überschreiten des Kommas im Dividenden, wird ein Komma im Ergebnis gesetzt.

Terme vereinfachen

12 ① $T_1(x) = 4 - 8x$ ② $T_2(x) = 2 - 3x + 5x + 2$
③ $T_3(x) = -4 - 8x + 8$ ④ $T_4(x) = 2 \cdot (2 - 3x) - 2x$

a) Finde die zu $T(x) = -8x + 4$ äquivalenten Terme.

b) Beschreibe jeden Term in Worten.

13 Fasse die Terme so weit wie möglich zusammen.

a) $3x + 4{,}5 - 2x - 1{,}2$

b) $-3{,}3x + x - 7{,}5 - 2{,}3x - 12{,}2$

c) $3a + 4b - 3{,}5c + 1{,}7a - 2b - c$

d) $\frac{2}{3}a + \frac{2}{5}b - 3{,}5c + 1\frac{2}{3}a - 2\frac{2}{5}b - \frac{1}{4}c$

Bei der Vereinfachung von Termen entstehen zueinander äquivalente Terme:

① **Summen gleicher Summanden** können als Produkt dargestellt werden.
$x + x + x + x = 4 \cdot x = 4x$

② Summanden können mit dem **Kommutativgesetz** geordnet werden.
$a + b + b + a + b = a + a + b + b + b = 2a + 3b$

③ **Gleichartige Terme** lassen sich mit dem **Distributivgesetz** zusammenfassen.
$-3 \cdot z + 5 \cdot z = (-3 + 5) \cdot z = 2 \cdot z = 2z$

Terme multiplizieren und dividieren

14 Vereinfache.

a) $6y \cdot 8$ b) $12a : 3$

c) $8k \cdot \frac{1}{2}$ d) $9l \cdot 3m$

e) $2i \cdot \frac{1}{3}l \cdot \frac{1}{2}k$ f) $10ab \cdot 5c \cdot 3$

15 Ergänze so, dass die Rechnung stimmt.

a) $7x \cdot ▢ = 21x$ b) $4q \cdot ▢ = 2q$

c) $▢ \cdot 16 = -64b$ d) $4t \cdot ▢ \cdot 2s = 8rst$

Bei **Produkten** aus Termen, die keine Summen sind, kann man **Zahlen mit Zahlen** und **Variablen mit Variablen** multiplizieren.
Beispiel: $3x \cdot 4y = (3 \cdot 4) \cdot (x \cdot y) = 12xy$

Bei **Quotienten** aus Termen, die keine Summen sind, werden **Zahlen durch Zahlen** und **Variablen durch Variablen** geteilt.
Beispiel: $6a : 2 = (6 : 2) \cdot a = 3a$

Mit Termen rechnen

16 Löse die Klammern auf und fasse so weit wie möglich zusammen.

a) $8x + (3y + 2x)$ **b)** $a + (3a - b)$
c) $-5z + (-3z + 5)$ **d)** $7e + (-e - f)$
e) $-8x + (3y + (-2x))$ **f)** $2z + (5 - (-2z))$

17 Löse die Klammern auf und vereinfache.

a) $12 \cdot (12x + 5y)$ **b)** $(-5c - 2d) \cdot 10$
c) $(51c - 9) : 3$ **d)** $(3x + 8) \cdot 16$
e) $\frac{1}{4} \cdot (12 - 4v)$ **f)** $b \cdot (-1{,}4r - 2{,}2y)$

18 Finde gemeinsame Faktoren und klammere sie aus.

a) $13ax + 5x$ **b)** $10r - 5s$
c) $xyz + 2yz$ **d)** $6ab - 6ac$
e) $0{,}5x - 0{,}5xy$ **f)** $ax - ay$

1 Wird eine **Summe (Differenz) addiert**, dann bleiben nach Auflösen der Klammer die Vorzeichen in der Klammer gleich.
$x + (y - z) = x + y - z$

2 Wird eine **Summe (Differenz) subtrahiert**, dann kehren sich nach Auflösen der Klammer die Vorzeichen in der Klammer um.
$x - (y - z) = x - y + z$

3 Wird eine **Summe mit einem Faktor multipliziert**, dann wird **jeder Summand** mit dem Faktor **(aus-) multipliziert.** Die entstandenen Produkte werden mit ihren Vorzeichen addiert.
$x \cdot (y + 12) = x \cdot y + 12x$

4 Kommt in einer **Summe von Produkten** in jedem Summanden **derselbe Faktor** vor, dann kann dieser **ausgeklammert werden.**
$x^2y + 12xy = xy \cdot (x + 12)$

Winkel und Winkelarten

19 1 20°; 75°; 90°; 135°; 180°; 210°; 280°
2 34°; 176°; 360°; 54°; 274°; 321°; 98°; 16°

a) Zeichne Winkel mit dem betreffenden Maß in dein Heft.

b) Gib zu jedem Winkel die Winkelart an.

Der Vollwinkel wird in 360 gleich große Teile geteilt.
Einheit: **1 Grad (1°)**
Winkelarten:

spitzer: $\alpha < 90°$ rechter: $\alpha = 90°$
stumpfer: $90° < \alpha < 180°$ gestreckter: $\alpha = 180°$
überstumpfer: $180° < \alpha < 360°$ Vollwinkel: 360°

Winkelbeziehungen

20 Bestimme die fehlenden Winkelmaße.

a)

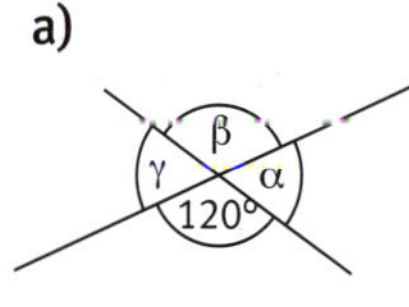

b)

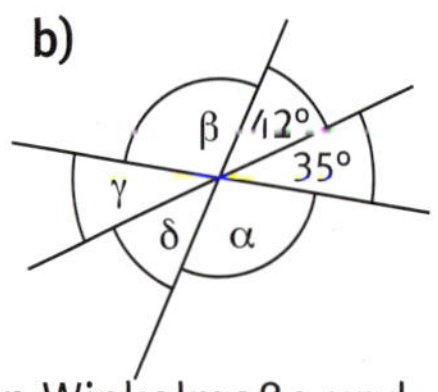

21 Bestimme die fehlenden Winkelmaße und begründe durch Angabe der Winkelbeziehung.

a)

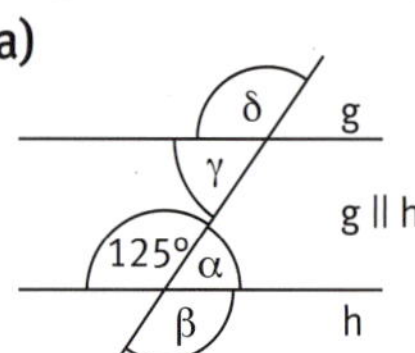

b)

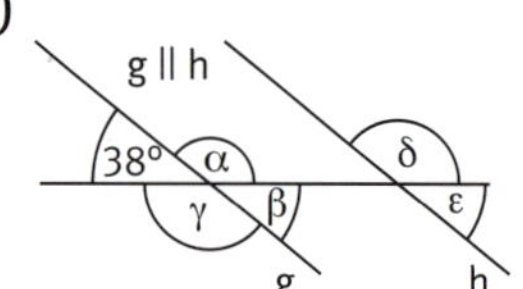

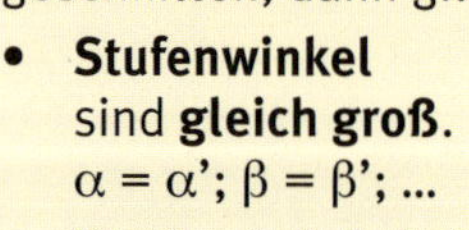

Schneiden sich zwei Geraden, dann gilt:

- Nebeneinanderliegende Winkel heißen **Nebenwinkel**. Sie ergeben **zusammen stets 180°.**
- Gegenüberliegende Winkel heißen **Scheitelwinkel**. Sie sind **gleich groß.**

Werden parallele Geraden von einer Geraden geschnitten, dann gilt:

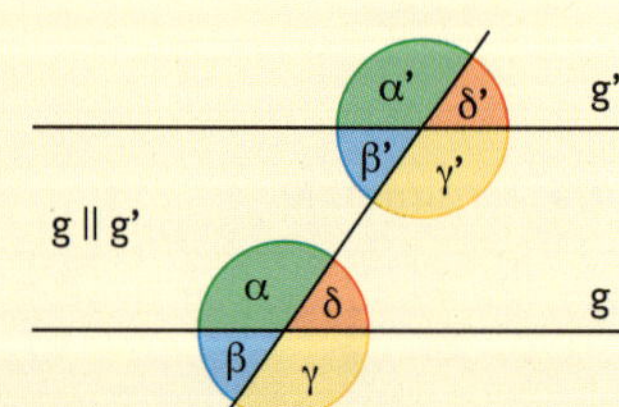

- **Stufenwinkel** sind **gleich groß.** $\alpha = \alpha'$; $\beta = \beta'$; ...
- **Wechselwinkel** sind **gleich groß.** $\alpha = \gamma'$; $\delta = \beta'$; ...
- **Nachbarwinkel** ergeben **zusammen stets 180°;** $\alpha + \beta' = 180°$; $\delta + \gamma' = 180°$; ...

Kreis

22 Zeichne mit einem Zirkel einen Kreis mit dem angegebenem Radius bzw. Durchmesser. Bestimme auch jeweils die fehlende Größe.
a) $r = 3{,}5$ cm **b)** $d = 0{,}4$ dm **c)** $d = 1{,}2$ dm

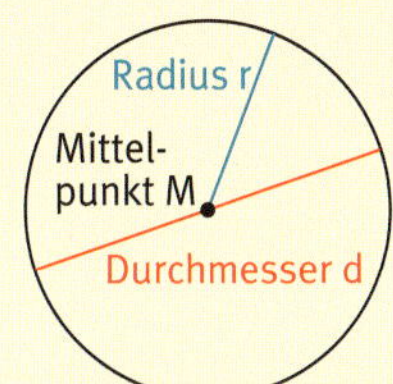

Dreiecke

23 Gib eine möglichst genaue Beschreibung der Dreiecke an.

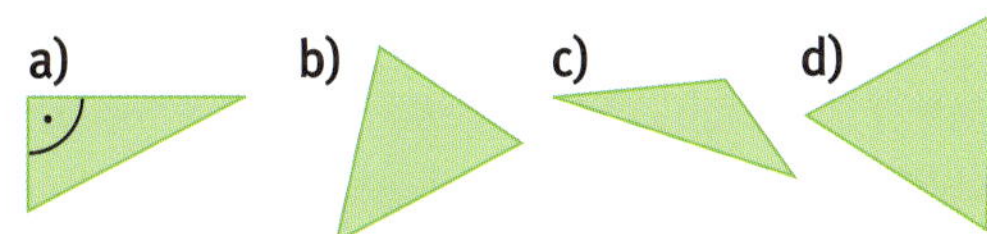

24 Ermittle die Dreiecksart.
a) $\alpha = 35°; \beta = 125°$ **b)** $a = b; \gamma = 60°$
c) $\alpha = 36°; \gamma = 54°$ **d)** $\alpha = \beta; \alpha + \beta = 120°$
e) $\beta = 65°; \gamma = 50°$ **f)** $\alpha = 61°; \beta = 60°$

25 Konstruiere das Dreieck ABC mit den drei Schritten Planfigur – Zeichnung – Beschreibung.
a) $b = 5{,}4$ cm; $\alpha = 75°$; $\gamma = 59°$
b) $b = 7{,}5$ cm; $c = 9{,}2$ cm; $\alpha = 33°$
c) $a = 4{,}4$ cm; $b = 3{,}3$ cm; $c = 5{,}5$ cm

Unterscheidung von Dreiecken nach Winkeln:
- **spitzwinkliges Dreieck**: Alle Winkel kleiner 90°.
- **rechtwinkliges Dreieck**: Ein Winkel 90°.
- **stumpfwinkliges Dreieck**: Ein Winkel größer 90°.

Unterscheidung nach Seitenverhältnissen:
- **gleichschenkliges Dreieck:** Zwei Seiten gleich lang.
- **gleichseitiges Dreieck:** Alle Seiten gleich lang.

Kongruenzsätze für Dreiecke
Dreiecke sind genau dann kongruent, wenn sie ...
- in der Länge aller Seiten übereinstimmen (**SSS**).
- in der Länge zweier Seiten und der Größe des eingeschlossenen Winkels übereinstimmen (**SWS**).
- in der Länge einer Seite und der Größe beider anliegenden Winkel übereinstimmen (**WSW**).

Innenwinkelsummen

26 Berechne die fehlenden Winkelmaße.

α	66°	5°	▢	24,5°	▢
β	24°	85°	115°	▢	2α
γ	▢	▢	5,5°	3α	3α

27 Berechne die fehlenden Winkelmaße in den Dreiecken.

a)

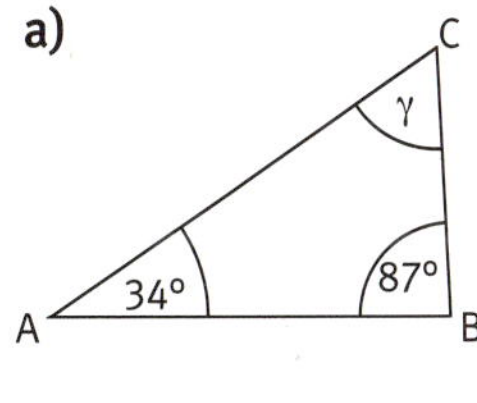

b)

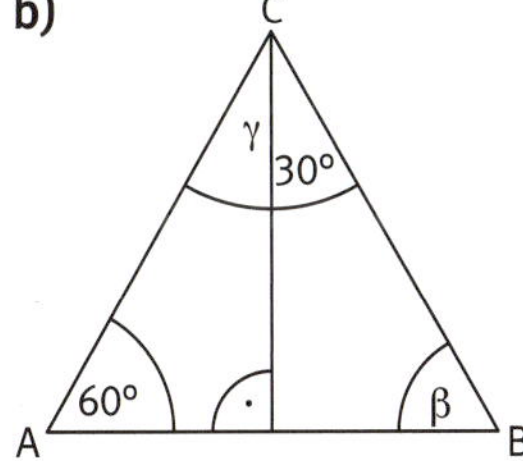

28 Berechne die Innenwinkelmaße im Viereck, wenn gilt: $\alpha = \beta$; $\beta = 2\gamma$ und $\gamma = \delta$

In jedem **Dreieck** beträgt die **Summe der Innenwinkel stets 180°**, hier:
$\alpha + \beta + \gamma = 180°$

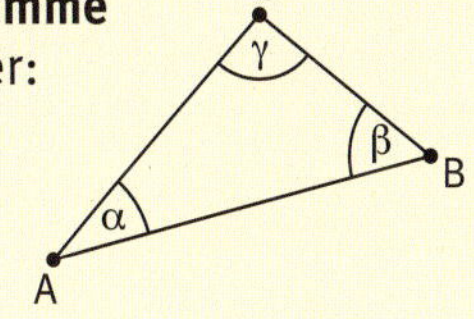

In jedem **Viereck** beträgt die **Summe der Innenwinkel stets 360°**, denn jedes Viereck lässt sich in zwei Teildreiecke zerlegen, hier:
$\alpha + \beta + \gamma + \delta = 360°$

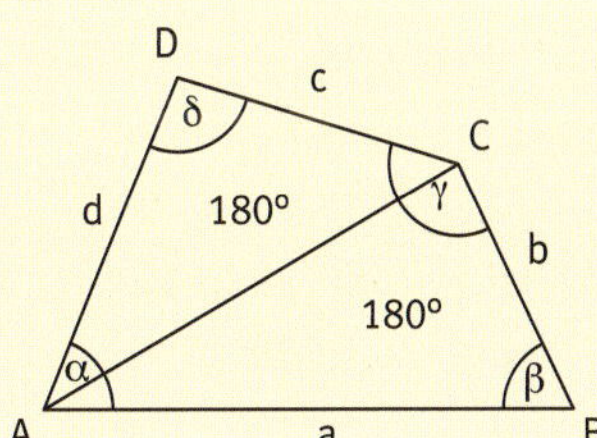

Vierecke

29 Um welche Vierecke handelt es sich?

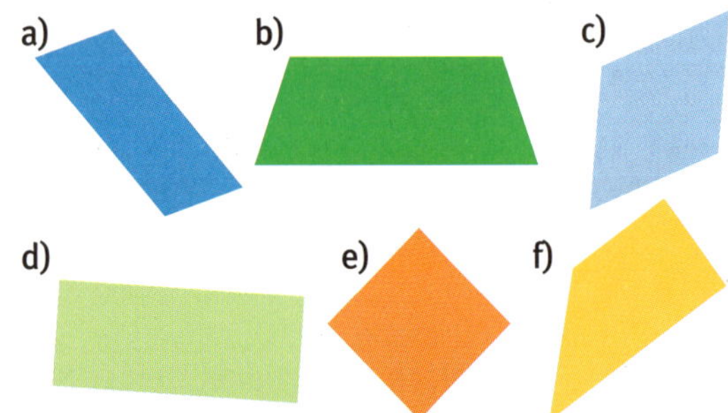

30 Ordne jeder Vierecksart (Quadrat, Rechteck, Parallelogramm, gleichschenkliges Trapez die passenden Eigenschaften zu.

1 Die Diagonalen sind gleich lang.
2 Die Diagonalen halbieren sich gegenseitig.
3 Gegenüberliegende Winkel sind maßgleich.
4 Nebeneinanderliegende Winkel ergänzen sich zu 180°.
5 Mindestens eine Diagonale halbiert die zugehörigen Innenwinkel.
6 Die Diagonalen stehen senkrecht aufeinander.
7 Benachbarte Seiten stehen senkrecht aufeinander.
8 Alle Seiten sind gleich lang.

31 Übertrage in dein Heft und ergänze zu einem Parallelogramm. Gibt es Besonderheiten?

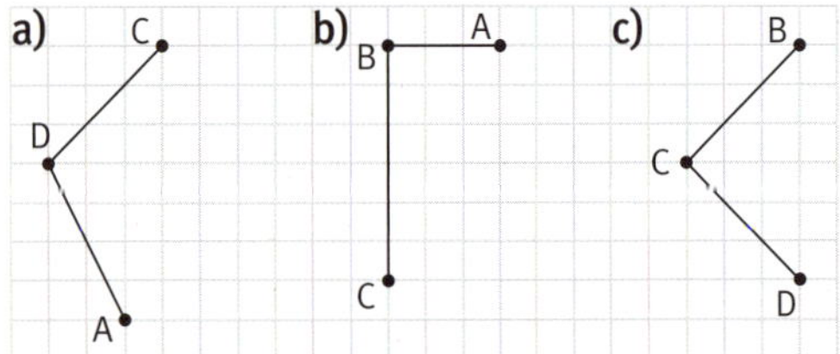

Vierecke

- Ein **Parallelogramm** ist ein Viereck, bei dem gegenüberliegende Seiten jeweils gleich lang und parallel sind.
- Ein Parallelogramm mit vier gleich langen Seiten nennt man **Raute**.
- Ein Parallelogramm mit vier rechten Winkeln nennt man **Rechteck**.
- Ein Rechteck mit vier gleich langen Seiten heißt **Quadrat**.
- Ein **Trapez** ist ein Viereck mit zwei **parallelen Seiten**. Ein gleichschenkliges Trapez ist **achsensymmetrisch**.
- Ein **Drachenviereck** ist ein Viereck, bei dem die Nachbarseiten paarweise gleich lang sind.

Vierecke lassen sich auch nach Symmetrien klassifizieren:

- **Diagonalen**:
  Bei einer Raute und einem Quadrat sind beide Diagonalen Symmetrieachsen.

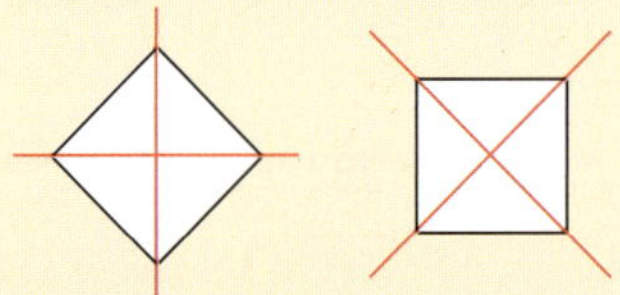

- **Mittelsenkrechten**:
  Bei einem gleichschenkligen Trapez ist eine Mittelsenkrechte Symmetrieachse, bei einem Rechteck und einem Quadrat sind beide Mittelsenkrechten Symmetrieachsen.

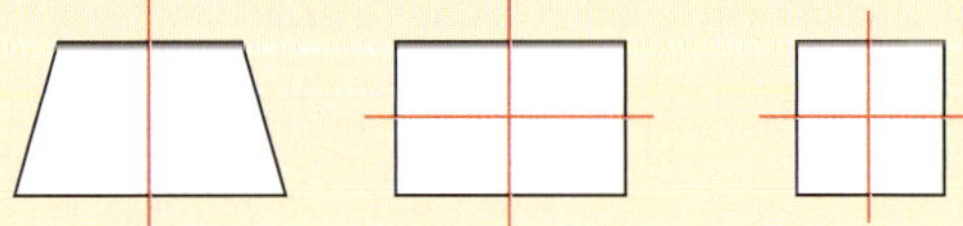

Flächen- und Volumeneinheiten

32 Gib in zwei weiteren Einheiten an.

a) 15 m^2	b) 27,3 dm^2	c) 0,5 ha
d) 846 cm^2	e) 3617 a	f) 0,003 m^2
g) 160 m^3	h) 1,2 dm^3	i) 2411 m^3
j) 0,5 cm^3	k) 15,7 mm^3	l) 2 km^3
m) $\frac{1}{2}$ km^2	n) $4\frac{1}{5}$ dm^3	o) $15\frac{1}{3}$ a

Flächeneinheiten

… $\underset{:100}{\overset{\cdot 100}{\rightleftarrows}}$ 1 dm^2 $\underset{:100}{\overset{\cdot 100}{\rightleftarrows}}$ 1 m^2 $\underset{:100}{\overset{\cdot 100}{\rightleftarrows}}$ 1 a $\underset{:100}{\overset{\cdot 100}{\rightleftarrows}}$ …

Volumeneinheiten

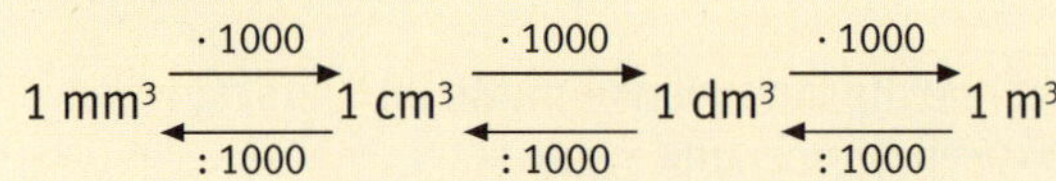

Flächeninhalte von Dreiecken und Vierecken

33 Berechne Umfang und Flächeninhalt des Rechtecks.

a) a = 5 cm; b = 12 cm **b)** a = b = 5,5 cm

c) a = 2,3 dm; b = 5 cm **d)** a = b = 0,45 m

34 Wie ändert sich der Flächeninhalt (Umfang) eines Rechtecks, wenn man ...

a) nur die Breite verdoppelt, verdreifacht, ...?

b) Länge und Breite jeweils halbiert, viertelt, ...?

35 Konstruiere die Dreiecke ABC. Beschreibe dein Vorgehen. Berechne Flächeninhalt und Umfang der Dreiecke. Entnimm die fehlenden Maße der Zeichnung.

a) a = 12 cm; c = 13 cm; b = 5 cm

b) a = 3 cm; c = 4 cm; $\beta = 40°$

c) c = 4 cm; $\alpha = 60°$; $\beta = 70°$

36 Zeichne das Parallelogramm in ein Koordinatensystem und berechne seinen Flächeninhalt und Umfang. Entnimm die fehlenden Maße der Zeichnung.

a) A(1 | 3); B(6 | 1); C(8 | 3); D(3 | 5)

b) E(3 | 7); F(4 | 2); G(9 | 4); H(8 | 9)

c) I(2 | 1); J(6 | 0); K(5 | 1); L(1 | 2)

37 Berechne die fehlende Größe des Trapezes.

	a	c	h	A_{Tr}
a)	6 cm	4 cm	2 cm	▢
b)	4,6 cm	5,4 cm	▢	13,5 cm²
c)	▢	0,9 dm	0,9 dm	3,24 dm²

Rechtecke und Quadrate

Für den **Flächeninhalt** eines **Rechtecks** und **Quadrats** gilt:

$A_R = a \cdot b$

$u_R = 2 \cdot a + 2 \cdot b$

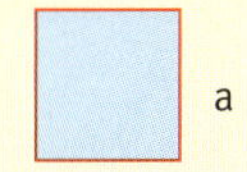

$A_Q = a \cdot a = a^2$

$u_Q = 4 \cdot a$

Dreiecke

Für den **Flächeninhalt eines Dreiecks** mit der Grundseite g und der dazugehörigen Höhe h gilt:

$A_D = \frac{1}{2} \cdot g \cdot h$

hier:

$A_D = \frac{1}{2} \cdot c \cdot h_c$

$u_D = a + b + c$

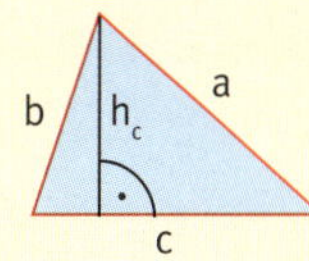

Parallelogramme

Für den **Flächeninhalt** eines **Parallelogramms** gilt:

A_P = Grundseite · zugehörige Höhe

$A_P = g \cdot h$

hier:

$A_P = a \cdot h_a$ oder $A_P = b \cdot h_b$

$u_P = 2 \cdot (a + b)$

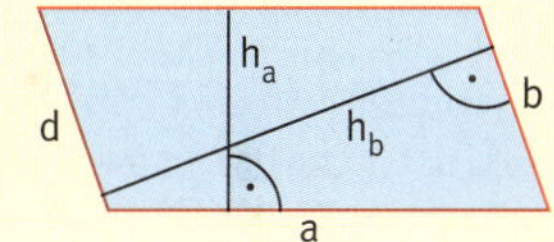

Trapeze

Der **Flächeninhalt eines Trapezes** lässt sich mit folgender Formel berechnen:

$A_{Tr} = \frac{a + c}{2} \cdot h = \frac{1}{2} \cdot (a + c) \cdot h$

$u_{Tr} = a + b + c + d$

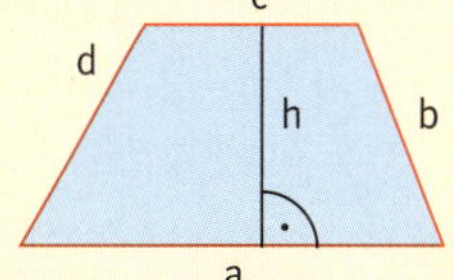

Zerlegung von Flächen

38 Welche Figuren besitzen denselben Flächeninhalt?

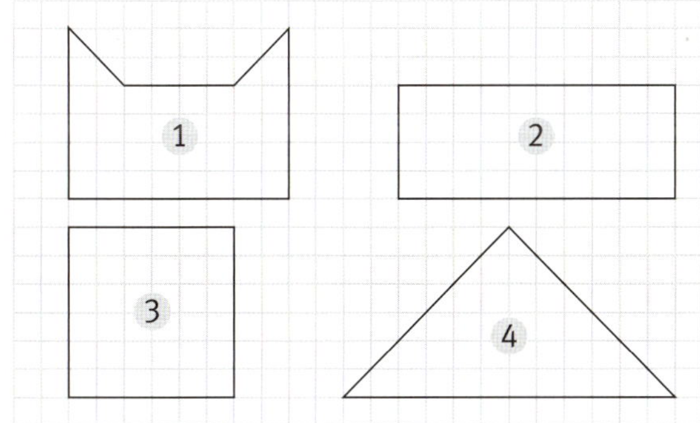

Figuren und Flächen, die sich in **Teilfiguren** zerlegen lassen, die kongruent zueinander sind, nennt man **zerlegungsgleich**. Zerlegungsgleiche Flächen besitzen den **gleichen Flächeninhalt**, sie sind **flächengleich**.

Flächeninhalte von Vielecken

39 Übertrage die Vielecke ins Heft und zerlege sie in Dreiecke oder spezielle Vierecke. Miss die nötigen Längen aus und berechne die Gesamtfläche.

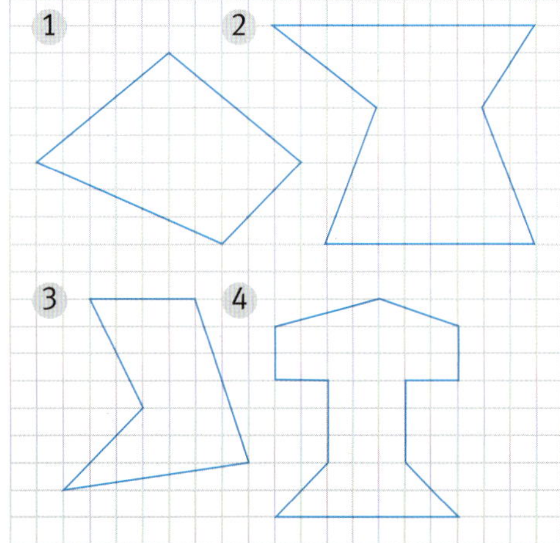

40 Gegeben ist ein Sechseck TORBEN.

T (–6 | –2) O (–2 | –4) R (2 | –3)
B (2 | 2) E (–1 | 4) N (–6 | 1)

Zeichne es in ein Koordinatensystem (Einheit 1 cm) und berechne den Flächeninhalt.

Ein **Vieleck** lässt sich immer in Dreiecke und spezielle Vierecke zerlegen.
Der Flächeninhalt des Vielecks ist die Summe aus den Flächeninhalten der Figuren, in die das Vieleck zerlegt wurde.

$A_{Vieleck} = A_1 + A_2 + A_3 + ... + A_n$

In unserem Beispiel gilt n = 6.

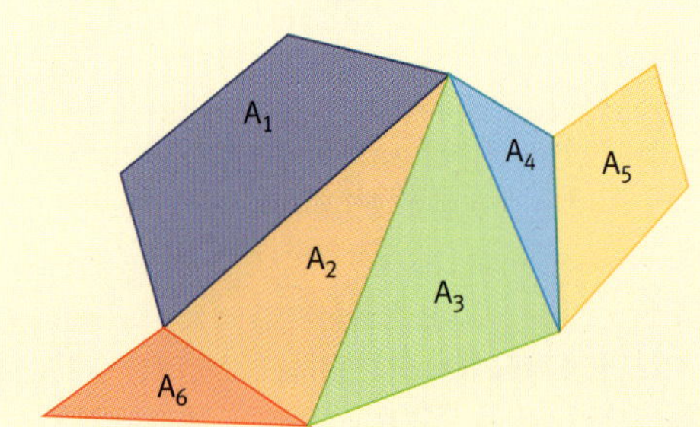

Volumen von Quadern und Würfeln

41 Bestimme das Volumen des Quaders und gib es in verschiedenen Einheiten an.

a) a = 4,5 cm; b = 3,7 cm; c = 0,4 dm

b) a = b = c = 12,8 dm

c) a = 12,3 dm; b = 2,3 m; c = 4,7 dm

42 Zeichne ein Netz eines Würfels (Quaders) mit Kantenlänge a = 2 cm (a = 1 cm, b = 2 cm, c = 3 cm) und bestimme seinen Oberflächeninhalt.

43 Aus dem Würfel wurde jeweils ein Körper aus der Mitte herausgeschnitten. Bestimme das Volumen. Überlege dir zuerst dein Vorgehen.

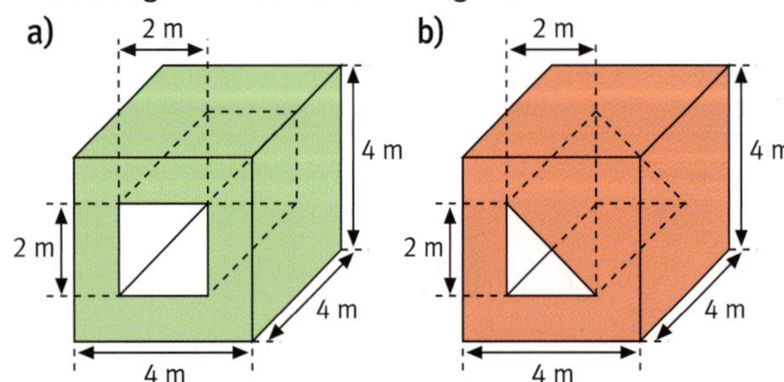

Quader

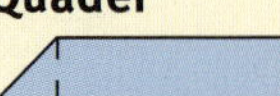

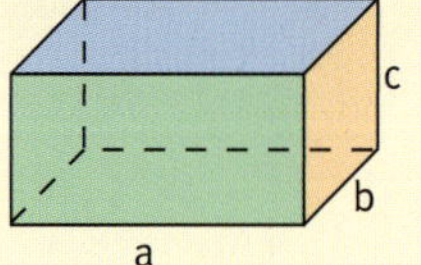

Würfel

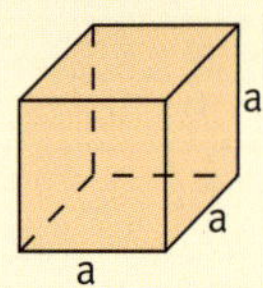

$A_{O\,Quader} = 2 \cdot (a \cdot b + a \cdot c + b \cdot c)$
$V_Q = a \cdot b \cdot c$

$A_{O\,Würfel} = 6 \cdot a \cdot a$
$V_W = a \cdot a \cdot a = a^3$

Wird ein Körper entlang seiner Kanten aufgeschnitten, entsteht ein **Körpernetz**.

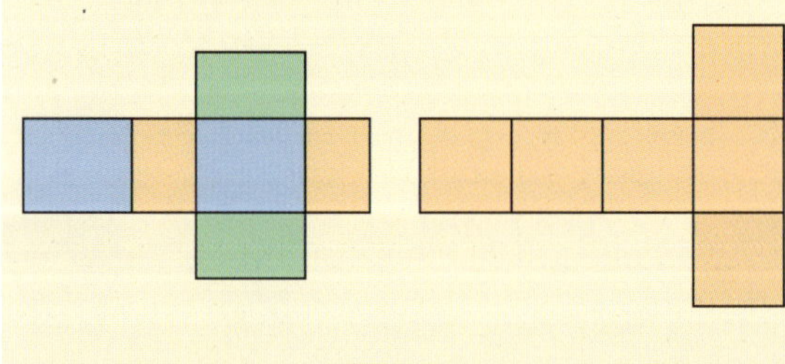

1 Potenzen

Einstieg

Mit sozialen Medien können Informationen sehr schnell an einen großen Personenkreis weitergegeben werden. Per Messenger wirst du zu einer Party eingeladen. Du sollst die Einladung an zwei deiner Freunde weitergeben und diese auffordern, die Einladung ebenfalls an zwei weitere Freunde weiterzuleiten.

- Wie viele Gäste kommen, wenn die Nachricht von dir und den weiteren Freunden fünfmal weitergegeben wird? Stelle den Sachverhalt grafisch nach folgendem Muster dar.

- Notiere pro Weitergabe der Nachricht die Anzahl der Gäste.
- Wie viele Gäste kommen bei jeder Weitergabe der Nachricht neu dazu? Versuche, eine Regelmäßigkeit zu erkennen und fasse diese in einen mathematischen Ausdruck.
- Würdest du bei einer Party bei dir zu Hause ähnlich vorgehen? Beurteile.

Ausblick

Am Ende dieses Kapitels hast du gelernt, ...

- was Potenzen sind.
- Gesetzmäßigkeiten beim Rechnen mit Potenzen anzuwenden.
- Zahlen mit Zehnerpotenzen zu schreiben und zu lesen.

Ein DIN-A4-Blatt wird fortlaufend zusammengefaltet, sodass sich die Fläche halbiert.

- Schätze zunächst: Kann man auf diese Weise ein Blatt zehnmal falten?
- Übertrage die Tabelle in dein Heft.

Anzahl Faltungen	0	1	2	3	4	5	6	7	8	9	10
Anzahl Papierschichten	1	2	▢	▢	▢	▢	▢	▢	▢	▢	▢

- Beschreibe in Worten und mit einem Term, wie man die Anzahl der Papierschichten bestimmen kann, wenn man die Anzahl der Faltungen kennt.
- Wie ändert sich die sichtbare Fläche abhängig von den Faltungen? Beschreibe.

Merkwissen

Produkte aus lauter gleichen Faktoren kann man als **Potenz** schreiben:

5 gleiche Faktoren		Potenz		Potenzwert
$2 \cdot 2 \cdot 2 \cdot 2 \cdot 2$	=	2^5	=	32

Exponent
2^5
Basis

Diese Schreibweise gilt auch für **rationale Zahlen** a als Basis:

$$a^n = \underbrace{a \cdot a \cdot \ldots \cdot a}_{n \text{ Faktoren}}$$

Es gilt weiterhin: $\mathbf{a^1 = a}$ für alle $a \in \mathbb{Q}$
$\mathbf{a^0 = 1}$ für alle $a \in \mathbb{Q}$ und $a \neq 0$

Die Potenz $\mathbf{a^2 = a \cdot a}$ nennt man **Quadratzahl.**

Die Potenz $\mathbf{a^3 = a \cdot a \cdot a}$ nennt man **Kubikzahl.**

Bei einer **negativen Zahl als Basis** können folgende Fälle auftreten:

1 Gerader Exponent:	2 Ungerader Exponent:
$(-4)^2 = (-4) \cdot (-4) = +16$ $(-4)^4 = (-4) \cdot (-4) \cdot (-4) \cdot (-4) = +256$ ... Ist der Exponent eine gerade Zahl, dann kommt die Basis in einer geraden Anzahl vor. Also ist der Wert der Potenz stets positiv.	$(-4)^1 = (-4) = -4$ $(-4)^3 = (-4) \cdot (-4) \cdot (-4) = -64$ ... Ist der Exponent eine ungerade Zahl, dann kommt die Basis in einer ungeraden Anzahl vor. Also ist der Wert der Potenz stets negativ.

Erinnere dich:

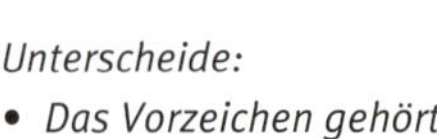

Unterscheide:

- *Das Vorzeichen gehört zur Basis:* $(-3)^2 = (-3) \cdot (-3) = 9$
- *Das Vorzeichen gehört zur Potenz:* $-3^2 = -(3 \cdot 3) = -9$

Beispiele

I Schreibe als Potenz und berechne.

a) $(-7) \cdot (-7) \cdot (-7)$

b) $\left(-\frac{1}{4}\right) \cdot \left(-\frac{1}{4}\right) \cdot \left(-\frac{1}{4}\right) \cdot \left(-\frac{1}{4}\right)$

Lösung:

a) $(-7) \cdot (-7) \cdot (-7) = (-7)^3 = -343$

b) $\left(-\frac{1}{4}\right) \cdot \left(-\frac{1}{4}\right) \cdot \left(-\frac{1}{4}\right) \cdot \left(-\frac{1}{4}\right) = \left(-\frac{1}{4}\right)^4 = \frac{1}{256}$

Beachte:

- $\frac{1^2}{4^2} = \left(\frac{1}{4}\right)^2$
- $\frac{1^2}{4} \neq \left(\frac{1}{4}\right)^2$

Verständnis

- Warum ist $-5^3 = (-5)^3$, aber $-5^4 \neq (-5)^4$? Erkläre mit eigenen Worten.
- Martin behauptet: „Wenn meine Basis eine rationale Zahl ist, die kleiner ist als −1, dann ist der Potenzwert stets kleiner als die Basis.“ In welchen Fällen hat Martin Recht, in welchen nicht? Unterscheide.

1 Schreibe als Potenz und berechne den Wert.

a) $8 \cdot 8 \cdot 8 \cdot 8$
b) $(-2) \cdot (-2) \cdot (-2) \cdot (-2) \cdot (-2)$
c) $\frac{1}{10} \cdot \frac{1}{10} \cdot \frac{1}{10} \cdot \frac{1}{10} \cdot \frac{1}{10} \cdot \frac{1}{10}$
d) $(-0{,}3) \cdot (-0{,}3) \cdot (-0{,}3)$
e) $\left(-\frac{2}{5}\right) \cdot \left(-\frac{2}{5}\right) \cdot \left(-\frac{2}{5}\right) \cdot \left(-\frac{2}{5}\right)$
f) $(-1) \cdot (-1) \cdot (-1) \cdot (-1) \cdot (-1) \cdot (-1)$
g) $1\frac{2}{3} \cdot 1\frac{2}{3} \cdot 1\frac{2}{3} \cdot 1\frac{2}{3} \cdot 1\frac{2}{3}$
h) $(-2{,}5) \cdot (-2{,}5) \cdot (-2{,}5) \cdot (-2{,}5)$

2 Übertrage die Tabelle zu den Quadrat- und Kubikzahlen und vervollständige sie.

	Potenz	ausführliche Schreibweise	Ergebnis
a)	3^2	$3 \cdot 3$	9
b)	5^3	□	125
c)	□	$7 \cdot 7 \cdot 7$	343
d)	□	□	27
e)	□	□	64
f)	□	□	2500
g)	□	□	$\frac{1}{4}$
h)	□	□	$\frac{16}{25}$
i)	□	□	$\frac{1}{8}$

Gibt es mehrere Möglichkeiten? Finde sie.

3 Schreibe als Produkt und berechne.

a) 5^3; $(-4)^1$; 8^3; $(-5)^4$; $(+7)^0$
b) 6^3; $(-10)^4$; $(-9)^2$; $0{,}2^4$; $(-1)^9$
c) $0{,}1^4$; $(-7{,}2)^2$; $\left(\frac{1}{5}\right)^3$; $\left(-\frac{1}{6}\right)^2$; $(-1{,}5)^3$
d) $\left(-\frac{1}{2}\right)^6$; $1{,}3^3$; $(-0{,}4)^2$; $\frac{1}{4^4}$; 0^9

4 Bestimme das fehlende Vorzeichen.

a) $\square(3)^3 = -27$
$(\square 3)^3 = +27$
$(-3)^3 = \square 27$
$-3^3 = \square 27$

b) $(+5)^4 = \square 625$
$(-5)^4 = \square 625$
$(\square 5)^4 = 625$
$-5^4 = \square 625$

c) $(-1)^2 \cdot (-4)^3 = \square 64$
$(-1)^3 \cdot (-4)^3 = \square 64$
$(-1)^2 \cdot (+4)^3 = \square 64$
$(-1)^3 \cdot (+4)^3 = \square 64$

Gibt es mehrere Möglichkeiten? Finde sie.

5 Vergleiche und ersetze □ durch <, > oder =.

a) $2^3 \;\square\; 3^2$
b) $(-1{,}2)^4 \;\square\; (+1{,}2)^4$
c) $0{,}7^3 \;\square\; (-0{,}7)^3$
d) $(-4)^2 \;\square\; 2^4$
e) $\left(-\frac{1}{7}\right)^3 \;\square\; \frac{1}{(-7)^3}$
f) $(-0{,}4)^4 \;\square\; -0{,}44^1$
g) $1{,}9^3 \;\square\; (+1{,}9)^3$
h) $-(-2{,}5)^3 \;\square\; -2{,}5^3$
i) $-3{,}1^2 \;\square\; 3{,}1^2$

6 a) Übertrage die Tabelle in dein Heft und vervollständige sie.

b) Untersuche die Veränderungen in den Zeilen der Tabelle. Welche Regelmäßigkeiten und Zusammenhänge findest du? Beschreibe.

c) Überprüfe deine Zusammenhänge aus b), indem du die Tabelle mit der Basis 3 sowie deren Variationen durchführst.

		Exponent								
		1	2	3	4	5	6	7	8	9
Basis	2	□	□	□	□	□	□	□	□	□
	−2	□	□	□	□	□	□	□	□	□
	$\frac{1}{2}$	□	□	□	□	□	□	□	□	□
	$-\frac{1}{2}$	□	□	□	□	□	□	□	□	□

Wenn die Basis ein Bruch ist, dann schreibe den Wert der Potenz auch als Bruch, um Zusammenhänge zu finden.

$4x^2 + 7x^2 =$? $4x^2 - 7x^2 =$ — $-3x^2$, $11x^2$, $11x^4$, $-3x^4$

$-2x^3 + 4x^2 + 5x^3 =$? $+2x^3 - 4x^2 - 5x^3 =$ — $7x^2 - x^2$, $7x^5$, $3x^3 + 4x^2$, $-3x^3 - 4x^2$

- Welche Terme haben denselben Wert? Setze Zahlen ein und überprüfe.
- Wie lassen sich Terme mit Potenzen der gleichen Basis vereinfachen? Beschreibe.

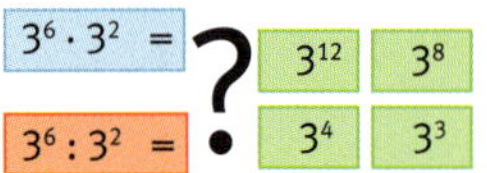

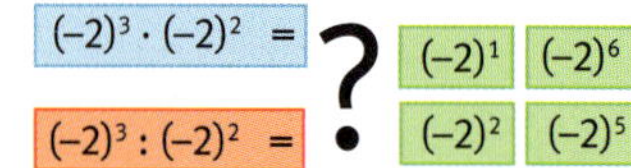

- Bei welchen Kärtchen ergibt sich derselbe Wert?
- Welche Gesetzmäßigkeiten erkennst du?
  Beschreibe und überprüfe deine Vermutungen an weiteren Beispielen.

Merkwissen

Potenzen sind gleichartig, wenn Basis und Exponent übereinstimmen. Nicht gleichartige Potenzen können nicht durch Addition oder Subtraktion zusammengefasst werden.

Gleichartige Potenzen werden addiert (subtrahiert), indem man die Koeffizienten vor den Potenzen addiert (subtrahiert).

Beispiele:

$4x^2 + 6x - 7x^2 = -3x^2 + 6x$ $\qquad$ $-7x^3 + 5x^2 + 4x^3 - 3x^2 = -3x^3 + 2x^2$

Beachte:

Werden zwei **Potenzen mit gleicher Basis** multipliziert (dividiert), dann bleibt die **Basis erhalten** und der Exponent ist die Summe (Differenz) **der Exponenten.**

Beispiele:

$(-3)^5 \cdot (-3)^3 = (-3)^{5+3} = (-3)^8$ $\qquad$ $(-3)^5 : (-3)^3 = (-3)^{5-3} = (-3)^2$

Begründung für alle natürlichen Zahlen m, n und alle a ≠ 0:

$$a^m \cdot a^n = \underbrace{(a \cdot \ldots \cdot a)}_{m \text{ Faktoren}} \cdot \underbrace{(a \cdot \ldots \cdot a)}_{n \text{ Faktoren}} = \underbrace{a \cdot \ldots \cdot a \cdot a \cdot \ldots \cdot a}_{(m+n) \text{ Faktoren}} = a^{m+n}$$

$$a^m : a^n = \frac{a^m}{a^n} = \frac{\overbrace{a \cdot \ldots \cdot a}^{m \text{ Faktoren}}}{\underbrace{a \cdot \ldots \cdot a}_{n \text{ Faktoren}}} = \underbrace{a \cdot \ldots \cdot a}_{(m-n) \text{ Faktoren}} = a^{m-n}$$

Kürzen der gemeinsamen Faktoren

Mit dem Potenzgesetz können wir auch folgende Fälle erklären:

Der Exponent ist negativ.	Der Exponent ist 0.
Beispiel: $5^3 : 5^5 = 5^{3-5} = \mathbf{5^{-2}}$ $\frac{5^3}{5^5} = \frac{5 \cdot 5 \cdot 5}{5 \cdot 5 \cdot 5 \cdot 5 \cdot 5} = \frac{1}{5 \cdot 5} = \mathbf{\frac{1}{5^2}}$ Somit ist $5^{-2} = \frac{1}{5^2}$. (≙ Kehrbruch von 5^2) **Allgemein:** $a^{-n} = \frac{1}{a^n}$ für alle natürlichen Zahlen	**Beispiel:** $6^4 : 6^4 = 6^{4-4} = \mathbf{6^0}$ $\frac{6^4}{6^4} = \frac{6 \cdot 6 \cdot 6 \cdot 6}{6 \cdot 6 \cdot 6 \cdot 6} = \frac{1}{1} = \mathbf{1}$ Also muss $6^0 = 1$ sein. **Allgemein:** $a^0 = 1$ für a ≠ 0

0^0 ist nicht erklärt.

Somit ist auch ein **ganzzahliger Exponent** möglich.

Beispiele

I Vereinfache durch Anwendung der Potenzgesetze so weit wie möglich.

a) $6^3 \cdot 6^2$ b) $7^4 \cdot 7^{-2}$ c) $9^3 : 9^5$

Lösung:

a) $= 6^{3+2} = 6^5$ b) $= 7^{4+(-2)} = 7^{4-2} = 7^2$ c) $= 9^{3-5} = 9^{-2} = \frac{1}{9^2}$

Verständnis

- Erkläre den Unterschied zwischen $3 \cdot 5$, 3^5 und 5^3.
- Welches Vorzeichen hat der Wert der Potenz $(-6)^n$, wenn n gerade (ungerade) ist? Begründe deine Antwort.

Aufgaben

1 Vereinfache durch Anwendung der Potenzgesetze so weit wie möglich.

a) $5a + 7 - 3a + a^2 - 1$ b) $\frac{1}{2}x^2 - 3x + \frac{1}{2}y + x - 1\frac{1}{2}x^2$

c) $\frac{7}{8}v - \frac{3}{8}v + 1 - \frac{v^2}{2} + v$ d) $s - t + s^2 + t^2 + s + t - 1$

e) $2{,}7x - 3{,}8y + 1{,}2 - 3{,}5x + 2y$ f) $\frac{8}{3}p + \frac{8}{3}q - \frac{4}{6}q + \frac{11}{12} - \frac{1}{3}p$

2 Schreibe auf verschiedene Arten als ...

(1) Produkt zweier Potenzen.
Beispiel: $(-3{,}2)^5 = (-3{,}2)^2 \cdot (-3{,}2)^3$

(2) Quotient zweier Potenzen.
Beispiel: $(-3{,}2)^5 = (-3{,}2)^7 : (-3{,}2)^2$

a) 4^6; $3{,}2^7$; $0{,}6^5$; $1{,}45^{13}$; $\left(\frac{2}{7}\right)^9$ b) $(-4{,}5)^4$; $(-1)^7$; $\left(-\frac{4}{5}\right)^{10}$; $(-0{,}3)^3$; 7^2

3 Vereinfache so weit wie möglich.

a) $5^3 \cdot 5^4$ b) $1{,}2^4 \cdot 1{,}2^6$ c) $(-5)^5 \cdot (-5)^2$ d) $(-0{,}9)^5 \cdot (-0{,}9)^8$

e) $12^7 : 12^5$ f) $0{,}75^5 : 0{,}75^2$ g) $(-3{,}2)^2 : (-3{,}2)^3$ h) $\left(\frac{2}{3}\right)^6 : \left(\frac{2}{3}\right)^8$

i) $a^3 \cdot a^6$ j) $(-b)^4 : (-b)^2$ k) $c^3 \cdot c^4 \cdot c^5$ l) $d^7 : d^3 : d^2$

m) $e^4 \cdot e^7 \cdot e^3$ n) $f^2 \cdot f^4 \cdot f$ o) $(g^7 : g^5) : g^2$ p) $(-h)^4 \cdot (-h)^2 : (-h)^3$

4 Übertrage in dein Heft und setze <, > oder = ein.

Kannst du die Lücken auch ohne Rechnung füllen?

a) $5^3 + 5^2$ ☐ $5^3 \cdot 5^2$ b) $-6 \cdot (-6)^3$ ☐ -6^4 c) $2^3 : 2^2$ ☐ $2 \cdot 2$

d) $(-3{,}2)^6 \cdot (-3{,}2)$ ☐ $3{,}2^{-7}$ e) $1{,}8^6 - 1{,}8^3$ ☐ $1{,}8^6 : 1{,}8^3$ f) $(-2{,}5)^4 : (-2{,}5)^3$ ☐ $(-2{,}5)^0$

5 In der folgenden Tabelle wurden die Potenzen mit der Basis 3 berechnet.

Potenz	3^0	3^1	3^2	3^3	3^4	3^5	3^6	3^7	3^8	3^9	3^{10}
Wert der Potenz	1	3	9	27	81	243	729	2187	6561	19 683	59 049

a) Betrachte die Einerstellen der Potenzwerte.

(1) Welche Muster erkennst du?

(2) Welche Einerstelle hat 3^{12} (3^{15}, 3^{22}, 3^{25})? Begründe mithilfe von (1).

b) Findest du solche Muster auch bei anderen Potenzreihen? Lege eine Tabelle zur Basis 2 (4, 5) an und untersuche.

6 Hier hat sich doch ein Fehler versteckt. Finde ihn und verbessere im Heft.

a) $a^3 + a^5 = a^{3+5} = a^8$ b) $b^4 \cdot b^2 = b^{4 \cdot 2} = b^8$ c) $c^5 : c = c^{5-0} = c^5$

d) $2d^4 + 4d^2 = (2+4)\,d^{4+2} = 6d^6$ e) $-5e^4 : 2e^2 = (-5-2)\,e^{4-2} = -7e^2$

1.3 Potenzgesetze (2)

Potenzen mit demselben Exponenten:

$4^2 \cdot 3^2 =$? $4^2 : 3^2 =$ — 7^2, $\left(\frac{4}{3}\right)^2$, 12^2

$(-6)^3 \cdot (-2)^3 =$? $(-6)^3 : (-2)^3 =$ — $(-4)^3$, 3^3, 12^3

$(-5)^4 \cdot 2^4 =$? $(-5)^4 : 2^4 =$ — -3^4, $(-10)^4$, $\left(-\frac{5}{2}\right)^4$

Potenzen potenzieren:

$(5^3)^2 =$? — 5^1, 5^5, 5^6

$[(-3)^4]^2 =$? — $(-3)^6$, $(-3)^2$, $(-3)^8$

$\left[\left(\frac{1}{2}\right)^2\right]^5 =$? — $\left(\frac{1}{2}\right)^7$, $\left(\frac{1}{2}\right)^3$, $\left(\frac{1}{2}\right)^{10}$

- Bei welchen Kärtchen ergibt sich derselbe Wert?
- Welche Gesetzmäßigkeiten erkennst du? Beschreibe und überprüfe deine Vermutungen an weiteren Beispielen.

Achte bei der Anwendung der Potenzgesetze darauf, dass entweder die Basis zweier Potenzen gleich ist (S. 16) oder wie hier der Exponent.

Merkwissen

Werden Potenzen mit gleichem Exponenten multipliziert (dividiert), bleibt der **Exponent erhalten**. Die Basis ist das Produkt (der Quotient) **der einzelnen Basen**.

Beispiele:

$(-8)^5 \cdot 2^5 = (-8 \cdot 2)^5 = (-16)^5$ $\qquad$ $(-8)^5 : 2^5 = (-8 : 2)^5 = (-4)^5$

Begründung:

$$a^n \cdot b^n = \underbrace{(a \cdot \ldots \cdot a)}_{\text{n Faktoren}} \cdot \underbrace{(b \cdot \ldots \cdot b)}_{\text{n Faktoren}} = \underbrace{(a \cdot b) \cdot \ldots \cdot (a \cdot b)}_{\text{n Faktoren}} = (a \cdot b)^n$$

$$a^n : b^n = \frac{a^n}{b^n} = \frac{\overbrace{a \cdot \ldots \cdot a}^{\text{n Faktoren}}}{\underbrace{b \cdot \ldots \cdot b}_{\text{n Faktoren}}} = \underbrace{\left(\frac{a}{b}\right) \cdot \ldots \cdot \left(\frac{a}{b}\right)}_{\text{n Faktoren}} = \left(\frac{a}{b}\right)^n = (a : b)^n$$

Wird eine Potenz potenziert, dann werden die Exponenten multipliziert und die **Basis bleibt erhalten.**

Beispiel:

$(7^3)^5 = 7^3 \cdot 7^3 \cdot 7^3 \cdot 7^3 \cdot 7^3 = 7^{3+3+3+3+3} = 7^{5 \cdot 3} = 7^{15}$

Begründung:

$$(a^m)^n = \underbrace{a^m \cdot \ldots \cdot a^m}_{\text{n Faktoren}} = \underbrace{(a \cdot \ldots \cdot a)}_{\text{m Faktoren}} \cdot \ldots \cdot \underbrace{(a \cdot \ldots \cdot a)}_{\text{m Faktoren}} = \underbrace{a \cdot \ldots \cdot a}_{\text{m} \cdot \text{n Faktoren}} = a^{m \cdot n}$$

n Produkte mit jeweils m Faktoren

Beispiele

I Vereinfache zunächst so weit wie möglich und berechne dann.

a) $(-5)^3 \cdot (2{,}5)^3$ b) $8^2 : 4^2$ c) $[(-3)^4]^2$

Lösung:

a) $(-5)^3 \cdot (2{,}5)^3 = (-5 \cdot 2{,}5)^3 = -12{,}5^3 = -1953{,}125$

b) $8^2 : 4^2 = (8 : 4)^2 = 2^2 = 4$

c) $[(-3)^4]^2 = (-3)^{4 \cdot 2} = (-3)^8 = 6561$

Verständnis

- Matthias meint: „Wenn Potenzen potenziert werden, ist das letztlich nichts anderes, als Potenzen mit gleicher Basis zu multiplizieren." Wie kann Matthias die Regel auf diese Weise begründen? Erkläre anhand von Beispielen.
- $2^3 \cdot 2^3$. Jenny rechnet: 2^{3+3}, weil die Basen gleich sind. Theresa rechnet: $(2 \cdot 2)^3$, weil die Exponenten gleich sind. Wer hat Recht? Begründe.

Aufgaben

1 Vereinfache die Potenz so weit wie möglich und berechne dann.

a) $3^2 \cdot 5^2$ b) $10^3 \cdot 6^3$ c) $9^2 \cdot 2^2$ d) $4^3 \cdot 2^3$

e) $\left(\frac{1}{2}\right)^4 \cdot 2^4$ f) $3^4 \cdot \left(\frac{2}{3}\right)^4$ g) $0{,}4^5 \cdot (-10)^5$ h) $\left(-\frac{3}{4}\right)^3 \cdot 8^3$

i) $(-96)^2 : (-8)^2$ j) $119^3 : 17^3$ k) $7{,}8^4 : 13^4$ l) $-27{,}2^2 : 3{,}4^2$

m) $\frac{24^3}{6^3}$ n) $\frac{49^2}{7^2}$ o) $\frac{20^4}{4^4}$ p) $\frac{4{,}5^5}{1{,}5^5}$

Lösungen zu 1: -1024; -216; -64; $\frac{81}{625}$; 16; 144; 343; 512; 225; 1; 64; 49; 216 000; 324; 625; 243

2 Berechne auf zwei verschiedene Arten.
Beispiel: $(3 \cdot 4)^2 = 12^2 = 144$; $(3 \cdot 4)^2 = 3^2 \cdot 4^2 = 9 \cdot 16 = 144$

a) $(2 \cdot 3)^2$; $(2 \cdot 5)^2$; $(2 \cdot 6)^3$

b) $(11 \cdot 2)^2$; $(-2 \cdot 8)^3$; $(-7 \cdot 5)^4$

c) $\left(\frac{1}{2}\right)^3$; $\left(\frac{2}{3}\right)^5$; $\left(\frac{3}{4}\right)^3$

d) $\left(-\frac{2}{3}\right)^3$; $\left(-\frac{1}{4}\right)^2$; $\left(-\frac{4}{7}\right)^4$

3 Vereinfache durch Anwendung der Potenzgesetze.

a) $(2{,}5^3)^2$ b) $(3^4)^7$ c) $(0{,}5^5)^8$ d) $(-3^2)^6$

e) $(-4{,}2^5)^2$ f) $(7^5)^3$ g) $(-2^7)^5$ h) $(0{,}1^8)^3$

i) $[(-2{,}5)^2]^4$ j) $[(-1)^6]^8$ k) $(4^2)^{-1}$ l) $(0{,}5^{-2})^3$

4 In wie viele kleine Würfel lässt sich der große Würfel zerlegen? Schreibe als Potenz und berechne.

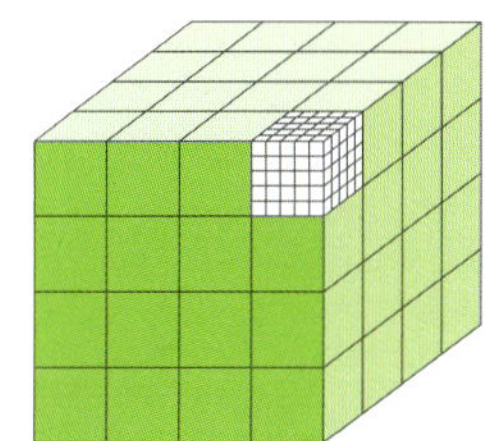

5 Schreibe ohne Klammern.

a) $(4a)^3$ b) $(2{,}5b^2)^2$ c) $\left(-\frac{1}{3}c^3\right)^3$ d) $\frac{3}{4}\,(d^5)^2$ e) $\left(\frac{5}{e}\right)^4$

f) $\left(\frac{f^3}{4}\right)^2 \left(\frac{f^3}{4}\right)^2$ g) $\left(-\frac{3}{5}g^3\right)^4$ h) $(-0{,}1h^1)^5$ i) $(1{,}4 \cdot 10^4)^3$ j) $(x^2)^7$

6 Vereinfache und berechne den Wert des Terms.

a) $\frac{5^4 \cdot 5^2}{5^7}$ b) $\frac{6^3 \cdot 6^{-2}}{6^4}$ c) $\frac{2^{-8} \cdot 2^3}{2^{-3} \cdot 2^{-2}}$ d) $\frac{(-4)^2 \cdot 5^2}{20^{-3}}$

e) $\frac{\left(\frac{1}{2}\right)^3 \cdot \left(\frac{1}{4}\right)^3}{\left(\frac{1}{8}\right)^{-2}}$ f) $\left(\frac{2}{3}\right)^{-3}$ g) $\left(-\frac{3}{5}\right)^{-4}$ h) $\left(\frac{4}{9}\right)^{-2}$

Ausgehend von einem Ausgangsquadrat sollen durch fortgesetzte Verdopplung und Halbierung die Potenzen mit der Basis 2 untersucht werden:

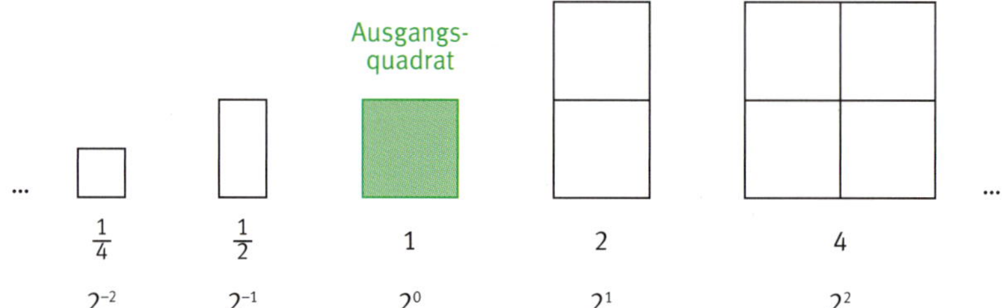

$\frac{1}{4}$	$\frac{1}{2}$	1	2	4
2^{-2}	2^{-1}	2^0	2^1	2^2

- Setze die Reihe in beide Richtungen um mindestens zwei Schritte fort.
- Wiederhole die Überlegungen und Berechnungen für Potenzen mit der Basis 10.
- Bei dem Versuch, letztere Zusammenhänge zeichnerisch darzustellen, stößt man rasch an Grenzen. Erläutere.

Merkwissen

Um sehr große oder sehr kleine Zahlen darstellen zu können, nutzt man **Zehnerpotenzen**. **Zehnerpotenzen** sind **Potenzen** mit der **Basis 10**.

Es gelten die bekannten Regeln und Gesetze:

10 als Basis der **Potenz:** $10^n = \underbrace{10 \cdot 10 \cdot ... \cdot 10}_{\text{n Faktoren}}$

Es gilt auch: $10^1 = 10$ und $10^0 = 1$

Für negative Exponenten gilt: $10^{-n} = \frac{1}{10^n}$

Beispiel: $10^{-2} = \frac{1}{10^2}$

...	$\frac{1}{1000}$	$\frac{1}{100}$	$\frac{1}{10}$					
...	10^{-3}	10^{-2}	10^{-1}	10^0	10^1	10^2	10^3	...
	0,001	0,01	0,1	1	10	100	1000	

Der **Exponent** einer Zehnerpotenz gibt an, um **wie viele Stellen** sich das **Komma** gegenüber der Zahl 1 **nach rechts oder links verschiebt**.

Beispiel:

1 $530\,000 = 5{,}3 \cdot 100\,000 = 5{,}3 \cdot 10^5$
Der Exponent ist positiv, das Komma verschiebt sich um fünf Stellen nach rechts.

2 $5{,}3 \cdot 10^{-5} = 5{,}3 \cdot 0{,}00001 = 0{,}000053$
Der Exponent ist negativ, das Komma verschiebt sich um fünf Stellen nach links.

Beispiele

I Schreibe ohne Zehnerpotenz:

a) $1{,}08 \cdot 10^9$ b) $6{,}29 \cdot 10^{-8}$ c) $3{,}45 \cdot 10^4$ d) $9{,}02 \cdot 10^{-2}$

Lösung:

a) 1080000000 b) 0,0000000629

c) 34500 d) 0,0902

II Schreibe mithilfe einer Zehnerpotenz in der Form $a \cdot 10^n$ mit $1 < a < 10$.

a) 7 340 000 **b)** 0,00000034

Häufig schreibt man Zahlen mithilfe von Zehnerpotenzen in der Form $a \cdot 10^n$, wobei a eine rationale Zahl zwischen 1 und 10 ist.

Lösung:

a) $7\,340\,000 = 7{,}34 \cdot 1\,000\,000 = 7{,}34 \cdot 10^6$

b) $0{,}00000034 = 3{,}4 \cdot 0{,}0000001 = 3{,}4 \cdot 10^{-7}$

Verständnis

- Gib die Zahl $a \neq 0$ an, für die $a^{-1} = a^1$ gilt.
- Begründe, dass a^{-n} nur für $a \neq 0$ gilt.
- Vergleiche: **a)** 100^{10} und 10^{11} **b)** 100^{10} und 10^{100} **c)** 100^{-4} und 10^{-6}

Aufgaben

1 Schreibe als Zehnerpotenz.

a) 10 000; 100 000; 100 000 000 **b)** 0,001; 0,00001; 0,00000001

2 Schreibe mithilfe einer Zehnerpotenz in der Form $a \cdot 10^n$ mit $1 < a < 10$.

a) 24 300 000 000 **b)** 670 000 000 000 000 **c)** 10 000 0000

d) 125 000 000 **e)** 926 000 000 000 **f)** 70 000

g) 0,000000000047 **h)** 0,0000200412 **i)** 0,000000061

j) 0,00000375 **k)** 0,00099 **l)** 0,00000000527

3

Bei großen Zahlen zähle ich die „Sprünge" und schreibe diese Anzahl in den Exponenten zur Basis 10.
$12\,400\,000 = 1{,}24 \cdot 10^7$
7 „Sprünge" nach rechts

Bei sehr kleinen Zahlen zähle ich die „Sprünge" vom Komma aus hinter die erste Ziffer ungleich null und schreibe diese Anzahl mit negativem Vorzeichen in den Exponenten zur Basis 10.
$0{,}00257 = 2{,}57 \cdot 10^{-3}$
3 „Sprünge" nach links

a) Beschreibe das Vorgehen von Nina und Sven mit eigenen Worten.

b) Gehe ebenso vor und schreibe als Zehnerpotenz:
340 000; 76 200 000 000; 67 400; 0,000035; 0,0000002716; 0,00002951; 123 000; 67 344,5; 850 005 000; 0,000045; 0,123456; 0,0000453

4 a) Schreibe ohne Zehnerpotenzen.

(1) $4{,}5 \cdot 10^5$ (2) $504{,}06 \cdot 10^3$ (3) $14{,}008 \cdot 10^8$ (4) $14{,}01 \cdot 10^{12}$

(5) $1{,}5 \cdot 10^{-4}$ (6) $12{,}05 \cdot 10^{-3}$ (7) $0{,}0051 \cdot 10^{-2}$ (8) $417{,}5 \cdot 10^{-6}$

b) Beschreibe mit eigenen Worten ähnlich Aufgabe 3, wie man eine Zahl ohne Zehnerpotenz schreiben kann.

5 Entscheide, ob die Angabe richtig oder falsch ist. Korrigiere gegebenenfalls.

a) $780 \cdot 10^4 = 7\,800\,000$ b) $1{,}73 \cdot 10^5 = 173\,000$ c) $80 \cdot 10^5 = 8 \cdot 10^6$

d) $9000 \cdot 10^{-4} = 9$ e) $0{,}81 \cdot 10^{-2} = 0{,}081$ f) $4340 \cdot 10^{-2} = 43{,}4$

Finde möglichst viele Vorsilben.

6 Bei zahlreichen Größen werden Einheiten mit Vorsilben versehen.

a) Informiere dich über Vorsilben und vervollständige die Tabelle in deinem Heft.

Vorsilbe	Zehnerpotenz	Dezimalschreibweise
mega	10^6	1 000 000
kilo	10^3	1000
dezi	10^{-1}	
centi		0,01
milli		0,001

Ein Computer hat eine 2-Tera-Byte-Festplatte: 2 000 000 000 000 Byte

b) Zeige an drei Beispielen mit Längen (Massen), wie sich die Vorsilben bei der Darstellung mit Größen sinnvoll einsetzen lassen.

7

1 Entfernung Erde – Mond etwa 360 000 km	3 Etwa 11 300 000 Menschen zwischen 0 und 15 Jahren	5 Einwohnerzahl ca. 12 600 000
2 Durchmesser Erde ca. 12 500 km	4 Verschuldung ca. 2 130 000 000 000 €	6 Fläche ungefähr 70 600 km²

Schreibe mithilfe von Zehnerpotenzen der Form $a \cdot 10^n$ so, dass der Faktor vor der Zehnerpotenz eine ...

a) möglichst kleine natürliche Zahl ist. b) rationale Zahl zwischen 1 und 10 ist.

8 Im Weltraum sind die Entfernungen unvorstellbar groß. Als Längeneinheit verwendet man deshalb die Entfernungen, die das Licht in bestimmten Zeiteinheiten zurücklegt.

Einheit	Strecke	
1 Lichtsekunde (Ls)	299 792,458 km	$\approx 3 \cdot 10^5$ km
1 Lichtminute (Lm)	17 987 547,48 km	$\approx 18 \cdot 10^6$ km
1 Lichtstunde (Lh)	1 079 252 848,8 km	$\approx 1{,}1 \cdot 10^9$ km
1 Lichttag (Ld)	25 902 068 371,2 km	$\approx 26 \cdot 10^9$ km
1 Lichtjahr (Lj)	9 460 730 472 580,8 km	$\approx 9{,}5 \cdot 10^{12}$ km

Berechne die Entfernungen in km.

a) Die mittlere Entfernung von Erde und Mond beträgt ca. 1,3 Ls.

b) Die Erde ist von der Sonne im Mittel ca. 8,3 Lm entfernt.

c) Die mittlere Entfernung zwischen Sonne und Neptun beträgt ca. 4,5 Lh.

Mögliche Anzeigen der Zehnerpotenz $2{,}4 \cdot 10^{-8}$ beim Taschenrechner:
2.4^{-08} oder
$2.4x10^{-8}$ oder
2.4E–08

9 Berechne mit dem Taschenrechner. Gib das Ergebnis auch in der Zehnerpotenzschreibweise an.

a) $9\,000\,000^2$ **b)** $4\,000\,000 \cdot 12\,000\,000$
c) $0{,}000000008^2$ **d)** $0{,}000003 \cdot 0{,}000713$
e) $0{,}000123 : 0{,}000000045$ **f)** $0{,}00094 : 213\,000\,000$

10 ① $12{,}34 \cdot 10^5 \cdot 500$ ② $0{,}1234 \cdot 10^7 \cdot 500$ ③ $1234 \cdot 10^3 \cdot 50$ ④ $12{,}34 \cdot 10^7 \cdot 5$

a) Berechne und vergleiche. Erläutere die Ursache für gleiche Werte.
b) Finde mindestens zwei weitere Beispiele derselben Art.

11

Pantoffeltierchen werden zwischen $5 \cdot 10^{-2}$ mm und $3{,}2 \cdot 10^{-1}$ mm lang. Sie sind außen von etwa 104 Wimpern umgeben. Als Nahrung fressen sie gerne die viel kleineren Bakterien, deren Durchmesser $3 \cdot 10^{-3}$ mm beträgt. Das Pantoffeltierchen teilt sich unter günstigen Bedingungen bis zu 7-mal am Tag. In einem Gefäß sind $2 \cdot 10^2$ Pantoffeltierchen.

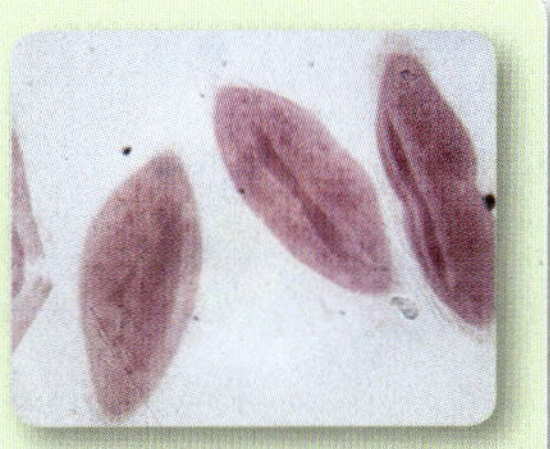

Mikroskopaufnahme von Pantoffeltierchen

a) Schreibe die Zahlen nochmals ohne Zehnerpotenzen.
b) Rechne die Längen in Meter und Mikrometer um.
c) Gib die Größe der Pantoffeltierchen an, wenn man sie unter 100-facher (1000-facher) Vergrößerung betrachtet.
d) Ermittle die Anzahl der Pantoffeltierchen nach einem Tag.

12 Speichermedien haben verschiedene Kapazitäten.

a) Vergleiche mithilfe von Zehnerpotenzen:
1 Byte, 1 Kilobyte (kB), 1 Megabyte (MB), 1 Gigabyte (GB), 1 Terabyte (TB)

Informiere dich wie in Aufgabe 6 über die Vorsilben.

b) Vergleiche die Speicherkapazität eines USB-Sticks (32 GB), einer DVD (8,5 GB) und einer externen Festplatte (1,5 TB) miteinander.
c) Eine Werbefirma möchte 225 kurze Videosequenzen mit je 12,5 GB auf einer externen Festplatte speichern. Bestimme, ob eine 2 TB-Platte reicht.
d) Eine vollgeschriebene DIN-A4-Seite hat etwa eine Datenmenge von 4 kB. Wie viele solcher Seiten lassen sich auf einem USB-Stick (16 GB) speichern?
e) Berechne die Zeit, die eine Schreibkraft brauchen würde, bis eine 8,5 GB-DVD voll ist, wenn sie 175 Byte pro Minute tippen kann.

13 Berechne mit dem Taschenrechner.

a) $0{,}0000000025 \cdot 0{,}0008$ **b)** $0{,}0157^5$ **c)** $(-4)^3$
d) $0{,}00075 : 250\,000\,000\,000$ **e)** $(-0{,}1234)^4$ **f)** $-12{,}5^4 \cdot 0{,}08^{-4}$
g) $2{,}54 \cdot 10^8 + 3{,}54 \cdot 10^9$ **h)** $0{,}0141^5$ **i)** $7^2 - 2^7$

1 Suche die richtige Lösung auf den Karten. Zwei Karten bleiben übrig.

a^4 | 0 | a^3 | a^2 | a^5 | a^7 | $4a$ | a^{12}

a) $a + a + a + a$ b) $a - a + a - a$ c) $a \cdot a \cdot a \cdot a$
d) $a^2 \cdot a^3$ e) $a^7 : a^5$ f) $(a^3)^4$

2 Es gilt: $256 = 16^2 = 4^4$. Wandle ebenso in Potenzen um und finde verschiedene Möglichkeiten.

a) 81 b) 2401 c) 625 d) $\frac{1}{16}$ e) $\frac{16}{81}$ f) $\frac{1}{10000}$

3 Schreibe als Potenz mit Basis 3.

a) 27; 81; 234; 2187 b) $\frac{1}{3}$; $\frac{1}{9}$; $\frac{1}{81}$; $\frac{1}{729}$

4 Berechne ohne Taschenrechner.

a) $3^3 \cdot 3^4$ b) $3^3 \cdot 5^3$ c) $8^{-6} : 4^{-6}$ d) $2^5 \cdot 5^5$
e) $51^4 : 17^4$ f) $3^{-1} \cdot 5^{-1}$ g) $(2^3)^2$ h) $(2^3)^{-1}$
i) $10^{-6} : 10^6$ j) $10^6 : 10^{-6}$ k) $12a^5 : 4b^{-5}$ l) $21n^7 : 3n^5$

5 Zerlege die Potenzen.

a) $24^6 = \square^6 \cdot \square^6$ b) $100^{20} = \square^{20} \cdot \square^{20}$ c) $12^2 = (\square \cdot \square)^2$ d) $2^{-9} = 2^9 : \square^9$

6 Vereinfache die Potenzen so weit wie möglich ($a, b, c \in \mathbb{Q}$; $n, m \in \mathbb{N}$).

a) $a^2 \cdot a^4 \cdot a^6$ b) $a^3 \cdot b^3 \cdot a^4 \cdot 2b^2$ c) $4^n \cdot 6^n$ d) $(3c^2)^4$
e) $b^2 : b^3 \cdot b^{-5}$ f) $3a^5 : a - (2{,}5a^2)^2$ g) $0{,}2^m \cdot (-3)^n \cdot 5^m$ h) $(1{,}5a^2c^3)^3$

7 Vergleiche die Terme. Was fällt dir auf?

1 $8^5 \cdot x^5 \cdot 3^5$
2 $24^6 \cdot x^5 \cdot 24^{-1}$
3 $6^5 \cdot x^2 \cdot x^3 \cdot 4^5$
4 $24^{10} \cdot x^{10} : (24x)^5$
5 $12 \cdot x^6 \cdot 12^4 \cdot 2^5 \cdot x^{-1}$
6 $(120 \cdot x^8) : (5 \cdot x^3)$
7 $6^2 : x^{-5}$
8 $6^2 \cdot x^{10} : x^5$
9 $6^5 \cdot x^5 \cdot 3^5 \cdot 2^5$

8 Setze <, > oder = so ein, dass eine wahre Aussage entsteht.

a) $6^4 : 6^3 \square 1$ b) $6^{-4} : 6^{-3} \square 1$ c) $0{,}2^2 : \left(\frac{1}{5}\right)^2 \square 1$
d) $3^4 \cdot 6^4 \square 1$ e) $(3 : 4)^3 \square 3^3 : 4^3$ f) $1^{-3} \cdot 0^4 \square 1$
g) $3^4 : 6^4 \square 1$ h) $(3 \cdot 4)^3 \square 3^2 \cdot 4^4$ i) $3^1 \cdot 3^3 \square 9^2$

9 Vereinfache die Terme. Vermeide negative Exponenten.

a) $2 \cdot 2^{-5}$ b) $a^2 \cdot a^{-3}$ c) $b^{-2} : b^{-3}$ d) $(c^2)^{-3}$
e) $5^0 \cdot 3^2 \cdot 3^{-3}$ f) $3 \cdot 10^{-3}$ g) $5^x \cdot 5^{-2x}$ h) $8^{-5} : 4^{-5}$
i) $\left(\left(\frac{1}{3}\right)^2\right)^{-1}$ j) $e^{-1} \cdot f^{-1}$ k) $2 \cdot 3^5 + 7 \cdot 3^5$ l) $(-5)^4 \cdot (-5)^3$
m) $\frac{(3p^{-6}q^3)^{-3}}{(2p^5q^{-2})^4}$ n) $\frac{27a^n}{20b^4} : \frac{9a^4}{12b^n}$ o) $\frac{a^2 \cdot a^3}{(a^2)^3}$ p) $\left(\frac{3ab}{5cd}\right)^4 \cdot \left(\frac{5c}{6a}\right)^3 \cdot \left(\frac{4b}{3d}\right)^2$

10 Hier stimmt doch was nicht. Finde die Fehler und berichtige.

a) $x^2 \cdot x^4 = x^8$ b) $5^a \cdot 7^a = 21^a$ c) $3^6 \cdot 4^6 = 7^6$
d) $20^4 : 4^4 = 5^0$ e) $4^2 \cdot 4^{-3} = 4$ f) $(a^2 \cdot a^{-3})^{-1} = a^{-1}$

11 Wende Rechengesetze zum vorteilhaften Berechnen der Terme an. Kontrolliere mit dem Taschenrechner.

a) $2{,}7 \cdot 10^6 + 4{,}3 \cdot 10^6$ b) $10{,}3 \cdot 10^9 - 4{,}3 \cdot 10^9$

c) $0{,}35 \cdot 10^6 + 65 \cdot 10^4$ d) $3{,}4 \cdot 10^{-5} + 4{,}6 \cdot 10^{-5}$

e) $6{,}8 \cdot 10^{-4} + 2{,}3 \cdot 10^{-4} + 9 \cdot 10^{-5}$ f) $0{,}00024 \cdot 10^4 + 0{,}0076 \cdot 10^3$

12 a) Schreibe ohne Zehnerpotenz.
$6 \cdot 10^2$; $3{,}21 \cdot 10^4$; $76 \cdot 10^{-3}$; $31 \cdot 10^{-2}$; $42 \cdot 10^4$; $20\,000 \cdot 10^{-6}$; $0{,}3 \cdot 10^{-4}$

b) Schreibe als Zehnerpotenz der Form $a \cdot 10^m$; $1 \leqq a < 10$, $m \in \mathbb{Z}$.
$3000 \cdot 200$; $0{,}535 \cdot 0{,}001$; $15\,000 \cdot 450$; $21\,200 \cdot 0{,}0003$; $0{,}000025 \cdot 6100$

13 Schreibe die Angaben als Zehnerpotenz und in Kurzform. Ordne anschließend die Länge der Größe nach.

Entfernung Berlin – München	$5{,}9 \cdot 10^5$ m	□
Entfernung Wohnort – Schule	□	□
Größe roter Blutkörperchen	$7 \cdot 10^{-6}$ m	□
Herpesvirus	□	180 nm
Abstand Augen – Heft	□ m	□
Dicke eines Haars	□ m	0,07 mm

Zehner-potenz	*Vorsilbe*	*Kurz-form*
10^{-3}	*Milli*	*m*
10^{-6}	*Mikro*	*μ*
10^{-9}	*Nano*	*n*
10^{-12}	*Piko*	*p*

14 Der Abstand unseres nächsten Nachbarplaneten Mars zur Erde schwankt zwischen 56 und 401 Millionen Kilometer. Schreibe die Entfernungen ...

a) ausführlich als Zahl. b) mithilfe einer Zehnerpotenz.

15 Eine Raumfähre umkreist mehrmals die Erde mit einer Geschwindigkeit von $2{,}8 \cdot 10^4 \frac{\text{km}}{\text{h}}$ und legt dabei $7{,}2 \cdot 10^6$ km zurück.

a) Berechne die Flugzeit der Raumfähre in h (d).

b) Welche Strecke legt die Raumfähre auf ihrer Umlaufbahn in 2 Tagen (30 Tagen, 50 Tagen) zurück? Runde geeignet.

c) Wie lange würde eine Raumfähre mit der Geschwindigkeit zum Mars benötigen, der im Schnitt $7{,}5 \cdot 10^7$ km von der Erde entfernt ist? Beurteile das Ergebnis.

16 Schreibe als Bruch und als Zehnerpotenz der Form $a \cdot 10^n$ ($n \in \mathbb{N}$).

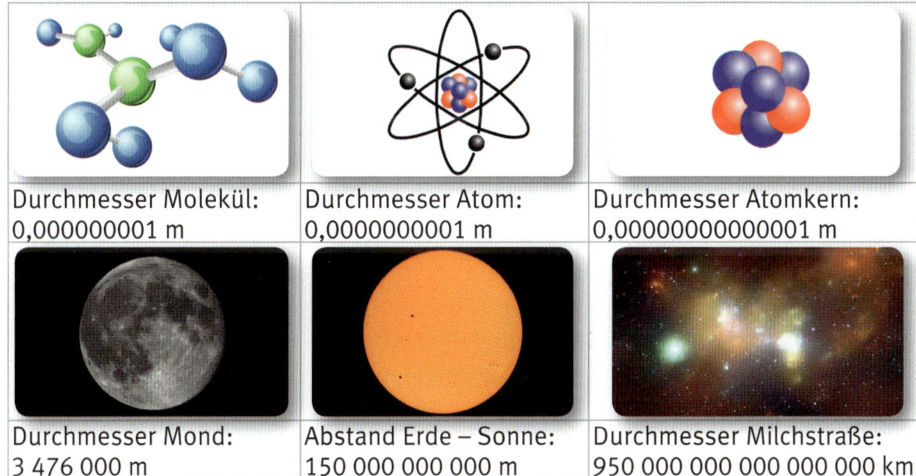

Durchmesser Molekül: 0,000000001 m

Durchmesser Atom: 0,0000000001 m

Durchmesser Atomkern: 0,00000000000001 m

Durchmesser Mond: 3 476 000 m

Abstand Erde – Sonne: 150 000 000 000 m

Durchmesser Milchstraße: 950 000 000 000 000 000 km

17 Zur Erforschung von Krankheiten und Medikamenten werden oftmals Bakterien gezüchtet, die in besonderen Nährlösungen besonders gut wachsen.
Bei Experimenten mit Bakterien hat Alexander Fleming (1881–1955, Nobelpreis 1945) im Jahre 1928 zufällig einen Stoff entdeckt, mit dem sich das Wachstum von Bakterien bekämpfen lässt. Das von ihm entdeckte Penicillin hat den Weg zur Bekämpfung vieler Krankheiten geebnet.
Bakterien können verschiedene Formen und Größen haben. Die Tabelle gibt einige Beispiele an.

a) Stelle die Zahlen ungekürzt und mithilfe von Zehnerpotenzen dar.

b) Das Bakterium „Thiomargarita" ist das größte Bakterium, das bisher entdeckt wurde. Schätze ab, wievielmal größer es als ein Bazillus (eine Hyphe) ist.

Form	Name	Länge
	Bazillus	0,8 µm
	Hyphe	5 µm
	Thiomargarita	0,75 mm

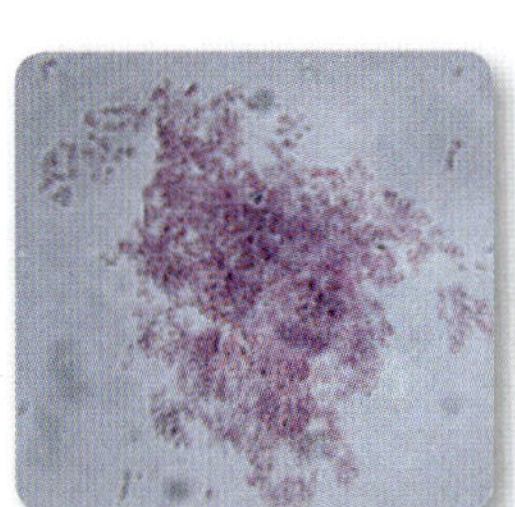

c) Eine Bakterienkolonie von 100 Hyphe-Bakterien wächst sehr schnell und verdoppelt ihre Anzahl alle 12 Stunden.
Berechne in 12-Stunden-Intervallen die Anzahl der Bakterien für die ersten 4 Tage mithilfe einer Tabelle.

d) Stelle das Wachstum grafisch dar.

e) Wie lange dauert es, bis in der Bakterienkultur mehr als $1 \cdot 10^6$ Bakterien sind?

18 Die Firma Jenoptik ist eines der führenden Unternehmen für optische Systeme, Messtechnik und Verkehrssicherheit. Jedes Jahr werden Millionen Euro in die Entwicklung und Erforschung neuer Produkte investiert.
Die Tabelle zeigt die Ausgaben in diesem Bereich in den Jahren 2012 bis 2015.

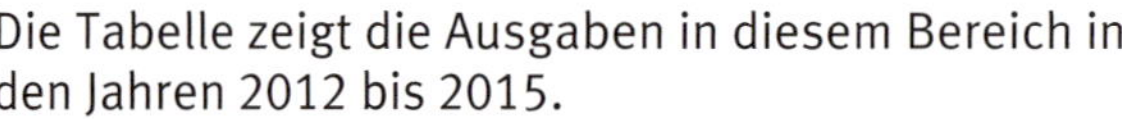

Jahr	Ausgaben in Tausend Euro
2012	34 137
2013	32 602
2014	30 034
2015	31 982

a) Stelle die Ausgaben mithilfe einer Zehnerpotenz in der Form $a \cdot 10^n$ dar, wobei a ...
① eine natürliche Zahl ist.
② eine Zahl zwischen 1 und 10 ist. Runde geeignet.

b) Berechne die Veränderung im Bereich Entwicklung und Erforschung neuer Produkte
① von 2012 auf 2015 in Euro und Prozent.
② die jährliche Zunahme (+) bzw. Abnahme (–) in Euro und Prozent.

c) Stelle die Ergebnisse von Aufgabe b) ② in einem geeigneten Diagramm dar.

d) Beurteile die Veränderungen.

Virales Marketing

Situationsbeschreibung

Du arbeitest in einem Unternehmen in der Werbeindustrie. Euer aktueller Auftraggeber möchte über virales Marketing sein neues Produkt bewerben. Die Werbung ist in einem Extremsportvideo versteckt, dass sich jetzt durch Teilen des Videos in einem sozialen Netzwerk verbreiten soll. Pro Tag wird nach ersten Schätzungen das Video an etwa 10 andere Nutzer versendet. Die relative Häufigkeit der Personen, die die Zielgruppe für das Produkt darstellt, beträgt nach vorher durchgeführten Auswertungen in etwa 20 Prozent. Der Anteil der Zielgruppe, der sich dann für das Produkt entscheidet und es auch kauft, beträgt in etwa 3 Prozent. Du bist Analyst für das Marketing und sollst die Effektivität dieser geplanten Werbemaßnahme bewerten. Außerdem ist bekannt, dass ein Video im Schnitt nach 7 Tagen fast nicht mehr geklickt wird.

Handlungsaufträge

1. Informiere dich über den Begriff virales Marketing und fasse dieses kurz in wenigen Sätzen zusammen.
2. Dein Auftraggeber möchte wissen, wie viele Personen nach 3, 5 oder 7 Tagen durch das Video erreicht wurden. Wie errechnet sich diese Zahl? Gibt es ein Gesetz? Diskutiere.
3. Wie viele Leute werden das Produkt wohl kaufen? Benutze die oben angegeben Daten. Halte deine Rechnungen schriftlich fest.
4. Diskutiere mit deinen Mitarbeitern mögliche Fehlerquellen, die unbedingt miteinbezogen werden müssen. Was heißt das für deine Berechnungen? Was könnte man tun um diese Fehlerquellen zu vermeiden? Schreibe auf.
5. Überlege dir, warum virales Marketing unter Umständen besser sein kann als beispielsweise eine Fernsehwerbung. Was hat das mit der Potenzrechnung zu tun?
6. Erstelle eine E-Mail an euren Auftraggeber, wo du anhand deiner Ergebnisse der obigen Arbeitsaufträge diese Werbemaßnahme genau bewertest. Was ist dein Fazit?

Lernsituation

Überprüfe deine Fähigkeiten und Kenntnisse. Bearbeite dazu die folgenden Aufgaben und bewerte anschließend deine Lösungen mit einem Smiley.

☺	😐	☹
Das kann ich!	Das kann ich fast!	Das kann ich noch nicht!

Hinweise zum Nacharbeiten findest du auf der folgenden Seite. Die Lösungen stehen im Anhang.

Aufgaben zur Einzelarbeit

1 Schreibe als Potenz und berechne.
a) $4 \cdot 4 \cdot 4 \cdot 4$ b) $-3 \cdot (-3) \cdot (-3)$
c) $\frac{1}{4} \cdot \frac{1}{4} \cdot \frac{1}{4} \cdot \frac{1}{4} \cdot \frac{1}{4}$ d) $-1{,}2 \cdot (-1{,}2)$

2 Vergleiche. Setze <, > oder =.
a) $3^4 \,\square\, 4^3$ b) $3^4 \,\square\, (-3)^4$ c) $-4^3 \,\square\, (-4)^3$
d) $-3^4 \,\square\, (-3)^4$ e) $-4^3 \,\square\, 4^3$ f) $4^4 \,\square\, -4^4$

3 Bestimme das fehlende Vorzeichen.
a) $4^2 = \square 16$; $(-4)^2 = \square 16$ b) $(+7)^3 = \square 343$; $(-7)^3 = \square 343$
c) $2{,}5^1 = \square 2{,}5$; $(-2{,}5)^1 = \square 2{,}5$ d) $6^{-2} = \square \frac{1}{36}$; $(-6)^{-2} = \square \frac{1}{36}$

4 ① $V = 8\ \text{cm}^3$ ② $V = 27\ \text{cm}^3$ ③ $V = 216\ \text{dm}^3$

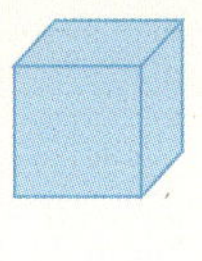
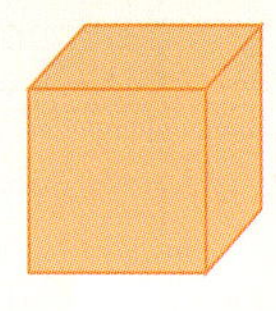

a) Bestimme die Kantenlängen der Würfel.
b) Schreibe das Volumen als Potenz.

5 Gegeben sind Würfel. Übertrage die Tabelle in dein Heft und vervollständige sie.

	Kantenlänge	Volumen	Oberfläche
a)	4 cm	▢	▢
b)	1,5 m	▢	▢
c)	▢	$729\ \text{cm}^3$	▢
d)	▢	$1000\ \text{m}^3$	▢
e)	▢	▢	$384\ \text{mm}^2$
f)	▢	▢	$121{,}5\ \text{m}^2$
g)	▢	▢	$661{,}5\ \text{dm}^2$

6 Schreibe als Quotient und berechne.
a) 3^{-2}; 4^{-1}; 5^{-3}; 9^{-1} b) $(-3)^{-1}$; $(-2)^{-6}$; $(-5)^{-3}$; -2^{-5}
c) $0{,}2^{-2}$; $0{,}5^{-4}$; $0{,}1^{-1}$ d) $\left(\frac{1}{3}\right)^2$; $\left(-\frac{2}{5}\right)^{-1}$; $\left(\frac{3}{4}\right)^{-3}$

7 Schreibe als Quotient.
a) a^{-3} b) b^{-5} c) c^{-6} d) $3d^{-4}$
e) $(xy)^{-4}$ f) xy^{-3} g) z^{-a} h) $(-x^2)^{-3}$

8 Vereinfache so weit wie möglich.
a) $x^3 \cdot x^4$ b) $y^5 \cdot y^{-2}$
c) $(-z)^5 \cdot (-z)^3$ d) $a^{-3} : a^{-2}$
e) $5b^2 \cdot 2b^3$ f) $5 \cdot (-c)^{-3} \cdot \frac{1}{5}(-c)^3$

9 Vereinfache so weit wie möglich und berechne dann.
a) $(-3)^4 \cdot 2^4$ b) $\left(\frac{1}{3}\right)^2 \cdot 9^2$
c) $\left(\frac{2}{5}\right)^{-2} \cdot \left(\frac{5}{2}\right)^{-2}$ d) $2{,}5^3 \cdot 4^3$
e) $\left(\frac{1}{6}\right)^{-3} \cdot (1{,}5)^{-3}$ f) $\left(\frac{3}{7}\right)^5 \cdot 7^5$

10 Schreibe ohne Klammer.
a) $(2a)^4$ b) $(1{,}5b^2)^3$
c) $\left(-\frac{1}{5}c^3\right)^4$ d) $(-6d^5)^2$
e) $\left(\frac{e^4}{6}\right)^3$ f) $(-0{,}2f^5)^1$

11 Vereinfache den Term und berechne.
a) $3^2 \cdot 3^{-5}$ b) $4^{-3} \cdot 4^6$ c) $5^3 : 5^5$
d) $2^6 : 2^{-3}$ e) $5^2 \cdot 4^2$ f) $\left(\frac{1}{2}\right)^{-3} \cdot (-4)^{-3}$
g) $8^3 : 0{,}2^3$ h) $1{,}25^{-2} : \left(\frac{2}{5}\right)^{-2}$ i) $\left(-\frac{2}{3}\right)^4 : \left(\frac{1}{9}\right)^4$
j) $(4^2)^{-3}$ k) $(0{,}8^{-3})^{-1}$ l) $(-3^5)^0$

12 Vereinfache die Terme so weit wie möglich.
a) $3x + 5x - 4x$ b) $-17c + 9c + 12c$
c) $1{,}5a + 2{,}5a - 0{,}5a$ d) $2{,}9x + 4{,}7x - 2{,}1x$
e) $9{,}3x + 6y - 5{,}8 - 11{,}11y$
f) $2st + 3st^2 - 6st - 3st^2$
g) $-\frac{1}{3}a^2b - \frac{1}{6}ab^2 - \frac{1}{9}a^2b - \frac{1}{12}ab^2$

13 Schreibe als Zehnerpotenz.
a) 1000; $\frac{1}{1000}$; 10 000 000; $\frac{1}{10\,000\,000}$
b) $\frac{1}{10}$; 100 000; 1; $\frac{1}{10\,000}$; $\frac{1}{1\,000\,000\,000}$

14 <, > oder =?
a) $3 \cdot 10^4 \,\square\, 30 \cdot 10^3$ b) $2{,}4 \cdot 10^7 \,\square\, 0{,}24 \cdot 10^8$
c) $1{,}5 \cdot 10^3 \,\square\, 15\,000$ d) $7{,}3 \cdot 10^5 \,\square\, 7300 \cdot 10^3$

15 ① Erdmasse:
5 970 000 000 000 000 000 000 000 kg

② Durchmesser Wassermolekül:
0,00000000028 m

③ Einwohnerzahl von Berlin: ca. 3 500 000

④ Fläche von Europa: 10 200 000 km^2

⑤ Dicke eines menschlichen Haares: 0,00005 m

Schreibe als Zehnerpotenz in der Form $a \cdot 10^n$, wobei a eine …

a) möglichst kleine natürliche Zahl ist.

b) Zahl zwischen 1 und 10 ist.

16 Der Mond braucht für einen Umlauf um die Erde 27,322 Tage.
Wie viele Minuten (Sekunden) sind das? Schreibe als Zehnerpotenz. Runde geeignet.

17 Schreibe als Dezimalzahl.

a) Durchschnittliche Entfernung Erde – Sonne: $1{,}5 \cdot 10^8$ km

b) Sonnenmasse: ca. $2 \cdot 10^{30}$ kg

c) Sonnendurchmesser: $1{,}4 \cdot 10^6$ km

d) Dicke von Blattgold: $5 \cdot 10^{-8}$ m

e) Masse eines Blattgoldstreifens: $2{,}5 \cdot 10^{-2}$ g

Aufgaben für Lernpartner

Arbeitsschritte

① Bearbeite die folgenden Aufgaben alleine.

② Suche dir einen Partner und erkläre ihm deine Lösungen. Höre aufmerksam und gewissenhaft zu, wenn dein Partner dir seine Lösungen erklärt.

③ Korrigiere gegebenenfalls deine Antworten und benutze dazu eine andere Farbe.

Sind folgende Behauptungen **richtig** oder **falsch**? Begründe schriftlich.

18 Ein Quadrat mit dem Flächeninhalt 5 m^2 hat die Seitenlänge 2,5 m.

19 Ein Würfel mit der Kantenlänge a = 10 cm hat das Volumen 10 cm^3.

20 $(-3)^2 = -3^2$, weil der Exponent gerade ist.

21 $2^4 = 4^2$, also sind Basis und Exponent bei einer Potenz stets vertauschbar.

22 Potenziert man eine negative Zahl mit einem geraden Exponenten, dann ist das Ergebnis immer positiv.

23 Der Exponent −1 bewirkt bei einer Potenz, dass sich das Vorzeichen des Potenzwertes umkehrt.

24 Ein negativer Exponent bewirkt, dass sich das Vorzeichen vor der Potenz umkehrt: $a^{-n} = -a^n$.

25 Zwei Potenzen mit gleicher Basis werden multipliziert, indem man ihre Exponenten multipliziert und die Basis beibehält.

26 Werden Potenzen mit gleichem Exponenten multipliziert, so werden die Basen multipliziert und der gemeinsame Exponent bleibt erhalten.

27 Wird eine Potenz potenziert, dann werden die Exponenten addiert.

28 Zehnerpotenzen sind Potenzen mit der Basis 10.

29 $\left(\frac{1}{5}\right)^{-2} \cdot 2^2$ kann man vereinfachen zu
$5^2 \cdot 2^2 = 10^2 = 100$

30 Wenn bei einer Potenz der Exponent ungerade ist, ist der Wert der Potenz stets positiv.

Aufgabe	Ich kann …	Hilfe
1, 2, 3, 6, 7, 20, 21, 22	Potenzen mit positiven und negativen Exponenten verwenden und berechnen.	S. 14
4, 5, 18, 19	Potenzen in geometrischen Zusammenhängen verwenden.	S. 14
8, 9, 10, 11, 23, 24, 25, 26, 27, 30	Potenzgesetze anwenden.	S. 16 S. 18
12, 29	Terme vereinfachen.	S. 16 S. 18
13, 14, 15, 16, 17, 28	Zahlen als Zehnerpotenzen schreiben und lesen.	S. 20

Seite	Beispiel	Merke
S. 14	5 gleiche Faktoren: $2\cdot2\cdot2\cdot2\cdot2$ = Potenz: 2^5 = Wert: 32 2^5 (2: Basis, 5: Exponent) 16 ist eine Quadratzahl, denn $4^2 = 16$. 64 ist eine Kubikzahl, denn $4^3 = 64$. 64 ist auch eine Quadratzahl, denn $8^2 = 64$.	Die **Potenz** ist eine **Kurzschreibweise** für ein Produkt aus lauter gleichen rationalen Zahlen oder Variablen. $a^n = \underbrace{a\cdot a\cdot a\cdot\ldots\cdot a}_{n\text{ Faktoren}}$ $a \neq 0$ • Die Potenz $a^2 = a\cdot a$ ($a \in \mathbb{N}$) nennt man Quadratzahl. • Die Potenz $a^3 = a\cdot a\cdot a$ ($a \in \mathbb{N}$) nennt man Kubikzahl.
S. 14	$(-4)^4 = (-4)\cdot(-4)\cdot(-4)\cdot(-4) = +256$ $(-4)^3 = (-4)\cdot(-4)\cdot(-4) = -64$	Bei einer negativen Zahl als Basis gilt: • Ist der **Exponent** eine **gerade Zahl**, ist der **Wert der Potenz** stets **positiv**. • Ist der **Exponent** eine **ungerade Zahl, ist der Wert der Potenz** stets **negativ**.
S. 16	$4x^2 + 6x - 7x^2 = -3x^2 + 6x$ $-7x^3 + 5x^2 + 4x^3 - 3x^2 = -3x^3 + 2x^2$ $a^m \cdot a^n = a^{m+n}$ $(-3)^5\cdot(-3)^3 = (-3)^{5+3} = (-3)^8$ $a^m : a^n = a^{m-n}$ $(-3)^5 : (-3)^3 = (-3)^{5-3} = (-3)^2$	Bei **Termen** kann man nur solche **Summanden zusammenfassen**, deren Potenzen die gleiche Basis und den gleichen Exponenten haben. In dem Fall werden nur die Koeffizienten vor den Potenzen addiert bzw. subtrahiert. Werden zwei **Potenzen mit gleicher Basis** multipliziert (dividiert), dann bleibt die **Basis erhalten** und der Exponent ist die **Summe (Differenz) der Exponenten**. Beachte für $a \neq 0$: $a^1 = a$; $a^0 = 1$; $a^{-n} = \frac{1}{a^n}$
S. 18	$a^n \cdot b^n = (a\cdot b)^n$ $(-8)^5\cdot 2^5 = (-8\cdot 2)^5 = (-16)^5$ $a^n : b^n = (a : b)^n$ $(-8)^5 : 2^5 = (-8 : 2)^5 = (-4)^5$	Werden zwei Potenzen mit demselben Exponenten multipliziert (dividiert), dann bleibt der **gemeinsame Exponent** erhalten. Die Basis ist dabei **das Produkt (der Quotient) der einzelnen Basen.**
S. 18	$(a^m)^n = a^{m\cdot n}$ $(7^3)^5 = 7^3\cdot7^3\cdot7^3\cdot7^3\cdot7^3 = 7^{3+3+3+3+3} = 7^{5\cdot3} = 7^{15}$	Wird eine Potenz potenziert, dann werden die **Exponenten multipliziert** und die **Basis bleibt erhalten.**
S. 20	… $\frac{1}{100} = \frac{1}{10^2} = 10^{-2} = 0{,}01$ $\frac{1}{10} = \frac{1}{10^1} = 10^{-1} = 0{,}1$ $1 = 10^0$ $10 = 10^1$ $100 = 10^2$ …	Potenzen mit der **Basis 10** werden als **Zehnerpotenzen** bezeichnet. Der **Exponent einer Zehnerpotenz** gibt an, um wie viele Stellen das **Komma zu verschieben** ist. Zehnerpotenzen werden verwendet, um sehr große oder sehr kleine Zahlen darzustellen.

2 Prozent- und Zinsrechnung

Einstieg

Bei vielen Schülern ist der Wunsch nach einem Tablet-PC sehr groß. Da diese sehr teuer sind, reicht das ersparte Geld meistens nicht aus.
Im Folgenden findest du Möglichkeiten, einen Tablet-PC zu finanzieren.

- Berechne für jedes Angebot den Gesamtpreis und vergleiche die Angebote. Welches ist die „teuerste" Variante?
- Erkläre, warum die Preise bei der Ratenzahlung höher sind als beim Sofortkauf.
- Überlege, wie man den prozentualen Unterschied der Preise innerhalb eines Angebots berechnen kann.
- Was passiert, wenn die monatlich zu zahlenden Raten nicht mehr gezahlt werden können? Informiere dich auch im Internet.
- Gibt es Argumente, die dafür sprechen, nicht das billigste Angebot zu wählen? Diskutiere mit deinem Banknachbarn.

Internetshop

Verkaufspreis	480 €
Laufzeit*	18 Monate
Höhe der Rate	28 €

Elektronikmarkt

Verkaufspreis	500 €
Laufzeit*	20 Monate
Höhe der Rate	26 €

Fachhändler

Verkaufspreis	510 €
Laufzeit*	16 Monate
Höhe der Rate	34 €

*Die Laufzeit legt fest, wie viele Raten du bezahlen musst, bis das Tablet dir gehört.

Ausblick

Am Ende dieses Kapitels hast du gelernt, ...

- dass die Zinsrechnung eine Anwendung der Prozentrechnung ist.
- welche Begriffe und Grundaufgaben in der Zinsrechnung verwendet werden.
- einfache Aufgaben zur Zinsrechnung aus dem Alltag zu bearbeiten.

Das Fernsehprogramm wird immer wieder von Werbung unterbrochen, mit der die Fernsehsender Geld verdienen. Es gilt folgender rechtlicher Rahmen:

> Werbung darf 20 Prozent des gesamten Programms nicht überschreiten.
> Zwischen zwei Werbeblöcken muss mindestens ein Abstand von 20 Minuten liegen.

- Wie viele Minuten Werbung dürfen demnach pro Stunde ausgestrahlt werden?

Bei einer Untersuchung stellt Marius fest, dass während eines Spielfilms, der 95 min dauert, 17 min Werbung gezeigt wird. Eine Sportsendung, die um 18.10 beginnt und um 20.00 Uhr endet, wird von 24 min Werbung unterbrochen.

- Werden die rechtlichen Bestimmungen eingehalten?
- Wie lang darf die maximale Werbezeit für die Sendungen sein?
- Wie lang muss eine Sendung mit 12 min (18 min) Werbung mindestens dauern?

Hundertstelbruch ↓ Prozent ↓

$0{,}35 = \frac{35}{100} = \frac{7}{20} = 35\ \%$

↑ Dezimalbruch ↑ gekürzter Bruch

Merkwissen

Anteile lassen sich durch einen **Bruch**, **Dezimalbruch** oder durch **Prozente** beschreiben und vergleichen. Vergleicht man Anteile, spricht man von einem **relativen Vergleich**.

In der Prozentrechnung wird mit dem Grundwert GW „das Ganze" bezeichnet, mit dem Prozentwert PW der Teil vom Ganzen und mit dem Prozentsatz p % der Anteil vom Ganzen.

Beispiel:
16 Schüler von 25 Schülern haben ein Smartphone. Das sind $\frac{16}{25} = \frac{64}{100} = 64\ \%$.

16 Schüler ↑ Prozentwert PW; 25 Schülern ↑ Grundwert GW; 64 ↑ Prozentsatz p

Bei den Grundaufgaben der Prozentrechnung ist entweder der Grundwert GW, der Prozentwert PW oder der Prozentsatz p gesucht. Zwischen zwei bekannten Größen besteht jeweils ein **direkt proportionaler Zusammenhang**, sodass sich die dritte Größe mit dem **Dreisatz** berechnen lässt.

Beispiele

I Wie viel Prozent sind 90 cm von 300 cm? Berechne auf verschiedene Arten.

Lösungsmöglichkeiten:
Gegeben: Grundwert GW = 300 cm; Prozentwert PW = 90 cm
Gesucht: Prozentsatz p
Rechnung:

① Tabelle mit Dreisatz

	Länge	Prozentsatz p	
: 10	300 cm	100	: 10
· 3	30 cm	10	· 3
	90 cm	30	

② Anteil (Formel)

$p\% = \frac{PW}{GW}$

$p\% = \frac{90\ \text{cm}}{300\ \text{cm}} = \frac{30}{100} = 30\%$

Somit ist p = 30.

Der Quotient aus Prozentwert PW und Grundwert GW entspricht dem gesuchten Prozentsatz p in %.

Antwort: 90 cm sind 30 % von 300 cm.

II Wie viel sind 3 % von 1200 €? Berechne auf verschiedene Arten.

Lösungsmöglichkeiten:
Gegeben: Grundwert GW = 1200 €; Prozentsatz p = 3
Gesucht: Prozentwert PW
Rechnung:

1 Tabelle mit Dreisatz	2 Teil vom Ganzen (Formel)
Prozentsatz p | Geldbetrag : 100 (100 | 1200 €) : 100 1 | 12 € · 3 (3 | 36 €) · 3	$PW = GW \cdot \frac{p}{100}$ $PW = 1200\,€ \cdot \frac{3}{100} = 36\,€$

Wird der Grundwert GW in 100 gleich große Teile zerlegt, von denen p genommen werden, dann erhält man den Prozentwert PW.

Antwort: 3 % von 1200 € sind 36 €.

III 60 % sind 84 €. Wie groß ist das Ganze? Berechne auf verschiedene Arten.

Lösungsmöglichkeiten:
Gegeben: Prozentwert PW = 84 €; Prozentsatz p = 60
Gesucht: Grundwert GW
Rechnung:

1 Tabelle mit Dreisatz	2 Vom Teil zum Ganzen (Formel)
Prozentsatz p | Geldbetrag : 6 (60 | 84 €) : 6 10 | 14 € · 10 (100 | 140 €) · 10	$GW = PW \cdot \frac{100}{p}$ bzw. $GW = 84\,€ \cdot \frac{100}{60} = 140\,€$

Wird der Prozentwert PW in p Teile zerlegt, dann erhält man 1 Teil. 100 dieser Teile entsprechen dann dem Grundwert GW.

Antwort: Wenn 60 % 84 € sind, dann entsprechen dem Ganzen 140 €.

Verständnis

- Die Angabe eines Anteils in Prozent ist genauer als die Angabe als Bruch. Stimmt das?
- Gilt folgender Zusammenhang? „Wenn der Grundwert gleich bleibt, dann ist der Prozentwert umso größer, je größer der Prozentsatz ist." Begründe.

Aufgaben

1 Ordne die Begriffe Grundwert GW, Prozentwert PW und Prozentsatz p den Angaben in den Aufgaben zu.

a) In der Klasse 8a sind 25 Schüler. 17 von ihnen kommen mit dem Bus zur Schule. Das sind 68 %.

b) Hefeteig muss vor dem Backen erst aufgehen. Sein Volumen nimmt dabei etwa 150 % des ursprünglichen Volumens ein. Hatte der Teig zu Beginn ein Volumen von 1200 cm³, dann waren es zum Schluss 1800 cm³.

c) In einer Schokocreme sind 56 % Zucker enthalten. Bei einem Glas mit 250 g Inhalt sind das immerhin 140 g Zucker.

d) Eine Kuh verbringt bis zu 25% des Tages mit Wiederkäuen, das sind 6 h.

e) Ein Liter Apfelschorle enthält 60 % Apfelsaft. Das sind 600 ml.

2 Berechne den Prozentsatz im Kopf.

a) 27 von 100 Mädchen b) 66 von 200 Autos c) 90 von 300 Bonbons
d) 56 kg von 800 kg e) 250 kg von 0,75 t f) 30 cm von 20 cm
g) 90 min von 2 h h) 6 m von 10 m i) 17 h von 51 h

Lösungen zu 3:
16; 17; 48; 50; 105

3 Berechne den Prozentsatz auf verschiedene Arten wie in Beispiel I Seite 32.

	a)	b)	c)	d)	e)
Grundwert GW	78 min	475 kg	80 m	26,50 l	9200 €
Prozentwert PW	39 min	76 kg	13,6 m	12,72 l	9660 €

4 Berechne den Prozentwert im Kopf.

a) 25 % von 40 € b) 10 % von 270 m c) 50 % von 125 l
d) 20 % von 15 min e) 60 % von 450 kg f) 75 % von 2 h
g) 5 % von 420 € h) 15 % von 300 t i) 12,5 % von 80 cm

Lösungen zu 5:
49,14; 53,55; 56,28;
61,23; 61,36
Die Einheiten sind nicht angegeben.

5 Berechne den Prozentwert auf verschiedene Arten wie in Beispiel II Seite 33.

	a)	b)	c)	d)	e)
Grundwert GW	268 m	357 kg	472 €	45,5 t	78,5 l
Prozentsatz p	21	15	13	108	78

6 Berechne den Grundwert im Kopf.

a) 24 m sind 50 %. b) 150 € sind 10 %. c) 4 s sind 20 %.
d) 2,5 t sind 25 %. e) 2,1 cm sind 1 %. f) 3 kg sind 2 %.
g) 360 € sind 75 %. h) 1 h sind 60 %. i) 5,60 € sind 80 %.

Lösungen zu 7:
15,5; 246; 280; 345; 390
Die Einheiten sind nicht angegeben.

7 Berechne den Grundwert auf verschiedene Arten wie in Beispiel III Seite 33.

	a)	b)	c)	d)	e)
Prozentwert PW	79,35 €	12,09 kg	27,06 m	171,60 €	156,8 g
Prozentsatz p	23	78	11	44	56

8 Familie Koschitz bezahlt monatlich 443 € Miete. Der Vermieter lässt das Badezimmer renovieren und erhöht die Miete um 6 %. Wie hoch ist die Mieterhöhung?

9 Ein Architekt erhält üblicherweise 3,5 % der Bausumme als Honorar. Wie hoch ist die Bausumme, wenn er 8470 € erhält?

10 Das Land Bayern gab im Jahr 2014 etwa 48 Mrd. € aus und hatte ein Defizit von etwa 175 Millionen €. Wie viel Prozent sind das?

11 Das Statistische Bundesamt erfasst regelmäßig Preisänderungen. Übertrage die Tabelle in dein Heft und berechne die fehlenden Angaben.

Runde geeignet.

Das Vorzeichen „+“ zeigt eine Preiserhöhung an, das Vorzeichen „−“ eine Preissenkung.

	T-Shirt	Milch	Salat	Handy	Auto
alter Preis	5,50 €	0,79 €	☐	78,50 €	18 600 €
Preisänderung in ... %	+ 6	☐	− 5	☐	☐
Preisänderung in €	☐	☐	− 0,04 €	☐	+ 837 €
neuer Preis	☐	0,89 €	☐	75,36 €	☐

12 Das Kreisdiagramm zeigt die Kulturausgaben einer Gemeinde.

a) Wie viel Prozent der Ausgaben entfallen auf die einzelnen Bereiche? Entnimm die notwendigen Angaben dem Diagramm.

b) Für die Musikschule werden 45 500 € bezahlt. Wie viel € entfallen auf die anderen Bereiche? Runde geeignet.

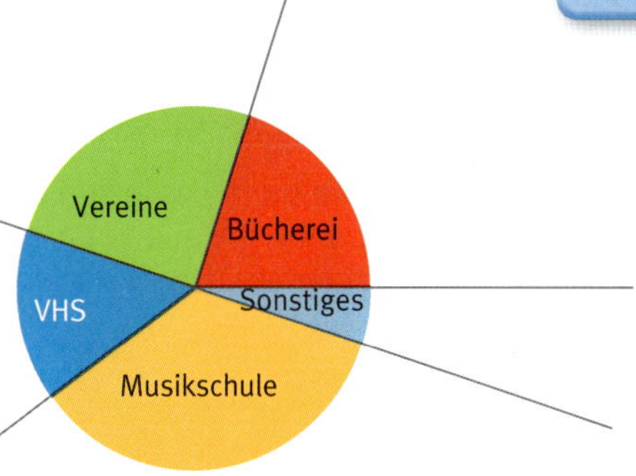

13 Die Bundesanstalt für Arbeit gibt jedes Jahr ein Diagramm für die am häufigsten nachgefragten Ausbildungsberufe („Top Ten") von Männern und Frauen heraus.

1 Männer

Beruf	Anzahl
Kraftfahrzeugmechatroniker	21 600
Kaufmann im Einzelhandel	20 900
Industriemechaniker	14 200
Koch	13 200
Bürokaufmann	11 800
Tischler	10 400
Verkäufer	9800
Maler und Lackierer	9400
Industriekaufmann	8400
Metallbauer	7800

2 Frauen

Beruf	Anzahl
Kauffrau im Einzelhandel	29 400
Bürokauffrau	25 600
Verkäuferin	23 200
Friseurin	23 000
Medizinische Fachangestellte	20 700
Industriekauffrau	10 300
Hotelfachfrau	9300
Kauffrau für Bürokommunikation	7200
Zahnmedizinische Fachangestellte	6600
Floristin	5200

a) Wie viel Prozent entfallen innerhalb der 10 beliebtesten Ausbildungsberufe auf die einzelnen Berufsfelder? Trenne nach Geschlechtern.

b) Stelle den Sachverhalt in einem Kreisdiagramm (Streifendiagramm) dar.

c) Vergleiche die Berufswünsche miteinander.

Lifestyle

Gesunde Ernährung

Eine Ernährungspyramide gibt an, welche Nahrungsgruppen man häufig und welche seltener essen sollte.

- Bestimme die prozentualen Anteile für die einzelnen Nahrungsgruppen. Wofür steht wohl welches Symbol?
- Übersetze die Angaben in ein Kreisdiagramm. Welche Vor- und Nachteile hat es gegenüber der Pyramide?

An vielen Lebensmitteln wird heute gekennzeichnet, wie viel des Tagesbedarfs an einzelnen Inhaltsstoffen durch eine Portion abgedeckt ist.

- Bestimme die Tagesmenge, die den einzelnen Angaben zugrunde liegt.
- Bestimme die Werte der einzelnen Inhaltsstoffe bezogen auf 100 ml bzw. 100 g.

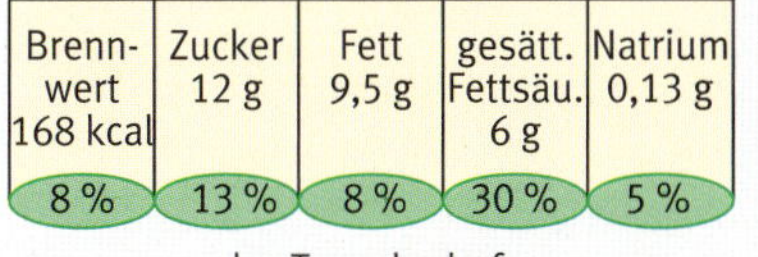

1 Glas Milch (250 ml) enthält:

Brennwert	Zucker	Fett	gesätt. Fettsäu.	Natrium
168 kcal	12 g	9,5 g	6 g	0,13 g
8 %	13 %	8 %	30 %	5 %

des Tagesbedarfs

1 Portion Chips (30 g) enthält:

Brennwert	Zucker	Fett	gesätt. Fettsäu.	Natrium
162 kcal	0,7 g	11 g	6 g	0,2 g
7 %	1 %	15 %	5 %	8 %

des Tagesbedarfs

Ein Elektromarkt wirbt mit einer Anzeige.

Bestimme die reduzierten Preise, wenn jeweils 20 % abgezogen werden.

Merkwissen

Entspricht der neue Grundwert einem Prozentsatz von **mehr** (**weniger**) **als 100**, so spricht man von einem **vermehrten** (**verminderten**) **Grundwert**.

Beispiel:

0,5 l Eistee kosten inkl. 10 % Bedienungsgeld 3,30 €.

	$GW_{vermehrt}$	GW
Preis in €	3,30	☐
Prozentsatz p	100 + 10	100

Preis für Eistee ohne Bedienungsgeld: 100 %	Bedienungsgeld: 10 %
Preis, der zu zahlen ist: 110 %	

$GW_{vermehrt} = 3{,}30\ €$

$GW = \frac{3{,}30\ €}{110} \cdot 100 = 3{,}00\ €$

Preis ohne Bedienungsgeld: 3,00 €

Der Preis eines Snakeboards wurde um 20 % reduziert. Es kostet jetzt noch 52 €.

	$GW_{vermindert}$	GW
Preis in €	52	☐
Prozentsatz p	100 – 20	100

ursprünglicher Verkaufspreis: 100 %	
Preis, der zu zahlen ist: 80 %	Nachlass: 20 %

$GW_{vermindert} = 52\ €$

$GW = \frac{52\ €}{80} \cdot 100 = 65\ €$

Ursprünglicher Preis: 65 €

Das gegebene Zahlenpaar ist immer Ausgangspunkt der Berechnung.

Beispiele

I Im Einkauf kostet ein Skate-Roller 40 €. Beim Verkauf schlägt ein Geschäft 19% drauf. Wie teuer ist der Roller jetzt? Rechne auf verschiedene Arten.

Lösung:

Gegeben: GW = 40 €; p = 119

Gesucht: $GW_{vermehrt}$:

Rechnung:

1 Tabelle mit Dreisatz:

	Prozentsatz p	Geldbetrag	
: 100	100	40 €	: 100
· 119	1	0,40 €	· 119
	119	47,60 €	

2 mithilfe des Prozentsatzes:

$GW_{vermehrt} = GW \cdot \frac{p}{100}$

$GW_{vermehrt} = 40\ € \cdot \frac{119}{100} = 47{,}60\ €$

Antwort: Der Skate-Roller wird für 47,60 € verkauft.

Verständnis

- Nenne Beispiele für vermehrte bzw. verminderte Grundwerte aus dem Alltag.
- Ein Preis wird um 2 % erhöht. Entspricht der vermehrte Grundwert 120% oder 102%? Begründe.
- Der vermehrte Grundwert entspricht stets mehr als 100 %. Richtig? Begründe.

Aufgaben

1 Gib den vermehrten bzw. verminderten Prozentsatz an.

a) Preiserhöhung um 5 % **b)** 20 % Rabatt **c)** Preisnachlass 12 %
d) Wertsteigerung 30 % **e)** Preisminderung von 9 % **f)** ein Viertel mehr

2 Übertrage die Tabellen in dein Heft und vervollständige sie.

a)

Länge in cm	12	▢
Prozentsatz p	60	100

b)

Preis in €	62,72	▢
Prozentsatz p	112	100

c)

Masse in kg	82,46	▢
Prozentsatz p	95	100

d)

Fläche in cm^2	107,44	▢
Prozentsatz p	85	100

3 Im Alltag kommen oft Prozentsätze vor, die eine bestimmte Bedeutung haben.

rabatto (ital.): Abschlag
sconto (ital.): Abzug

Der Staat verlangt einen **Preisaufschlag** auf alle Waren und Dienstleistungen: die **Mehrwertsteuer (MwSt.)**. In Verkaufspreisen ist diese Steuer bereits eingerechnet, sie muss aber auf den Rechnungen und Quittungen ausgewiesen werden.

Rechnungsbetrag des Geschäfts: 100 % | MwSt.: z. B. 19 %
Verkaufspreis: 119 %

Wachstumsfaktor

Preise ohne Mehrwertsteuer —(· 1,19)→ Preis mit Mehrwertsteuer

Mit den Wachstums- und Abnahmefaktoren lassen sich schnell und einfach vermehrte bzw. verminderte Grundwerte bestimmen.

Einen **Preisnachlass** bezeichnet man als **Rabatt**. Wird eine Rechnung innerhalb einer bestimmten Zeit bezahlt, dann wird der Rabatt auch **Skonto** genannt.

Verkaufspreis: 100 %
ermäßigter Verkaufspreis: 80 % | Nachlass: z. B. 20 %

Abnahmefaktor

Ursprünglicher Preis —(· 0,80)→ Ermäßigter Preis

Normalpreis: 490,- €
Rabatt: 20 %
Skonto bei 10 Tagen: 2 %
Skonto bei 30 Tagen: 1 %

a) Skonto ist manchmal zeitlich gestaffelt. Je nach Zahlungstermin wird ein unterschiedlicher Preisnachlass gewährt. Erkläre den Nutzen.

b) Wie teuer ist das Fahrrad, wenn man innerhalb von 10 (30) Tagen bezahlt?

4 Wie viel € bekommt der Staat?

1. Eine Autoreparatur kostet inklusive 19 % MwSt. 661,64 €.
2. Der Verkaufspreis eines Autos beträgt mit 19 % MwSt. 28 048,30 €.
3. Ein Großmarkt bezieht Lebensmittel einschließlich 7 % MwSt. im Wert von 406,60 €.

In Deutschland gibt es zwei unterschiedliche Mehrwertsteuersätze: 19 % MwSt. bzw. der reduzierte Satz von 7 %.

5 Die Angaben stehen für den Prozentsatz, der dem vermehrten oder verminderten Grundwert entspricht bzw. den zugehörigen Faktor als Dezimalzahl. Gib die Erhöhung bzw. die Minderung in Prozent an und beschreibe sie in Worten.

a) 120 %; 95 %; 104 %; 83 %; 101 % **b)** 0,99; 1,1; 1,25; 0,84; 1,02

c) 77 %; 175 %; 1,8; 81 %; 0,9 **d)** 2; 2 %; 1,5; 50 %; 0,5

6

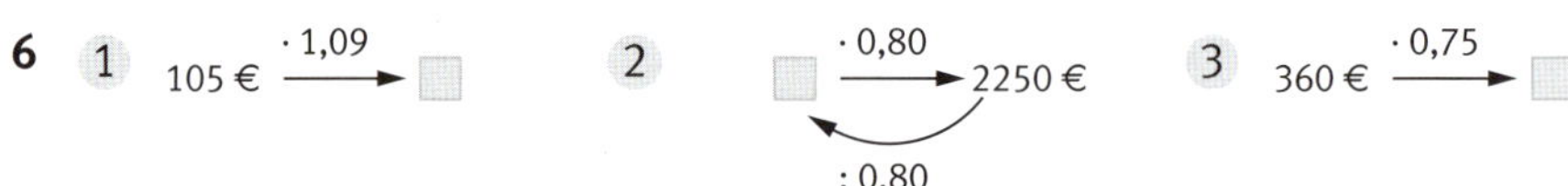

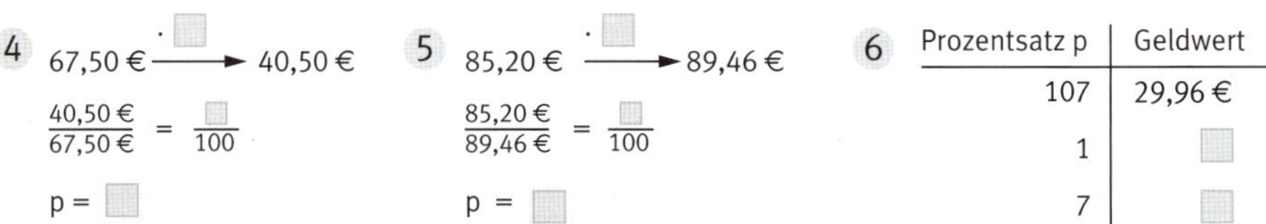

Prozentsatz p	Geldwert
107	29,96 €
1	
7	

a) Erkläre die Rechenwege. Berechne die fehlende Größe.

b) Ordne die Begriffe vermehrter bzw. verminderter Grundwert, Grundwert, Prozentwert, vermehrter bzw. verminderter Prozentsatz den Angaben zu.

c) Erfinde eine Textaufgabe zu jeder Rechnung.

7 Übertrage die Tabelle in dein Heft und ergänze die fehlenden Angaben.

Ein „+"-Zeichen zeigt bei der Änderung eine Erhöhung an, ein „–"-Zeichen eine Reduzierung.

	a)	b)	c)	d)	e)	f)
alter Preis	340 €	125 €	1450 €			
Änderung um ... %	+ 8			– 25		
vermehrter/verminderter Grundwert entspricht ... %		83			112	
Wachstums- bzw. Abnahmefaktor			1,02			0,9
neuer Preis				243 €	4032 €	567 €

8 Berechne die neuen Preise. Runde geeignet.

*außer Tiernahrung

9 Die folgenden Preise enthalten 19 % MwSt. Wie hoch ist der Preis ohne Mehrwertsteuer? Berechne auf verschiedene Arten. Runde geeignet.

10 Herr Groß ist übergewichtig und wiegt 106 kg. Mit Sport und gesunder Ernährung möchte er ein Gewicht von 97 kg erreichen. Um wie viel Prozent soll sich das Gewicht reduzieren?

11 Was bedeuten eigentlich „Brutto“ und „Netto“?

Das Wort „**Brutto**“ bezeichnet eine Gesamtgröße, bei der **sämtliche Zuschläge** enthalten sind. Demgegenüber bezeichnet das Wort „**Netto**“ die Größe **nach Abzug aller Zuschläge**. Die Zuschläge werden auch als **Tara** bezeichnet.

Brutto: 100 %	
Netto: 60 %	Abgaben (Tara): z. B. 40 %

Beispiele:

- Der Bruttolohn wurde noch nicht um Steuern und Versicherungen reduziert. Den Nettolohn bekommt man dann ausbezahlt:
  Bruttolohn – Abgaben = Nettolohn
- Das Bruttogewicht beinhaltet die Masse der Ware (Nettogewicht) und seiner Verpackungen (Tara): Nettogewicht + Tara = Bruttogewicht

a) Bei verschiedenen Artikeln ist die Masse der Verpackung im Vergleich zur eigentlichen Ware sehr hoch. Suche nach Beispielen aus deiner Umwelt.

b) Übertrage die Tabelle in dein Heft und berechne jeweils die fehlende Größe.

		1	2	3	4	5	6
Brutto	56 kg	50 kg				150 g	2,5 t
Tara	*12,88 kg*		0,1 t	20g	5,4 kg		
Anteil Tara	23 %	5 %	2,9 %	5,7 %			8 %
Netto	*43,12 kg*				39,6 kg	108 g	

Lösungen zu 11:
12; 330; 42; 3,4; 47,5; 350; 0,2; 2,3; 45; 3,3; 2,5

Alltag

Mehrwertsteuerrechner

Mit einem Tabellenprogramm lässt sich ein Mehrwertsteuerrechner erstellen.

- Welche Formel musst du in die Zelle B3 eintragen?
- Prüfe mit dem Programm Einkaufszettel von zuhause nach. Die Mehrwertsteuer muss jeweils angegeben sein.

	A	B
1	**Mehrwertsteuerrechner**	
2	Preis mit MwSt.	130,00 €
3	Preis ohne MwSt.	109,24 €
4	Mehrwertsteuer	=B2-B3

Bei vielen Grundnahrungsmitteln, bei Büchern, aber auch bei Kunstwerken und einigen Tierarten erhebt der Staat nur einen reduzierten Mehrwertsteuersatz von 7 %.

- Wandle dein Tabellenblatt so ab, dass du die Mehrwertsteuer für verschiedene Sätze bestimmen kannst.
- Für die folgenden Produkte gilt der reduzierte Satz. Wie viel Mehrwertsteuer erhält der Staat? Wie viel entgeht dem Staat im Vergleich zum vollen Satz? Finde weitere Beispiele.

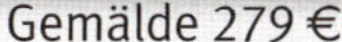
Gemälde 279 €

Maulesel 800 €

Münzsammlung 390 €

Brot 2,40 €

2.3 Zinsrechnung

p. a. (lat. pro anno), heißt „pro Jahr" oder „jährlich".

Bei Banken gibt es unterschiedliche Arten von Konten mit verschiedenen Zinssätzen. Stell dir vor, du legst ein Jahr lang 5000 € auf jede Kontoart an. Am Ende des Jahres erhältst du entsprechend des Zinssatzes die Zinsen gutgeschrieben.

- Berechne die Zinsen nach einem Jahr für jedes Konto aus der nebenstehenden Tabelle.
- Ordne die Begriffe Grundwert, Prozentwert und Prozentsatz den Angaben zu.
- Wie viel Zinsen bekommst du, wenn du das Geld nur 6 Monate (4 Monate, 100 Tage) auf das jeweilige Konto anlegst?

Girokonto: täglich verfügbares Guthaben, Überweisungen möglich. Zinssatz: 0,2 % p. a.
Tagesgeldkonto: täglich verfügbares Guthaben, keine Überweisungen möglich. Zinssatz: 2,5 % p. a.
Festgeldkonto: Guthaben erst nach Ablauf einer Frist verfügbar, Mindestguthaben oftmals vorgeschrieben. Zinssatz: 4 % p. a.

MERKWISSEN

Die **Zinsrechnung** ist eine Anwendung der Prozentrechnung.

Prozentrechung	Zinsrechnung
Grundwert GW	Kapital K (auch: Guthaben, Darlehen, Kreditbetrag, ...)
Prozentwert PW	Zinsen Z (auch: Jahreszinsen, Dividende)
Prozentsatz p	Zinssatz p (auch: Verzinsung, Zinsfuß)

Der Zins wird überlicherweise als **Jahreszins** (zu zahlender Zins in einem Jahr) vereinbart:

$Z = K \cdot \frac{p}{100}$ **Zinsformel für Jahreszinsen**

Vergleiche: $PW = GW \cdot \frac{p}{100}$

Wird Geld nur für einen **Teil des Jahres** für Monate oder Tage angelegt, wird der zugehörige **Anteil der Jahreszinsen** Z berechnet.

Monatszinsen:

$Z = K \cdot \frac{p}{100} \cdot \frac{t}{12}$

t = Anzahl der Monate

Tageszinsen:

$Z = K \cdot \frac{p}{100} \cdot \frac{t}{360}$

t = Anzahl der Tage

Bei der **Berechnung der kaufmännischen Zinstage** gelten folgende Vereinbarungen:

1 Monat hat 30 Tage.
1 Jahr hat 360 Tage.
Am Einzahlungstag werden keine Zinsen berechnet, jedoch am Auszahlungstag.

BEISPIELE

I a) Ein Kapital von 8000 € wird zu einem Zinssatz von 4,6 % p. a. angelegt. Berechne die Jahreszinsen.

b) Welches Guthaben muss man anlegen, um beim Zinssatz 1,25 % nach einem Jahr 90 € Zinsen zu haben?

c) Bei einem Guthaben von 3000 € werden nach einem Jahr 180 € Zinsen gutgeschrieben. Gib den Zinssatz an.

Bei der Zinsrechnung hast du die gleichen Lösungsmöglichkeiten wie bei der Prozentrechnung.

Lösung:

a) $Z = K \cdot \frac{p}{100}$

$Z = 8000\,€ \cdot \frac{4,6}{100} = 368\,€$

Die Jahreszinsen betragen 368 €.

b)

Prozentsatz p	Geldbetrag
1,25	90 €
100	7200 €

(· 80 jeweils)

Man muss 7200 € anlegen.

c) Anteil $\frac{p}{100} = \frac{Z}{K}$

$\frac{p}{100} = \frac{180\,€}{3000\,€}$

$p = \frac{180\,€}{3000\,€} \cdot 100 = 6$

Der Zinssatz beträgt 6 %.

II Herr Maier hat vom 15. April bis zum 10. Dezember 1800 € auf einem Tagesgeldkonto zu 2,4 % angelegt. Welche Zinsen bekommt er für diese Zeit?

Lösung:
t = 15 Tage + 7 · 30 Tage + 10 Tage = 235 Tage
Z (235 Tage) = 1800 € · $\frac{2,4}{100} \cdot \frac{235}{360}$ = 28,20 €. Herr Maier erhält 28,20 € Zinsen.

Verständnis

- Lohnt es sich, einen großen Geldbetrag für kurze Zeit auf einem Girokonto anzulegen? Begründe.
- Beschreibe verschiedene Möglichkeiten, um die Zinsen für einen Teil des Jahres zu bestimmen.
- Ein Zinssatz von 100 % verdoppelt das Guthaben nach einem Jahr. Stimmt das?

Aufgaben

1 Berechne die fehlenden Werte in der Tabelle. Die Zinsen sind Jahreszinsen.

	a)	b)	c)	d)	e)	f)	g)
K	2445 €	6250 €	▢	5000 €	7434 €	26 540 €	▢
p	5	▢	4,5	3	▢	▢	11
Z	▢	125 €	162 €	▢	55,76 €	2388,60 €	9964,68 €

	h)	i)	j)	k)	l)	m)	n)
K	▢	1 000 550 €	▢	90 588 €	500 €	8800 €	17 500 €
p	3,2	▢	1,7	5	▢	▢	5
Z	2089,60 €	45 024,75 €	451,18 €	▢	35 €	9680 €	▢

2 a) Chanel hat zu Beginn des Jahres 564 € auf ihrem Sparbuch. Wie viel Zinsen werden ihr am Jahresende bei einem Zinssatz von 2 % gutgeschrieben?

b) Jakob hat auf einem Festgeldkonto 2600 € dauerhaft angelegt. Nach einem Jahr bekommt er 124,80 € Zinsen. Mit welchem Zinssatz wurde das Geld verzinst?

c) Sandra bekommt auf ihrem Tagesgeldkonto 3,2 % Zinsen im Jahr. Welches Kapital muss sie anlegen, damit sie pro Jahr 250 € an Zinsen abheben kann?

3 a) Berechne die Jahreszinsen im Kopf.
① Guthaben 3000 €; Zinssatz 5 % ② Guthaben 1200 €; Zinssatz 2 %
③ Guthaben 7000 €; Zinssatz 0,5 % ④ Guthaben 3600 €; Zinssatz 1,5 %

b) Berechne die Zinsen für jede Teilaufgabe aus a) für die angegebenen Laufzeiten.
① $\frac{1}{4}$ Jahr ② 9 Monate ③ 120 Tage ④ Mitte März bis Ende Juli

Lösungen zu 3:
6; 8; 8,75; 9; 11,67; 13,13; 13,50; 18; 18; 20,25; 24; 26,25; 35; 37,50; 40,50; 50; 54; 56,25; 112,50; 150
Die Werte sind in € angegeben.

4 Berechne die Zinsen für den angegebenen Zeitraum.

	Guthaben	Zinssatz	Zeitraum
a)	5500 €	2,8 %	1. Mai bis 20. Juni
b)	39 000 €	4,2 %	15. Juli bis 25. September
c)	12 500 €	3,1 %	25. Januar bis 30. Mai
d)	8700 €	3,75 %	17. Januar bis 25. Mai

5 Matthias spart Geld, um sich ein Notebook für 780 € kaufen zu können. Er bringt 700 € zur Bank, die ihm 4,5 % p. a. Zinsen bezahlt. Kann sich Matthias das Notebook nach einem Jahr kaufen?

Legt man sein Geld auf der Bank an, erhält man Zinsen. Leiht man sich mit einem Kredit Geld aus, muss man Zinsen zahlen.

6 Für einen Kredit in Höhe von 180 000 € muss ein Hausbesitzer im ersten Jahr 11 700 € Zinsen zahlen. Wie hoch ist der Zinssatz?

7 Welches Kapital hast du vor einem Jahr auf der Bank angelegt, wenn du bei einem Zinssatz von 2 % nun 1020 € auf dem Konto hast? Überlege und begründe.

8 Familie Storck will ein Haus für 275 000 € kaufen. Sie erhält ein Angebot einer Bank über einen Kredit mit der Verzinsung von 4 % p. a. Wie viel Eigenkapital ist nötig, wenn die Zinsbelastung im Jahr nicht höher als 6000 € sein darf?

9 Peter ist überrascht. Die Summe auf seinem Sparkonto ist im vergangenen Jahr um 5 % gestiegen. Nun hat er 1575 € auf dem Konto. Berechne die Höhe des Kapitals, das er vor einem Jahr eingezahlt hat.

10 Herr Sparfuchs hat auf seinem Konto 50 000 € angespart. Die Bank zahlte ihm im vergangenen Jahr 3,8 % Zinsen. Wie hoch war das Kapital, das Herr Sparfuchs vor einem Jahr eingezahlt hat?

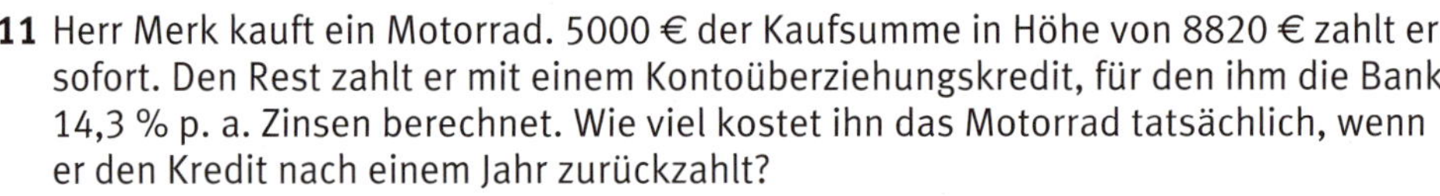

11 Herr Merk kauft ein Motorrad. 5000 € der Kaufsumme in Höhe von 8820 € zahlt er sofort. Den Rest zahlt er mit einem Kontoüberziehungskredit, für den ihm die Bank 14,3 % p. a. Zinsen berechnet. Wie viel kostet ihn das Motorrad tatsächlich, wenn er den Kredit nach einem Jahr zurückzahlt?

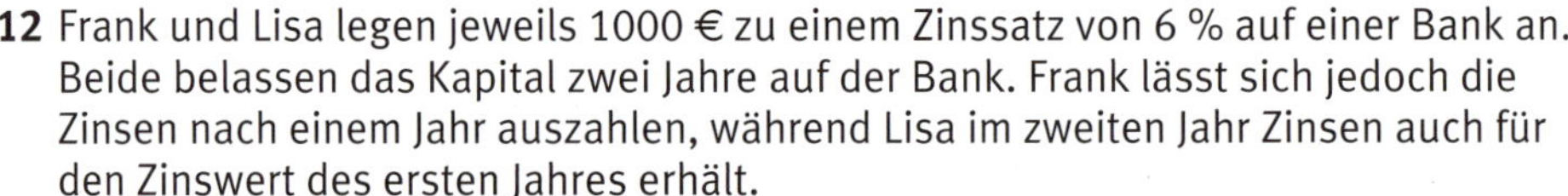

12 Frank und Lisa legen jeweils 1000 € zu einem Zinssatz von 6 % auf einer Bank an. Beide belassen das Kapital zwei Jahre auf der Bank. Frank lässt sich jedoch die Zinsen nach einem Jahr auszahlen, während Lisa im zweiten Jahr Zinsen auch für den Zinswert des ersten Jahres erhält.

a) Berechne den Unterschied der Erträge am Ende des zweiten Jahres.

b) Was passiert, wenn Frank und Lisa ihr Geld mehrere Jahre in der beschriebenen Weise anlegen? Begründe.

13 Berechne und beschreibe jeweils deinen Rechenweg.

a) Herr Böttcher hat 1200 € für 240 Tage angelegt und bekommt 48 € an Zinsen für den Zeitraum gutgeschrieben. Wie hoch war der Zinssatz?

b) Frau Guthoff hat bei einem Zinssatz von 4 % nach 9 Monaten 45 € Zinsen bekommen. Welches Kapital hatte sie angelegt?

14 Erkundigt euch in Gruppen zu 3 bis 4 Schülern im Internet oder einer Bank vor Ort über verschiedene Möglichkeiten, Geld für 1 Jahr (2 Jahre, 3 Jahre) anzulegen.

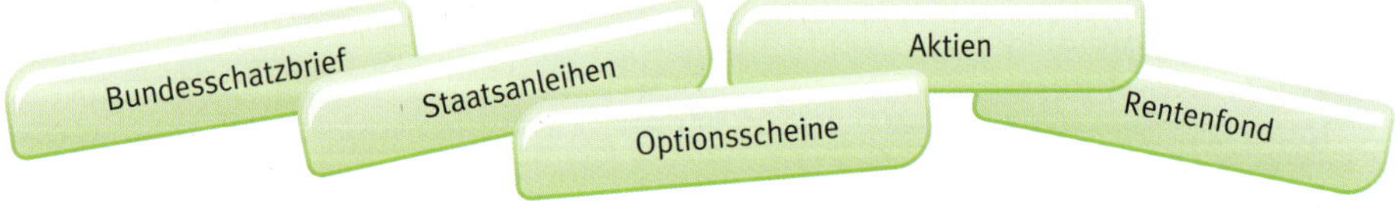

Wovon hängt der Zinssatz ab? Was bedeuten die verschiedenen Anlageangebote? Welche Risiken sind mit der Anlage verbunden? Präsentiert eure Ergebnisse in der Klasse.

15 Wenn man sich von der Bank Geld leiht, also einen Kredit aufnimmt, muss man Zinsen für das geliehene Geld bezahlen.

a) Wie viel Zinsen muss man nach einem Jahr für einen Kredit in Höhe von 12 000 € (4800 €, 125 000 €) bezahlen, wenn die Bank einen Zinssatz von 8,5 % verlangt?

b) Herr Dörfler hat für 3,5 % einen Autokredit über 16 400 € aufgenommen. Wie hoch sind seine Zinsen pro Monat, solange er kein Geld zurück bezahlt?

Die Jahreszinsen werden bei Krediten oftmals auf die einzelnen Monate verteilt.

c) Familie Prinz hat für ihr Haus ein Baudarlehen über 135 000 € zu 3,25 % und ein anderes über 70 000 € zu 5,2 % aufgenommen. Wie viele Zinsen muss die Familie monatlich bezahlen?

16 Beim Sparen ist es oftmals üblich, regelmäßige Einzahlungen vorzunehmen, anstatt einen Sparbetrag auf einmal anzulegen.

Bei einer **Ratenzahlung** werden regelmäßig gleich große Geldbeträge, die **„Raten"**, auf ein Konto einbezahlt. Die Zinsen innerhalb des Jahres werden dabei nur für die Zeit berücksichtigt, die die Rate tatsächlich auf dem Konto liegt.

Zahlt man mit regelmäßigen Raten einen Kredit ab, spricht man auch von einem Finanzkauf.

1. Rate: 12 Monate

2. Rate: 11 Monate

3. Rate: 10 Monate

⋮

Beispiel für den Zinszeitraum von Raten innerhalb eines Jahres, die zu Beginn jedes Monats einbezahlt werden.

Auf ein Sparkonto werden zu Beginn jedes Monats 100 € einbezahlt. Der Zinssatz beträgt 3 %.

a) Übertrage die Tabelle und bestimme die Zinsen für die einzelnen Raten.

Beginn des Monats	Januar	Februar	März		November	Dezember
Rate	100 €	100 €	100 €	...	100 €	100 €
Monate	12	11	10		2	1
Zinsen	▢	▢	▢		▢	▢

b) Bestimme mithilfe von a) die Zinsen, die man während des gesamten Jahres bei der Ratenzahlung erhält. Vergleiche mit den Zinsen, die man bekommen würde, wenn man das gesamte Geld zu Jahresbeginn angelegt hätte.

c) Welches Kapital hätte man zu Jahresbeginn anlegen müssen, damit man dieselben Zinsen bekommen hätte wie bei der Ratenzahlung insgesamt im Jahr?

d) Erstelle ein Tabellenprogramm, mit dessen Hilfe man für diese Ratenzahlung die Zinsen innerhalb eines Jahres bestimmen kann. Berechne die Zinsen für monatliche Raten von 10 € (1000 €, 10 000 €, 100 000 €). Was stellst du fest? Welche Zusammenhänge erkennst du?

17 Familie Schlappau zahlt jedes Quartal zu Quartalsbeginn 2500 € in einen bis dahin leeren Bausparvertrag ein. Das Geld wird mit 2,5 % verzinst.

a) Bestimme die Zinsen für jede Rate mithilfe einer Tabelle.

b) Wie hoch ist der Kontostand am Ende des 1. Jahres (mit den gesamten Zinsen)?

2.4 Vermischte Aufgaben

Überlege zunächst, was der Grundwert ist.

1 Eine Kinokarte kostet für Jugendliche 4 €, für Erwachsene 5,50 €.

a) Um wie viel Prozent ist eine Karte ...

1 für einen Jugendlichen billiger als für einen Erwachsenen?

2 für einen Erwachsenen teurer als für einen Jugendlichen?

b) Finde zwei weitere Paare von Eintrittspreisen, die im selben Verhältnis stehen wie die Preise in a).

Wenn du lieber mit Preisen rechnest, kannst du auch Angaben aus deiner Umgebung verwenden.

2 Viele Geschäfte bieten Bonuskarten an. Wie viel Prozent spart man jeweils?

a)

Bäckerei Los
Wenn die Karte voll ist, erhalten Sie ein Brot gratis.

b)

c)

3 Bei der Bewertung der Nebenwirkungen von Medikamenten werden die nebenstehenden Häufigkeitsangaben zugrunde gelegt. Übersetze die Angaben in Prozent.

Häufigkeitsangaben von Nebenwirkungen bei Medikamenten
- sehr häufig: mehr als 1 von 10 Behandelten
- häufig: weniger als 1 von 10, aber mehr als 1 von 100 Behandelten
- gelegentlich: weniger als 1 von 100, aber mehr als 1 von 1000 Behandelten

4 Übertrage die Tabelle in dein Heft und ergänze die fehlenden Angaben.

	a)	b)	c)	d)	e)	f)
alter Preis	150 €	2350 €		1800 €		
Änderung um ... %	− 20		+ 10		− 6	
Änderungsfaktor		0,99		1,15		1,04
neuer Preis			525 €		1756 €	367 €

5 Auf vielen Büchern ist auf der Rückseite der Verkaufspreis aufgedruckt, der bereits die Mehrwertsteuer enthält. Dabei sind aufgrund der unterschiedlichen Mehrwertsteuersätze für Deutschland (D) und Österreich (A) jeweils andere Preise angeben.

9 783793 420279
RAINER GRENKOWITZ
Goldsteins Weg ins Glück
Roman einer unwillkommenen Erleuchtung
Originalaugabe
260 Seiten
12 x 20,5 cm
€ [D] 18,-/€ [A] 18,50 f/sFr 31,80
ISBN 13: 978-3-7934-2027-9

a) In Deutschland werden auf Bücher 7 % Mehrwertsteuer erhoben. Bestimme den Preis des Buches ohne Mehrwertsteuer.

b) Bestimme mithilfe von a) den MwSt.-Satz in Österreich. Runde geeignet.

6 Stelle übersichtlich alle möglichen Begriffe der Zinsrechnung den zugehörigen Begriffen der Prozentrechnung gegenüber.

7 Berechne die Zinsen.

a) 2 % von 700 € **b)** 3 % von 1050 € **c)** 1,5 % von 800 €
d) 12,5 % von 2000 € **e)** 0,75 % von 9600 € **f)** 3,75 % von 15 000 €

8 Übertrage die Tabelle in dein Heft und vervollständige sie.

	a)	b)	c)	d)	e)	f)
K	3600 €	□	560 €	4850 €	□	3500 €
p	4	6	□	3,5	12	3
Zeit	1 Jahr	1 Jahr	$\frac{1}{2}$ Jahr	2 Monate	120 Tage	□
Z	□	56 €	19,60 €	□	300 €	70 €

9 Formuliere jeweils einen allgemeinen Zusammenhang, wie die Zinsen für folgende Zeiträume berechnet werden können.

a) 6. Mai bis 28. Mai **b)** 17. Mai bis 1. September **c)** 28. Oktober bis 31. Dezember
d) 19. März bis 20. April **e)** 13. August bis 1. Juni **f)** 22. Oktober bis 4. Juli

10 Übertrage die Tabelle in dein Heft und vervollständige sie.

	a)	b)	c)	d)	e)	f)	g)
Darlehen in €	6000	36 000	1980	□	798	8000	27 000
Zinssatz p	4,0	4,3	9,5	3,9	10,0	□	6,8
Zinsen in €	□	□	20,90	468,00	□	130,00	612,00
Laufzeit in d	180	72	□	60	250	45	□

11 Für die Sanierung hat Hotelier Merlot einen Kredit in Höhe von 120 000 € aufgenommen. Dafür muss er nach dem ersten Jahr 7800 € Zinsen bezahlen. Welchem Zinssatz entspricht dieser Betrag?

12 Ein Betrieb nimmt ein Darlehen über 120 000 € für ein Vierteljahr zu einem Zinssatz von 5,5 % auf. Wie viel muss der Betrieb an Zinsen zahlen?

13 Die beiden Freunde Enrico und Pablo bekamen zu ihrer Konfirmation jeweils 500 € geschenkt. Beide haben diesen Betrag bei einer Bank jeweils für ein Jahr fest angelegt.

Enrico Pablo

Begründe, welcher der beiden die bessere Anlageform gewählt hat.

14 Herr Kober eröffnet ein Konto und zahlt jeweils zu Quartalsbeginn 130 € ein. Das Geld wird mit 3,5 % verzinst. Wie viel Geld hat Herr Kober nach einem Jahr auf seinem Konto?

15 Bei Ratenzahlung werden die Zinsen je nach Einzahlungszeitpunkt bis zum Jahresende berechnet. Herr Schell eröffnet ein Konto und legt jedes Quartal 300 € an. Berechne die Zinsen, die er am Jahresende erhält, wenn er die Rate ...

a) zu Beginn **b)** in der Mitte **c)** am Ende

eines Quartals einbezahlt. Der Zinssatz beträgt 3 %.

16 Viele Menschen finanzieren sich Gegenstände des täglichen Lebens. Die Rate, die sie dabei bezahlen, umfasst sowohl die Zinsen als auch die Abzahlung. Wie hoch sind die Zinsen beim nebenstehenden Angebot?

Laufzeit in Monaten	6 Monate	12 Monate
Rechnungsbetrag in €	monatliche Rate in €	
1000,-	172,-	88,-
2000,-	346,-	176,-
keine Bearbeitungsgebühr		

17 Die Firma Schnelldenk nimmt einen Kredit auf, um eine kurzfristige Investition zu finanzieren. Die Kredithöhe beträgt 15 000 €. Der Kredit wird am 1. Februar auf dem Firmenkonto gutgeschrieben und am 1. Juni zurückgezahlt. Die Bearbeitungsgebühr beträgt 0,3 % der Kredithöhe. Weiter verlangt die Bank eine Ausfertigungsgebühr in Höhe von 68 €.

Der sogenannte **Effektivzinssatz** drückt die gesamten Kosten für eine Geldleihe in Prozent der Kreditsumme aus. Eine einfache Methode, diesen Effektivzins für ein Jahr abzuschätzen, ist:

$$\text{Effektivzinssatz} = \frac{(\textit{Gesamtkreditbetrag} - \textit{Kredithöhe})}{\textit{Kredithöhe}} \cdot \frac{24 \cdot 100}{(\textit{Laufzeit in Monaten} + 1)}$$

Berechne den Effektivzinssatz und vergleiche mit dem angegebenen Zinssatz in Höhe von 10 %.

Bei einem Girokonto sind die Zinssätze recht hoch. Deshalb lohnt sich ein dauerhaftes Überziehen nicht.

18 Auf einem Girokonto schwanken die täglichen Kontostände beträchtlich. Deshalb werden beim Überziehen des Kontostandes auch tagesgenau die Zinsen berechnet. Die Summe der Zinsen wird dann am Ende eines Quartals dem Konto hinzugerechnet. Der Auszug zeigt die Kontobewegungen von Herrn Kauertz in einem Monat. Welche Zinsen fallen in dieser Zeit an? Nutze ein Tabellenprogramm.

[Logo]

Kontoauszug Nr. 6		LOGO-Bank 31.06.2016
letzter Auszug: 30.05.2016		**Saldo alt in € : –3271,30**
02.06.	Lohn Mai 2016	+ 1943,14
03.06.	Miete und Abgaben	– 745,50
03.06.	Versicherungsverein	– 215,67
05.06.	EC-Automat, Goethestraße	– 150,00
07.06.	TANK-Spenner	– 45,12
10.06.	EC-Automat, Lessingstraße	– 100,00
14.06.	CAR-Kreditbank	– 221,48
17.06.	EC-Automat, Schillerstraße	– 100,00
21.06.	Tank-Spenner	– 49,78
27.06.	Auto-Meier, Rechnung	– 438,71
28.06.	EC-Automat, Heinestraße	– 150,00
30.06.	Riester-Vertrag	– 79,80
Kreditlimit	€ 5000 (10,5 %)	
Saldo neu	€	

Erkläre die Bedeutung der Formel in E4.

	B	C	D	E
1	Berechnung von Tageszinsen			
2				
3	Anzahl Tage	Darlehen	Zinssatz	Zinsen
4	2	3.271,30 €	10,50%	=B4*C4*D4/360
5	1	1.328,16 €	10,50%	-0,39 €

Die Geldanlage

Situationsbeschreibung

Du hast deine Konfirmation gefeiert und hast neben Sachwerten auch Geld geschenkt bekommen. Neben dem Geldgeschenk hast du selbst die Jahre zuvor immer wieder gespart. Insgesamt hast du ein frei verfügbares Kapital von 1000 €, das du an deinem 14. Geburtstag so anlegen möchtest, dass du an deinem 18. Geburtstag deinen Führerschein finanzieren kannst. Von deinem Taschengeld und deinem Nebenjob legst du außerdem Geld zurück und zahlst jährlich 100 € zusätzlich ein. Für Geldanlagen hast du die folgenden drei möglichen Optionen herausgefunden.

Sparbuch
mit 0,45 % Zinsen und gesetzlicher Kündigungsfrist

Tagesgeldkonto
mit einem Zinssatz von 0,9 %

Festgeldkonto
bei der Balkanbank in Bulgarien mit 3,5 % Zinsen am Ende der Laufzeit (48 Monate)

Wie wirst du dich entscheiden, damit das obige Ziel erfüllt wird?
Treffe deine Entscheidung mithilfe folgender Teilschritte.

Handlungsaufträge

1. Berechne für jede Option die Höhe des Kapitals zu deinen Geburtstagen. Überlege dazu mit deinem Partner, welche Annahmen ihr für die Berechnungen zu Grunde legen müsst.
2. Informiere dich noch genauer über die verschiedenen Optionen. Bewerte damit deine Ergebnisse aus 1.
3. Informiere Dich im Internet über das magische Dreieck der Geldanlage. Das Dreieck hat drei Ziele, beschreibe diese jeweils kurz.
4. Vergleiche bei den drei Optionen jeweils wie weit das jeweilige Ziel erreicht wird.
   Stelle deine Ergebnisse übersichtlich mithilfe einer Tabelle dar.

	Sparbuch			Tagesgeldkonto			Festgeldkonto		
Zielerreichung	hoch	mittel	gering	hoch	mittel	gering	hoch	mittel	gering
Ziel 1: ☐	☐	☐	☐	☐	☐	☐	☐	☐	☐
Ziel 2: ☐	☐	☐	☐	☐	☐	☐	☐	☐	☐
Ziel 3: ☐	☐	☐	☐	☐	☐	☐	☐	☐	☐

5. Erkennst du bei den Geldanlagen Konflikte zwischen den Zielen? Diskutiere.
6. Für welche Geldanlage würdest Du dich entscheiden? Begründe deine Wahl.

Überprüfe deine Fähigkeiten und Kenntnisse. Bearbeite dazu die folgenden Aufgaben und bewerte anschließend deine Lösungen mit einem Smiley.

☺	😐	☹
Das kann ich!	Das kann ich fast!	Das kann ich noch nicht!

Hinweise zum Nacharbeiten findest du auf der folgenden Seite. Die Lösungen stehen im Anhang.

Aufgaben zur Einzelarbeit

1 Welche der Größen Grundwert GW, Prozentwert PW und Prozentsatz p sind gegeben, welche ist gesucht? Ordne zu.

a) 16 von 18 Mädchen der Klasse 8b sind Rechtshänder.

b) Der Preis für ein Paar Schuhe wurde um 20 % reduziert. Man spart also 15 €.

c) Luisa bekommt bisher im Monat 25 €. Ab ihrem 14. Geburtstag erhält sie 20 % mehr.

2 Berechne den Prozentwert auf verschiedene Arten. Runde gegebenenfalls geeignet.

a) 15 % von 680 € b) 3 % von 96 m
c) 10,5 % von 320 t d) 8,4 % von 44 m^3
e) 160 % von 170 min f) 46,3 % von 85 ha

3 Übertrage die Tabelle in dein Heft und bestimme die fehlenden Größen.

	a)	b)	c)	d)
GW	240 cm	30,25 t	☐	☐
p	☐	☐	24	85
PW	60 cm	18,15 t	18,6 l	102 s

4 Bei Zahlung innerhalb von 7 Tagen kann der Rechnungsbetrag um 2 % Skonto gekürzt werden. Runde auf ct. Bearbeite die Teilaufgaben für folgende Rechnungsbeträge:
① 87,50 € ② 99,20 € ③ 5628 € ④ 456,27 €

a) Wie hoch ist der Nachlass?

b) Wie hoch ist der neue Rechnungsbetrag?

5 Bei einer Befragung von Bürgern wird festgestellt, dass ein Auto am Tag durchschnittlich nur 45 min gefahren wird. Wie viel Prozent des Tages steht das Auto still?

6 Stelle den Sachverhalt jeweils durch ein Schaubild dar und berechne.
Beispiel: Eine Ferienwohnung kostete in der letzten Saison 290 € pro Woche. In diesem Jahr werden die Preise um 15 % erhöht. Bestimme den neuen Preis.

$GW_{vermehrt} = 290\,€ \cdot 1{,}15$
$GW_{vermehrt} = 333{,}50\,€$

G ≙ 100 %	p = 15
$G_{vermehrt}$ ≙ 115 %	

a) Wegen der hohen Energiekosten werden die Preise für Brote um 10 % erhöht. Wie teuer ist ein Brot, das bisher 2,40 € kostete?

b) Familie Sandoz kauft ein Sofa, das 980 € kosten soll. Das Möbelhaus gibt jedoch 16 % Rabatt. Wie teuer ist das Sofa jetzt?

c) Eine Aktie hat während eines Jahres um 4 % zugelegt. Berechne ihren aktuellen Wert, wenn sie vor einem Jahr 23,50 € gekostet hat.

7 Eine Sonnenblume ist zu Beginn der Woche 120 cm hoch. Während der Woche wächst sie um 6 %. Paula, Jenny und Enna berechnen die Größe am Ende der Woche auf verschiedene Arten. Beschreibe ihre Rechenwege.

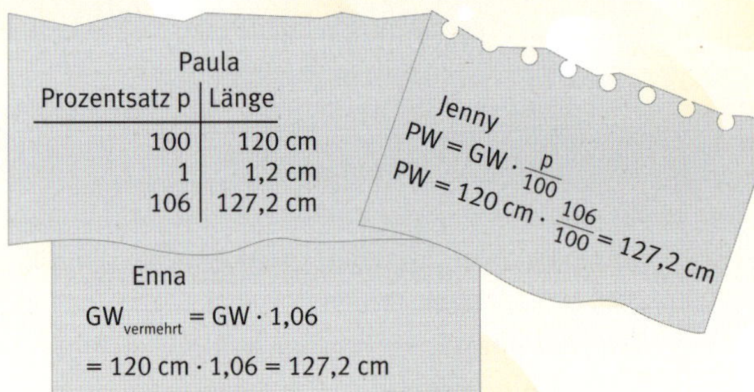

8 Übertrage und vervollständige die Tabelle.

	a)	b)	c)	d)
alte Größe	120 kg	33 min	86 m^2	☐
Änderung in %	+ 12	☐	− 8	☐
Änderungsfaktor	☐	0,95	☐	1,2
neue Größe	☐	☐	☐	576 m

9 Ordne die Begriffe aus der Zinsrechnung den zugehörigen Begriffen der Prozentrechnung zu.

Guthaben	Jahreszinsen	Darlehen
Zinssatz	Kreditzinsen	Geldanlage
Kapital	Kreditbetrag	Guthabenzinsen

10 Berechne die fehlenden Werte.

	a)	b)	c)	d)	e)
K	460 €	1200 €	245 €	▢	▢
p	4	6,5	▢	6	3,5
Z	▢	▢	4,90 €	46,80 €	126 €

11 a) Frau Bons hat ein Darlehen aufgenommen und muss bei 7,5 % im Jahr 405 € Zinsen bezahlen. Wie hoch ist das Darlehen?

b) Auf einem Sparbuch liegen 640 €, die mit 2 % im Jahr verzinst werden. Welche Zinsen werden am Jahresende gutgeschrieben?

c) Zu welchem Zinssatz wurde ein Guthaben angelegt, wenn 1200 € in einem Jahr 30 € Zinsen bringen?

12 Frau Fischer hat ihr Girokonto 30 Tage lang um 350 € überzogen. Welche Zinsen werden ihr bei 12 % Überziehungszins dafür berechnet?

13 Berechne die fehlenden Größen im Heft. Runde gegebenenfalls geeignet.

	a)	b)	c)	d)
K	2500 €	680 €	1400 €	1800 €
p	6	4	3	▢
Zeit	4 Monate	8 Monate	▢	120 Tage
Z	▢	▢	10,50 €	24 €

14 Herr Müller zahlt in einen neu angelegten Bausparvertrag zu Beginn eines Quartals jeweils 80 € ein. Um welchen Betrag erhöht sich der Vertragswert im ersten Jahr, wenn ein Zinssatz von 2 % zugrunde gelegt wird?

15 Vergleiche die Zinsen, die nach einem Jahr gutgeschrieben werden, wenn jemand ...

a) zu Beginn b) am Ende

eines Quartals jeweils 130 € bei einem Zinssatz von 3,5 % auf ein Sparkonto einzahlt, das zuvor leer war.

16 Frau Franz nimmt für ein Jahr einen Kredit über 5700 € auf. Die Bank verlangt 7,5 % Zinsen und eine Kreditprovision von 80 €.
Ermittle den effektiven Jahreszins.

Aufgaben für Lernpartner

Arbeitsschritte

1. Bearbeite die folgenden Aufgaben alleine.
2. Suche dir einen Partner und erkläre ihm deine Lösungen. Höre aufmerksam und gewissenhaft zu, wenn dein Partner dir seine Lösungen erklärt.
3. Korrigiere gegebenenfalls deine Antworten und benutze dazu eine andere Farbe.

Sind folgende Behauptungen **richtig** oder **falsch**? Begründe schriftlich.

17 Der Grundwert entspricht einem Prozentwert von 100 %.

18 Die Grundaufgaben der Prozentrechnung lassen sich auf die verschiedenen Arten einer proportionalen Zuordnung lösen.

19 Beim vermehrten Grundwert gilt:
$GW_{vermehrt} = GW - PW$

20 Wenn ein Preis um 20 % reduziert wurde, dann ist der neue Preis 80 % vom alten Preis.

21 Die Jahreszinsen entsprechen dem Grundwert bei der Prozentrechnung.

22 Wird ein Kapital von 200 € mit 2 % verzinst, dann erhält man nach einem Jahr 2 € Zinsen.

23 Wird Geld nur einen Teil des Jahres angelegt, dann wird auch nur der zugehörige Anteil der Jahreszinsen Z ausgeschüttet.

Aufgabe	Ich kann ...	Hilfe
1	die Grundbegriffe der Prozentrechnung zuordnen.	S. 32
2, 3, 4, 5 17, 18	die Grundaufgaben der Prozentrechnung auf verschiedene Arten lösen.	S. 32
6, 7, 8, 19, 20	den vermehrten und verminderten Grundwert bestimmen.	S. 36
9, 21	die Zinsrechnung als eine Anwendung der Prozentrechnung auffassen.	S. 40
10, 11, 22	die Grundaufgaben der Zinsrechnung bearbeiten.	S. 40
12, 13, 23	Zinsen auch nur für einen Teil des Jahres bestimmen.	S. 40
14, 15	Zinsen bei Ratenzahlungen innerhalb eines Jahres bestimmen.	S. 43
16	den effektiven Jahreszins berechnen	S. 46

S. 32

16 Schüler von 25 Schülern haben ein Smartphone. Das sind $\frac{16}{25} = \frac{64}{100} = 64$ %.

Prozentwert PW Grundwert GW Prozentsatz p

Bei den Grundaufgaben der Prozentrechnung ist entweder der Grundwert GW, der Prozentwert PW oder der Prozentsatz p gesucht. Die Zuordnungen zwischen den Größen sind jeweils proportional, sodass man für die Bestimmung die **Eigenschaften proportionaler Zuordnungen** nutzen kann.

S. 36

In einem Bistro kosten 0,5 l Eistee 3,30 €. Darin sind 10 % Bedienungsgeld enthalten.

Preis in €	3,30	☐
Angabe in %	100 + 10	100

$GW_{vermehrt}$ = 3,30 €; GW = 3,00 €

Entspricht der Grundwert einem Prozentsatz von **mehr als 100**, so spricht man von einem **vermehrten Grundwert**.

Der Preis eines Snakeboards wurde um 20 % reduziert. Es kostet jetzt noch 52 €.

Preis in €	52	☐
Angabe in %	100 – 20	100

$GW_{vermindert}$ = 52 €; GW = 65 €

Entspricht der Grundwert einem Prozentsatz von **weniger als 100**, so spricht man von einem **verminderten Grundwert**.

S. 36

Rechnungsbetrag des Geschäfts: 100 % | MwSt.: z. B. 19 %
Verkaufspreis 119 %

Verkaufspreis 100 %
ermäßigter Verkaufspreis: 80 % | Nachlass: z. B. 20 %

Brutto: 100 %
Netto: 60 % | Abgaben (Tara): z. B. 40 %

- **Mehrwertsteuer (MwSt.)**: Preisaufschlag des Staates auf alle Waren und Dienstleistungen. Rechnungsbetrag und MwSt. ergeben den Verkaufspreis.
- **Rabatt, Skonto**: Preisnachlass auf den Verkaufspreis
- **Brutto**: Gesamtgröße mit Zuschlägen
- **Netto**: Größe nach Abzug der Zuschläge
- **Tara**: Menge aller Zuschläge

S. 40

Prozentrechung	Zinsrechnung
Grundwert GW	Kapital K
Prozentwert PW	Zinsen Z
Prozentsatz p	Zinssatz p

Zinsformel für Jahreszinsen

$$Z = K \cdot \frac{p}{100}$$

Monatszinsen: $Z = K \cdot \frac{p}{100} \cdot \frac{t}{12}$

Tageszinsen: $Z = K \cdot \frac{p}{100} \cdot \frac{t}{360}$

Die Zinsrechnung ist eine Anwendung der Prozentrechnung.
In den meisten Fällen wird ein **Jahreszins** vereinbart, d. h. nach einem Jahr wird das Kapital um die berechneten Zinsen erhöht.

„Zinsformel"
Wird Geld nur für einen **Teil des Jahres** (Monate oder Tage) angelegt, wird der zugehörige **Anteil der Jahreszinsen** berechnet.

S. 43

Beispiel für Zinszeitraum einzelner Raten

1. Rate: 12 Monate

2. Rate: 11 Monate

⋮

Im Alltag werden oft regelmäßig gleich große Geldbeträge bezahlt, die man **Raten** nennt. Die Zinsen werden dabei nur für die Zeit berücksichtigt, die die Rate auch tatsächlich bezahlt wurde.

3 Kreise

Einstieg

- Antike Theater wurden oftmals in Halbkreisen angelegt. Betrachte die Sitze in einer Reihe und beschreibe ihre Lage.
- Skizziere den Grundriss eines solchen Theaters und überprüfe in diesem, unter welchem Blickwinkel man von den verschiedenen Reihen aus die ganze Bühne erfassen konnte.
- Von welchen Plätzen aus hatte man denselben Blickwinkel? Hatte man deshalb auch gleich gute Sicht? Beurteile.

Ausblick

Am Ende dieses Kapitels hast du gelernt, ...

- Kreise zu zeichnen und zu charakterisieren.
- die Lagebezeichnungen von Kreisen zu untersuchen.
- wie man Kreise, Geraden und deren Lage zueinander anhand ihrer geometrischen Eigenschaften beschreiben kann.
- mit dem Satz des Thales Konstruktionen durchzuführen.
- Tangenten zu konstruieren.

Jedes Fußballspiel beginnt mit dem Anstoß. Dabei dürfen nur die Spieler der spielbeginnenden Mannschaft im Anstoßkreis stehen. Der Ball liegt auf dem Mittelpunkt des Spielfelds.

- Warum ist hier eine Kreislinie um den Mittelpunkt gezogen worden?
- Beschreibe die Position der Spieler der Mannschaft, die nicht am Anstoß beteiligt ist, in Bezug auf den Anstoßpunkt.
- Wie kann man den Mittelkreis eines Fußballplatzes zeichnen? Mache Vorschläge.

Ortslinien und Ortsbereiche sind Punktmengen.

Die Kreisfläche K (oder Kreisscheibe) umfasst somit die Kreislinie k und das Kreisinnere k_i.

k (M; r) bedeutet: Kreis um M mit Radius r

Merkwissen

Punkte mit gleichen geometrischen Eigenschaften (z. B. gleiche Entfernung, ...) kann man zu geometrischen Orten zusammenfassen. Es lassen sich **Ortslinien** und **Ortsbereiche** unterscheiden.

Alle Punkte P auf einer **Kreislinie k** haben vom **Mittelpunkt M** die gleiche **Entfernung r**. Diese Entfernung bezeichnet man als Radius r. Umgekehrt liegen alle Punkte P, die vom Punkt M die gleiche **Entfernung r** besitzen, auf einer Kreislinie k. Die Kreislinie k ist eine **geometrische Ortslinie**.
Am Kreis lassen sich Ortsbereiche unterscheiden: das Kreisinnere k_i, die **Kreisfläche K** und das Kreisäußere k_a

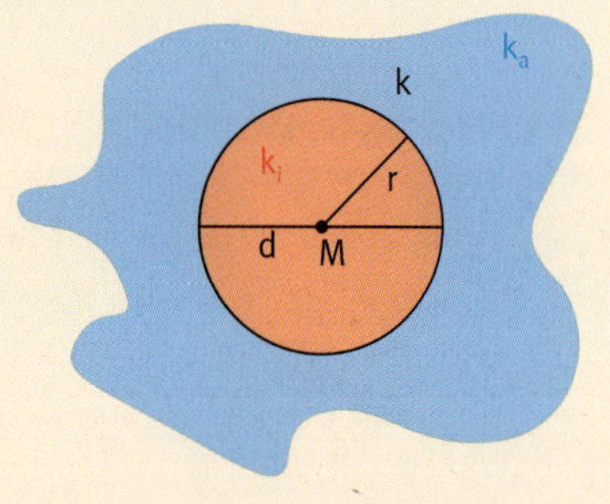

Bezeichnung	Schreibweise	alle Punkte P mit ...
Kreislinie (Ortslinie)	k (M; r)	$\overline{PM} = r$
Kreisinneres (Ortsbereich)	k_i (M; r)	$\overline{PM} < r$
Kreisfläche (Ortsbereich)	K (M; r)	$\overline{PM} \leqq r$
Kreisäußeres (Ortsbereich)	k_a (M; r)	$\overline{PM} > r$

Beispiele

Erinnere dich: $d = 2 \cdot r$

I Zeichne mit dem Zirkel einen Kreis mit

a) dem Radius r = 2 cm. b) dem Durchmesser d = 3 cm.

Lösung:
Stelle bei deinem Zirkel einen Abstand bei a) von 2 cm und bei b) von 1,5 cm (Radius = halber Durchmesser) ein. Markiere mit Bleistift auf dem Papier einen Mittelpunkt M und schlage den Kreis darum.

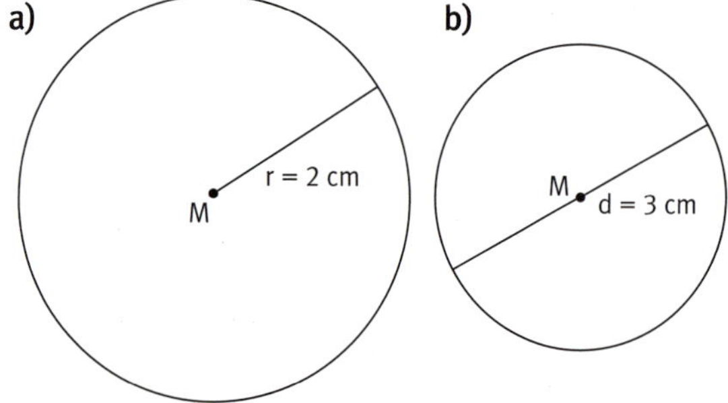

II Miss Radius und Durchmesser der beiden Kreise.

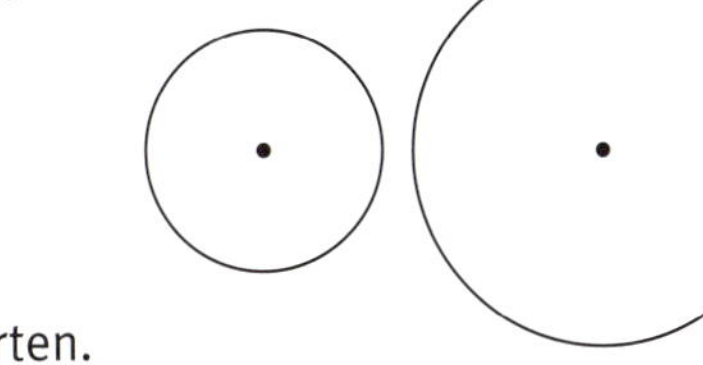

Lösung:
kleiner Kreis: r = 0,8 cm, der d = 1,6 cm.
großer Kreis: r = 1,3 cm d = 2,6 cm

III Beschreibe die Ortsbereiche eines Kreises in Worten.

Lösung:
- Das Kreisinnere k_i ist die Menge aller Punkte P, deren Entfernung zum Mittelpunkt M des Kreises kleiner ist als der Radius r.
- Die **Kreisfläche K** besteht aus der Menge aller Punkte P, für die gilt, dass ihre Entfernung zum Mittelpunkt M des Kreises höchstens so groß ist wie der Radius r.
- Das Kreisäußere k_a ist die Menge aller Punkte P, deren Entfernung zum Mittelpunkt M des Kreises größer ist als der Radius r.

Verständnis

- Richtig oder falsch: Wenn man das Kreisäußere, das Kreisinnere und die Kreislinie vereinigt, erhält man die gesamte Zeichenebene.
- Wenn ein Punkt P weiter als r vom Mittelpunkt M eines Kreises k (M; r) entfernt ist, so befindet er sich im Kreisäußeren. Stimmt das?

Aufgaben

1 a) Nenne Gegenstände, mit denen du Kreise zeichnen kannst.
b) Wo findest du in der Umgebung Kreise oder Teile eines Kreises? Benenne sie.
c) Bei welchen Sportarten findest du Kreise auf Spielfeldern, als Begrenzungen, ...?

2 Übertrage die Tabelle ins Heft und fülle sie aus.

	a)	b)	c)	d)	e)	f)
Radius r	4 cm	☐	☐	32 mm	☐	1,85 m
Durchmesser d	☐	12 cm	11,2 dm	☐	5,3 m	☐

3 Zeichne mit dem Zirkel Kreise mit dem Radius r bzw. dem Durchmesser d. Beschreibe dein Vorgehen. Gib auch die jeweils fehlende Größe an.
a) r = 2 cm b) r = 35 mm c) r = 4 cm 5 mm d) r = 0,5 dm
e) d = 6 cm f) d = 9 cm g) d = 5 cm 6 mm h) d = 1,4 dm

4 Zeichne ins Heft einen Punkt M und markiere die Menge aller ...
a) Punkte Q, die von M weniger als 3 cm entfernt sind, in Grün.
b) Punkte T, die von M mehr als 3 cm entfernt sind, in Blau.
c) Punkte P, die von M genau 3 cm entfernt sind, in Rot.
d) Gib die geometrischen Orte aus a) bis c) in mathematischer Schreibweise an.

5 Übertrage die Zeichnung ins Heft und markiere den geometrischen Ort aller Punkte P mit der angegebenen Eigenschaft in der entsprechenden Farbe.
a) $\overline{PA} < 1$ cm b) $\overline{PA} > 1$ cm
c) $\overline{PB} < 0{,}5$ cm d) $\overline{PB} = 0{,}5$ cm

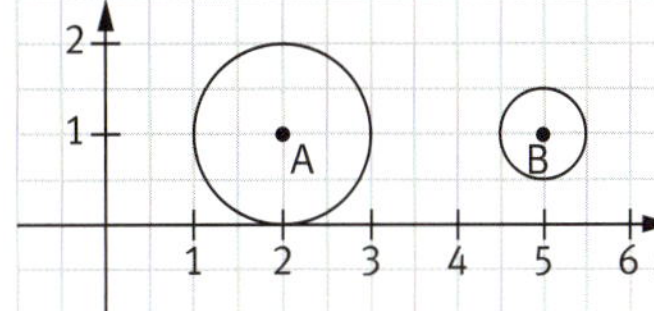

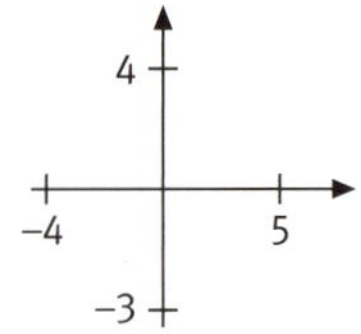

6 Trage in ein Koordinatensystem folgende Punktmengen ein.

a) k_1 (M_1; r_1 = 1,5 cm) mit M_1 (−2 | 0,5)

b) k_2 (M_2; r_2 = 1 cm) mit M_2 (−1 | −2)

c) alle Punkte P mit $\overline{PA} < 1{,}5$ cm und A (3 | 2)

d) alle Punkte Q mit $\overline{QB} \geqq 0{,}5$ cm und B (0,5 | 2,5)

7 Beschreibe die farbig dargestellten Punktmengen mit eigenen Worten und mathematisch anhand ihrer Eigenschaften.

a) 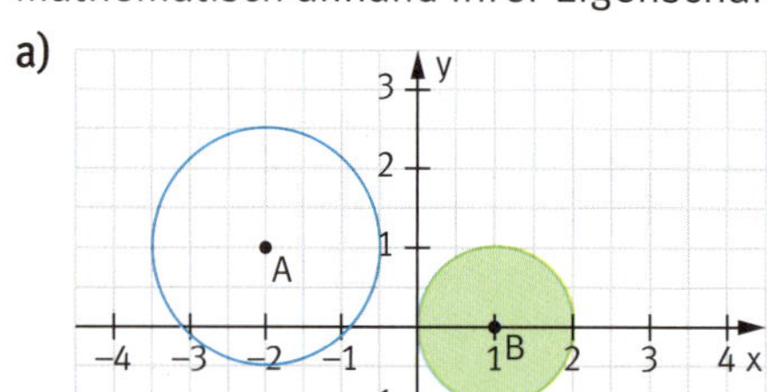

b) 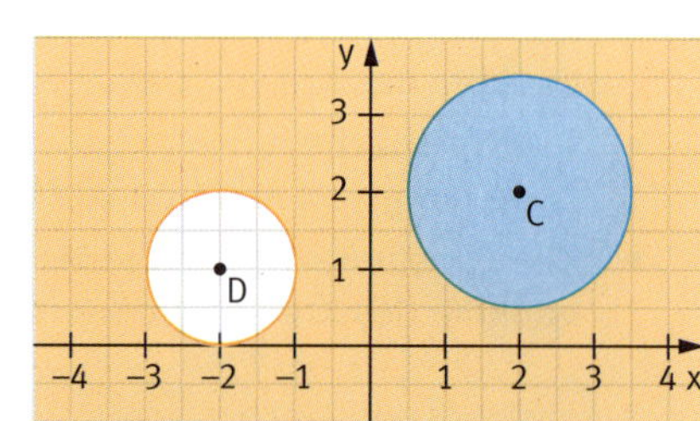

8 Ein Gärtner möchte um einen Baum in einer Entfernung von etwa 3,5 m ein ringförmiges Beet der Breite 1 m anlegen. Beschreibe ein mögliches Vorgehen.

9 Bei der Konstruktion moderner Bauwerke greift man häufig auf Kreise zurück. Die folgenden Abbildungen zeigen den Blick aus der Kuppel eines Gebäudes in Boston, Massachusetts in den USA und einer Einkaufspassage in der Altstadt von Neapel.

a) Was fällt dir bei den Konstruktionen auf? Beschreibe Gemeinsamkeiten und Unterschiede.

b) Entwirf selbst ähnliche Muster. Beschreibe dein Vorgehen.

10

> Zeichnet man zwei Kreise mit unterschiedlich großen Radien, sind mehrere **Lagebeziehungen** möglich. Die Kreise können keinen, einen oder zwei gemeinsame Punkte haben.

a) Zeichne zwei Kreise k_1 (M_1; r_1 = 5 cm) und k_2 (M_2; r_2 = 3 cm) in allen möglichen Lagebeziehungen. Stelle übersichtlich dar. Beachte dabei, dass es teilweise verschiedene Möglichkeiten gibt.

b) Beschreibe die Lage der beiden Kreise in den Zeichnungen auch mit Worten.

c) Welcher spezielle Fall ist in Aufgabe 9 dargestellt? Wie nennt man diese besonderen Kreise? Recherchiere dazu im Internet.

11 Übertrage die Figuren in dein Heft.

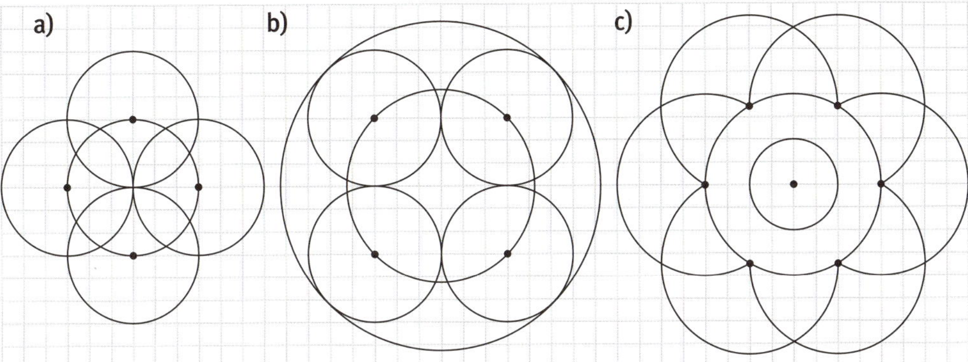

12 **a)** Zeichne in ein Koordinatensystem (Einheit 1 cm) die Kreise ein. Beschreibe die gegenseitige Lage der Kreise und bestimme die Anzahl der Schnittpunkte.

(1) M (6|6); r = 3 cm
M (8|9); r = 2,5 cm

(2) M (4|9); r = 35 mm
M (8|5); r = 0,5 dm

(3) M (7|7); d = 4 cm
M (6|8); d = 0,7 dm

b) Erfinde eine weitere Aufgabe hierzu. Gib die Koordinaten jeweils zweier Punkte an, die innerhalb, außerhalb bzw. auf dem Kreis liegen.

13 Nach dem Seebeben vom 11. März 2011 und dem darauf folgenden Tsunami kam es im Atomkraftwerk Fukushima an der Ostküste Japans zu schwerwiegenden Problemen. Um die Menschen vor der Strahlung zu schützen, wurden Evakuierungszonen im Abstand von 10 km um das Atomkraftwerk gezogen.

a) Recherchiere im Internet Wissenswertes über die Katastrophe von 2011.

b) Insgesamt gab es drei Evakuierungszonen mit den Radien 10 km, 20 km und 30 km um das Atomkraftwerk. Fertige eine maßstabsgetreue Zeichnung an und schraffiere die Bereiche in den unterschiedlichen Farben rot, blau und grün.

c) Beschreibe die verschiedenen Gefahrenbereiche um das Atomkraftwerk in Worten und mit mathematischer Schreibweise.

Radius 10 km: bereits evakuiert
Radius 20 km: laufende Evakuierung
Radius 30 km: nicht im Freien aufhalten

14 Wie entstehen die Olympischen Ringe? Zeichne dazu die Punkte A (3|6), B (6|3), C (9|6), D (12|3) und E (15|6) in ein Koordinatensystem. Zeichne anschließend um jeden der Punkte zwei Kreise mit Radius 23 mm bzw. 28 mm.

Finde heraus, wofür die Farben der Ringe stehen.

15 In Gärten und Parkanlagen sind oftmals Wassersprenger in Betrieb. Ein Wassersprenger dreht sich um eine zentrale Achse und hat eine Reichweite von 5 m. Nachdem er ein Gebiet bewässert hat, wird er um 8 m nach rechts versetzt.

a) Stelle diesen Sachverhalt grafisch dar. Wähle einen geeigneten Maßstab.

b) Welche verschiedenen Bereiche gibt es in der Zeichnung? Beschreibe diese in mathematischer Schreibweise und in Worten.

c) Erkläre auch die Bedeutung der Bereiche in Bezug auf den Sachverhalt.

d) Hältst du die Positionierung der Wassersprenger für optimal? Begründe deine Meinung. Unterbreite Verbesserungsvorschläge und zeichne.

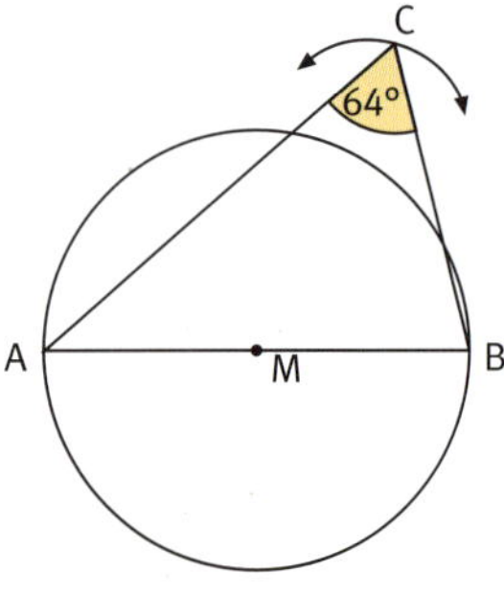

Erstelle mit einem Geometrieprogramm folgende Ausgangsfigur:

- Zeichne eine beliebige Strecke $\overline{AB}$.
- Markiere mithilfe der Mittelpunktsfunktion den Mittelpunkt M von $\overline{AB}$ und zeichne den Kreis um M mit Radius $\overline{MA}$.
- Erstelle einen beliebigen Punkt C außerhalb des Kreises und verbinde ihn mit Strecken zu A und B. Miss mithilfe der Winkelmessung die Größe des Winkels in C.
- Bewege den Punkt C mit dem Zugmodus und beobachte die Größe des Winkels in C. Beschreibe deine Beobachtung, indem du anhand der Lage von C verschiedene Dreiecksarten unterscheidest.

Der Satz des Thales ist benannt nach dem Mathematiker und Philosophen Thales von Milet, der etwa 600 vor Christus an der Westküste der heutigen Türkei lebte.

Merkwissen

Satz des Thales
Ein **Dreieck**, von dem zwei Eckpunkte den Durchmesser eines Kreises („**Thaleskreis**") begrenzen und dessen dritter Punkt auf der Kreislinie liegt, ist stets **rechtwinklig**.
Der rechte Winkel liegt an dem Punkt auf der Kreislinie an.

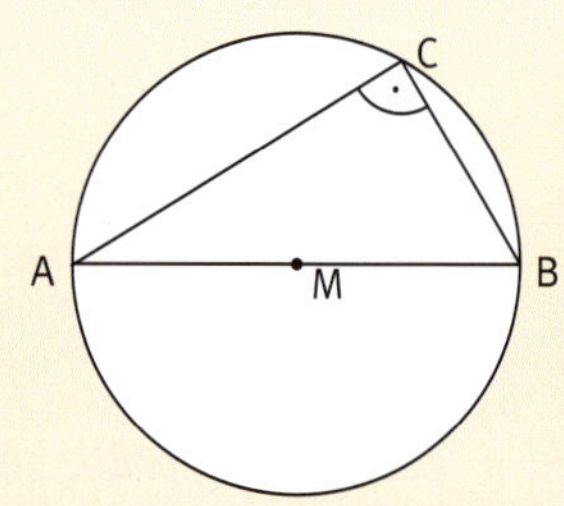

Beispiele

I Zeichne mit einem Geometrieprogramm den Thaleskreis über einer beliebigen Strecke $\overline{AB}$. Markiere einen Punkt C auf der Kreislinie, vervollständige das Dreieck ABC und miss den Winkel γ. Bewege C auf der Kreislinie und prüfe, ob $\gamma = 90°$ ist.

Anmerkung: Bewegt man C auf der Kreislinie über A oder B hinaus, dann wird nicht der rechte Winkel angezeigt, sondern der Winkel außerhalb des Dreiecks von 270°.

Lösung:
1. Zeichne eine beliebige Strecke $\overline{AB}$.
2. Markiere den Mittelpunkt M der Strecke und zeichne den Thaleskreis um M mit $r = \overline{MA}$.
3. Lege einen Punkt C fest, der an die Kreislinie gebunden ist, und verbinde ihn mit Strecken zu A und B. Miss die Größe des Winkels in C. Der Winkel in C ist stets ein rechter.

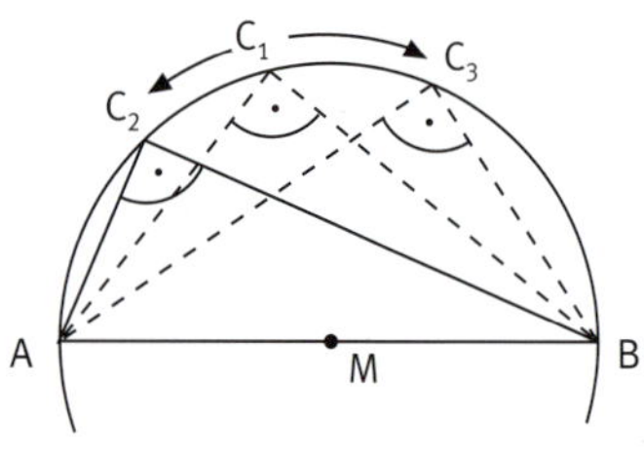

II Konstruiere ein Dreieck ABC mit c = 5 cm, a = 3 cm und $\gamma = 90°$.

*Oftmals genügt es, einen **Halbkreis** als Thaleskreis zu zeichnen, und nicht den Vollkreis.*

Lösung:
Planfigur:

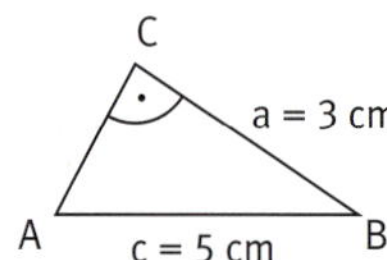

Konstruktion:

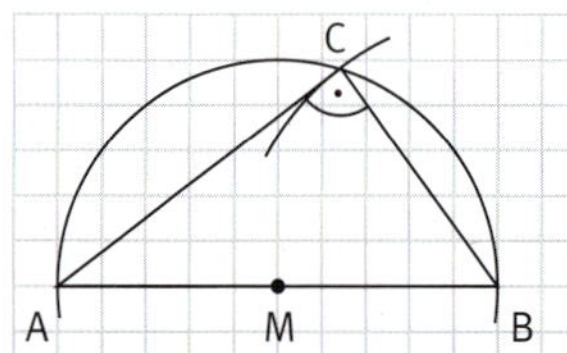

Beschreibung:
1. Zeichne die Seite c mit den Eckpunkten A und B.
2. Markiere den Mittelpunkt M der Seite c. Zeichne k (M; $r = \frac{1}{2}c = 2{,}5$ cm)
3. Zeichne einen Kreis um B mit Radius a = 3 cm. Der Schnittpunkt beider Kreise liefert den Eckpunkt C des Dreiecks. Aufgrund des Satzes von Thales ist der Winkel $\gamma = 90°$.

Verständnis

- Stimmt das? Wenn man auf einem Kreis drei beliebige Punkte markiert und zu einem Dreieck verbindet, dann ist das Dreieck immer rechtwinklig.
- Begründe, dass sich mithilfe eines Thaleskreises unendlich viele rechtwinklige Dreiecke über dem Durchmesser des Kreises erzeugen lassen.

Aufgaben

1 Zeichne mithilfe des Thaleskreises fünf verschiedene Dreiecke ABC mit der gemeinsamen Seite $c = 8$ cm und $\gamma = 90°$ in dein Heft.

2 Konstruiere in dein Heft ein rechtwinkliges Dreieck ABC mithilfe des Thaleskreises anhand der drei Schritte Planfigur – Zeichnung – Beschreibung wie in Beispiel II.

Beginne stets mit der Seite, die dem rechten Winkel gegenüberliegt. Nutze deine Kenntnisse über rechtwinklige Dreiecke für die Konstruktion.

a) $c = 6$ cm; $a = 4$ cm; $\gamma = 90°$ **b)** $\overline{AB} = 9$ cm; $b = 7$ cm; $\gamma = 90°$

c) $c = 8$ cm; $\alpha = 40°$; $\gamma = 90°$ **d)** $\overline{AB} = 7$ cm; $\beta = 20°$; $\gamma = 90°$

e) $a = 10$ cm; $b = 6{,}5$ cm; $\alpha = 90°$ **f)** $c = 4{,}5$ cm; $b = 7$ cm; $\beta = 90°$

3 Welche Fehler sind bei der Konstruktion rechtwinkliger Dreiecke entstanden?

a)

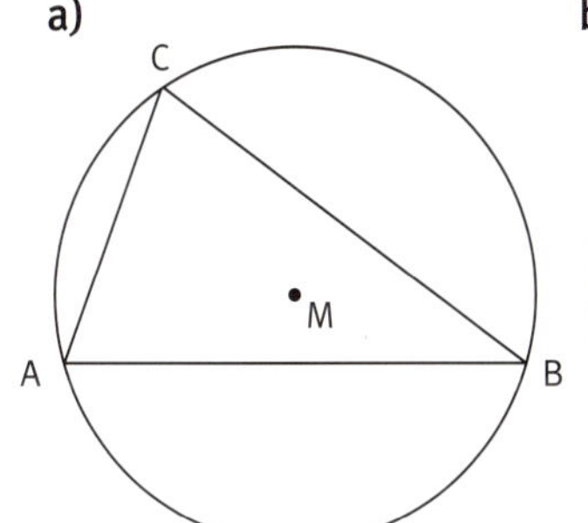

b)

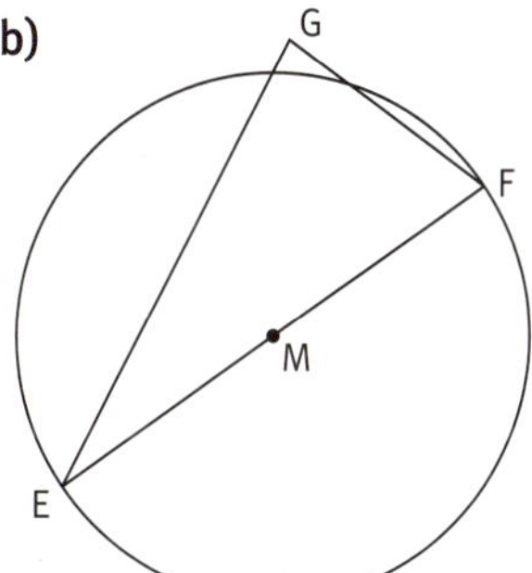

c)

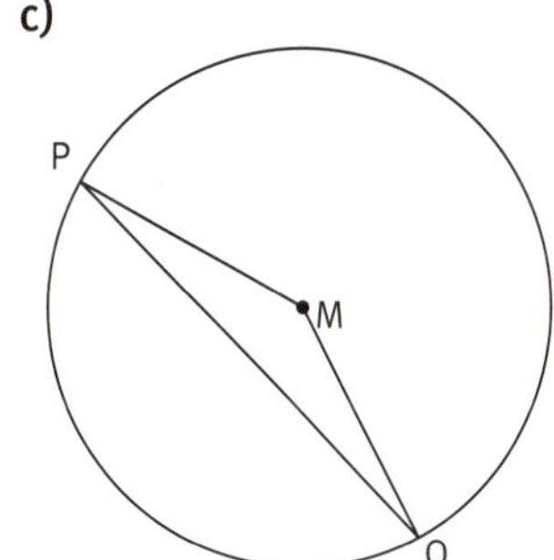

4 Was kannst du über die verschiedenen Dreiecke aussagen, ohne die Größe der Winkel zu messen? Begründe deine Antwort.

a)

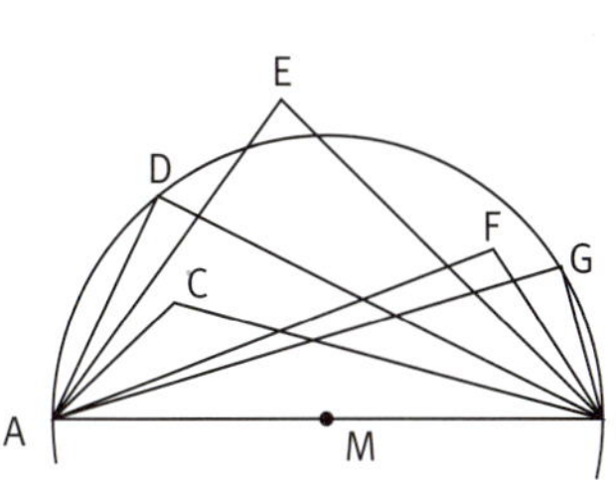

b)

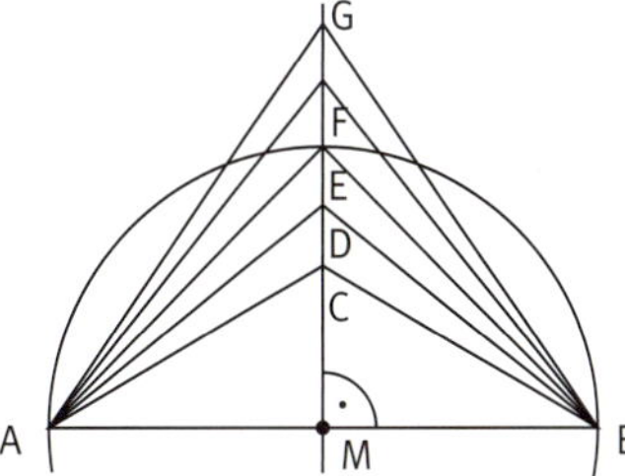

5 Zeichne mithilfe eines Geometrieprogramms ein rechtwinkliges Dreieck ABC.

a) $\overline{AB} = 14$ cm; $\overline{AC} = 5$ cm; $\gamma = 90°$ **b)** $c = 7{,}6$ cm; $b = 5{,}5$ cm; $\gamma = 90°$

c) $a = 7{,}6$ cm; $b = 5{,}6$ cm; $\alpha = 90°$ **d)** $a = 9{,}4$ cm; $b = 12{,}5$ cm; $\beta = 90°$

Maße kann man mithilfe von Icons eingeben:

Länge einer Strecke: 

Größe eines Winkels: 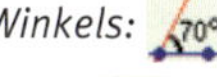

Kreisdurchmesser: 

6 Zeichne das Dreieck ABC in ein Koordinatensystem (Einheit 1 cm). Überprüfe mithilfe des Thaleskreises, ob das Dreieck rechtwinklig ist. Gib in diesem Fall die Koordinaten des Kreismittelpunkts M an.

a) A (−2 | 0,5); B (4 | 0,5); C (1 | 3,5) **b)** A (0 | 2,5); B (6 | 2,5); C (3 | 7,5)

c) A (−1 | −3); B (4 | 1); C (−1 | 1) **d)** A (4,5 | 1); B (−1 | 0); C (5 | −2)

An vielen Bauwerken, die im Mittelalter während der Gotik entstanden, beruhen die Verzierungen von Türen und Fenstern nur auf Kreisen oder Kreisausschnitten und Geraden. Das Bild zeigt das Westportal der Stadtkirche in Bad Hersfeld.

- Beschreibe, wie die Verzierungen über der Tür entstanden sind und welche Eigenschaften du in den Anordnungen erkennen kannst.
- Zeichne selbst Kreisausschnitte wie über dem Portal in dein Heft und konstruiere derartige Verzierungen. Beschreibe dein Vorgehen.

Passante von „passare“ (lat.): vorübergehen

Sekante von „secare“ (lat.): schneiden

Tangente von „tangere“ (lat): berühren

Merkwissen

Die Lage eines Kreises und einer Gerade lässt sich nach der Anzahl ihrer gemeinsamen Punkte unterscheiden.

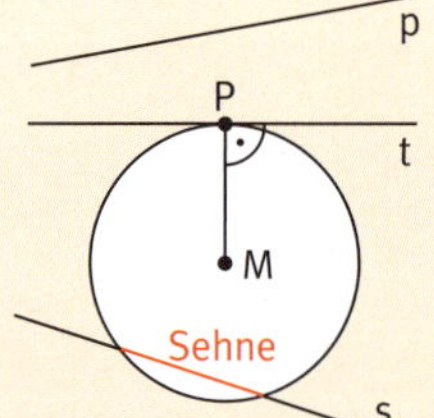

- Eine Gerade, die ohne Schnittpunkte an einem Kreis vorüberzieht, nennt man **Passante**.
- Schneidet eine Gerade einen Kreis in zwei Punkten, dann nennt man sie **Sekante**. Der Teil der Sekante, der durch den Kreis ausgeschnitten wird, heißt **Sehne**.
- Berührt eine Gerade den Kreis nur in einem Punkt, dann nennt man sie **Kreistangente** oder kurz **Tangente**. Die Tangente steht in P **senkrecht auf dem Radius** des Kreises.

Konstruktion der Kreistangente durch einen Punkt P:

1 P liegt auf dem Kreis.	2 P liegt außerhalb des Kreises.
Zeichne den Radius zwischen P und M.	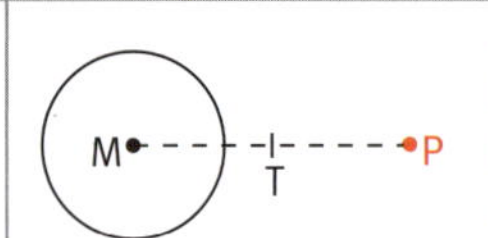 Zeichne die Verbindungsstrecke $\overline{MP}$ und markiere den Mittelpunkt T dieser Strecke.
Zeichne mit dem Geodreieck die Gerade t durch P, die senkrecht auf dem Radius steht.	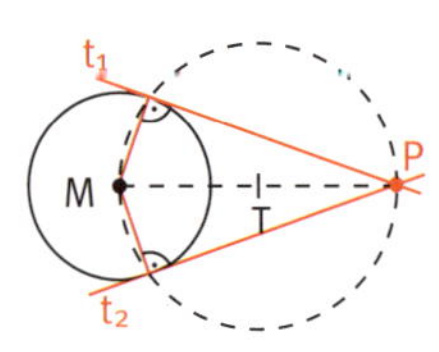 Zeichne den Thaleskreis über $\overline{MP}$. Verbinde jeweils einen Schnittpunkt der beiden Kreise mit P zu einer Tangente.

Beispiele

I Beschreibe, wie man einen Kreis findet, der eine Gerade g im Punkt P berührt. Findest du mehrere solcher Kreise?

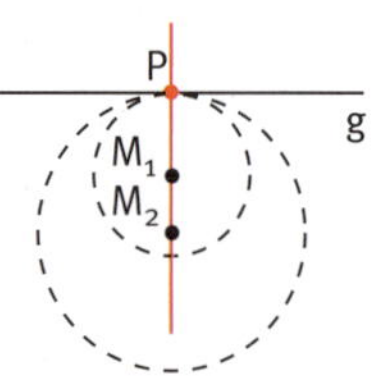

Lösung:
Man konstruiert eine Senkrechte auf g durch P. Von jedem Punkt M auf dieser Senkrechten lassen sich Kreise mit Radius $\overline{MP}$ zeichnen.

Verständnis

- Warum kann man keine Kreistangente durch einen Punkt P konstruieren, der innerhalb eines Kreises liegt?
- Begründe, warum die Kreistangenten bei der Konstruktion 2 im Merkwissen senkrecht auf dem Radius stehen.
- Unterscheide die Anzahl der Kreistangenten nach der Lage eines Punktes P.

Aufgaben

1 Welche Lagebeziehungen zwischen den Strecken bzw. Geraden und den Kreisen kannst du in den Bildern erkennen? Beschreibe mithilfe von Fachbegriffen und erkläre die dargestellten Sachverhalte.

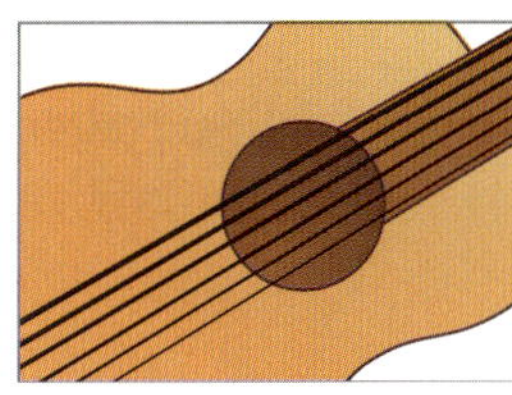

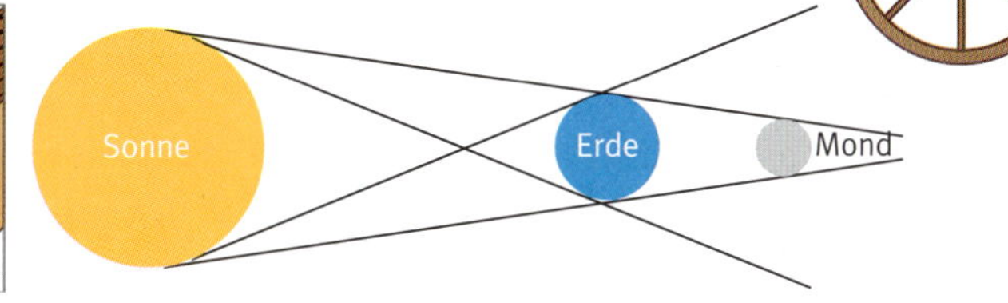

2 Gegeben ist der Kreis k (M; r) mit M (4 | 4) und r = 2 cm sowie der Punkt P. Zeichne durch P eine Passante (Tangente, Sekante). Wie viele Lösungen findest du jeweils? Kann man die gesuchte Linie überhaupt zeichnen? Begründe.

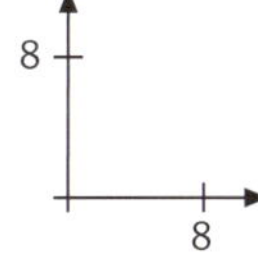

a) P (8 | 7) **b)** P (6 | 4) **c)** P (5 | 5)
d) P (2 | 2) **e)** P (4 | 4) **f)** P (4 | 6)

3 Gegeben ist k (M; r = 2 cm) mit M (3 | 2), der Punkt R (1 | 2) sowie eine Gerade g. M liegt auf g und g verläuft parallel zur y-Achse.

Wo gibt es mehrere Lösungen? Gib an, wie viele genau.

a) g schneidet k in den Punkten P und Q. Gib die Koordinaten der Punkte P und Q an.
b) Zeichne eine Gerade durch die Punkte P und R.
c) Wie muss eine Gerade h verlaufen, die nur den Punkt R mit k gemeinsam hat?
d) Zeichne eine Gerade m, die keinen Punkt mit k gemeinsam hat.
e) Benenne alle gezeichneten Geraden mit Fachbegriffen.

4 Gegeben ist ein Kreis k (M; r = 5 cm).
a) Zeichne zwei verschiedene Sehnen ein.
b) Wie lang ist die größte Sehne? Überprüfe mithilfe einer Zeichnung.
c) Zeichne einen Punkt A ∈ k und eine Sehne [AB] mit $\overline{AB}$ = 8 cm. Wie viele Möglichkeiten gibt es? Erläutere dein Vorgehen.

5 Zeichne einen Kreis mit Radius r = 5 cm (4 cm). Kennzeichne einen beliebigen Punkt P auf dem Kreis.
a) Konstruiere verschiedene Sekanten durch P.
b) Konstruiere die Kreistangente durch P.

6 Übertrage die Zeichnung in dein Heft und konstruiere die Tangenten von P an k.

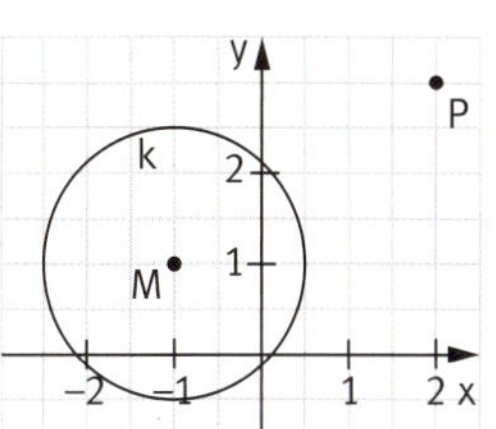

7 Zeichne einen Kreis mit Mittelpunkt M und Radius r. Konstruiere die Kreistangenten, die durch den Punkt P verlaufen.

		①	②	③
a)	M (4 I 3); r = 2 cm	P (8 I 3)	P (6 I 3)	P (6 I 1)
b)	M (2 I 4,5); r = 2,5 cm	P (0 I 0)	P (2 I 2)	P (−2 I 1)
c)	M (0 I 0); r = 3,5 cm	P (6 I 0)	P (0 I 6)	P (0 I −6)
d)	M (7 I 5); r = 2 cm	P (4 I 7)	P (3 I 2)	P (10 I 4)

Wähle Punkte, die denselben Abstand zum Ursprung haben.

8 Konstruiere im Koordinatensystem Kreise, die …

a) die y-Achse im Punkt P (0 I 4) berühren.

b) beide Koordinatenachsen berühren.

Beschreibe jeweils die Lage der Mittelpunkte im Koordinatensystem

9 In der Leichtathletikdisziplin Hammerwurf wird eine Metallkugel an einem Stahldraht so weit wie möglich weggeschleudert. Der aktuelle Rekord liegt bei Frauen bei 79,58 m, bei Männern bei 86,74 m.

Anschwingen Hochpunkt Abwurf

Erkläre mit Worten und an einer Skizze, wie der Hammer beim Hammerwurf davonfliegt. Verwende Fachbegriffe.

10 a) Theresa behauptet, dass man immer weniger als die Hälfte der Werbung auf einer Litfaßsäule sieht, wenn man davor steht. Stimmt das?

b) Welchen Anteil der Litfaßsäule sieht Theresa? Übertrage die Zeichnung in dein Heft und bestimme den Anteil so genau wie möglich.

Theresa

11 Eine (als Punkt angenommene) Glühlampe G beleuchtet eine Kugel k mit Mittelpunkt M. Diese hinterlässt auf einer Leinwand l einen kreisförmigen Schatten. Bestimme anhand einer Zeichnung den Durchmesser des Schattens. Der Abstand vom Mittelpunkt M zur Leinwand beträgt 4 cm. Weiterhin gilt:

$\overline{GM} = 8$ cm   r = 2 cm   l ⊥ GM

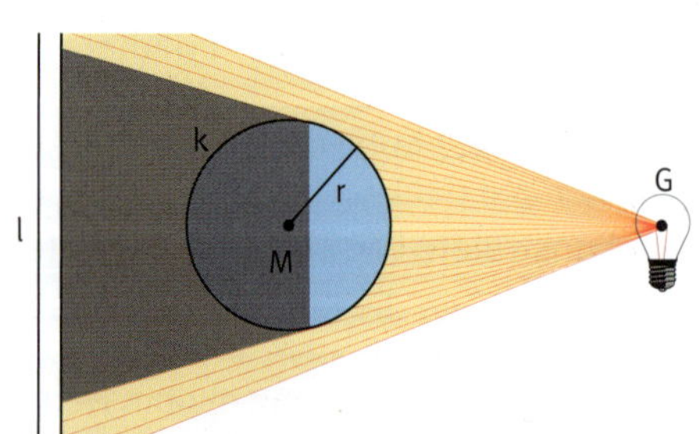

12 1 M (2 | 4); P (5,5 | 2); Q (7 | 6)
2 M (–5 | 0,5); P (–2 | 2); Q (1 | 1)

a) Zeichne den Kreis mit Mittelpunkt M und Radius $\overline{MP}$ in ein Koordinatensystem. Konstruiere die Tangenten an den Kreis durch P und Q.

b) Konstruiere die Tangente an den Kreis aus a), die parallel zur Tangente in P verläuft.

13 a) Die Punkte A (3 | 5), B (5 | 1) und C (9 | 3) sind Eckpunkte eines Quadrats ABCD. Zeichne dieses in ein Gitternetz und ermittle die Koordinaten von D.

b) Die Quadratseiten bilden vier Sehnen eines Kreises. Bestimme dessen Mittelpunkt M und den Radius r.

c) Zeichne durch die Eckpunkte A, B, C und D die Tangenten t_1, t_2, t_3 und t_4.

d) Gib die Schnittpunkte der Tangenten an.

Vertiefung

Das Tangentenproblem

Bei zwei gegebenen nebeneinander liegenden Kreisen lassen sich zwei äußere Tangenten und zwei innere Tangenten konstruieren.
Je nach Lagebeziehung der Kreise kann es bis zu vier Tangenten geben.

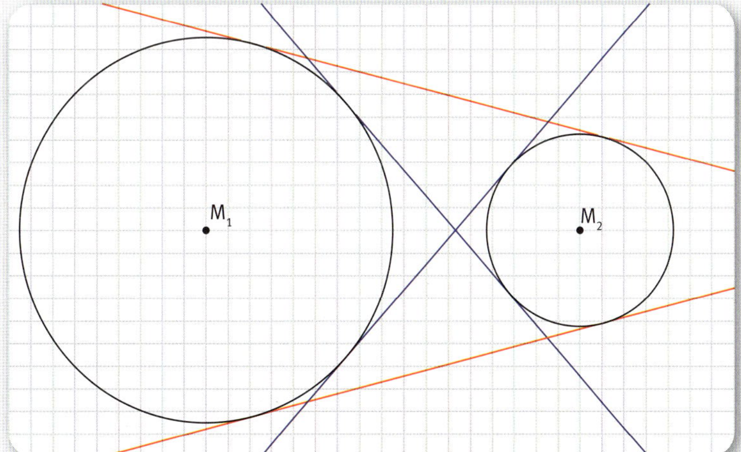

Zeichne mit einem dynamischen Geometrieprogramm zwei Kreise mit verschiedenen Radien. Verwende das Werkzeug **Kreis mit Mittelpunkt und Radius**.

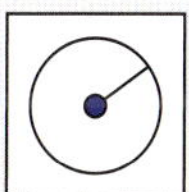

Zum Zeichnen der Tangenten wähle das Werkzeug **Tangenten**. Klicke anschließend jeden Kreis einmal an.

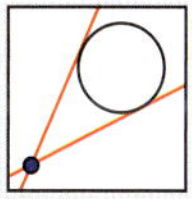

Verschiebe nun den kleineren Kreis mit dem Werkzeug **Bewegen** und untersuche den Zusammenhang zwischen der Lagebeziehung der beiden Kreise und der Anzahl der Tangenten an die Kreise. Stelle deine Ergebnisse übersichtlich dar. Berücksichtige hierbei, dass es verschiedene Möglichkeiten geben kann.

Finde zunächst den Mittelpunkt.

1 a) Übertrage ins Heft.

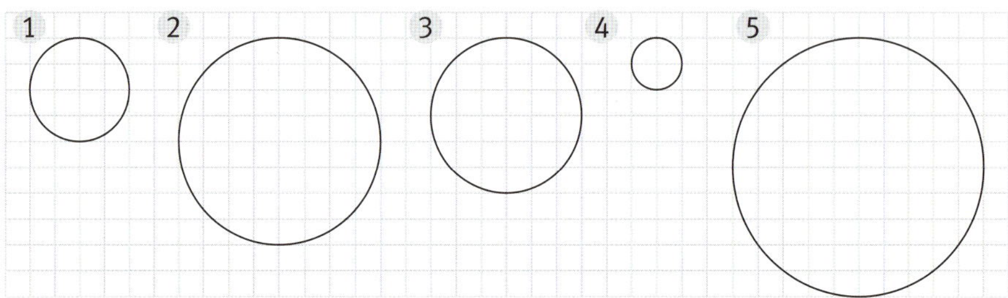

b) Zeichne in jeden Kreis Radius und Durchmesser ein und miss die Längen.

Hilfe zu 2b:

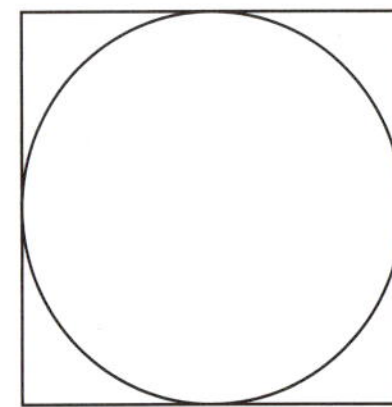

2 a) Zeichne mit einem kreisrunden Gegenstand (z. B. Becher) einen Kreis auf unliniertes Papier und schneide ihn aus. Bestimme durch Falten den Durchmesser, den Radius und den Kreismittelpunkt.

b) Zeichne den Kreis aus a) nochmals auf ein weißes Blatt Papier und bestimme den Mittelpunkt zeichnerisch. Beschreibe dein Vorgehen.

c) Miss den Durchmesser einiger Münzen und bestimme jeweils deren Radius.

3 Zeichne jeweils eine Kreislinie um den angegebenen Mittelpunkt, die durch den angegebenen Punkt geht. Untersuche, ob diese Kreislinie durch weitere Gitterpunkte verläuft und gib gegebenenfalls deren Koordinaten an.

	a)	b)	c)	d)	e)	f)
Mittelpunkt	A (3 | 3)	B (12 | 5)	C (6 | 7)	D (2 | 1,5)	E (4 | 5)	F (8,5 | 6,5)
Kreislinie durch	Z (3 | 6)	Y (12 | 2)	X (9 | 4)	W (3 | 2,5)	V (0 | 5)	U (5,5 | 3)

4 Zeichne ein Quadrat mit der Seitenlänge a = 8 cm.

a) Zeichne einen Kreis so in das Quadrat ein, dass er weder die Seiten noch die Eckpunkte berührt.

b) Zeichne einen Kreis, der alle vier Eckpunkte des Quadrates berührt.

c) Zeichne einen Kreis, der die Seitenlinie des Quadrates berührt. Wie lang ist r?

d) Sind a)–c) auch für ein Rechteck (a = 7 cm; b = 4 cm) lösbar? Zeichne.

5 Zeichne in ein Koordinatensystem (Einheit 1 cm) einen Kreis mit Radius 4 cm und Mittelpunkt M (6 | 5). Zeichne nun die Punkte A (10 | 2), B (3 | 3), C (6 | 9), D (10 | 7), E (2 | 6), F (4 | 2), G (8,5 | 8) und H (2 | 5) ein. Welche Punkte liegen

a) auf der Kreislinie? b) innerhalb des Kreises? c) außerhalb des Kreises?

6 Übertrage die Zeichnungen in dein Heft und beschreibe die farbig gekennzeichneten Punktmengen als geometrische Orte anhand ihrer Eigenschaften.

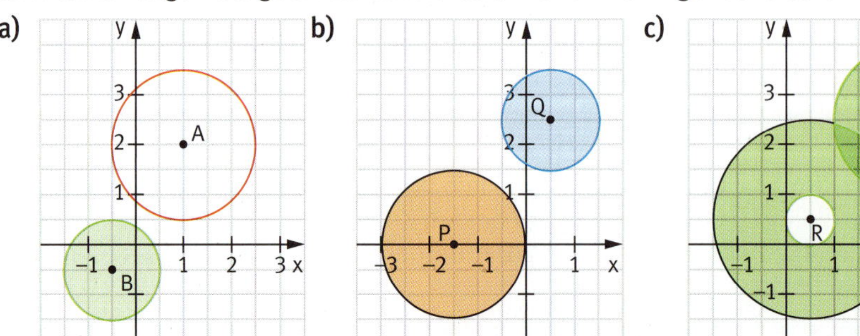

7 Beschreibe Gemeinsamkeiten und Unterschiede der Kreise.

a) 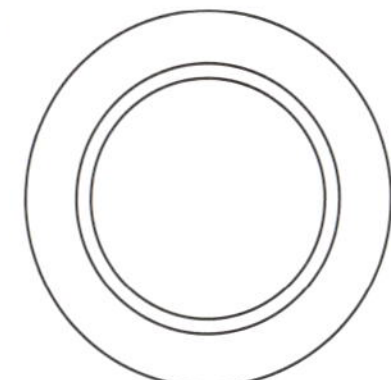
b) 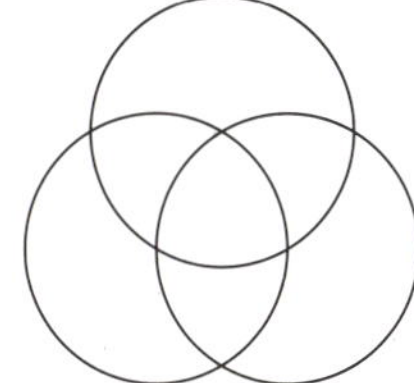
c) 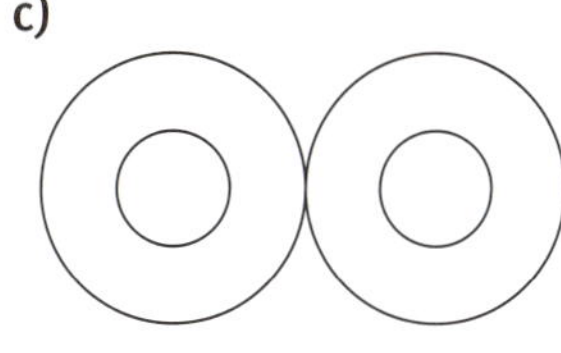

8 a) Zeichne jeweils einen Kreis.
1 $r = 4$ cm 2 $d = 6$ cm 3 $r = 2,2$ cm 4 $d = 7,8$ cm

b) Zeichne drei Kreise, die genau zwei (einen) Punkt gemeinsam haben.

9 a) Übertrage die Figur in dein Heft. Der Radius der roten Kreise beträgt 1,5 cm. Bestimme auch die Radien der blauen und grünen Kreise.

Überlege zunächst, wie lang und wie hoch die Figur insgesamt ist. Verwende ein Blatt gegebenenfalls im Querformat.

1 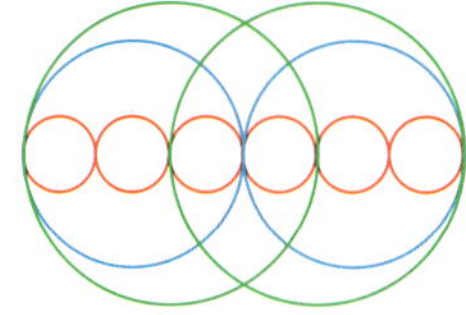
2 

b) Erfinde weitere derartige Kreisfiguren.

10 Der 20 m hohe Pulverturm in Jena soll bei Nacht beleuchtet werden. Dazu soll im Abstand von 5 m ein Strahler aufgestellt werden. Der Strahler hat einen Öffnungswinkel von 90°. In welcher Höhe ist der Strahler aufzustellen?
Löse die Aufgabe mit einer maßstabsgetreuen Zeichnung.

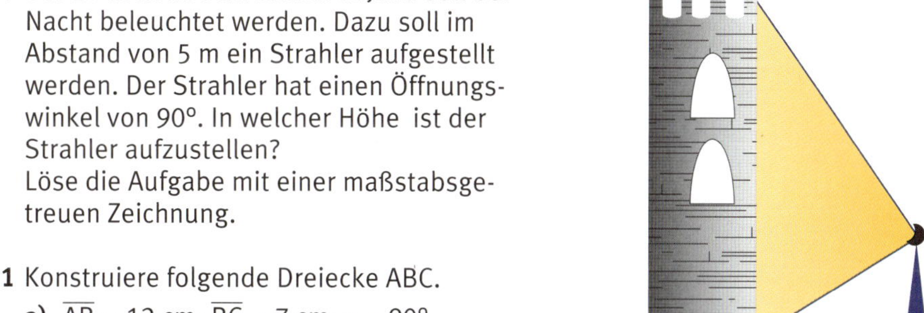

11 Konstruiere folgende Dreiecke ABC.

a) $\overline{AB} = 12$ cm; $\overline{BC} = 7$ cm; $\gamma = 90°$

b) $a = 7,8$ cm; $b = 10,2$ cm; $\beta = 90°$

c) gleichschenkliges Dreieck mit der Basis $c = 5$ cm und Basiswinkeln von 65°

12 Konstruiere mithilfe des Thaleskreises ein rechtwinkliges Dreieck ABC.

a) $c = 7$ cm; $b = 5$ cm; $\gamma = 90°$ b) $c = 6$ cm; $\beta = 45°$; $\gamma = 90°$

c) $c = 6$ cm; $a = 4$ cm; $\gamma = 90°$ d) $c = 8$ cm; $\gamma = 90°$; $h_c = 3$ cm

13 In einem Museum sind wertvolle Exponate mit einer runden Glasplatte mit 80 cm Durchmesser abgedeckt. Nun soll eine Lampe mit einem Abstrahlwinkel von 90° so weit von der Decke herabgehängt werden, dass genau die Glasplatte beschienen wird.

a) Erstelle eine maßstabsgetreue Skizze.

b) Wie weit muss die Lampe von der Decke entfernt sein, wenn das Zimmer 2,5 m hoch ist?

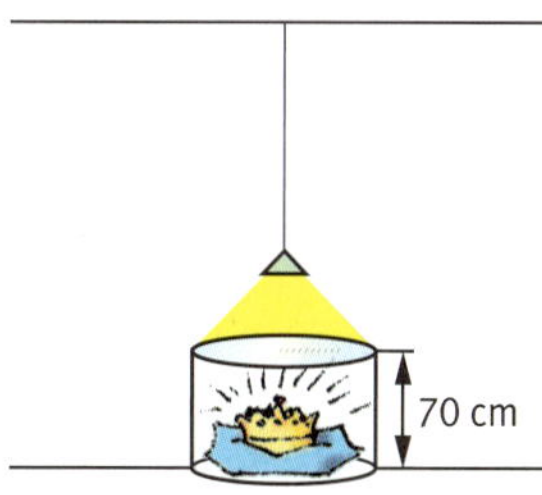

14 Beschreibe die Konstruktion mit Worten. Wie lautete wohl die Aufgabenstellung?

a)

b)

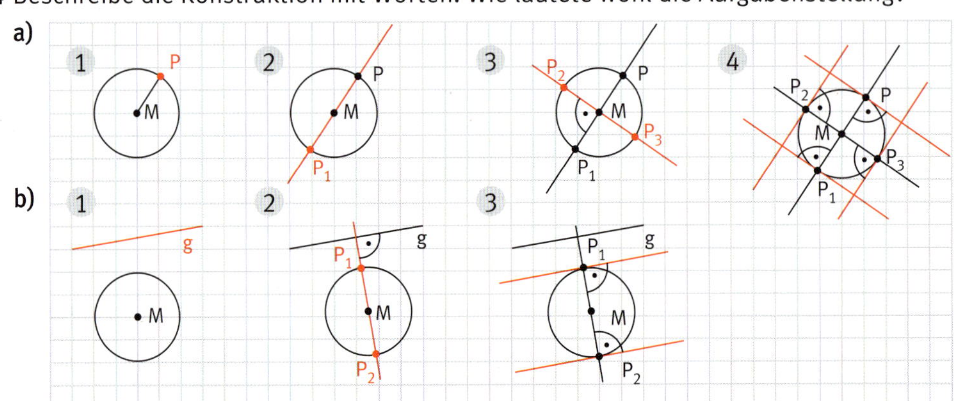

15 Mandalas sind hübsche Kunstwerke, die in vielen Kulturen, wie z.B. im Buddhismus und Hinduismus zu religiösen Zwecken benutzt werden.

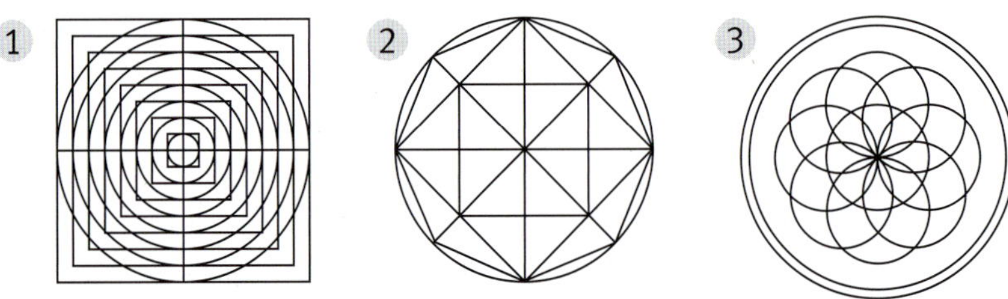

a) Übertrage die Mandalas in dein Heft. Beschreibe, wie du dabei vorgegangen bist.

b) Beschreibe die Mandalas auch mit Hilfe der bekannten Fachbegriffe.

c) Erfinde mit Zirkel und Geodreieck selbst einfache Mandalas und male sie farbig aus.

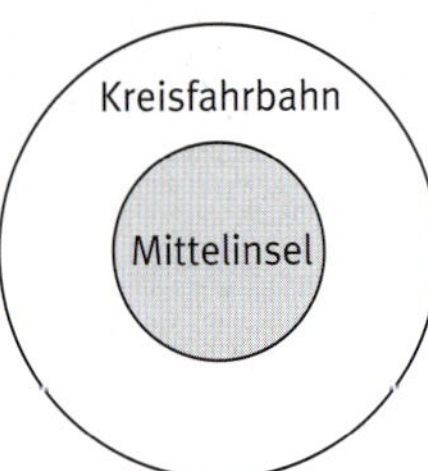

16 Bei einem Kreisverkehr sollen Zu- und Abfahrtsstraßen neu gemacht werden.

a) Der rechte Rand einer neuen Zufahrtsstraße soll dabei ohne Knick in den Kreisverkehr einmünden. Hilf den Straßenbauern dabei, im Rahmen der Baumaßnahmen eine Skizze zu erstellen und erkläre dein Vorgehen.

b) Eine schon vorhandene Abfahrtsstraße hat kurz nach der Abzweigung aus dem Kreisverkehr erhebliche Straßenschäden und soll in diesem Bereich neu gemacht werden. Der neue Straßenbereich soll dann ebenfalls knickfrei in den Kreisverkehr münden und dann wieder auf den nicht beschädigten Straßenverlauf führen. Stelle auch dieses Vorhaben in der Skizze dar und erkläre.

17 Bei einer Mondfinsternis tritt der Mond in den von der Erde erzeugten Schatten. Befindet sich der Mond später vollständig im Kernschatten der Erde, so herrscht totale Mondfinsternis. Erkläre mit Hilfe von Fachbegriffen die Skizze und das Zustandekommen der verschiedenen Schattenbereiche.

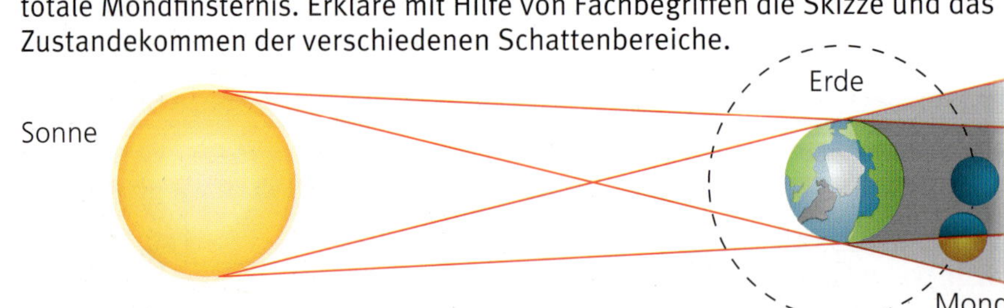

Blu-ray-Hülle

Situationsbeschreibung

Deine beste Freundin hat demnächst Geburtstag und du hast ihr alle Staffeln aus ihrer Lieblingsserie besorgt. Nun möchtest du ihr Geschenk etwas persönlicher gestalten, indem du ihr noch eine passende Hülle bastelst. Dazu hast du dir überlegt, eine Verpackung in Form eines gleichseitigen Dreiecks zu basteln. In der Mitte der Hülle soll eine Art Säule hervorstehen, auf die man die Blu-rays stapeln kann. Insgesamt besteht die gesamte Sammlung aller Staffeln aus 18 Blu-rays.

Erstelle nun mithilfe folgender Handlungsaufträge die Geschenkverpackung.

Handlungsaufträge

1. Was hat deine Aufgabe mit Tangenten und Kreisen zu tun? Erläutere kurz.
2. Informiere dich in deinem Heft oder Buch über Konstruktionen von Tangenten.
3. Finde die Maße einer Blu-ray heraus, zeichne den Kreis auf ein leeres Blatt und konstruiere damit die Bodenfläche der Verpackung nach der obigen Vorlage. Denke daran, dass du auch ein wenig Spielraum für das Innere der späteren Verpackung und die Materialdicke einplanen musst. Beschreibe dabei genau dein Vorgehen.
4. Bastle die dreieckige Verpackung aus einem geeigneten Material. Vergiss dabei nicht, auch Material für Klebefalze vorzusehen.
5. Gestalte deine selbst erstellte Hülle möglichst so, dass sie zu deiner Freundin passt.

Überprüfe deine Fähigkeiten und Kenntnisse. Bearbeite dazu die folgenden Aufgaben und bewerte anschließend deine Lösungen mit einem Smiley.

☺	😐	☹
Das kann ich!	Das kann ich fast!	Das kann ich noch nicht!

Hinweise zum Nacharbeiten findest du auf der folgenden Seite. Die Lösungen stehen im Anhang.

Aufgaben zur Einzelarbeit

1 Zeichne einen Kreis um M mit r bzw. d.

a) M (5 | 6); r = 3 cm **b)** M (6 | 11,5); d = 4 cm
c) M (2 | 2); r = 1,5 cm **d)** M (7 | 7); d = 3,8 cm

2 Zeichne den Kreis um M durch P. Gib jeweils Radius und Durchmesser an.

a) M (7 | 4); P (4 | 4) **b)** M (3 | 3); P (4 | 5)

3 Zeichne die Kreisfiguren ins Heft und färbe sie.

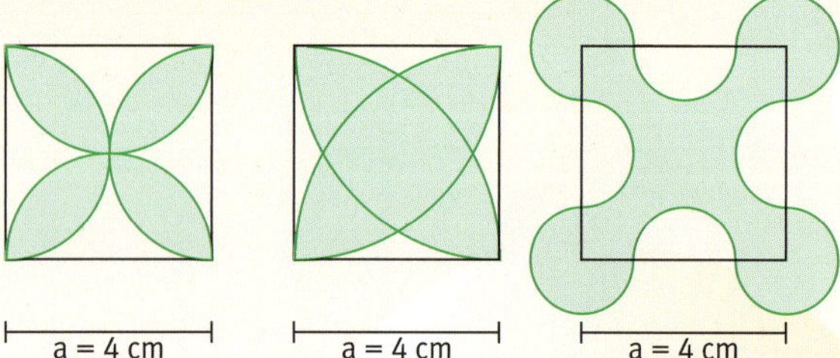

4 Zeichne in ein Koordinatensystem (Einheit 0,5 cm) die Punkte A (9 | 1), B (15 | 7), C (9 | 13) und D (3 | 7). Zeichne einen Kreis, der durch alle vier Punkte geht. Gib die Koordinaten des Kreismittelpunkts an und beschreibe, wie du ihn gefunden hast.

5 Lege einen beliebigen Punkt M im Heft fest und kennzeichne die Menge aller Punkte P, für die gilt:

a) $\overline{PM} \leqq 3{,}5$ cm **b)** $\overline{PM} \geqq 2{,}0$ cm
c) $\overline{PM} > 1{,}5$ cm **d)** $\overline{PM} = 4{,}0$ cm

6 Fertige zu jeder der folgenden Aufgaben eine Zeichnung an. Markiere die Menge aller Punkte, …

a) die von einem Punkt A genau 4 cm entfernt sind.

b) deren Entfernung zu einem Punkt B mindestens 3,5 cm (höchstens 1,5 cm) beträgt.

c) die von D (3 | –1) höchstens 2 cm und von E (1 | –2,5) höchstens 1,5 cm entfernt sind.

7 Beschreibe die grünen Ortsbereiche mit Worten und in mathematischer Schreibweise.

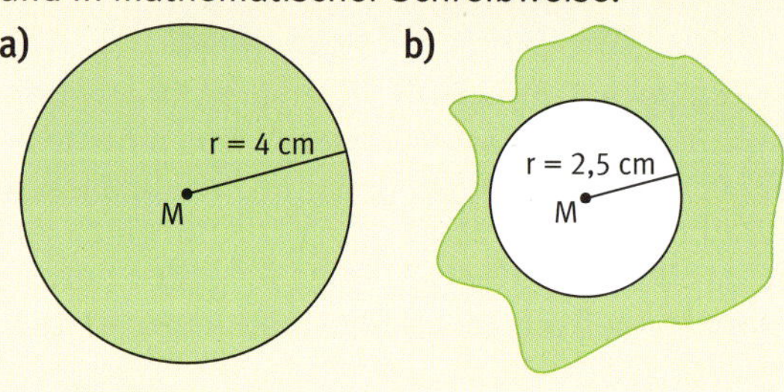

8 Zeichne zwei Kreise, die zwei (einen, keinen) gemeinsamen Punkt haben. Finde verschiedene Möglichkeiten.

9 Zeichne eine Zielscheibe. Markiere zunächst den Mittelpunkt M. Die Durchmesser sollen 3 cm, 6 cm, 9 cm, 12 cm und 15 cm betragen. Färbe die entstandenen Ringe verschiedenfarbig ein. Nummeriere die Kreisringe.

10 Zeichne einen Kreis mit r = 4 cm. Bestimme drei Punkte A, B und C so auf dem Kreis, dass das Dreieck ABC rechtwinklig ist.

11 Zeichne mithilfe des Satzes von Thales ein bei C rechtwinkliges Dreieck, für das gilt:

a) c = 8 cm; b = 4 cm **b)** c = 12,5 cm; $\beta = 37°$

12 Konstruiere ein Rechteck mit einer Seitenlänge a = 4 cm und einer Diagonalen d = 7 cm.

13 Zeichne die Figur „Quadrat im Quadrat“ ins Heft. Das innere Quadrat hat eine Kantenlänge von 3 cm. Bestimme mittels einer geeigneten Konstruktion ein passendes äußeres Quadrat. Findest du weitere Lösungen?

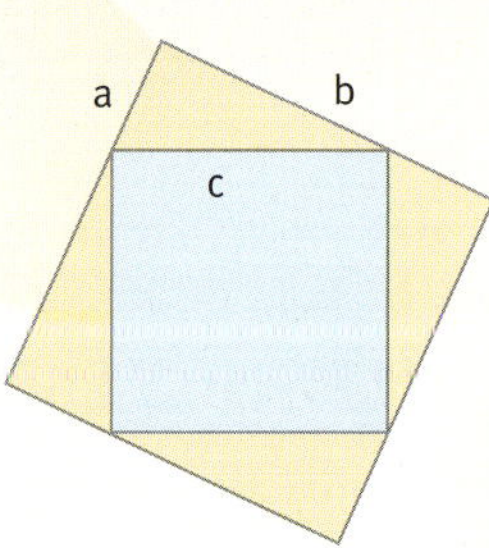

14 ① A (2 | 4); B (7,5 | 2); C (9 | 6)
② A (–5 | 0,5); B (1,5 | –4); C (2 | –0,5)

a) Zeichne das Dreieck ABC in ein Koordinatensystem und miss seinen Umfang.

b) Überprüfe mithilfe des Thaleskreises, ob das Dreieck rechtwinklig ist. Wie lauten die Koordinaten des Kreismittelpunktes?

15 Bestimme das Maß von α, β und γ ohne Messung. Begründe deine Antwort.

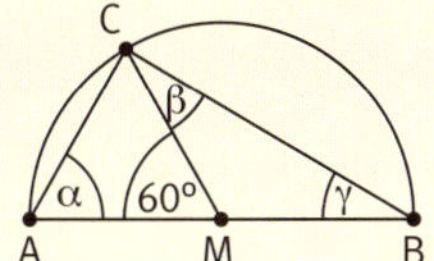

16 Zeichne A (1 | 1) und k (M; r = 3 cm) mit M (6 | 6).

a) Zeichne die Geraden $g_1, \ldots, g_4$ mit $g_n = AB_n$ und B_1 (6 | 2), B_2 (6 | 3), B_3 (6 | 4), B_4 (6 | 5) ein und gib ihre Lagebeziehung bezüglich des Kreises an.

b) Miss die Längen der entstandenen Sehnen.

17 Zeichne im Punkt $P \in k$ die Tangente t an den Kreis k (M; r), wenn P (–0,5 | 5), M (–2 | 3) und r = 2,5 cm.

18 Übertrage die Zeichnung in dein Heft und konstruiere die Tangenten von P an k.

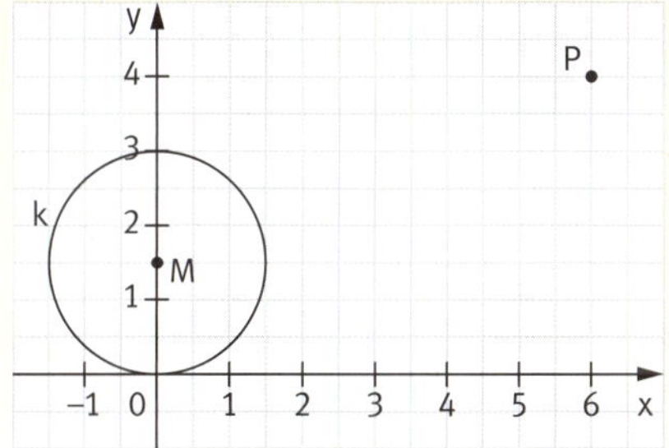

19 Gegeben ist der Kreis k (M; r) mit M (2 | 0) und r = 3 cm und ein Punkt P. Zeichne durch P eine Passante (Tangente, Sekante). Wie viele Lösungen gibt es jeweils? Kann man die gesuchten Linien immer zeichnen? Begründe.

a) P (5 | 0) **b)** P (3 | 2) **c)** P (7 | 1)

20 In einer Parkanlage verlaufen die Wege um einen mittigen Brunnen herum gerade und kreisförmig.

a) Fertige eine vereinfachte Skizze des Wegplanes ausgehend vom Brunnen in der Mitte an.

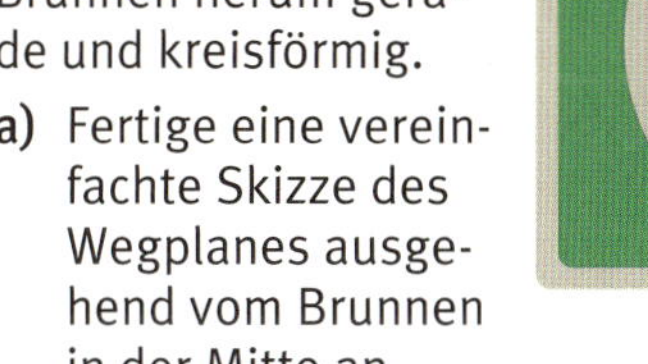

b) Welche Lagebeziehungen zwischen Strecken bzw. Geraden und den Kreisen tauchen hier auf? Beschreibe mit Hilfe von Fachbegriffen.

Aufgaben für Lernpartner

Arbeitsschritte

1 Bearbeite die folgenden Aufgaben alleine.
2 Suche dir einen Partner und erkläre ihm deine Lösungen. Höre aufmerksam und gewissenhaft zu, wenn dein Partner dir seine Lösungen erklärt.
3 Korrigiere gegebenenfalls deine Antworten und benutze dazu eine andere Farbe.

Sind folgende Behauptungen **richtig** oder **falsch**? Begründe schriftlich.

21 Alle Punkte auf der Kreisfläche haben die Eigenschaft, dass ihre Entfernung zum Mittelpunkt des Kreises kleiner ist als der Kreisradius.

22 Wenn man auf einem Kreis drei beliebige Punkte markiert und zu einem Dreieck verbindet, dann ist das Dreieck immer rechtwinklig.

23 Eine Passante hat mit einem Kreis keinen Punkt gemeinsam.

24 Eine Sehne ist ein Teil von einer Sekante.

25 Die längste Sehne eines Kreises entspricht dem Durchmesser eines Kreises.

26 Es ist möglich, dass eine Gerade mit einem Kreis genau einen Punkt gemeinsam hat.

27 An einen Kreis gibt es unendlich viele Tangenten.

28 Zur Konstruktion einer Tangente kann der Punkt P auch innerhalb des Kreises liegen.

Aufgabe	Ich kann …	Hilfe
1, 3	Kreise und Kreisfiguren bei gegebenem Radius bzw. Durchmesser zeichnen.	S. 52
2, 4	den Radius bzw. den Durchmesser eines Kreises bestimmen.	S. 52
5, 6, 7, 20	Kreisbereiche beschreiben und zeichnen.	S. 52
8, 9	Lagebeziehungen zwischen Kreisen erkennen, beschreiben und zeichnen.	S. 54
10, 11, 12, 13, 14, 15, 22	den Satz des Thales anwenden.	S. 56
16, 17, 18, 19, 20, 23, 24, 25, 26, 27, 28	Lagebeziehungen zwischen Kreis und Gerade erkennen, beschreiben und zeichnen bzw. konstruieren.	S. 58

S. 52

$k\ (M; r): \overline{PM} = r$
$k_i\ (M; r): \overline{PM} < r$
$k_a\ (M; r): \overline{PM} > r$
$K\ (M; r): \overline{PM} \leqq r$

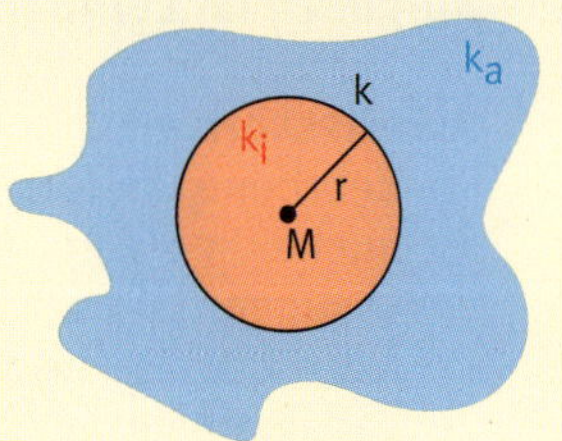

Punkte mit gleichen geometrischen Eigenschaften (z. B. gleicher Abstand, ...) kann man zu geometrischen Orten zusammenfassen.
Alle Punkte P auf einer **Kreislinie k** haben vom **Mittelpunkt M** den gleichen **Abstand r**.

S. 54

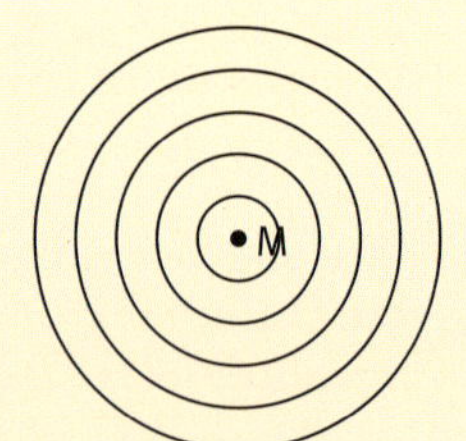

Lagebeziehungen von Kreisen
Zwei Kreise mit verschieden großen Radien können zwei, einen oder keinen gemeinsamen Punkt haben.

Haben mehrere Kreise denselben Mittelpunkt, aber unterschiedliche Radien, spricht man von **konzentrischen Kreisen**.

S. 54

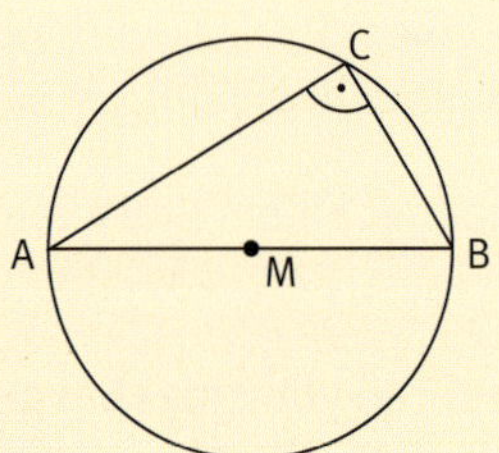

Satz des Thales
Ein **Dreieck**, von dem zwei Punkte den Durchmesser eines Kreises (**„Thaleskreis“**) begrenzen und dessen dritter Punkt auf der Kreislinie liegt, ist stets **rechtwinklig**. Der rechte Winkel liegt am „dritten“ Punkt auf der Kreislinie an.

S. 58

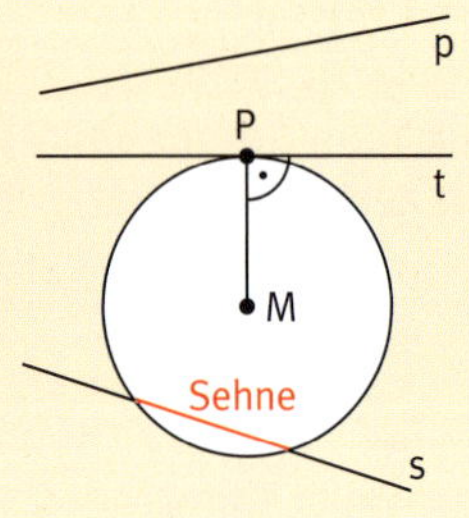

Lagebeziehungen von Geraden und Kreisen
- kein Schnittpunkt: Gerade ist Passante.
- ein Schnittpunkt: Gerade ist Tangente.
- zwei Schnittpunkte: Gerade ist Sekante.

S. 58

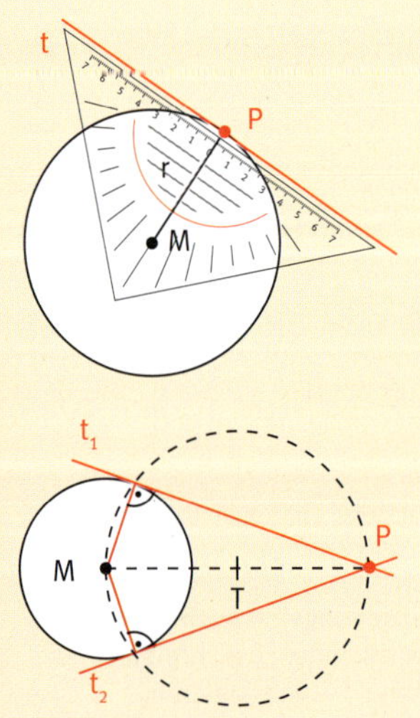

Konstruktion der Kreistangente durch einen Punkt P

P liegt auf dem Kreis:
- Zeichne den Radius zwischen P und M.
- Zeichne mit dem Geodreieck die Gerade t durch P, die senkrecht auf dem Radius steht.

P liegt außerhalb des Kreises:
- Zeichne die Verbindungsstrecke MP und markiere den Mittelpunkt T dieser Strecke.
- Zeichne den Thaleskreis über $\overline{MP}$. Verbinde jeweils einen Schnittpunkt der beiden Kreise mit P zu einer Tangente.

4 Berechnungen an Prismen (WS 3)

Einstieg

- Die Abbildung zeigt die Wewelsburg, die einzige Dreiecksburg in Deutschland. Beschreibe, aus welchen mathematischen Körpern das Bauwerk zusammengesetzt ist. Vereinfache gegebenenfalls.
- Versuche, Schrägbilder der Elemente zu skizzieren.
- Wie sieht eine Person die Burg, die direkt von oben schaut? Beschreibe und skizziere.

Ausblick

Am Ende dieses Kapitels hast du gelernt, ...
- Körper zu erkennen.
- Prismen zu zeichnen.
- Netze von Prismen zu zeichnen und daraus die Körper herzustellen.
- Volumen und Oberflächeninhalt eines Prismas zu bestimmen.

4.1 Körper erkennen (WS 3)

Verpackungen können ganz verschiedene Formen haben.

- Welche mathematischen Körper erkennst du in den Verpackungen?
- Aus welchen Flächen bestehen die Verpackungen? Beschreibe.
- Nenne Gemeinsamkeiten und Unterschiede zwischen den Körpern.
- Besorge dir weitere Verpackungen und stelle sie deiner Klasse vor. Welche Körper kannst du nicht einfach zuordnen?

Merkwissen

Du kennst bereits die wichtigsten **mathematischen Körper**, die aus mindestens zwei Begrenzungsflächen bestehen:

Körper werden von ebenen oder gekrümmten ***Flächen*** *begrenzt. Zwei Flächen bilden jeweils eine* ***Kante****, aufeinanderstoßende Kanten bilden eine* ***Ecke****.*

Die Seitenfläche von Körpern wird auch ***Mantelfläche*** *genannt.*

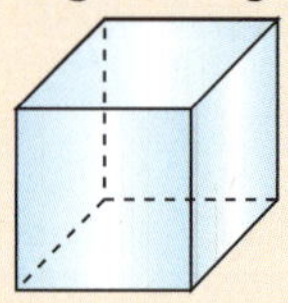

Würfel
6 kongruente Quadrate als Seitenflächen, 12 Kanten, 8 Ecken

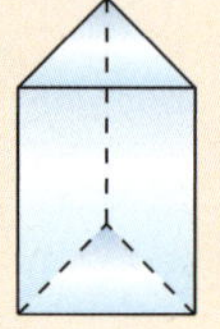

Prisma
Kongruente Vielecke als Grund- und Deckfläche, die parallel zueinander liegen. Die Mantelfläche besteht aus Rechtecken.

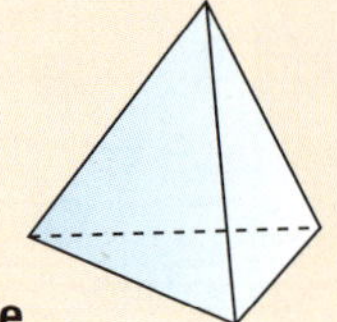

Pyramide
Die Grundfläche ist ein Vieleck. Die Mantelfläche besteht aus Dreiecken, die sich in einer Spitze treffen.

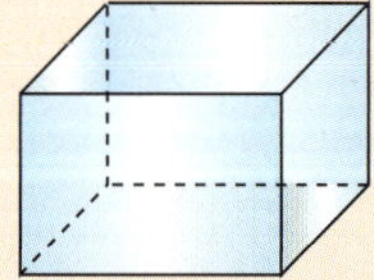

Quader
6 Rechtecke als Seitenflächen, von denen gegenüberliegende kongruent sind, 12 Kanten, 8 Ecken

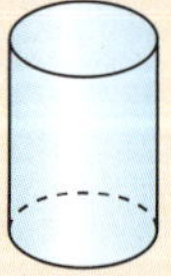

Zylinder
Kongruente Kreise als Grund- und Deckfläche, die parallel zueinander liegen. Die Mantelfläche ist ein Rechteck.

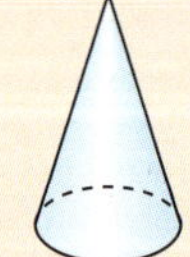

Kegel
Die Grundfläche ist ein Kreis. Die Mantelfläche ist ein Kreissektor, dessen Mittelpunktswinkel die Spitze des Kegels ist.

Prismen und Pyramiden werden nach der Form ihrer Grundfläche bezeichnet.
Beispiel: dreieckiges Prisma, quadratische Pyramide

Beispiele

I Welche Körper erkennst du in der Abbildung in der Randspalte?

Lösung:
Das Haus besteht aus einem Quader mit Dreiecksprisma als Dach.

Verständnis

- Jeder Quader ist auch ein Prisma. Begründe diese Aussage.
- Erkläre den Zusammenhang zwischen Prisma, Quader und Würfel.

Aufgaben

1 Bezeichne die dargestellten Körper, wenn möglich.

Findest du verschiedene Bezeichnungen?

a) 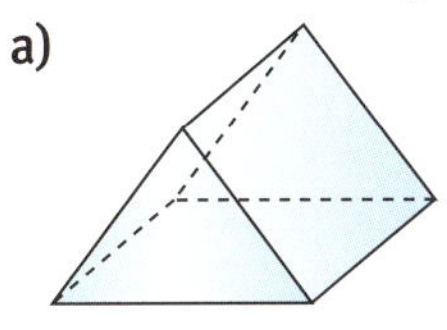
b) 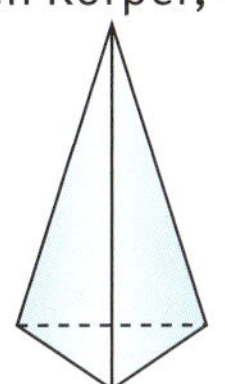
c) 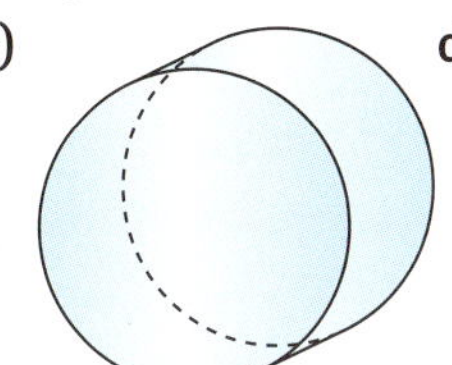
d) 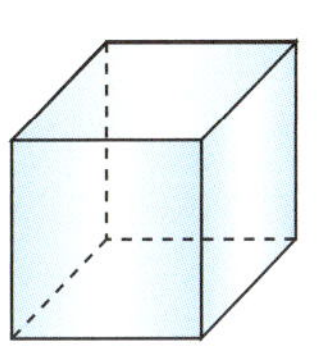
e) 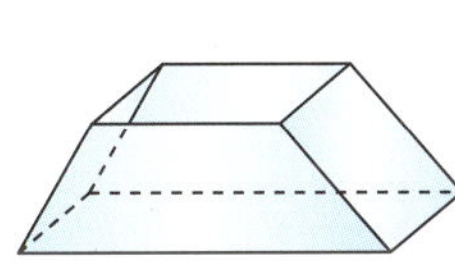
f) 
g) 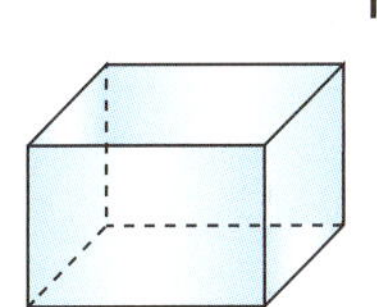
h) 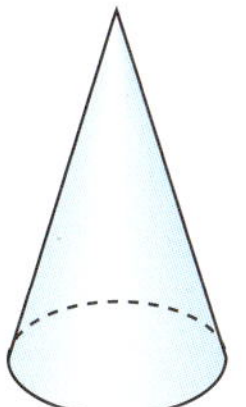

2 Welche geometrischen Körper erkennst du in den Bildern?

a) 
b) 

3 Welche der abgebildeten Körper erfüllen die folgenden Eigenschaften?

a) Der Körper ist ein Prisma.
b) Der Körper ist von sechs Flächen begrenzt.
c) Der Körper hat sechs Ecken.
d) Die Oberfläche besteht aus lauter Dreiecken.

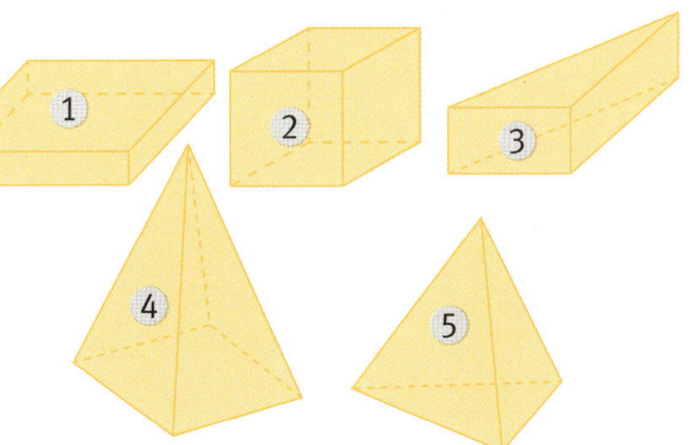

Verpackungen haben oft die Form von Prismen.

- Findest du Gemeinsamkeiten bei den Netzen dieser Verpackungen?
- Gibt es bei den Verpackungen Flächen, die kongruent zueinander sind?
- Welche Größen musst du kennen, um die Oberfläche eines Prismas berechnen zu können?
- Besorge dir prismenförmige Verpackungen, schneide sie entlang der Grundkante auf und ermittle so die Oberfläche der Verpackung.

Merkwissen

Die Mantelfläche eines dreiseitigen Prismas besteht aus drei Rechtecksflächen; die eines vierseitigen Prismas aus vier Rechtecksflächen, usw.

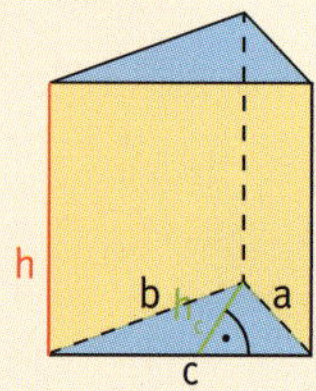

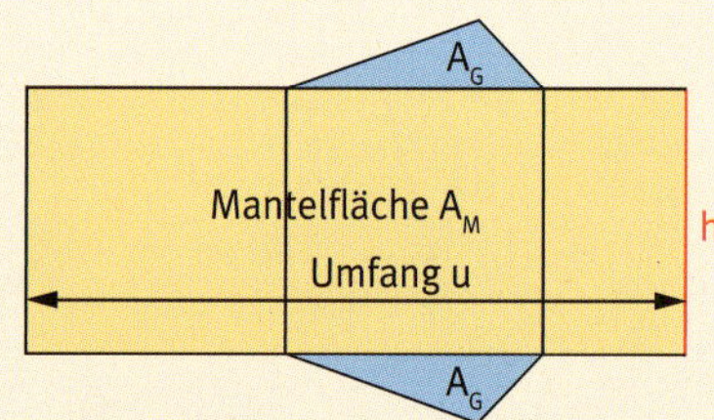

Für die Berechnung des Inhalts der **Oberfläche $A_{O\ Prisma}$** eines **Prismas** mit der **Grundfläche A_G** und der **Mantelfläche A_M** gilt:

$$A_{O\ Prisma} = 2 \cdot A_G + A_M$$

Wird ein Körper entlang seiner Kanten aufgeschnitten und können alle Begrenzungsflächen in eine Ebene geklappt werden, so entsteht ein **Körpernetz**.

Beim dreiseitigen Prisma gilt:

$$A_{O\ Prisma} = 2 \cdot A_G + a \cdot h + b \cdot h + c \cdot h = 2 \cdot A_G + (a + b + c) \cdot h$$

Am Körpernetz erkennt man, dass die Mantelfläche ein Rechteck der Länge u ist. Es gilt allgemein:

$$A_{O\ Prisma} = 2 \cdot A_G + u_G \cdot h$$

Beispiele

I Berechne den Inhalt der Oberfläche dieser Süßigkeitenverpackung. Das Prisma ist h = 12 cm hoch, seine Grundfläche ist ein gleichseitiges Dreieck der Seitenlänge a = 5 cm und der Höhe h_a = 4,3 cm.

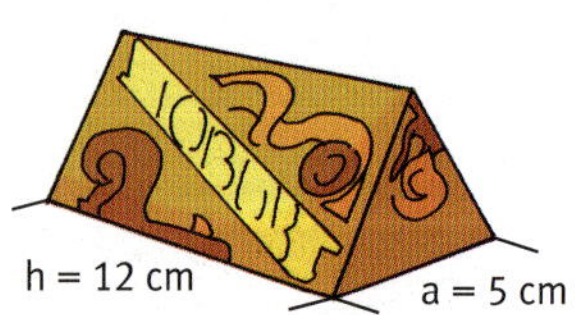

Lösung:

$A_{O\ Prisma} = 2 \cdot A_G + A_M$ $\qquad$ $A_{O\ Prisma} = 2 \cdot \frac{1}{2} \cdot a \cdot h_a + u \cdot h$

$A_{O\ Prisma} = 2 \cdot \frac{1}{2} \cdot 5 \cdot 4{,}3\ cm^2 + (5 + 5 + 5) \cdot 12\ cm^2$

$A_{O\ Prisma} = 21{,}5\ cm^2 + 180\ cm^2 = 201{,}5\ cm^2$

Verständnis

- Sophie behauptet: „Die Mantelfläche eines gleichseitigen Prismas sind immer Quadrate.“ Hat sie Recht?
- Wie verändert sich die Mantelfläche eines Prismas, wenn man die Höhe des Prismas verdoppelt?

1 Berechne die Mantelflächen- und Oberflächeninhalte der Prismen.

a) 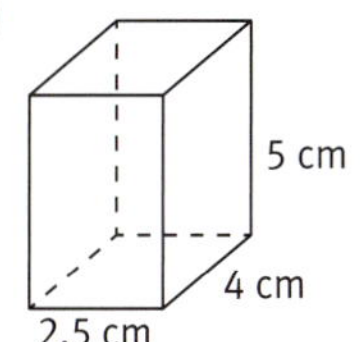

b) 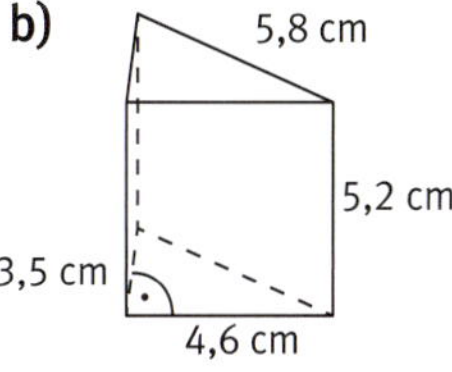

c) 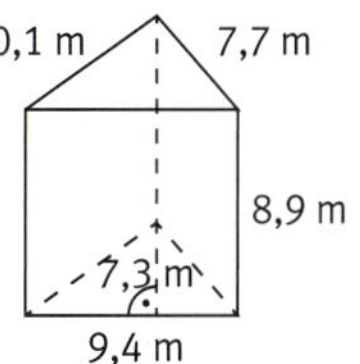

Lösungen zu 1:
85; 65; 88,38; 72,28; 310,7; 242,08

2 Berechne die Mantelflächen- und Oberflächeninhalte der Prismen (Maße in cm).

	a)	b)	c)	d)
Grundfläche	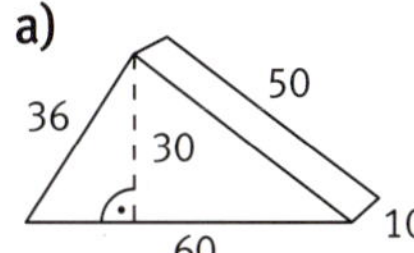	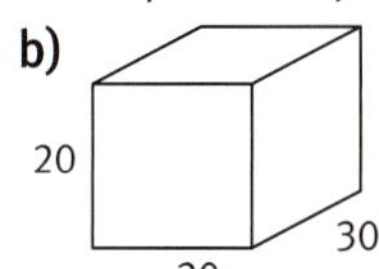	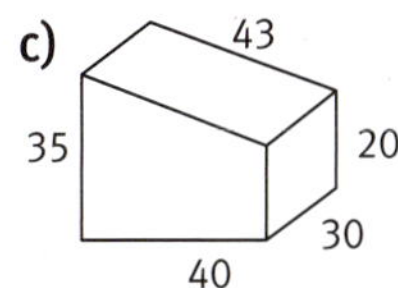	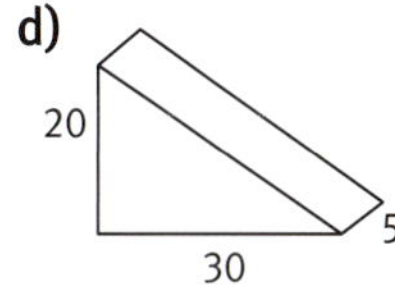
Höhe des Prismas	55	64	13	7,9

Lösungen zu 2:
6540; 5665; 10 838; 9408; 2222; 1222; 202; 158

3 Berechne die fehlenden Größen eines Prismas.

	a)	b)	c)	d)	e)
Grundflächenumfang u	15 cm	52,2 m	10,8 cm	3,4 m	6 m
Körperhöhe h	8 cm	8 m		2,5 m	
Grundflächeninhalt A_G	14 cm²		25 cm²	7,2 m²	18 m²
Mantelflächeninhalt A_M			54 cm²		24 m²
Oberflächeninhalt $A_{O\ Prisma}$		900,6 m²			

Lösungen zu 3:
417,6; 5; 104; 8,5; 4; 241,5; 120; 148; 22,9; 60

4 Berechne die Mantelflächen- und Oberflächeninhalte der Prismen (Maße in mm). Skizziere von den Dreiecksprismen jeweils ein Netz.

a) 36; 50; 30; 10; 60 b) 20; 30; 20 c) 43; 35; 20; 30; 40 d) 20; 5; 30

Lösungen zu 4:
3260; 3200; 6340; 1800; 1460; 2400; 4140; 600

5 Gegeben sind die Grundflächen von drei Prismen (Maße in cm).

1 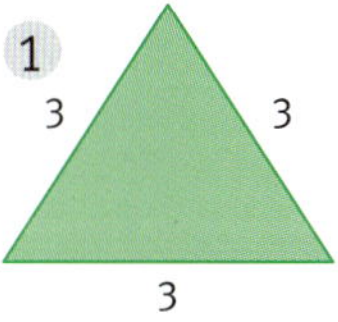

2 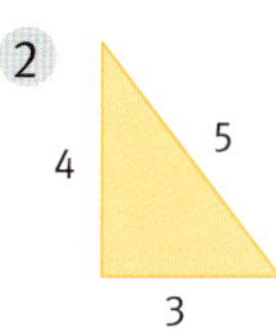

3 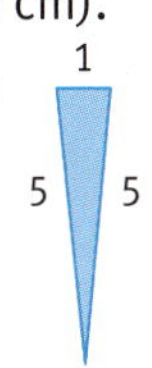

Vervollständige die Netze der Prismen, wenn jedes Prisma 4 cm hoch ist.

6 Finde heraus, welche der vier Abbildungen kein Netz eines geraden dreiseitigen Prismas darstellt. Begründe deine Meinung.

1 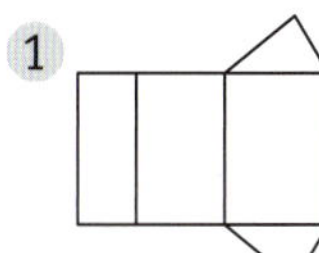

2 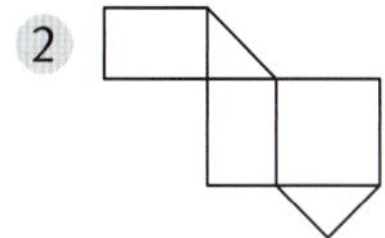

3 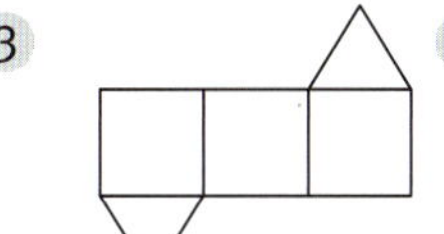

4 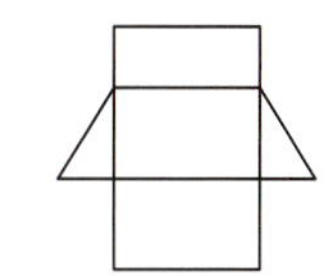

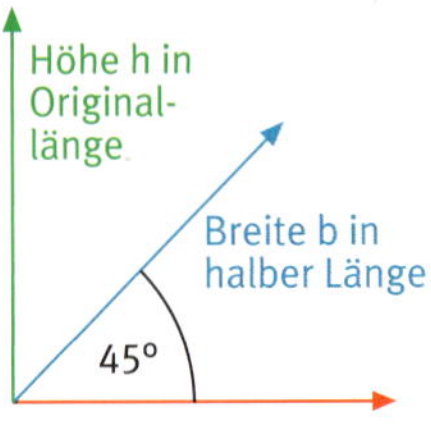

Länge a in Originallänge

Du kennst bereits das Schrägbild als eine Möglichkeit, um Körper anschaulich darzustellen.

- Übertrage die Schrägbildzeichnungen von Würfel und Quader in dein Heft.
- Überlege dir Möglichkeiten, wie man mithilfe dieser Schrägbilder das eines Prismas erhalten kann. Beschreibe dein Vorgehen.

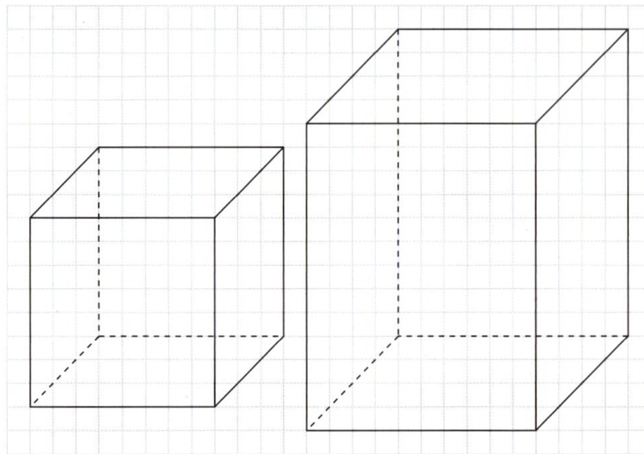

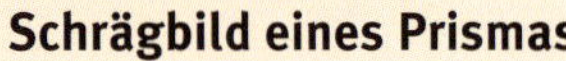

Schrägbild eines Prismas

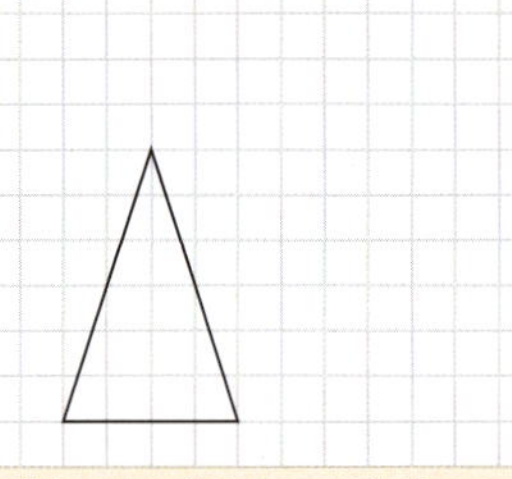

1. Vorderfläche zeichnen

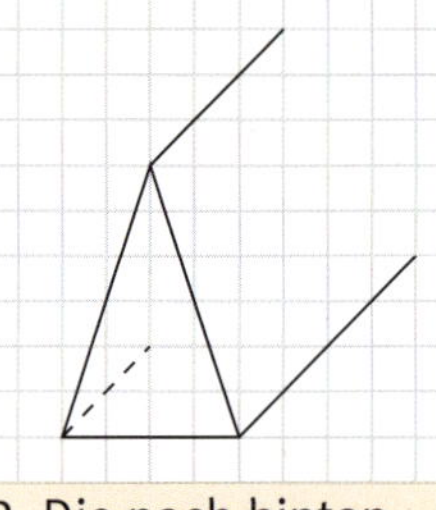

2. Die nach hinten laufenden Kanten unter 45° auf die Hälfte kürzen

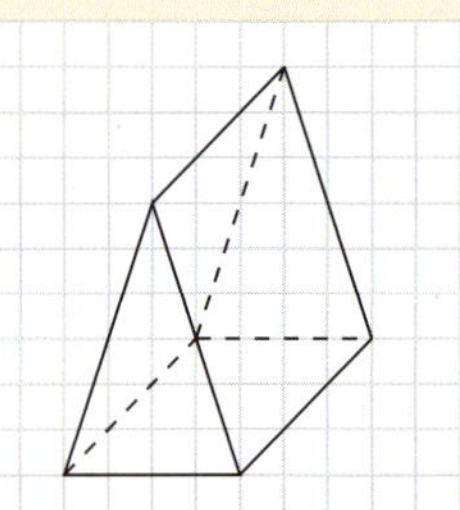

3. Die hinteren Eckpunkte zur Rückfläche verbinden, nicht sichtbare Kanten stricheln

Beispiele

I Gegeben ist ein dreiseitiges Prisma mit gleichschenklig-rechtwinkligem Dreieck als Grundfläche. Die Schenkel der Grundfläche sind 3 cm lang, die Höhe des Prismas beträgt 5 cm. Zeichne ein Schrägbild des Prismas, wenn es ...

a) auf der Grundfläche steht. **b)** auf einer Seitenfläche liegt.

Lösung:

Es ist günstig, sich bei den Linien an rechten Winkeln zu orientieren.

a)

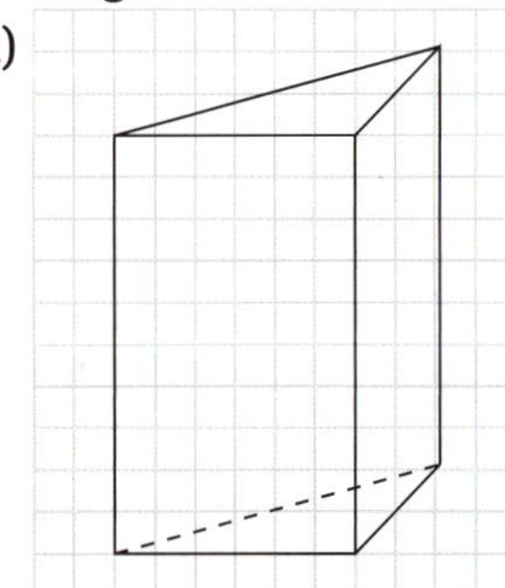

b)

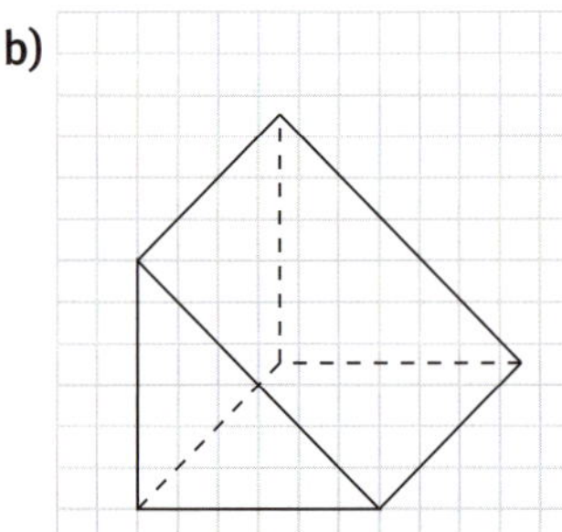

Verständnis

- Angie behauptet, dass sie von einem Prisma vier verschiedene Schrägbilder zeichnen kann, die alle dasselbe Prisma darstellen. Kann das sein? Erkläre.
- Sven meint: „Die nach hinten verlaufenden Kanten brauchen nicht verkürzt zu werden.“ Welche Folgen hätte dies für die Schrägbildwirkung?

Aufgaben

1 Zeichne das Schrägbild des Prismas aus dem Merkwissen in doppelter Größe in dein Heft.

2 Die Grundfläche eines Prismas ist gegeben. Zeichne das jeweilige Schrägbild.

Zeichne die Schrägbilder so, dass die Grundfläche (Dreieck) in der Zeichenebene liegt.

a) h = 4,4 cm **b)** h = 3,2 cm **c)** h = 5,6 cm

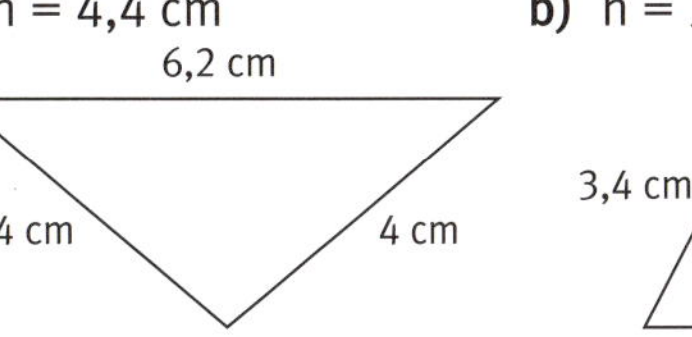

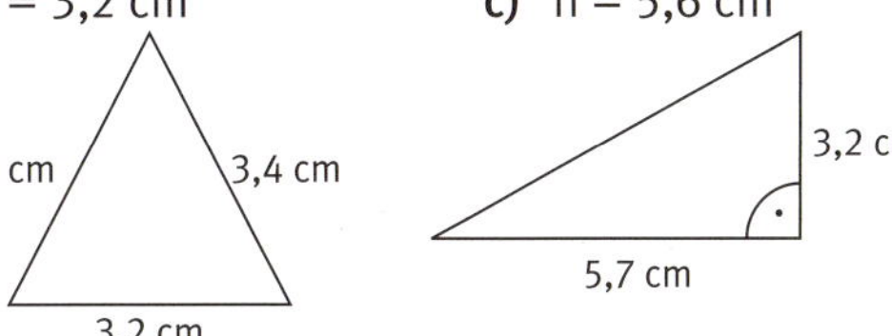

3

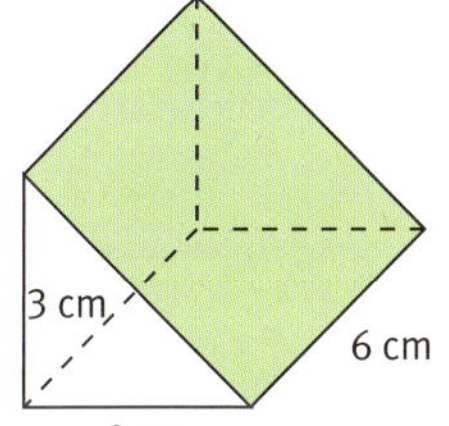

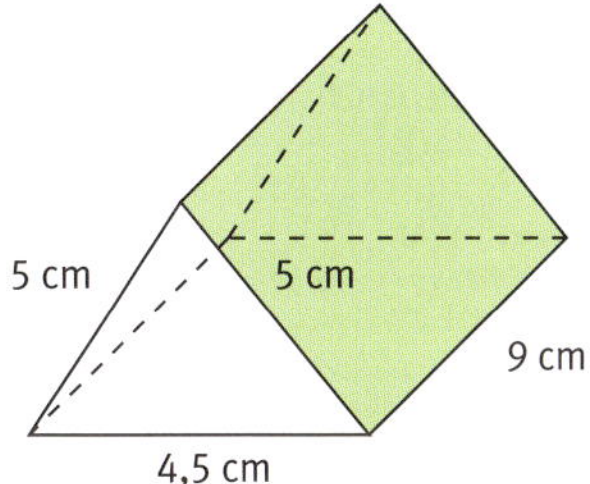

Zeichne die Schrägbilder der Prismen, wenn sie ...

a) wie angegeben liegen. **b)** auf der Grundfläche stehen.

4 Zeichne zu den Prismen der Höhe h je ein Schrägbild. Die Grundseite ist jeweils ein gleichseitiges Dreieck der Seitenlänge a.

a) a = 3 cm; h = 7 cm **b)** a = h = 5 cm **c)** a = 4 cm; h = 2 cm

5 Übertrage das Schrägbild des dreiseitigen Prismas in dein Heft und ergänze es dort zum Schrägbild eines Quaders.

a) **b)** **c)**

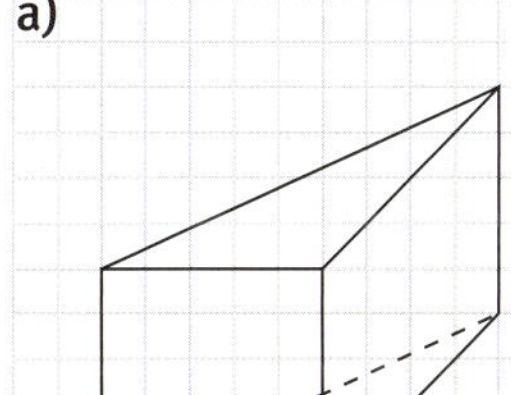

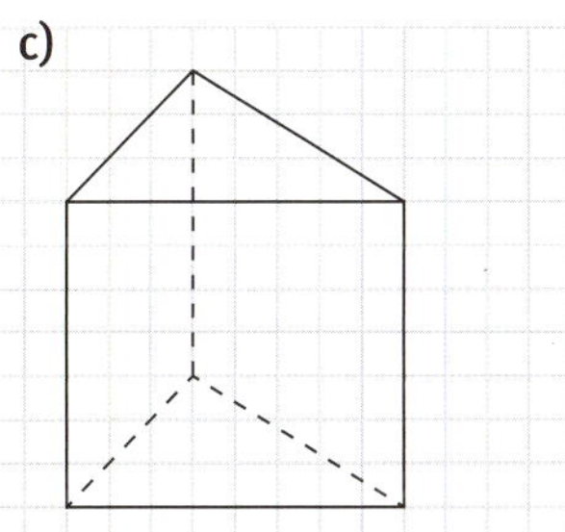

6 Zeichne ein Schrägbild des Gewächshauses. Verwende einen geeigneten Maßstab.

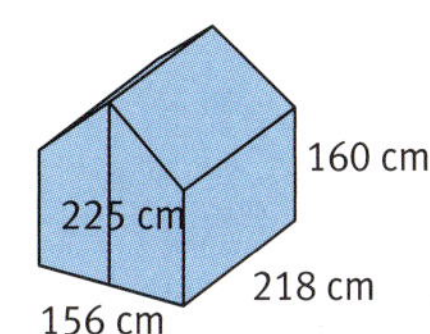

4.4 Volumen von Prismen (WS 3)

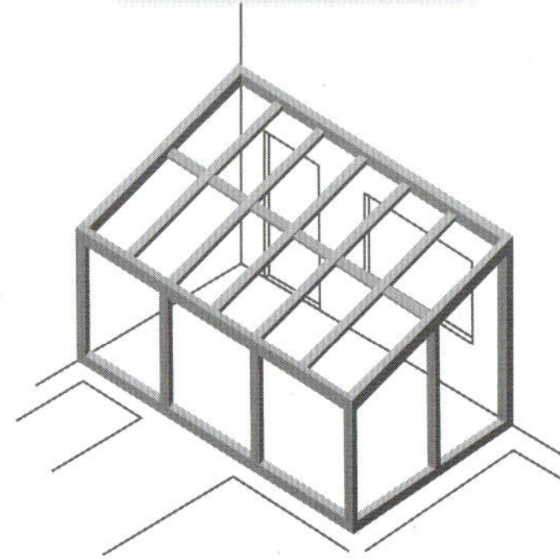

Wolfgang möchte für seinen Wintergarten ein Klimagerät kaufen.
In der Betriebsanleitung steht:
„Die Leistung des Klimageräts muss so gewählt werden, dass die Luft im Inneren des Raumes pro Stunde mindestens 20-mal ausgetauscht wird.“

- Durch welchen geometrischen Körper kann man den Wintergarten mathematisch beschreiben?
- Wie kannst du das Volumen dieses Körpers bestimmen? Beschreibe dein Vorgehen.
- Welche Maße des Wintergartens musst du dafür messen?

Jede Grundfläche eines vielseitigen Prismas kann in rechtwinklige Dreiecke, Rechtecke, Trapeze usw. zerlegt werden. Somit kann man jede Grundfläche berechnen.
$A_G = A_1 + A_2 + A_3 + ...$

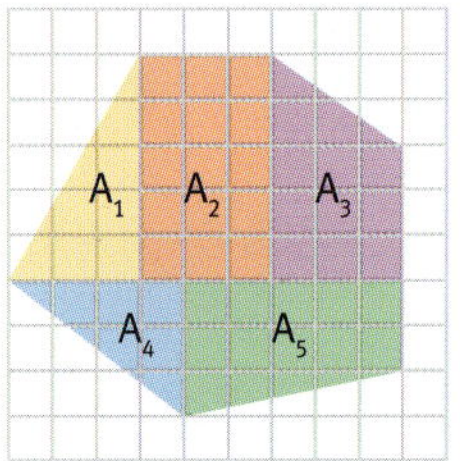

Merkwissen

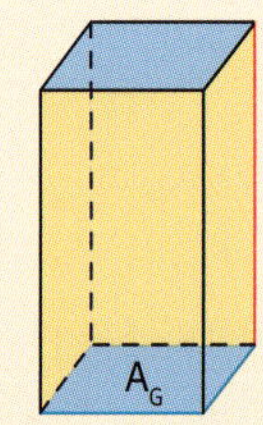

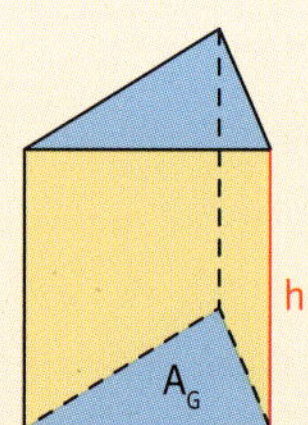

Für die Berechnung des **Volumens V_{Prisma}** eines **Prismas** mit der **Grundfläche A_G** und der **Höhe h** gilt:
$\mathbf{V_{Prisma} = A_G \cdot h}$

Beispiele

I Wie viele 50-l-Säcke Blumenerde benötigt man, um den Blumenkübel randvoll zu füllen?

Lösung:
$V_{Prisma} = A_{Trapez} \cdot h$

$V_{Prisma} = \left(\frac{a + c}{2}\right) \cdot h_T \cdot h$

$V_{Prisma} = \left(\frac{40 + 52}{2}\right) \cdot 35 \cdot 94\ cm^3 = 151\,340\ cm^3 \approx 151\ l$

Man benötigt mehr als drei 50-l-Säcke Blumenerde, um den Kübel zu füllen.

Verständnis

- Mit welcher Flächenformel musst du rechnen, wenn die Grundfläche A_G eines Prismas ein Trapez (Parallelogramm) ist?
- Wie ändert sich das Volumen eines Prismas, wenn du nur die Höhe h (die Grundfläche A_G) verdoppelst?

Aufgaben

1 Berechne das Volumen des Prismas.

a) $A_G = 36\ cm^2$; $h = 7{,}5\ cm$
b) $A_G = 5{,}6\ m^2$; $h = 42\ dm$
c) $A_G = 48\ m^2$; $h = 2{,}4\ m$
d) $A_G = 2{,}7\ dm^2$; $h = 4\ dm$
e) $A_G = 175\ cm^2$; $h = 12{,}5\ cm$
f) $A_G = 18{,}9\ dm^2$; $h = 1{,}8\ m$

2 Berechne das Volumen des dreiseitigen Prismas.

	a)	b)	c)	d)	e)
Länge Grundseite	5 cm	4,5 dm	22,6 cm	0,1 m	5,3 dm
Höhe Grundfläche	4 cm	2,8 dm	17,4 cm	8,5 dm	14,7 cm
Höhe Prisma	8 cm	7,9 dm	12,8 cm	1,4 m	0,6 m

Lösungen zu 1 und 2: 270; 23,52; 115,2; 10,8; 2187,5; 340,2; 80; 49,77; 2516,736; 59,5; 23,373

3 Berechne das Volumen der Schachteln (Maße in mm).

a)

b)

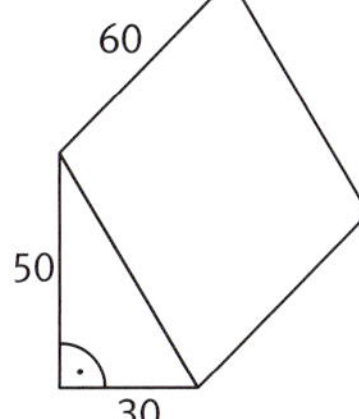

c)

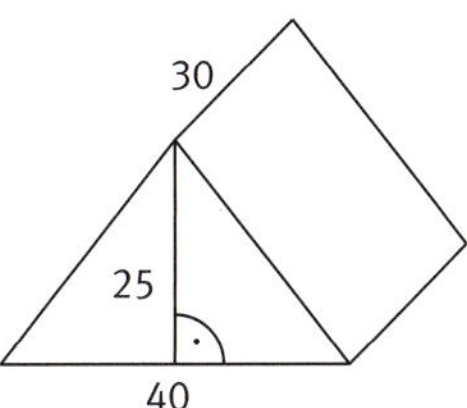

Lösungen zu 3: 36 000; 45 000; 15 000

4 Fertige eine Schrägbildskizze an und berechne das Volumen folgender Prismen:

a) Grundfläche: Dreieck mit $b = 5{,}6$ cm; $h_b = 4{,}2$ cm; $h = 7$ cm

b) Grundfläche: Dreieck mit $a = 4{,}2$ cm; $b = 2{,}8$ cm; $\gamma = 90°$; $h = 3{,}8$ cm

5 Jeder der drei abgebildeten Würfel hat eine Kantenlänge von 6 cm.

a) Berechne zunächst das Würfelvolumen.

b) Gib dann an, welchen Bruchteil des Würfelvolumens die geraden Prismen I, II bzw. III, deren Kanten grün getönt sind, besitzen, und berechne ihre Volumen. Hinweis: M ist Kantenmittelpunkt.

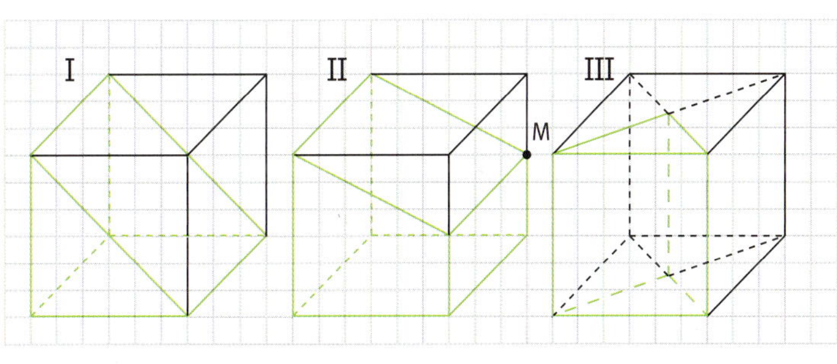

Wissen

Volumenformel – gut erklärt

Warum gilt bei allen Prismen die Volumenformel $V = A_G \cdot h$?

1

h b g

$V_{Prisma} = A_G \cdot h$

2

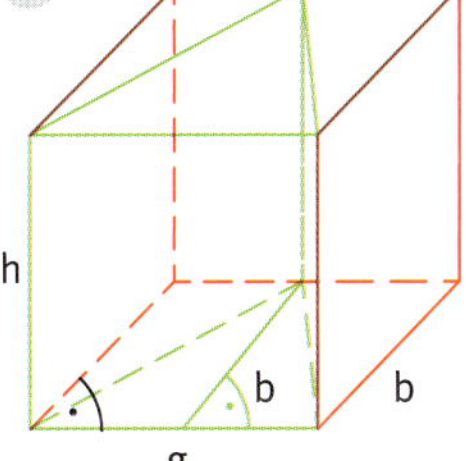

$2 \cdot V_{Prisma} = V_{Quader} = g \cdot b \cdot h$

$V_{Prisma} = \frac{1}{2} \cdot g \cdot b \cdot h$

$V_{Prisma} = \underbrace{\frac{1}{2} \cdot g \cdot b}_{A_G} \cdot h$

3

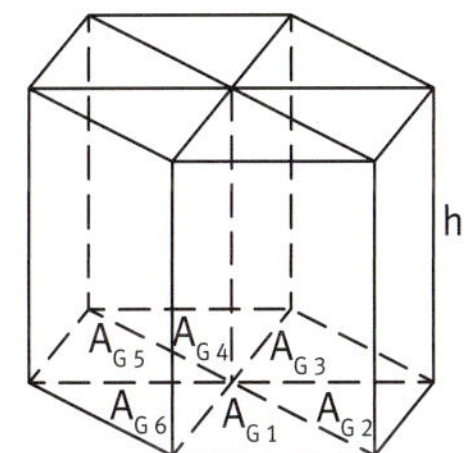

$$\begin{aligned} V_{Prisma} &= V_{Prisma\,1} + V_{Prisma\,2} + \ldots + V_{Prisma\,n} \\ &= A_{G\,1} \cdot h + A_{G\,2} \cdot h + \ldots + A_{G\,n} \cdot h \\ &= (A_{G\,1} + A_{G\,2} + \ldots + A_{G\,n}) \cdot h \\ &= A_G \cdot h \end{aligned}$$

1 Welche der abgebildeten Körper sind keine Prismen? Begründe und benenne sie.

1
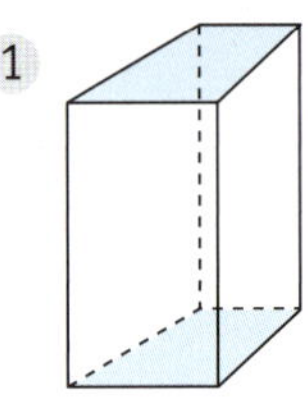

2
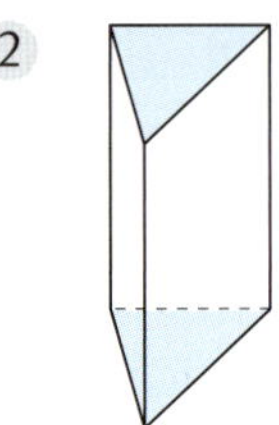

3
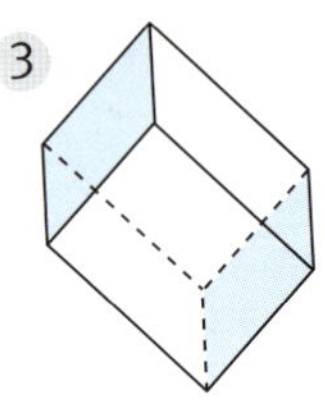

4
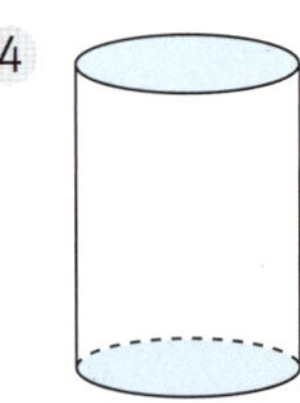

5
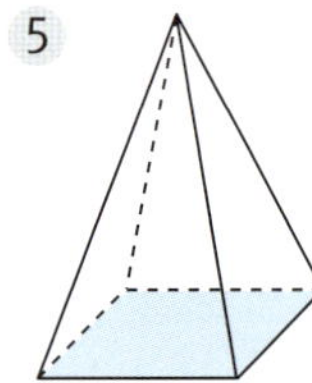

6
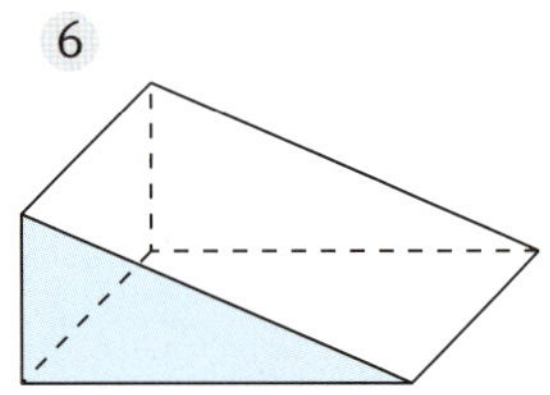

2 Ein dreiseitiges gerades Prisma hat als Grund- und als Deckfläche jeweils ein rechtwinkliges Dreieck, dessen Seiten 3 cm, 4 cm bzw. 5 cm lang sind; die Prismenhöhe beträgt 6 cm.

a) Zeichne ein Netz dieses Prismas und berechne seinen Oberflächeninhalt.

b) Färbe im Netz die deckungsgleichen Flächen.

c) Das Prisma soll in doppelter Größe aus einem DIN-A4-Bogen Tonpapier gebastelt werden (29,7 cm x 21,0 cm). Reicht dieser aus, wenn du zusätzlich 10 % Fläche für Klebelaschen berücksichtigen musst?

Überprüfe dein Ergebnis aus c) auch praktisch.

3 Zeichne jeweils ein Netz und ein Schrägbild des Prismas. Berechne anschließend den Oberflächeninhalt.

a) Die Grundfläche eines geraden Prismas (Körperhöhe $h_K = 6{,}2$ cm) ist ein rechtwinkliges Dreieck mit den Seitenlängen a = 3 cm, b = 4 cm und c = 5 cm.

b) Ein gleichseitiges Dreieck (s = 4,5 cm) ist die Grundfläche eines 5 cm hohen Prismas.

Lösungen zu 4: 300; 8,5; 23

4 **a)** Der Umfang der Grundfläche eines geraden Prismas (Körperhöhe $h_K = 15$ cm) beträgt 20 cm. Berechne den Inhalt der Mantelfläche.

b) Die Mantelfläche eines geraden Prismas (Körperhöhe $h_K = 32$ cm) ist 272 cm² groß. Berechne den Umfang der Grundfläche.

c) Die Grundfläche hat einen Umfang von 48 cm. Die Mantelfläche beträgt 1104 cm². Berechne die Höhe des Prismas.

Lösungen zu 5: 720; 576; 330; 8625; 391,5; 50,625; 2129,25; 12,5; 1893,74

5 Berechne die fehlenden Angaben beim Prisma.

	a)	b)	c)	d)
Grundfläche Prisma	4; 15	11,0; 8,6; 4,5; 17,3	16; 24; 1,8	14,4; 17; 27,3
Höhe Prisma	12 cm	8,5 cm		
$A_{O\ Prisma}$				
V_{Prisma}			729 cm³	4914 cm³

6 **a)** Erstelle mit einem Tabellenprogramm ein Rechenblatt für das Volumen eines dreiseitigen Prismas.

b) Ändere jede der gegebenen Größen nacheinander. Wie ändert sich das Volumen?

	A	B	C
1	**Dreiseitiges Prisma (Maßangaben in cm bzw. cm³)**		
2			
3	Länge der Grundseite	4	
4	Höhe der Grundfläche	6	
5	Höhe des Prismas	7	
6	Volumen des Prismas	84	

7 Berechne Volumen und Inhalt der Oberfläche der Körper (Maße in cm).

a)

2
2
8
5
4

b)

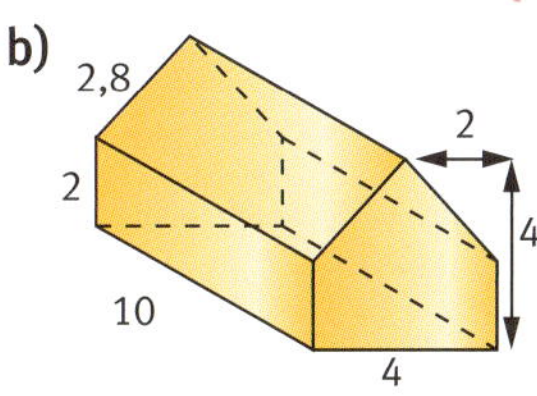

c)

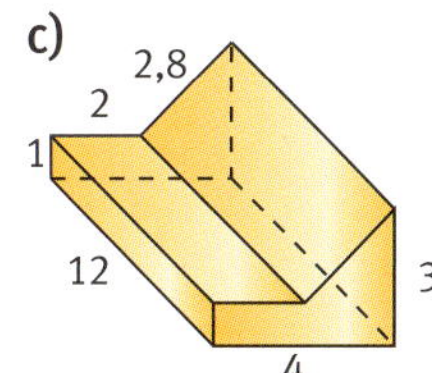

8 Wie hoch sind die ungefähren Baukosten dieser Häuser, wenn man für 1 m³ umbauten Raum 720 € rechnet? Rund auf volle €.

a)

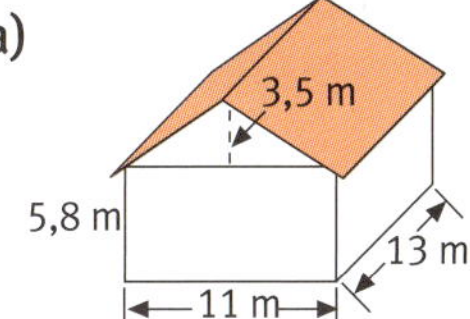

b)

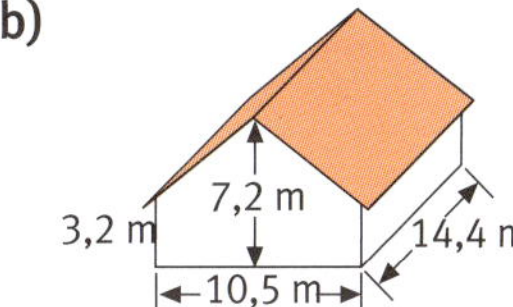

c)

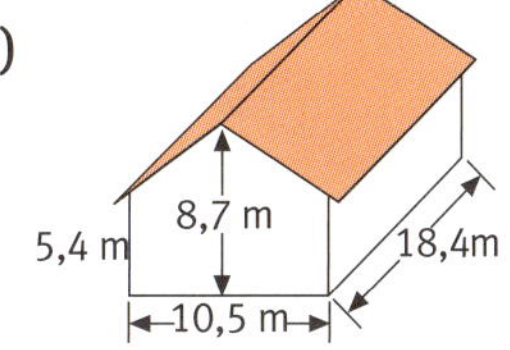

9 Ein Schwimmbecken hat die dargestellte Form eines Prismas. Um nach der Winterpause das Becken neu zu füllen, werden 1,5 m³ Wasser pro Minute eingelassen.

a) Wie viele Stunden würde das vollständige Füllen des Beckens dauern?

b) Wie viel cm fehlen bis zur vollen Füllhöhe, wenn nur 20 Stunden lang Wasser eingelassen wird?

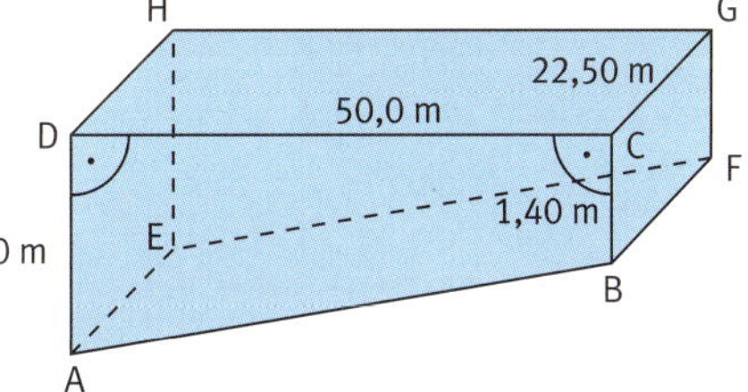

10 Familie Nowak lässt sich einen Wintergarten ans Haus bauen.

a) Wie viele m³ Raum umfasst der Wintergarten?

b) Der Wintergarten besteht ganz aus Glas. Wie viele m² Glas muss Familie Nowak bestellen, wenn der Trägerrahmen etwa 4 % der gesamten Fläche einnimmt? Runde auf eine Nachkommastelle.

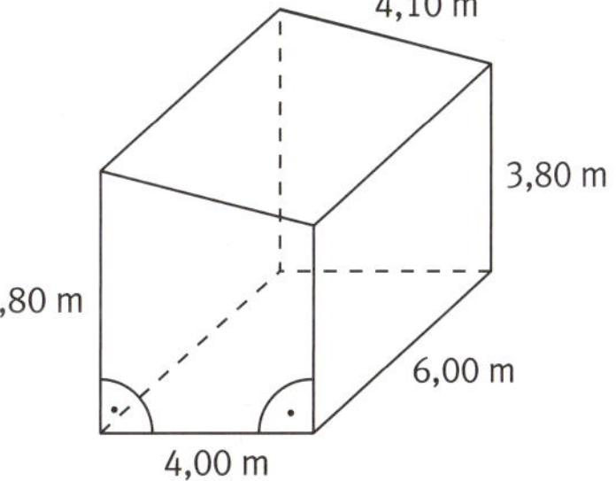

11 Absetzmulden werden zur Beseitigung von Bauschutt genutzt. Wie viele Kubikmeter Bauschutt passen in diese Mulde, wenn sie randvoll gefüllt ist? Versuche zuerst die Grundfläche aus den Maßangaben zu skizzieren.

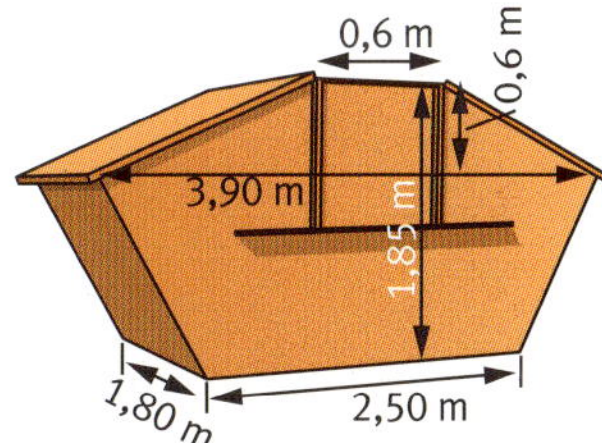

Überprüfe deine Fähigkeiten und Kenntnisse. Bearbeite dazu die folgenden Aufgaben und bewerte anschließend deine Lösungen mit einem Smiley.

☺	😐	☹
Das kann ich!	Das kann ich fast!	Das kann ich noch nicht!

Hinweise zum Nacharbeiten findest du auf der folgenden Seite. Die Lösungen stehen im Anhang.

Aufgaben zur Einzelarbeit

1 Benenne die Körper und beschreibe jeweils ihre Eigenschaften.

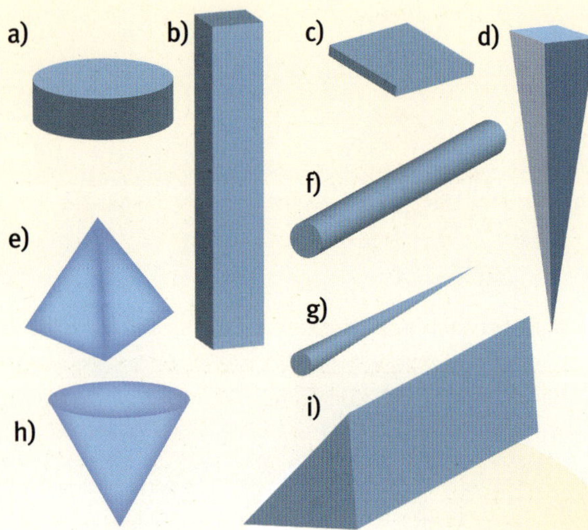

2 Gib an, welche mathematischen Körper du in den Bildern erkennst.

a)

b)

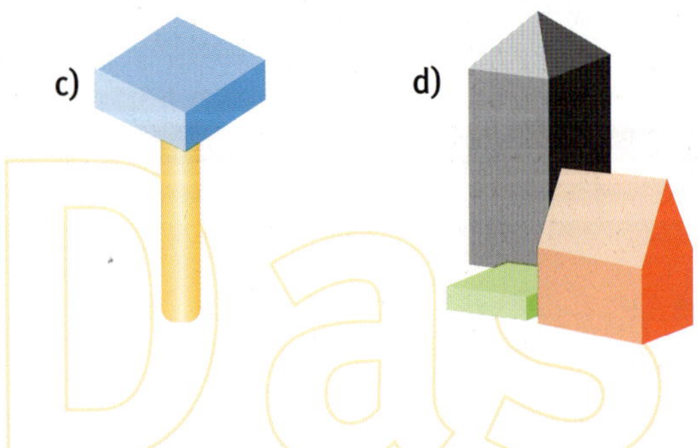

3 Zeichne die Schrägbilder der Prismen in doppelter Größe und färbe deckungsgleiche Flächen in gleicher Farbe.

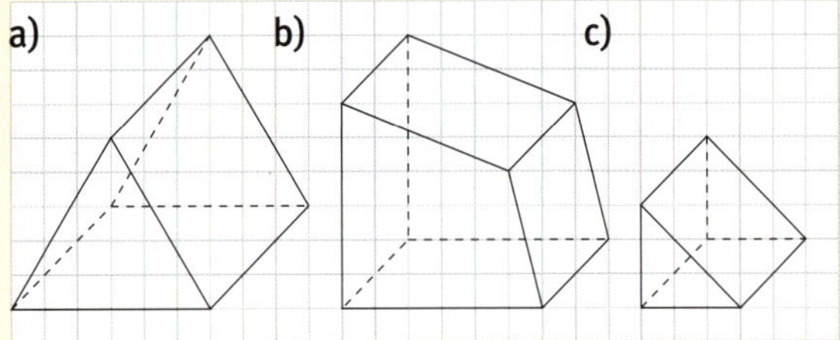

4 Welche Körpernetze gehören zu Prismen? Begründe.

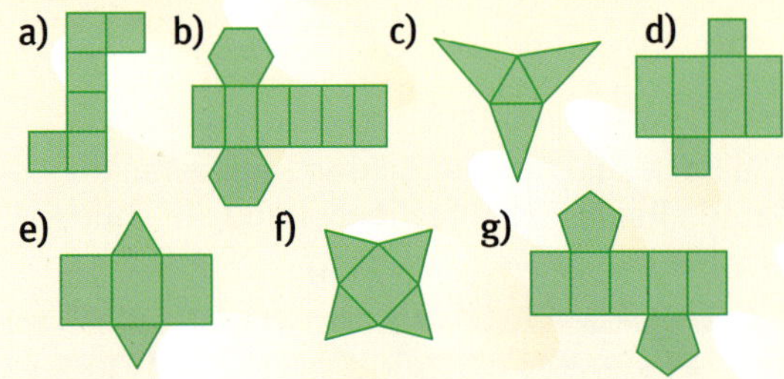

5 Übertrage die Zeichnungen in dein Heft und ergänze zu einem vollständigen Prismennetz. Zeichne die Prismennetze auch in doppelter Größe auf stärkeres Papier und bastele daraus die Körper.

a)
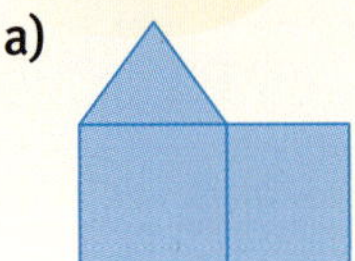

b)
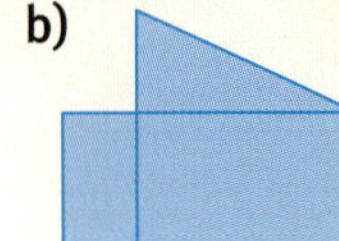

6 Ein dreiseitiges Prisma hat als Grundfläche ein gleichseitiges Dreieck mit der Seitenlänge 4 cm. Die Körperhöhe beträgt 5 cm.
Zeichne ein Netz des Prismas und berechne dann Volumen und Oberflächeninhalt. Miss die fehlenden Maße im Netz ab.

7 Gegeben sind Grundflächen von Prismen mit einer Körperhöhe von 8 cm. Zeichne Schrägbilder und beschreibe dein Vorgehen.

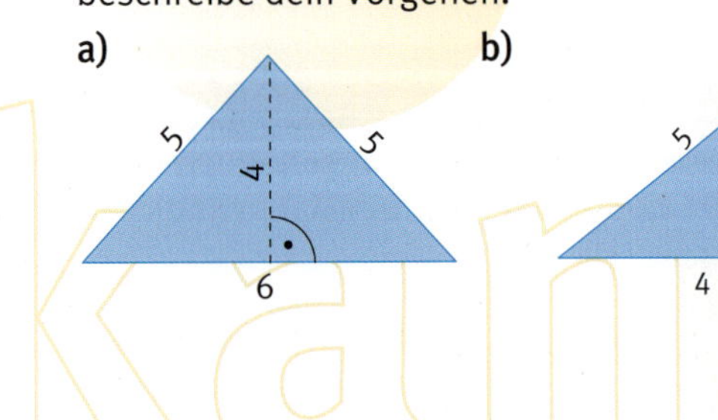

8 Berechne von den Prismen aus Aufgabe 7 zuerst die Mantelfläche, dann die Oberfläche.

9 Ein Prisma hat einen Grundflächenumfang von 24,2 cm. Die Mantelfläche beträgt 133,1 cm². Wie hoch ist das Prisma?

10 Berechne Oberfläche und Volumen der Prismen.

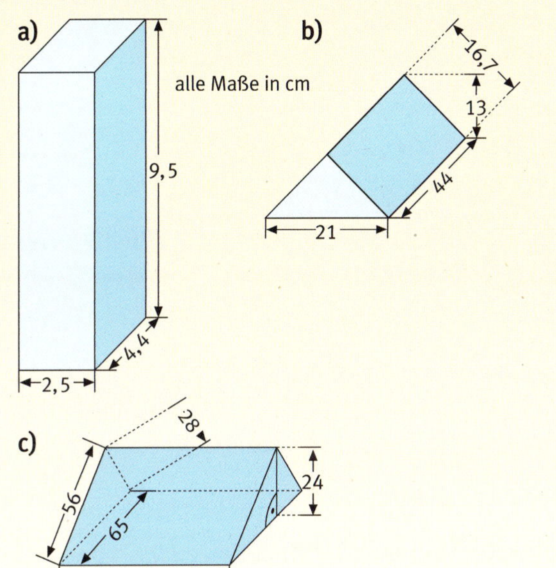

11

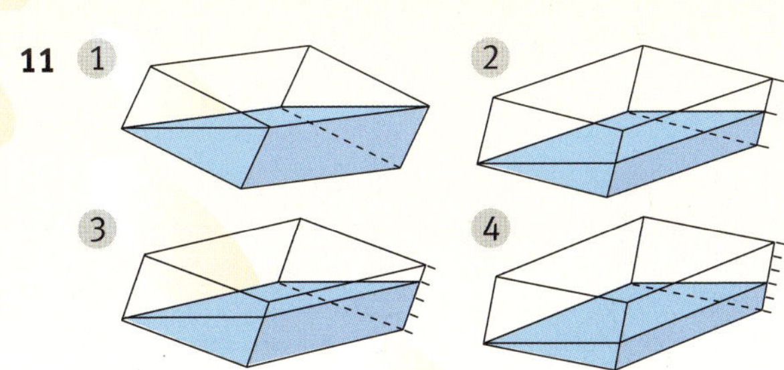

Eine quaderförmige Wanne hat eine Länge von 60 cm, eine Breite von 40 cm und eine Höhe von 20cm.

a) Wie viel Flüssigkeit ist jeweils in den Behältern?

b) Wie hoch wäre der Flüssigkeitsstand jeweils, wenn die Quader nicht schräg, sondern waagrecht stünden?

Aufgaben für Lernpartner

Arbeitsschritte

1. Bearbeite die folgenden Aufgaben alleine.
2. Suche dir einen Partner und erkläre ihm deine Lösungen. Höre aufmerksam und gewissenhaft zu, wenn dein Partner dir seine Lösungen erklärt.
3. Korrigiere gegebenenfalls deine Antworten und benutze dazu eine andere Farbe.

Sind folgende Behauptungen **richtig** oder **falsch**? Begründe schriftlich.

12 In einem Schrägbild werden alle nach hinten verlaufenden Kanten um die Hälfte gekürzt und in einem Winkel von 90° gezeichnet.

13 Jedes Prisma ist auch ein Quader.

14 Die Oberfläche eines Prismas besteht stets aus lauter Rechtecken.

15 Die Oberfläche eines Prismas setzt sich aus doppelter Grundfläche und Mantelfläche zusammen.

16 Beim Prisma gilt $V_{Prisma} = A_G \cdot h$.

17 Beim Netz eines Körpers sind alle Längen in ihrem tatsächlichen Maß gegeben.

18 Der Oberflächeninhalt eines Quaders lässt sich wie der eines Prismas berechnen.

19 Das Volumen zusammengesetzter Körper berechnet man aus der Summe der Volumen der Einzelkörper.

20 Zu jedem Körper gibt es genau ein Netz.

Aufgabe	Ich kann ...	Hilfe
1, 2, 13, 14	Körper anhand ihrer Eigenschaften erkennen und beschreiben.	S. 70
5, 6, 20	Netze von Prismen zeichnen.	S. 72
4, 17	Prismen anhand ihrer Netze erkennen.	S. 72
5, 8, 14, 15, 18	den Oberflächen- und Mantelflächeninhalt von Prismen bestimmen.	S. 72
3, 7, 12	Schrägbilder von Prismen zeichnen.	S. 74
6, 16, 19	das Volumen von Prismen bestimmen.	S. 76

ich!

S. 70	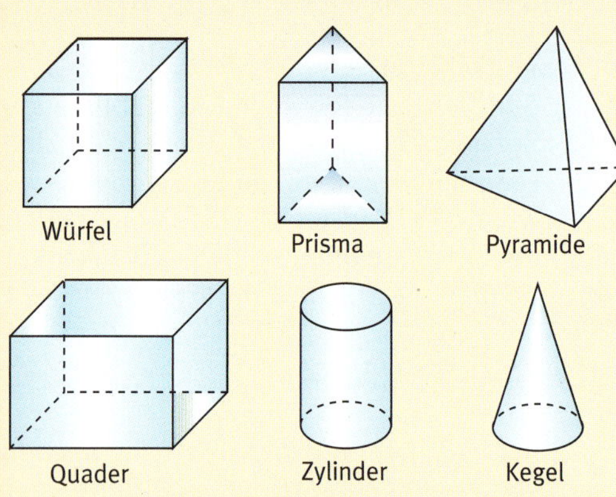	**Körper** werden von ebenen oder gekrümmten Flächen begrenzt. Zwei Flächen bilden jeweils eine Kante, aufeinanderstoßende **Kanten** bilden eine **Ecke**.
S. 72	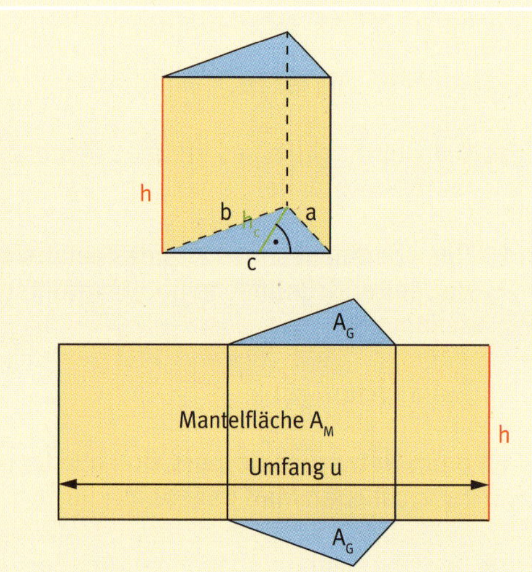	Für die Berechnung des **Oberflächeninhalts $A_{O\ Prisma}$** eines **Prismas** gilt: $A_{O\ Prisma} = 2 \cdot A_G + A_M$ Wird ein Körper entlang seiner Kanten aufgeschnitten und können alle Begrenzungsflächen in eine Ebene geklappt werden, so entsteht ein **Körpernetz**.
S. 74	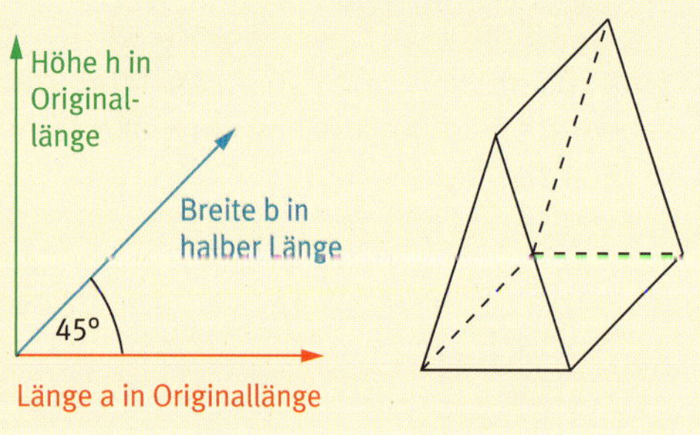	Als **Schrägbild** bezeichnet man **eine schräge Projektion eines Körpers** auf eine Zeichenebene. Dabei werden nach hinten verlaufende Kanten in der Länge halbiert und unter einem Winkel von 45° dargestellt. Verdeckte Kanten werden gestrichelt gezeichnet.
S. 76	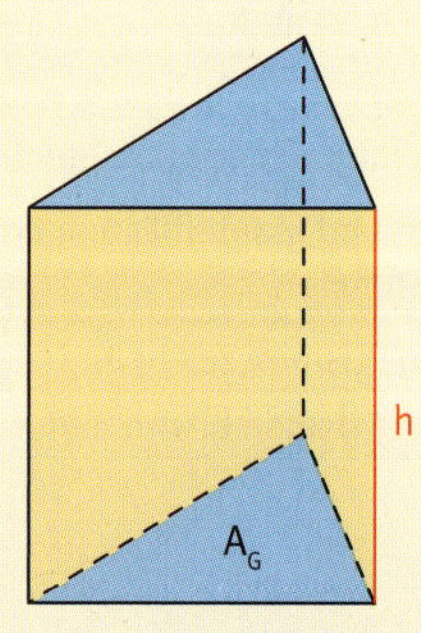	Für die Berechnung des **Volumen V_{Prisma}** eines **Prismas** gilt: $V_{Prisma} = A_G \cdot h$

5 Berechnungen an Kreisen und Zylindern

Einstieg

- Welche Form hat dieses Aquarium?
- Welche Form hat die begehbare Fläche auf dem Aquarium?
- Wie könnte man diese Fläche berechnen?
- Schätze, wie viel Wasser sich im Aquarium befindet.
- Wie kann man die Füllmenge für das Aquarium ausrechnen?
- Wie viel Quadratmeter Glas müssen bei einer Reinigung geputzt werden?
- Unterscheidet sich die Größe der Glasfläche innen und außen?

Ausblick

Am Ende dieses Kapitels hast du gelernt, ...

- Zusammenhänge zwischen den Größen am Kreis mathematisch zu beschreiben.
- Größen am Kreis und an Kreisteilen zu berechnen.
- die Berechnungen an Kreisen und Kreisteilen für Anwendungen zu nutzen.
- Schrägbilder und Netze von Zylindern zu zeichnen.
- Flächen- und Volumenberechnungen an Zylindern durchzuführen.
- wie man die Oberfläche und das Volumen von zusammengesetzten Körpern bestimmt.

5.1 Umfang eines Kreises

Der Umfang eines Kreises entspricht der Länge der Kreislinie.

Auf ein weiches Plastiktischset werden mehrere zylinderförmige Gläser mit unterschiedlichen Durchmessern gestellt und fest angedrückt.

- Welcher Zusammenhang besteht zwischen dem Umfang des Glasbodens und dem Umfang des zugehörigen Abdrucks?
- Wie lässt sich mithilfe eines Maßbands aus Papier möglichst einfach ermitteln, welchen Umfang der Abdruck eines bestimmten Glases haben wird?
- Untersuche durch Messungen an verschiedenen zylinderförmigen Gläsern, welchen Einfluss der Durchmesser d des Glasbodens auf den Umfang u des entstehenden Abdrucks hat. Lege dazu folgende Tabelle an. Was stellst du fest?

d in cm			
u in cm			
$\frac{u}{d}$			

- Beschreibe, wie du vorgegangen bist, um den Durchmesser des Glasbodens möglichst genau zu bestimmen.

Merkwissen

Finde die Taste für π auf deinem Taschenrechner und kontrolliere, auf wie viele Dezimalen der Taschenrechner einen Wert für π angibt.

d = 2r

Der Umfang eines Kreises ist direkt proportional zu seinem Durchmesser. Den Proportionalitätsfaktor bezeichnet man als **Kreiszahl** π (sprich: Pi). π ist eine unendlich lange Dezimalzahl: π = 3,14159265 ...

Für den Umfang eines Kreises gilt:

$u = \pi \cdot d$ bzw. mit d = 2r $u = \pi \cdot 2r$

Ist nur ein Teil des Kreises mit dem Radius r und der Mittelpunktswinkel μ gegeben, so kann man die zugehörige Länge des Kreisbogen b als Anteil vom Gesamtumfang bestimmen:

$$b = \frac{\mu}{360°} \cdot 2\pi r = \frac{\mu}{180°} \cdot \pi r$$

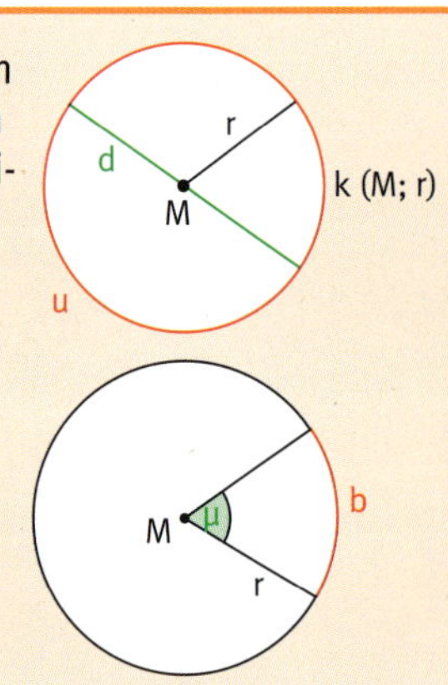

Beispiele

I Ein Sport-Gymnastikreifen hat einen Durchmesser von 50 cm. Wie groß ist der Umfang eines solchen Reifens?

Lösung:

$u - \pi \cdot d$

$u = \pi \cdot 50\text{ cm} \approx 157{,}1\text{ cm}$

Der Umfang des Reifens beträgt etwa 157 cm.

II Einer der größten Bäume der Welt befindet sich im Sequoia-Nationalpark in den USA. In Schulterhöhe hat der Baum 24,5 m Umfang. Berechne den Durchmesser.

Lösung:

$u = \pi \cdot d \quad | : \pi$

$d = \frac{u}{\pi}$

$d = \frac{24{,}5\text{ m}}{\pi} \approx 7{,}80\text{ m}$

Der Baum hat einen Durchmesser von ungefähr 7,80 m.

Verständnis

- Wie verändert sich der Umfang eines Kreises, wenn man den Durchmesser verdoppelt (verdreifacht, halbiert)?
- Begründe die Berechnung der Länge eines Kreisbogens.

1 Übertrage die Tabelle in dein Heft und vervollständige sie.

	a)	b)	c)	d)	e)	f)
Radius r in cm	3	▢	▢	▢	1,57	▢
Durchmesser d in cm	▢	20	▢	2,5	▢	▢
Umfang u in cm	▢	▢	314	▢	▢	14,13

2 a) Ein Kornkreis hat einen Umfang von 6,59 m (1,63 m; 5,34 m). Welchen Durchmesser hat der Kornkreis?

b) Ein kreisförmiges Rosenbeet hat einen Radius von 1,7 m (2,3 m; 3,5 m). Welchen Umfang hat das Beet?

Runde geeignet.

3 Alejandro hat sich für sein Rennrad einen neuen Tacho gekauft. Um ihn richtig einstellen zu können, benötigt er den Radumfang in Millimeter. Im beiliegenden Handbuch befindet sich die nebenstehende Abbildung. Erkläre Alejandro, wie er vorgehen muss.

4 Frau Illy hat eine runde Tischdecke mit einem Durchmesser von 220 cm gekauft. Sie möchte die Decke nun mit einer Borte einsäumen. Berechne, welche Länge die Borte haben wird.

5 Mareike und Cem sollen annähernd ermitteln, welchen Durchmesser der Stamm einer Birke in einer Höhe von einem Meter über dem Boden hat.

Vervollständige Cems Idee.

6 Berechne die Länge des Kreisbogens.

a) $r = 1{,}7$ cm; $\mu = 45°$ b) $r = 13$ m; $\mu = 175°$ c) $r = 1{,}8$ km; $\mu = 70°$

d) $r = 47$ cm; $\mu = 140°$ e) $r = 38$ mm; $\mu = 99°$ f) $r = 80$ m; $\mu = 1°$

7 Übertrage die Figur in dein Heft. Zeichne den Umfang farbig nach.

a) 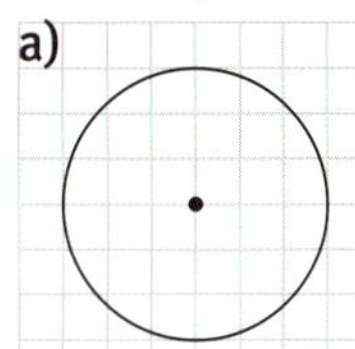
b) 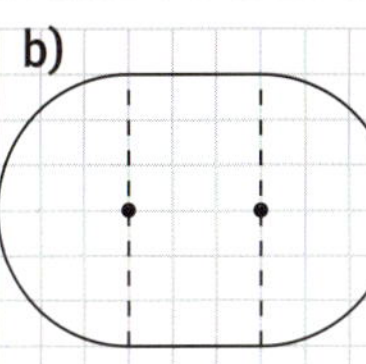
c) 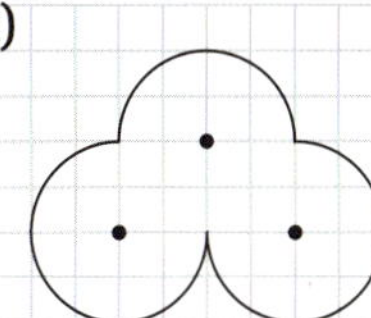
d) 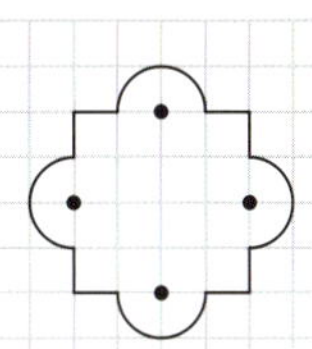

Peter und Paul sollen den Flächeninhalt eines Kreises mit dem Radius 3 cm experimentell ermitteln.
Peter sagt: Ich zeichne den Kreis auf kariertes Papier und zähle die Kästchen, die innerhalb des Kreises liegen, ganz und die auf dem Rand nur halb.“
Paul überlegt: „Ich zerschneide den Kreis in 16 Tortenstücke. Dann setze ich die Stücke so zusammen, dass sich näherungsweise ein Parallelogramm ergibt.“

Peters Idee: Pauls Idee:

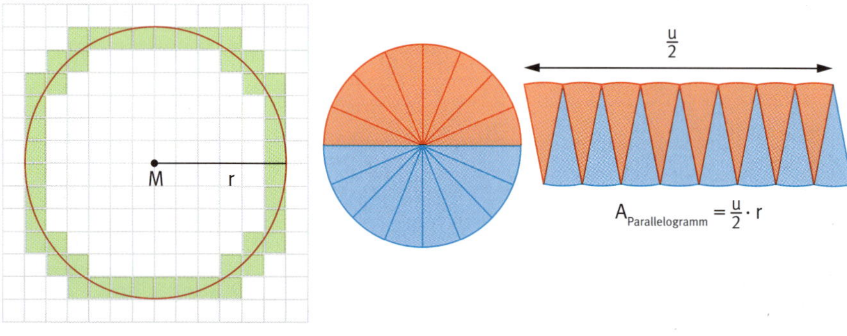

- Probiere beide Verfahren aus. Wessen Lösungsidee gefällt dir besser?
- Welche Ergebnisse erhalten Peter und Paul jeweils für den Flächeninhalt?
- Kannst du das Ergebnis auch in Abhängigkeit des Radius angeben?

Merkwissen

Der **Flächeninhalt eines Kreises** ist direkt proportional zum Quadrat des Radius. Der Proportionalitätsfaktor ist die Kreiszahl π.

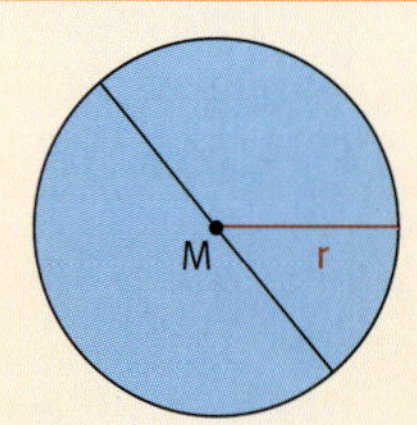

Für den Flächeninhalt eines Kreises gilt:

$$\mathbf{A = \pi \cdot r^2}$$

Ist nur ein Teil des Kreises mit dem Radius r und der Mittelpunktswinkel μ gegeben, so kann man den zugehörigen Flächeninhalt des Kreissektors A_S als Anteil der Gesamtfläche bestimmen:

$$A_S = \frac{\mu}{360°} \cdot \pi r^2$$

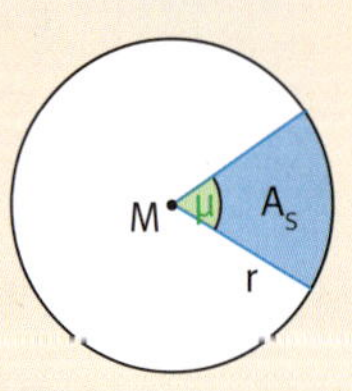

Beispiele

I Vor Fußballspielen im UEFA Cup wird exakt im Mittelkreis des Fußballplatzes das Banner mit dem Logo des Wettbewerbs ausgebreitet. Berechne die Größe der Bannerfläche, wenn der Mittelkreis einen Radius von 9,15 m hat.

Lösung:

$A = \pi \cdot r^2$

$A = \pi \cdot (9{,}15\text{ m})^2 \approx 263{,}0\text{ m}^2$

Die Bannerfläche ist etwa 263 m² groß.

II Stephan möchte einen Kreis zeichnen, der den Flächeninhalt $A = 314\ cm^2$ hat. Welchen Radius muss er dazu am Zirkel einstellen?

Lösung:
Da der Kreis den Flächeninhalt $314\ cm^2$ haben soll, muss gelten:

$$3{,}14 \cdot r^2 = 314\ cm^2 \quad |:3{,}14$$
$$\Leftrightarrow \quad r^2 = 100\ cm^2$$

Folglich muss Stephan den Radius r = 10,0 cm am Zirkel einstellen.

Verständnis

- Wie ändert sich der Flächeninhalt eines Kreises, wenn der Radius verdoppelt (verdreifacht, halbiert) wird?
- Cassandra meint: „Der Flächeninhalt eines Kreises ist direkt proportional zum Quadrat des Durchmessers." Hat Cassandra Recht? Begründe.

Aufgaben

Lösungen zu 1:
2; 2; 20; 5; 0,8; 9; 3,14; 12; 56; 40; 19,625; 20096,18

1 Übertrage die Tabelle in dein Heft und vervollständige sie.

	a)	b)	c)	d)	e)	f)
Radius r in m	1	▢	▢	2,5	▢	▢
Durchmesser d in m	▢	4	▢	▢	1,6	▢
Flächeninhalt A in m²	▢	▢	1256,64	▢	▢	254,47

2 Auf dem Tisch liegen eine 2-€-Münze und ein 50-ct-Stück nebeneinander. Antonella möchte ermitteln, welchen Flächeninhalt die beiden Münzen zusammen bedecken. Beschreibe, wie Antonella vorgehen muss.

3 Murat hat in seinem Heft ein Rechteck mit der Länge 15,7 cm und der Breite 5,0 cm gezeichnet. Darunter möchte er einen Kreis zeichnen, der den gleichen Flächeninhalt hat wie das Rechteck. Welchen Radius muss Murat am Zirkel einstellen?

4 Das abgebildete Verkehrsschild hat Original den Durchmesser 60 cm.

Die weiße Fläche hat bestimmt einen größeren Flächeninhalt als die rote.

a) Um welches Verkehrsschild handelt es sich?
b) Schätze rechnerisch ab, ob Andys Vermutung zutreffend ist.
c) In welchem Maßstab ist das Schild abgebildet?

5 Berechne Flächeninhalt und Umfang des Kreissektors.
a) $r = 2{,}5\ cm;\ \mu = 35°$ b) $d = 100\ m;\ \mu = 175°$ c) $r = 1{,}5\ km;\ \mu = 70°$

6 In der Küche von Familie Cooky befindet sich ein quadratisches Glaskeramik-Kochfeld mit der Seitenlänge 600 mm. Die beiden kleinen Platten haben jeweils den Durchmesser 145 mm, die mittelgroße Platte hat den Durchmesser 180 mm und die große Platte 210 mm. Zum Frühstück möchte die jüngste Tochter, Elli, Milch in einem Topf warm machen, dessen Boden den Durchmesser 15 cm hat.
a) Auf welche der vier Platten sollte Elli den Topf mit der Milch stellen? Begründe.
b) Berechne, welcher prozentuale Anteil der Kochfeldfläche beheizt wird, wenn Elli die betreffende Platte eingeschaltet hat und die anderen Platten aus sind.

7 Alina behauptet voller Stolz: „Ich habe einen Kreis gezeichnet, bei dem der Flächeninhalt drei Komma eins vier hoch drei Quadratzentimeter ist.“ Gib an, welchen Durchmesser der von Alina gezeichnete Kreis hat.

Duschwanne:

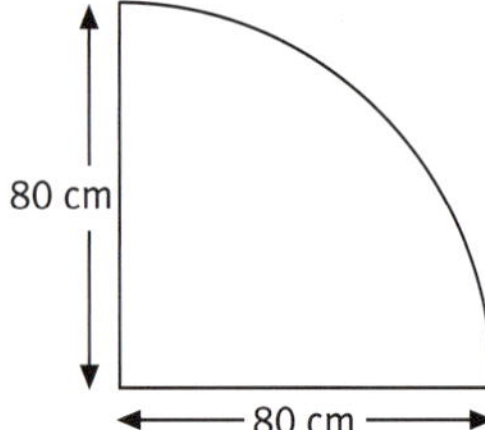

8 Herr Grohe renoviert in seinem Haus das Gästebad. Ursprünglich hat er ausgerechnet, dass für den Bodenbelag (ohne Verschnitt) 5,5 m^2 Fliesen benötigt werden. Doch halt! Er hat vergessen, den Flächeninhalt abzuziehen, den die neue Duschwanne einnimmt (siehe Skizze links). Welche mathematischen Fragestellungen findest du hierzu? Beantworte sie anschließend.

9 Pizzabäcker Bruno bietet seiner Kundschaft Pizzen in zwei Größen an. Die kleine Pizza hat einen Durchmesser von 24 cm und kostet 3,80 €, die große Pizza mit einem Durchmesser von 36 cm kostet 7,60 €. Bernd und Susanne überlegen, ob sie zwei kleine Pizzen kaufen oder sich lieber eine große Pizza teilen sollten.

10 Die nebenstehende Uhr hat einen Radius von 30 cm. Es ist 20:00 Uhr.

a) Berechne den Flächeninhalt der Kreissektoren, den die beiden Zeiger festlegen.

b) Bearbeite die Aufgabe auch für zwei weitere Uhrzeiten.

11 In vielen Fällen wird nicht der Umfang oder der Flächeninhalt des Kreises gesucht, sondern nur eines Kreisrings, der sich aus einem Außenkreis und einen Innenkreis ergibt.

Sei bei einem **Kreisring** R der Radius des Außenkreises und r der Radius des Innenkreises. Dann folgt für die Berechnung am Kreisring:

Flächeninhalt A_{Ring}

$A_{Ring} = A_{Außenkreis} - A_{Innenkreis}$

$A_{Ring} = \pi \cdot R^2 - \pi \cdot r^2$

$A_{Ring} = \pi \cdot (R^2 - r^2)$

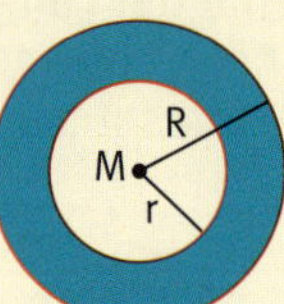

Umfang u_{Ring}

$u_{Ring} = u_{Außenkreis} + u_{Innenkreis}$

$u_{Ring} = 2\pi \cdot R + 2\pi \cdot r$

$u_{Ring} = 2\pi \cdot (R + r)$

Berechne die fehlenden Größen der Tabelle. Runde auf zwei Dezimalen.

	a)	b)	c)	d)	e)	f)
R	3,93 dm		6 cm	4,5 dm	54 cm	
r	2 dm	4,55 m	3,95 cm	2,5 dm	18 cm	0,02 m
A_{Ring}						
u_{Ring}		60 m				1,4 m

Lösungen zu 11:
36; 5,00; 0,20; 64; 37,26; 13,50; 43,98; 8143,01; 0,12; 62,52; 43,98; 452,39
Die Einheiten sind nicht angegeben.

Konzentrische Kreise haben einen gemeinsamen Mittelpunkt, aber verschiedene Radien.

12 Beim Bogenschießen werden über die 90-m-Distanz Zielscheiben mit einem Durchmesser von 1,22 m verwendet. Auf den Scheiben aus Papier sind konzentrische Kreise aufgedruckt. Der innere gelbe Kreis hat einen Durchmesser von 12,2 cm. Die Kreisringe sind jeweils gleich „dick“.

a) Berechne den Flächeninhalt der Zielscheibe.

b) Berechne die Flächeninhalte der einzelnen Ringe.

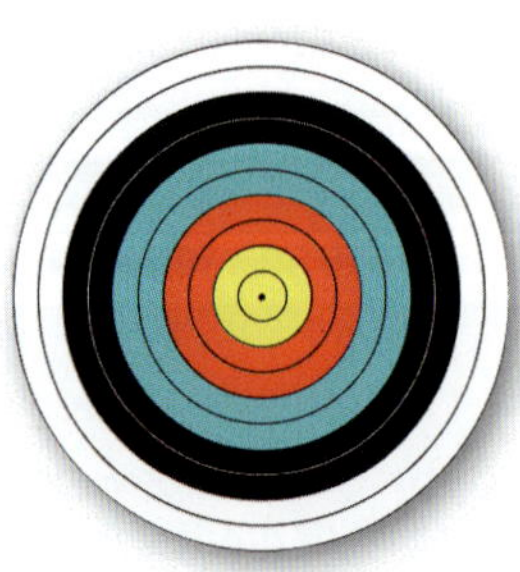

13 Gegeben ist nebenstehender Sportplatz mit Wettkampfbahn.

a) Bestimme für die von der Wettkampfbahn begrenzte Innenfläche den Flächeninhalt und den Umfang.

b) Berechne den Flächeninhalt der Bahn.

c) Für die Renovierung der Wettkampfbahn müssen pro Quadratmeter 1250 € bezahlt werden. Wie teuer ist die Renovierung?

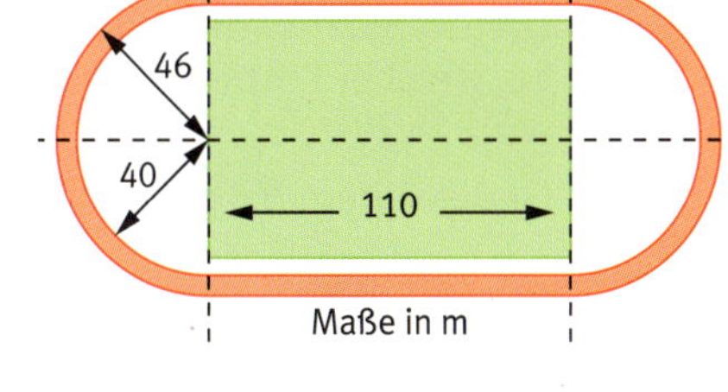

14 Der Scheibenwischer eines Autos überstreicht bei einem Vollauschlag einen Winkel von 135°. Der Reinigungsgummistreifen ist 45 cm lang und 15 cm vom Drehpunkt entfernt angebracht. Berechne die Größe der Fläche, die der Wischergummi überstreicht.

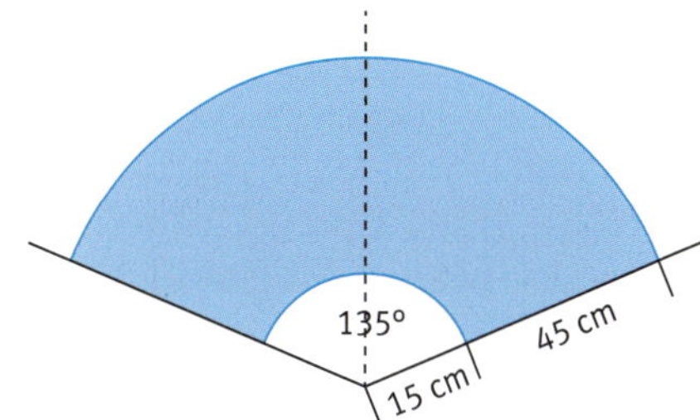

15 Übertrage die farbig markierte Figur in dein Heft und berechne die Länge der grünen Randlinie sowie den Flächeninhalt.

a)

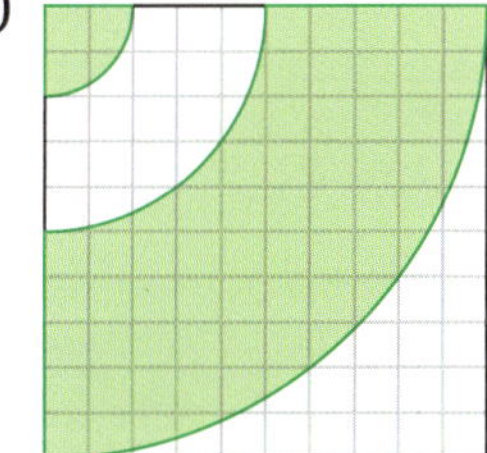

b)

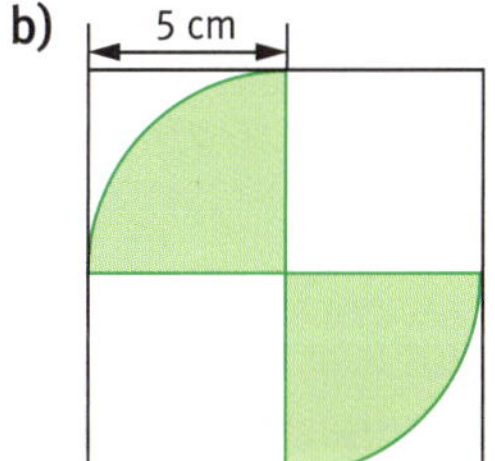

16 Eine der Hauptursachen für einen hohen CO_2-Ausstoß und damit die Erderwärmung ist der Verkehr. Nach einer Studie dürften, um die Erderwärmung auf 2 °C zu begrenzen, auf jeden Menschen nur 2000 kg CO_2-Ausstoß pro Jahr kommen. Die Grafik vergleicht diese Größe mit dem Ausstoß von CO_2 beim Autofahren bzw. einem Flug.

a) Berechne die Flächeninhalte der einzelnen Kreise. Bestimme dazu den Durchmesser mit dem Lineal.

b) Überprüfe, welche Größen des Kreises proportional zu den angegebenen Emissionen sind.

c) Welcher Eindruck entsteht bei der Darstellung? Zeichne drei verschiedene Kreise so, dass die Flächeninhalte den Sachverhalt wiedergeben.

CO_2- Emissionen im Vergleich

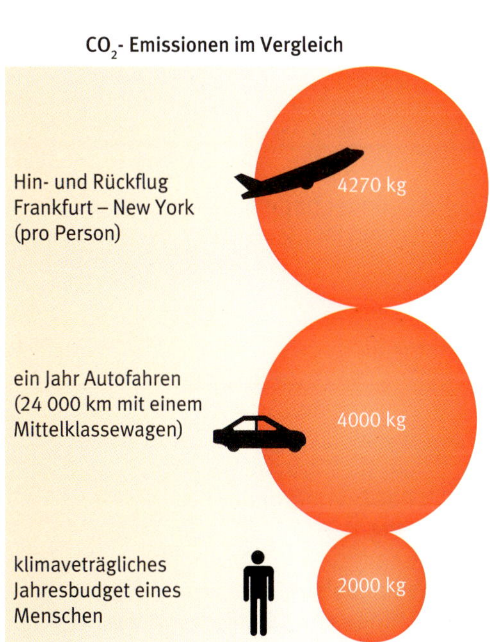

Nimm ein Rechteck aus Pappe und klebe an einer Seite einen dickeren Draht mit Klebeband fest, der über die Seitenränder hinausragt.

- Drehe an den Drahtenden das Rechteck möglichst schnell. Beschreibe, welcher Körper durch die Drehung des Rechtecks erkennbar wird.
- Finde weitere Möglichkeiten, diesen Körper zu erhalten.

Merkwissen

Durch Drehung eines Rechtecks um eine Seite einsteht als **Rotationskörper** ein **Kreiszylinder**. Die Grund- und Deckfläche des Zylinders sind jeweils gleich große Kreise, die Mantelfläche ist ein Rechteck.

Schneidet man einen Zylinder entlang seiner Kanten auf und klappt alle Begrenzungsflächen in eine Ebene, so erhält man sein **Netz**.

Erinnere dich an die Flächenformel für Prismen.

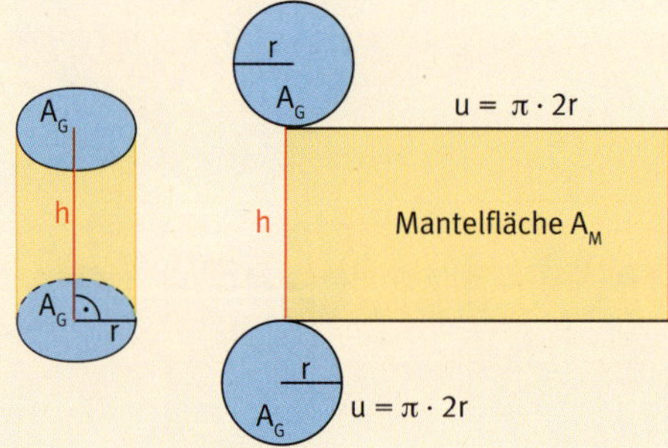

Die Mantelfläche ist ein Rechteck der Länge u und der Breite h.

Für die Berechnung des **Oberflächeninhalts $A_{O\,Zylinder}$** eines **Zylinders** mit der **Grundfläche A_G** und der **Mantelfläche A_M** gilt:

$$A_{O\,Zylinder} = 2 \cdot A_G + A_M.$$

Beim Zylinder gilt somit:

$$A_{O\,Zylinder} = 2 \cdot \pi \cdot r^2 + 2 \cdot \pi \cdot r \cdot h = 2\pi r\,(r + h)$$

Beispiele

I Ein Zylinder hat einen Durchmesser und eine Höhe von 2 cm.

a) Wie hoch und wie lang ist der Zylindermantel?

b) Zeichne ein Netz dieses Zylinders.

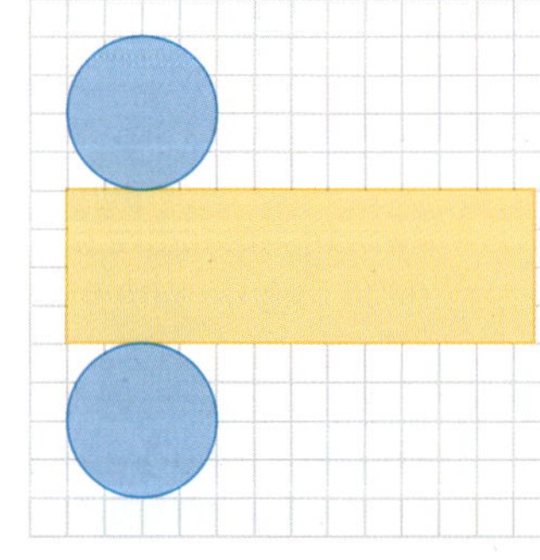

Lösung:

a) Die Länge des Zylindermantels entspricht dem Umfang der Grundfläche.
$u = \pi \cdot d$
$u = \pi \cdot 2\text{ cm} \approx 6{,}3\text{ cm}$
Der Zylindermantel ist 2 cm hoch und 6,3 cm lang.

II Eine handelsübliche 425-ml-Konservendose hat einen Durchmesser von 7,4 cm und eine Höhe von 11 cm. Berechne, wie viel Blech mindestens dafür benötigt wird.

Lösung:
$A_{O\,Zylinder} = 2 \cdot A_G + A_M$
$A_{O\,Zylinder} = 2 \cdot \pi \cdot r^2 + 2 \cdot \pi \cdot r \cdot h$ mit: $r = 7{,}4\text{ cm} : 2 = 3{,}7\text{ cm}$
$A_{O\,Zylinder} = 2 \cdot \pi \cdot (3{,}7\text{ cm})^2 + 2 \cdot \pi \cdot 3{,}7\text{ cm} \cdot 11\text{ cm}$
$A_{O\,Zylinder} \approx 341{,}74\text{ cm}^2$
Man benötigt mindestens 342 cm² Blech.

Verständnis

- Tom behauptet: „Die Mantelfläche eines Zylinders ist ein Quadrat, wenn Umfang der Grundfläche und Höhe des Zylinders übereinstimmen." Stimmt das?
- Wie verändert sich die Mantelfläche eines Zylinders, wenn man nur den Radius (nur die Höhe) verdoppelt?

Aufgaben

1 ① u = 15,7 cm; h = 3,5 cm ② r = 3 cm; h = 2 cm ③ d = h = 4 cm
④ d = 4 cm; h = 3 cm ⑤ r = 2 cm; h = 5 cm ⑥ u = 18,8 cm; h = 4,5 cm
a) Berechne den Oberflächeninhalt der Zylinder.
b) Zeichne jeweils ein Netz der Zylinder.

2 Berechne die fehlenden Stücke eines Zylinders.

	a)	b)	c)	d)	e)
Radius r	6 cm	☐	3 cm	0,7 m	5 m
Zylinderhöhe h	8 cm	6 cm	30 mm	☐	☐
Grundflächeninhalt A_G	☐	☐	☐	☐	☐
Mantelflächeninhalt A_M	☐	226,20 m²	☐	☐	376,8 m²
Oberflächeninhalt $A_{O\,Zylinder}$	☐	☐	☐	15,2 m²	☐

*Lösungen zu 2:
6,0; 28,3; 56,5; 12,0; 113,1; 113,1; 301,6; 527,8; 113,1; 452,4; 5; 12; 1,54; 12,12; 2,76; 78,5; 533,8*

3 Die Konservendose aus dem Beispiel I soll mit einem Etikett beklebt werden. Das Etikett überlappt zum Verkleben um 1,5 cm. Oben und unten bleiben jeweils 0,5 cm frei. Berechne die Länge, die Breite und den Flächeninhalt es Etiketts.

4 Der Durchmesser einer Litfaßsäule beträgt 1,40 m.
Welche Fläche kann beklebt werden, wenn die Säule 2,75 m hoch ist?

5 Welcher Kreis als Grundfläche gehört zu welchem Zylindermantel? Ordne zu.

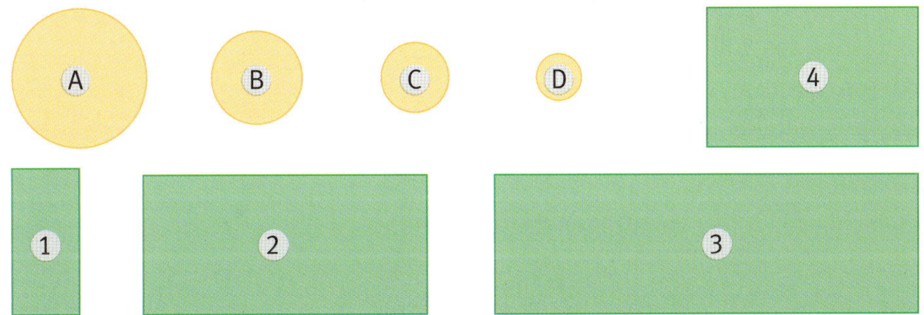

Sollen Körper gebastelt werden, dann darfst du die Klebefalze nicht vergessen.

6 Stelle verschiedene Zylinder mit folgenden Eigenschaften her.
a) Das Mantelrechteck ist 7 cm hoch und 12 cm breit.
b) Das Mantelrechteck ist quadratisch.
c) Die Flächeninhalte von Mantelviereck und Grundfläche sind je 85 cm² groß.

Familie Kleine möchte sich auf Wunsch der Kinder für ihren Garten einen Pool kaufen.

- Durch welchen geometrischen Körper kann man den Pool mathematisch beschreiben?
- Neben den Abmessungen ist bei den technischen Details auch das Fassungsvermögen des Pools von Interesse. Welcher mathematischen Größe entspricht dieses?
- Überlege, wie man dieses bestimmen kann. Nutze dazu deine Kenntnisse zur Volumenberechnung bei Prismen.

Erinnere dich auch an die Volumenformel für Prismen.

Merkwissen

Für die Berechnung des **Volumens $V_{Zylinder}$** eines **Zylinders** mit der **Grundfläche A_G** und der **Höhe h** gilt: $\mathbf{V_{Zylinder} = A_G \cdot h}$.

Beim Zylinder gilt somit: $\mathbf{V_{Zylinder} = \pi \cdot r^2 \cdot h}$

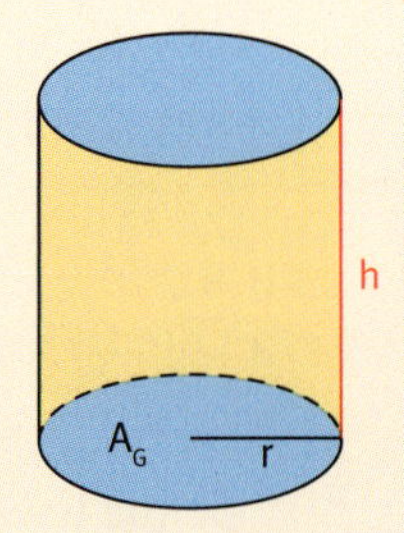

Beispiele

I Kann man diesen Eichenstamm tragen, wenn 1 cm³ Eichenholz 0,67 g wiegt?

Lösung:

$V_{Zylinder} = \pi \cdot r^2 \cdot h$

$V_{Zylinder} = \pi \cdot (13\text{ cm})^2 \cdot 80\text{ cm} \approx 42\,474{,}3\text{ cm}^3$

$m = 42\,474{,}3\text{ cm} \cdot 0{,}67\frac{\text{g}}{\text{cm}^3} \approx 28\,457{,}8\text{ g}$

Der Stamm wiegt fast 28,5 kg und kann getragen werden.

Verständnis

- Wie ändert sich das Volumen eines Zylinders, wenn du nur die Höhe h (die Grundfläche A_G, den Radius r) verdoppelst?
- Beschreibe Zusammenhänge zur Berechnung des Volumens eines Zylinder und eines Prismas.

1 Berechne das Volumen des Zylinders. Runde sinnvoll.

a) r = 7,5 cm; h = 17 cm **b)** d = 8,4 m; h = 55,4 m **c)** A_G = 75 cm²; h = 2 dm
d) r = 4 cm; h = 2 cm **e)** r = 7 cm; h = 6 cm **f)** d = 5 cm; h = 4 cm
g) u = 22 cm; h = 2,5 cm **h)** A_G = 1,8 m²; h = 3,7 m **i)** d = 17 dm; h = 3 m

2 Berechne die fehlenden Größen des Zylinders.

	a)	b)	c)	d)
Radius r	6 cm	▢	▢	0,70 m
Umfang u	▢	37,7 cm	18,84 cm	▢
Grundflächeninhalt A_G	▢	▢	▢	▢
Zylinderhöhe h	8 cm	▢	5,6 cm	▢
Volumen $V_{Zylinder}$	▢	1356 cm³	▢	77 m³

3 Berechne das Volumen der Zylinder.

a) 12 cm, 8 cm

b) 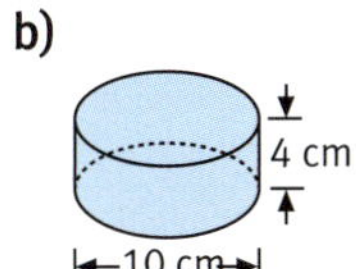

c) 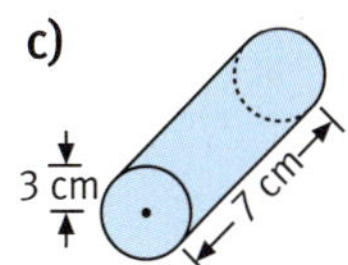

d) 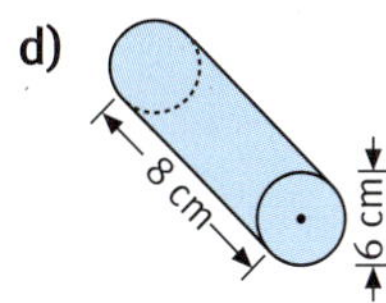

4 Ein zylindrischer Gasbehälter hat einen Durchmesser von 20 m. Er fasst 7200 m^3 Gas. Wie hoch ist dieser Behälter?

5 Ein 8 m tiefer zylinderförmiger Brunnen hat einen äußeren Durchmesser von 1,80 m. Die Wandstärke beträgt 20 cm. Wie viel Wasser kann der Brunnen maximal fassen?

6 Du kennst bereits das Schrägbild als eine Möglichkeit, um Körper anschaulich darzustellen. Hierbei werden die Breite und die Höhe der Körper in Originallänge gezeichnet. Nach hinten laufende Kanten werden in der Länge halbiert und in einem Winkel von 45 ° dargestellt.
Beim Zeichnen eines Zylinders im Schrägbild geht man folgendermaßen vor.

Erinnere dich an das Schrägbild eines Quaders:

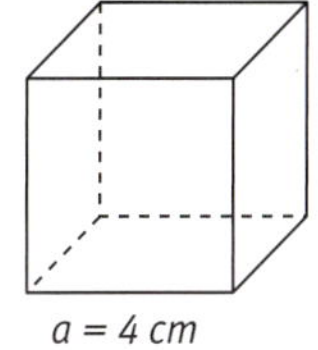

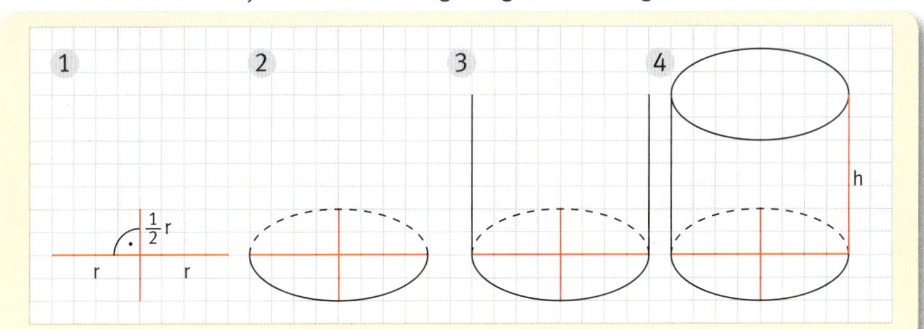

Die verzerrte Darstellung der kreisförmigen Grundfläche bezeichnet man auch als Ellipse.

a) Der im Kasten gezeichnete Zylinder hat den Durchmesser d = 4 cm und die Höhe h = 3,5 cm. Zeichne das Schrägbild in tatsächlicher Größe in dein Heft. Gehe hierbei in den vier Schritten vor.

b) Beschreibe die Schritte (1) bis (4) auch in Worten.

c) Zeichne den Zylinder anschließend noch einmal in doppelter Größe in dein Heft.

7 Zeichne Schrägbilder von den Zylindern aus Aufgabe 3.

8 In welchem Schrägbild der beiden Zylinder in der Randspalte ist die Grundfläche als Ellipse, in welchem als Kreis gezeichnet?

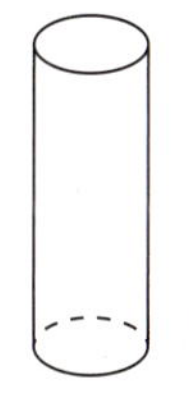

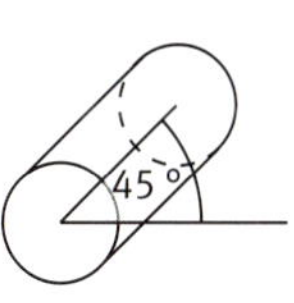

9 Zeichne anhand der Beschreibung das Schrägbild eines Zylinders in dein Heft. Wie hoch ist der Zylinder in Wirklichkeit?

1 Zeichne einen Kreis mit 4 cm Durchmesser.

2 Trage vom Kreismittelpunkt eine Zylinderachse der Länge 5 cm ab, die unter 45° nach hinten verläuft.

3 Zeichne um den Endpunkt dieser Achse einen Kreis wie in 1.

4 Zeichne parallel zur Achse die Begrenzungslinien des Zylinders.

1 Berechne die fehlenden Kreisgrößen. Runde auf zwei Dezimalen.

	a)	b)	c)	d)	e)
r	▒	3,56 dm	▒	▒	▒
d	25,42 dm	▒	▒	▒	▒
u	▒	▒	3,46 km	▒	45 cm
A	▒	▒	▒	380,14 m	▒

2 Um den Durchmesser von Bäumen zu messen, verwenden Förster ein spezielles Forstmaßband, auf dem man direkt den Durchmesser des Baumes ablesen kann.

a) Welchen Durchmesser (Umfang) hat der Baum?

b) Erkläre, wie ein solches Maßband funktioniert.

3 Die fränkische Seenlandschaft wurde mithilfe riesiger Muldenkipper gestaltet. Das Rad eines solchen Kippers hat einen Durchmesser von 3,90 m.
Wie viele Umdrehungen macht es auf einer Strecke der Länge 1 km?

4 Berechne Flächeninhalt und Umfang (innen und außen) der farbigen Figuren.

a)

b)

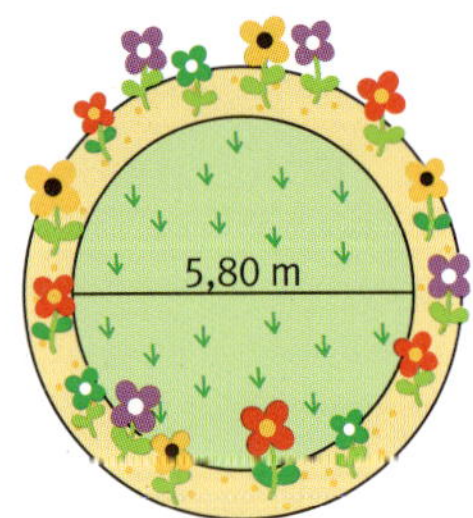

5 Um eine kreisförmige Rasenfläche mit einem Durchmesser von 5,80 m soll ein Streifen von 70 cm Breite mit Blumen bepflanzt werden. Berechne die Größe der zu bepflanzenden Fläche.

6 Übertrage die abgebildeten Figuren in dein Heft.

a) Zeichne den Umfang farbig nach und schraffiere den Flächeninhalt mit Bleistift.

b) Berechne den Umfang und den Flächeninhalt.

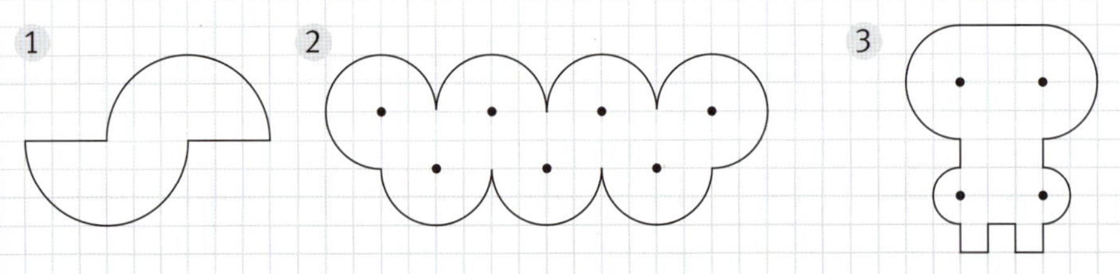

7 Bei einer Kirchturmuhr ist die Spitze des Minutenzeigers 2 m vom Mittelpunkt der Uhr entfernt.

a) Wie viele Umdrehungen macht der Minutenzeiger im Laufe eines Jahres?

b) Welche Strecke legt die Spitze des Minutenzeigers dabei zurück?

8 Der vordere Reifen eines historischen Rades hat einen Durchmesser von 120 cm, der hintere Reifen einen Durchmesser von 60 cm. Wie viele Umdrehungen macht der hintere Reifen, wenn der vordere Reifen genau eine Umdrehung macht?

9 Für die folgende Aufgabe gehen wir von einem Erdradius von 6378 km aus.

a) Berechne den Äquatorialumfang.

b) Stell dir vor, jemand legt entlang des Äquators ein Seil um die Erde. Jetzt wird die Länge des Seils um 1 m verlängert. Wie weit steht das Seil von der Erde ab, wenn man es überall gleichmäßig hochhebt? Skizziere zunächst.

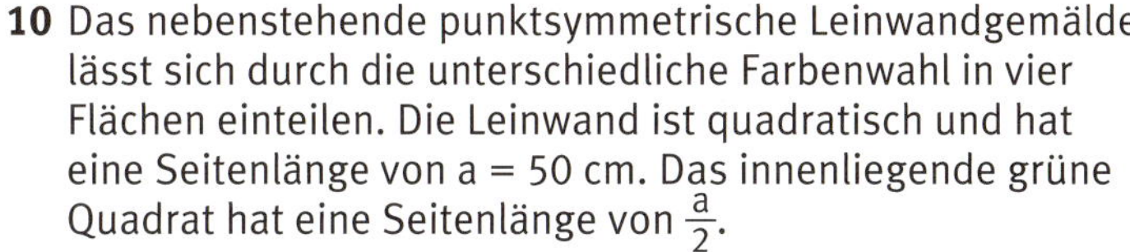

10 Das nebenstehende punktsymmetrische Leinwandgemälde lässt sich durch die unterschiedliche Farbenwahl in vier Flächen einteilen. Die Leinwand ist quadratisch und hat eine Seitenlänge von a = 50 cm. Das innenliegende grüne Quadrat hat eine Seitenlänge von $\frac{a}{2}$.

a) Übertrage das Gemälde im Maßstab 1 : 10 in dein Heft.

b) Berechne die Inhalte der einzelnen Farbflächen.

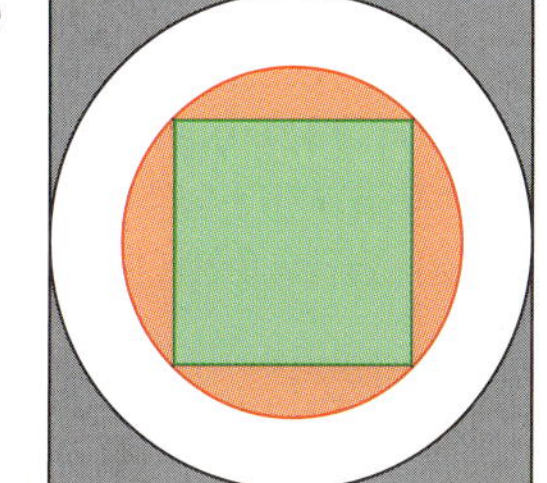

11 a) Prüfe, welche Körpernetze einen Zylinder ergeben können.

b) Begründe, warum die anderen Netze keinen Zylinder ergeben.

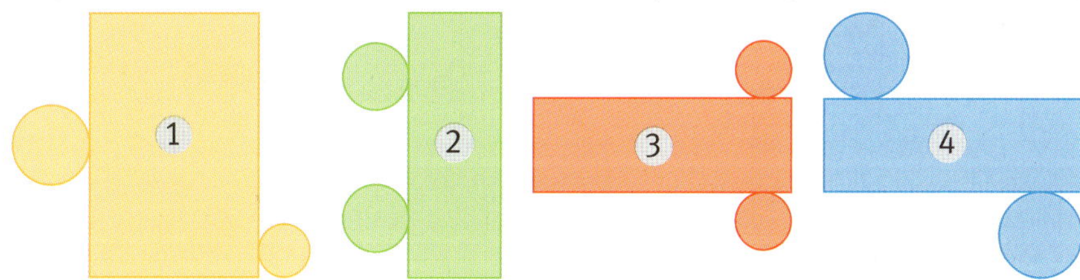

12 Berechne den Mantel- und Oberflächeninhalt der Zylinder.

a)

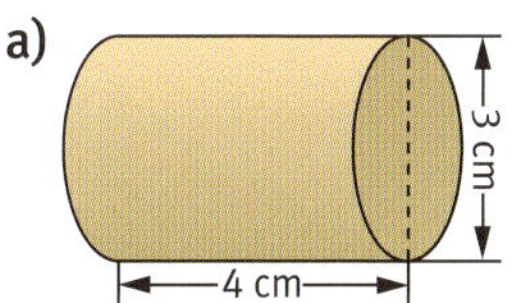

b)

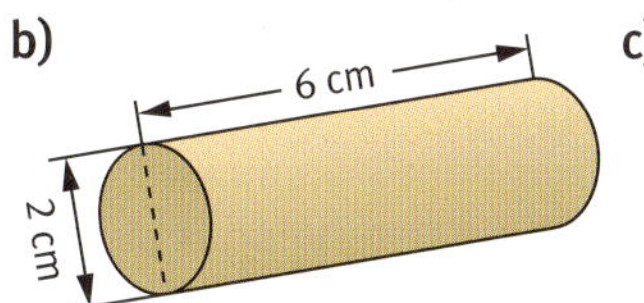

c)

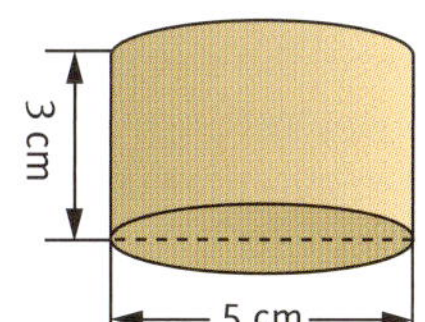

13 a) Vergleiche Durchmesser und Höhe der beiden Gefäße. Was kannst du über ihr Volumen sagen? Prüfe nach.

b) Berechne jeweils den Inhalt der Oberfläche.

c) Wie hoch müsste das schmale Gefäß sein, wenn es den gleichen Rauminhalt wie das breite Gefäß hätte?

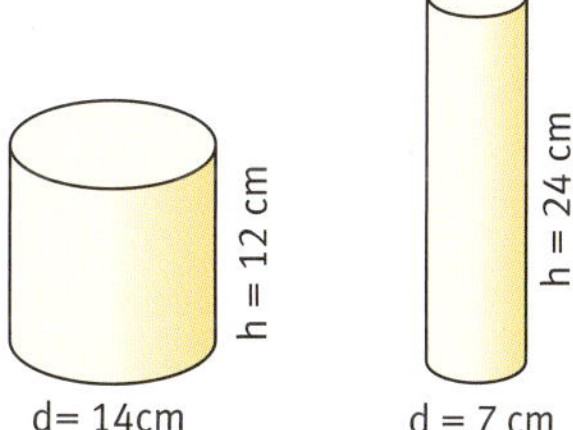

14 Zeichne das Schrägbild eines stehenden (liegenden) Zylinders.

	a)	b)	c)	d)	e)
Durchmesser	4 cm	5 cm	7 cm	3,6 cm	5,2 cm
Höhe	6 cm	8 cm	7 cm	9,4 cm	7,8 cm

15 Der Pool im Garten von Familie Kleine soll nun mit Wasser befüllt werden. Er hat einen Durchmesser von 10 m und eine Höhe von 1,50 m.

a) Berechne die Dauer für die Befüllung des Pools, wenn die Pumpe 1500 Liter pro Stunde schafft.

b) Bewerte das Ergebnis in Hinblick auf den Sachverhalt.

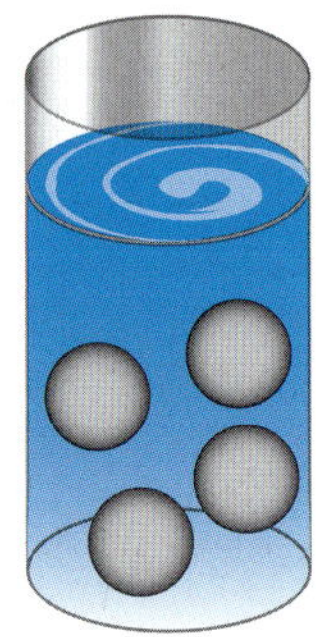

16 Ein zylindrisches Gefäß mit einem Innendurchmesser von 6 cm ist 8 cm hoch mit Wasser gefüllt. In das Gefäß werden vier Eisenkugeln geworfen. Die Kugeln tauchen vollständig unter.
Der Wasserspiegel steigt dabei um 1 cm. Berechne das Volumen der Kugeln.

17 Eine Tennishalle hat die Gestalt eines liegenden Halbzylinders. Sie ist 42 m lang und 32 m breit. Das gewölbte Dach besteht aus Stahltrapezblech, Vorder- und Rückwand bestehen aus Holz.

a) Wie viele Quadratmeter Stahltrapezblech werden benötigt?

b) Eine Malerfirma streicht die Außenseite der Vorder- und Rückwand. Wie hoch sind die Kosten, wenn die Firma pro m² mit 8,40 € ohne Mehrwertsteuer rechnet?

18 Berechne das Volumen und den Oberflächeninhalt der dargestellten Körper.

a)

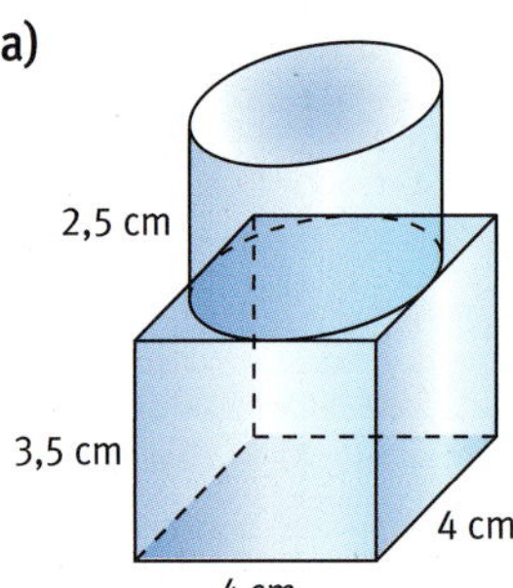

b)

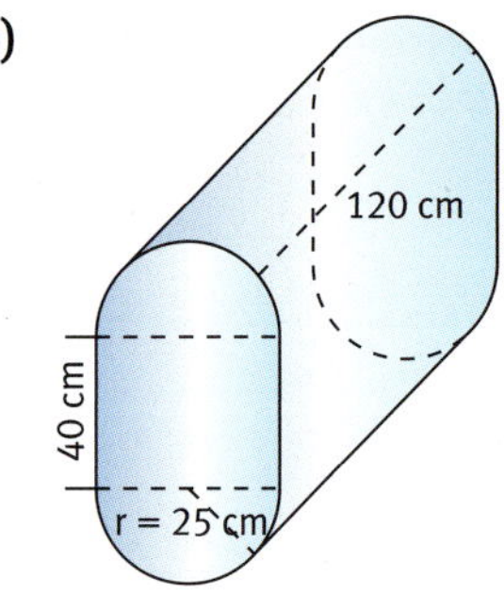

c)

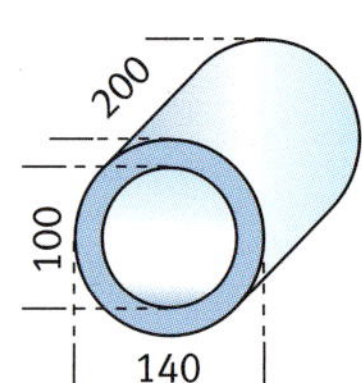

19 Bei Verbrennungsmotoren bewegen sich Kolben in zylinderförmigen Verbrennungskammern auf und ab. Die Bewegungshöhe der Zylinder nennt man Hub. Das Gesamtvolumen dieser Verbrennungskammern ist der Hubraum.
Berechne den Hubraum eines Pkw-Motors mit vier Zylindern, wenn der Kolbendurchmesser d = 80 mm und der Kolbenhub h = 145 mm beträgt.

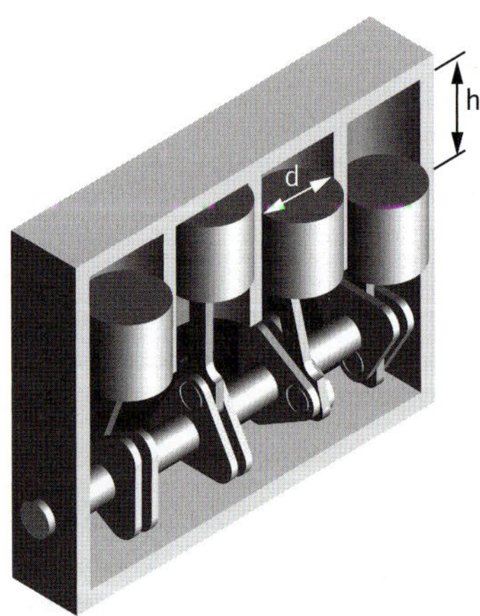

20 a) Wie viel Liter fasst der abgebildete Öltank, wenn er zu 90 % gefüllt wird?

b) Für ein Mehrfamilienhaus werden fünf solcher Tanks aufgestellt und vorher mit einer farbigen Schutzschicht versehen. Wie viel kostet der Farbanstrich, wenn eine Dose Farbe für 7,5 m² reicht und 12,99 € kostet?

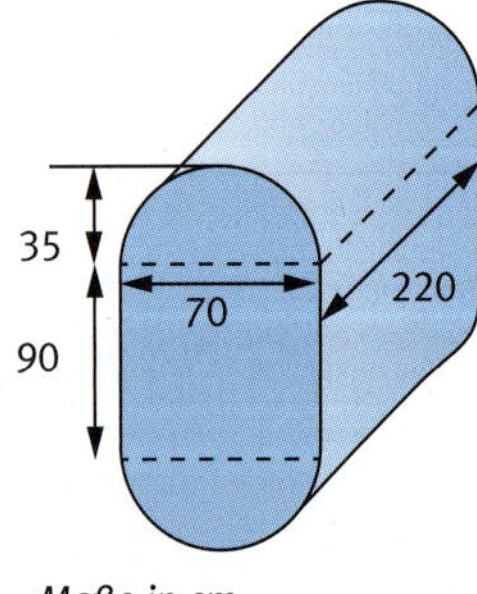

Maße in cm

Tiefseetauchen

Situationsbeschreibung

Mitten im Pazifik befindet sich dein Team auf einem Forschungsschiff für Meeresbiologie. Ihr trefft auf einen unerwartet tiefen, noch unerforschten Tiefseegraben von 6500 m Tiefe. Da dieser Graben bisher in keiner Karte eingezeichnet ist, wollt ihr unbedingt einige lebende Proben sowie eine Gesteinsprobe mithilfe eures selbstgebauten Tiefseeroboters aus dem Graben entnehmen. Leider musste der technische Leiter der Forschungsmission gestern das Schiff verlassen, da er sich einen üblen Virus eingefangen hat. Unglücklicherweise weiß kein Mitarbeiter des Schiffes wie tief der 1,2 Mio. teure Roboter wirklich tauchen kann, ohne dass er aufgrund des hohen Drucks zerstört wird. Du und dein Team werdet beauftragt herauszufinden, ob die Mission gestartet werden kann oder nicht.

Folgende Daten stehen euch zur Verfügung:

- Tauchroboter sind zylinderförmig.
- Der Durchmesser des Roboters beträgt 3 m.
- Die Belastungsobergrenze des Tauchroboters beträgt 6800 Tonnen pro m^2.
- Ein dm^3 Wasser wiegt 1 kg.

Trefft eure Entscheidung unter Verwendung folgender Teilschritte.

Handlungsaufträge

1. Informiert euch im Internet über den Begriff der Wassersäule. Welche Form hat die Wassersäule im Zusammenhang mit dem Druck und wie wird deren Volumen berechnet? Was könnte die Wassersäule mit der Tauchtiefe zu tun haben? Diskutiert und notiert dann eure Ergebnisse.
2. Wie könnt ihr das Volumen der Wassersäule in Litern über dem Tauchroboter berechnen? Haltet eure Rechnung schriftlich fest.
   Tipp: Denkt an die richtige Einheit!
3. Wie viel wiegt eure Wassersäule in Tonnen? Was bedeutet das jetzt für die Belastungsobergrenze eures Tauchroboters?
4. Ist eure Mission durchführbar? Begründet und fixiert alles schriftlich.
5. Präsentiert der Crew eure Entscheidung in einer ausführlichen Präsentation.

Lernsituation

Überprüfe deine Fähigkeiten und Kenntnisse. Bearbeite dazu die folgenden Aufgaben und bewerte anschließend deine Lösungen mit einem Smiley.

☺	😐	☹
Das kann ich!	Das kann ich fast!	Das kann ich noch nicht!

Hinweise zum Nacharbeiten findest du auf der folgenden Seite. Die Lösungen stehen im Anhang.

Aufgaben zur Einzelarbeit

1 Berechne Umfang und Flächeninhalt der Kreise.

a) r = 5,7 cm **b)** r = 2,5 cm **c)** r = 18 mm
d) r = 0,15 km **e)** d = 6,2 cm **f)** d = 1,91 km

2 Berechne den Radius und den Flächeninhalt der Kreise.

a) u = 165 m **b)** u = 2 km **c)** u = 9 m
d) u = 7,4 dm **e)** u = 40 000 km **f)** u = 2π m

3 Berechne den Radius und den Umfang der Kreise. Runde geeignet.

a) A = 50,27 cm² **b)** A = 12,57 km²
c) A = 78,54 m² **d)** A = 28,27 cm²

4 Ein Hula-Hoop-Reifen hat einen Durchmesser von 80 cm. Berechne seinen Umfang.

5 Ein Trampolin hat einen Durchmesser von 3,50 m. Berechne den Flächeninhalt der Hüpffläche und den Umfang des Trampolins.

6 Welchen Durchmesser und welche Querschnittsfläche hat ein Baumstamm von 94 cm Umfang?

7 Übertrage die abgebildete Figur in dein Heft und berechne den Umfang und den Flächeninhalt.

8 Berechne den Flächeninhalt und den Umfang des Kreisrings.

a) R = 8 cm; r = 5 cm **b)** R = 28 cm; r = 15 cm

9 Um ein kreisförmiges Rosenbeet mit einem Durchmesser von 7,20 m soll ein Rasenstreifen von 60 cm Breite angesät werden.

a) Fertige eine Skizze an.
b) Berechne den Flächeninhalt des Rasenstreifens.
c) Der Rasenstreifen soll innen und außen von Steinen eingegrenzt werden. Für welche Länge benötigt man Steine?

10 Übertrage die Tabelle in dein Heft. Berechne die gesuchten Kreisteile.

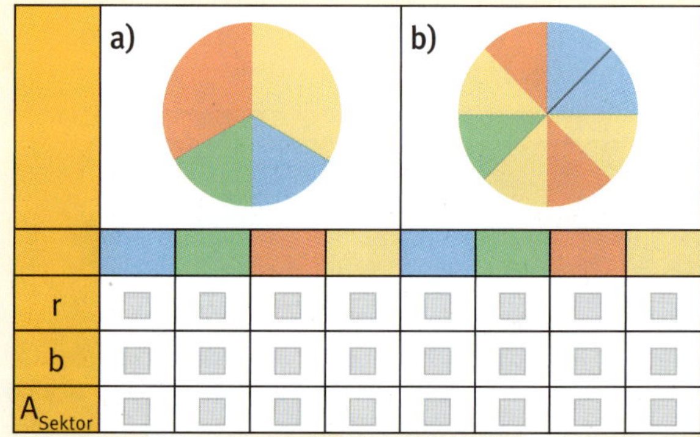

	a)				b)			
	blau	grün	orange	gelb	blau	grün	orange	gelb
r	▢	▢	▢	▢	▢	▢	▢	▢
b	▢	▢	▢	▢	▢	▢	▢	▢
A_{Sektor}	▢	▢	▢	▢	▢	▢	▢	▢

11 Zeichne die Netze folgender Zylinder.

a) r = 1 cm; h = 4 cm
b) d = 1,5 cm; h = 2 cm
c) u = 6,9 cm; h = 2,5 cm
d) d = 36 mm; h = 6 cm

12 Berechne die fehlenden Größen eines Zylinders.

	a)	b)	c)	d)	e)
r	3,6 cm	25 mm	6,8 cm	▢	▢
A_G	▢	▢	▢	▢	2,4 m²
h	7,8 cm	7,3 cm	▢	12 dm	▢
A_M	▢	▢	▢	▢	▢
V	▢	▢	3249 cm³	360 l	750 l

13 Eine Straßenwalze hat einen Durchmesser von 1,40 m und eine Breite von 1,50 m. Berechne die Fläche, die sie bei fünf Umdrehungen überwalzt.

14 Eine Regentonne hat einen Durchmesser von 50 cm und eine Höhe von 90 cm. Sie ist zu zwei Drittel mit Wasser gefüllt. Wie viele Liter enthält sie? Zeichne ein maßstabsgetreues Schrägbild der Tonne und trage die Maße ein.

15 Die Mantelfläche eines Zylinders beträgt 50 cm², der Durchmesser der Grundfläche 4 cm.
a) Zeichne ein Netz des Körpers. Berechne dazu fehlende Größen und runde geeignet.
b) Berechne die Oberfläche des Zylinders.

16 Zeichne ein Schrägbild folgender Zylinder.
a) r = 3 cm; h = 5 cm b) d = 8 cm; h = 4,5 cm

17 1 r = 3 cm; h = 7 cm 2 r = 4 cm; h = 3 cm

a) Vergleiche die Größe der aufgeklebten Etiketten.
b) Vergleiche den Materialverbrauch der Dosen.

18 Ein Rechteck (a = 6 cm; b = 4 cm) wird jeweils um eine der beiden Seiten gedreht.
Berechne die Volumen der entstehenden Drehkörper und zeichne die Körpernetze.

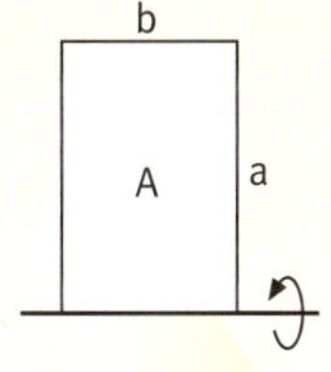

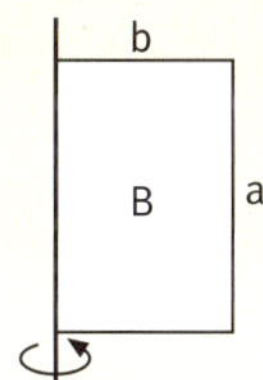

Aufgaben für Lernpartner

Arbeitsschritte
1 Bearbeite die folgenden Aufgaben alleine.
2 Suche dir einen Partner und erkläre ihm deine Lösungen. Höre aufmerksam und gewissenhaft zu, wenn dein Partner dir seine Lösungen erklärt.
3 Korrigiere gegebenenfalls deine Antworten und benutze dazu eine andere Farbe.

Sind folgende Behauptungen **richtig** oder **falsch**? Begründe schriftlich.

19 Die Kreiszahl π lässt sich als Bruch darstellen.

20 Radius und Umfang eines Kreises sind zueinander proportional.

21 Durchmesser und Flächeninhalt eines Kreises sind zueinander proportional.

22 Das Maß des Mittelpunktswinkels ist direkt proportional zur Länge des zugehörigen Kreisbogens.

23 Verdoppelt man sowohl den Innen- als auch den Außenradius eines Kreisrings, so verdoppelt sich die Kreisringfläche.

24 Zu jedem Zylinder gibt es genau ein Netz.

25 Die Oberfläche eines Zylinders setzt sich aus doppelter Grundfläche und Mantelfläche zusammen.

26 Wenn man einen Zylinder abwickelt, entsteht immer ein Rechteck.

27 Der Oberflächeninhalt eines Zylinders verdoppelt sich, wenn man den Radius verdoppelt.

28 Bei einer Verdoppelung des Radius verdoppelt sich das Volumen eines Zylinders.

29 Bei einer Verdoppelung der Grundfläche oder der Höhe verdoppelt sich das Volumen eines Zylinders.

Aufgabe	Ich kann ...	Hilfe
1, 2, 4, 5, 19, 20, 21	am Kreis Flächeninhalt bzw. Umfang bestimmen und Zusammenhänge erkennen.	S. 84, S. 86
3, 6	am Kreis den Radius aus Flächeninhalt bzw. Umfang bestimmen.	S. 84, S. 86
7, 10, 22	fehlende Kreisgrößen am Kreisbogen und -sektor berechnen.	S. 84, S. 86
8, 9, 23	fehlende Größen am Kreisring ermitteln.	S. 88
11, 15, 18, 24	Netze von Zylindern zeichnen.	S. 90
14, 16	Schrägbilder von Zylindern zeichnen.	S. 92
12, 13, 14, 15, 17, 18, 25, 26, 27, 28, 29	Flächen- und Volumenberechnungen an Zylindern durchführen.	S. 90, S. 92

5.7 Auf einen Blick

S. 84	Der Anstoßkreis eines Fußballfeldes hat einen Durchmesser von 9,15 m. Umfang des Anstoßkreises: $u = 3{,}14 \cdot 9{,}15\ \text{m}$ $u = 28{,}731\ \text{m}$	Der **Umfang eines Kreises** ist direkt proportional zum Durchmesser: $\mathbf{u = 3{,}14 \cdot d}$ Den Proportionalitätsfaktor bezeichnet man als **Kreiszahl** π. 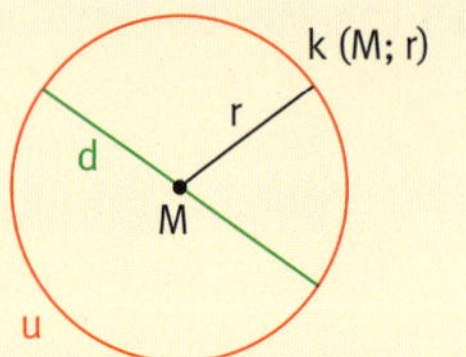
S. 86	Ein Rostfleck wird mit einem kreisförmigen Aufkleber mit dem Radius 4 cm überklebt. Flächeninhalt des Aufklebers: $A = 3{,}14 \cdot (4\ \text{cm})^2$ $A = 3{,}14 \cdot 16\ \text{cm}^2$ $A = 50{,}24\ \text{cm}^2$	Der **Flächeninhalt eines Kreises** ist direkt proportional zum Quadrat des Radius: $\mathbf{A = 3{,}14 \cdot r^2}$ Der Proportionalitätsfaktor ist die **Kreiszahl** π. 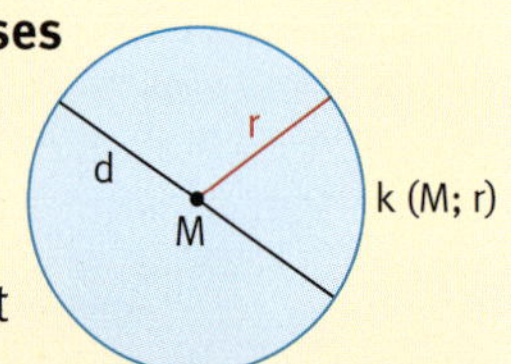
S. 84 S. 86	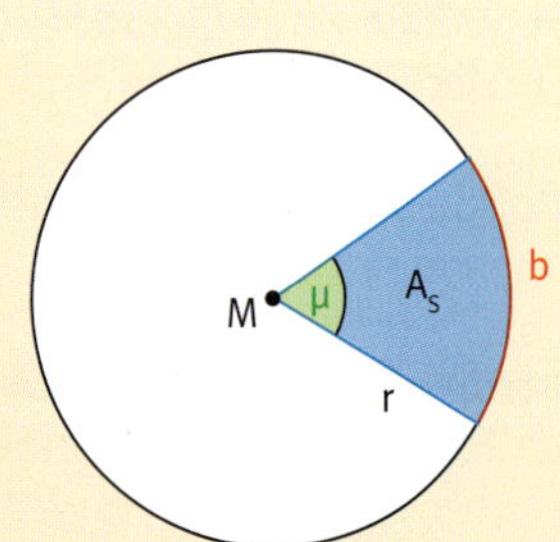 	**Für die Länge b des Kreisbogens gilt:** $b = \frac{\mu}{360°} \cdot 2\pi r = \frac{\mu}{180°} \cdot \pi r$ **Für den Flächeninhalt A_S des Kreissektors gilt:** $A_S = \frac{\mu}{360°} \cdot \pi r^2$
S. 88	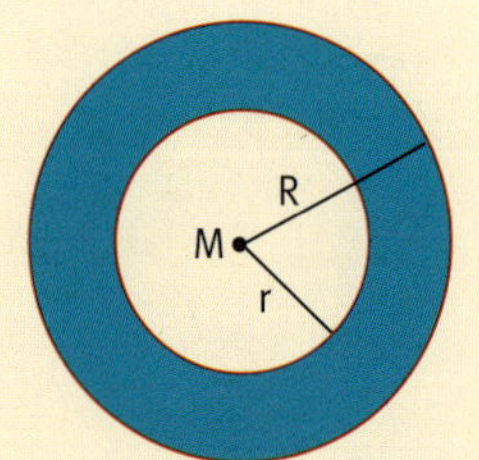 	**Flächeninhalt A_{Ring} der Kreisringfläche** $A_{Ring} = \pi \cdot (R^2 - r^2)$ **Umfang u_{Ring} der Kreisringfläche** $u_{Ring} = 2\pi \cdot (R + r)$
S. 90	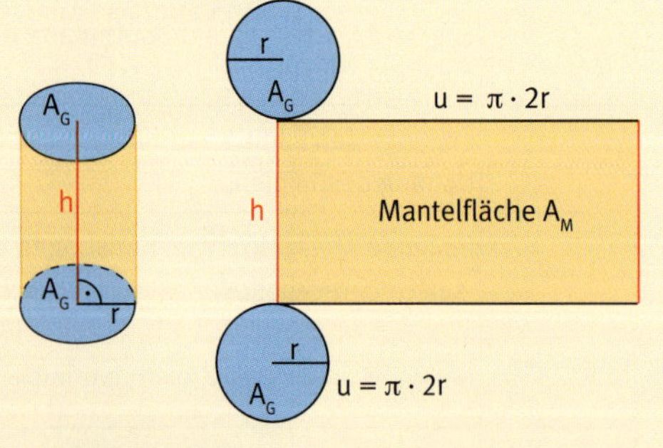 	Für die **Oberfläche $A_{O\ Zylinder}$** eines **Zylinders** mit der Grundfläche A_G und der Mantelfläche A_M gilt: $\mathbf{A_{O\ Zylinder} = 2 \cdot A_G + A_M}$ $\mathbf{= 2 \cdot \pi \cdot r^2 + 2 \cdot \pi \cdot r \cdot h = 2\pi r\ (r + h)}$ Das **Netz eines Zylinders** besteht aus einem Rechteck und zwei anliegenden Kreisflächen. Die Länge des Rechtecks entspricht dem Umfang der Kreisflächen.
S. 92	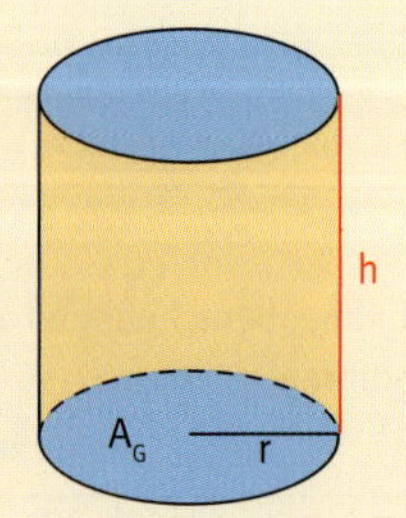 	Für die Berechnung des **Volumens $V_{Zylinder}$** eines **Zylinders** mit der **Grundfläche A_G** und der **Höhe h** gilt: $\mathbf{V_{Zylinder} = A_G \cdot h}$. Beim Zylinder gilt somit: $\mathbf{V_{Zylinder} = \pi \cdot r^2 \cdot h}$

6 Zuordnungen und Funktionen

Einstieg

In einem Blumenladen kann man sich die Blumensträuße selbst zusammenstellen. Eine Rose kostet 2 €, eine Gerbera 2,50 € und eine Lilie 3 €.

- Berechne den Preis für einen Blumenstrauß aus vier Rosen, drei Gerbera und zwei Lilien.
- Untersuche den Zusammenhang zwischen Anzahl der Blumen und Preis der Blumen. Stelle dazu deine Überlegungen übersichtlich in einer Tabelle dar. Versuche daraus eine allgemeine Vorschrift abzuleiten.
- Du hast 15 € im Geldbeutel. Was könntest du dir davon alles kaufen? Finde verschiedene Möglichkeiten.
- Überlege dir, wie du deine Ausgaben mit einem begrenzten Budget grafisch darstellen könntest.

Ausblick

Am Ende dieses Kapitels hast du gelernt, ...

- wie man Zuordnungen durch Tabellen, Terme und Graphen darstellen kann.
- was lineare Funktionen sind.
- lineare Funktionen auf verschiedene Weise darzustellen.
- Funktionsgleichungen aufzustellen.
- lineare Funktionen mithilfe ihrer Eigenschaften zu beschreiben.
- Sachaufgaben mithilfe von Funktionen zu bearbeiten.

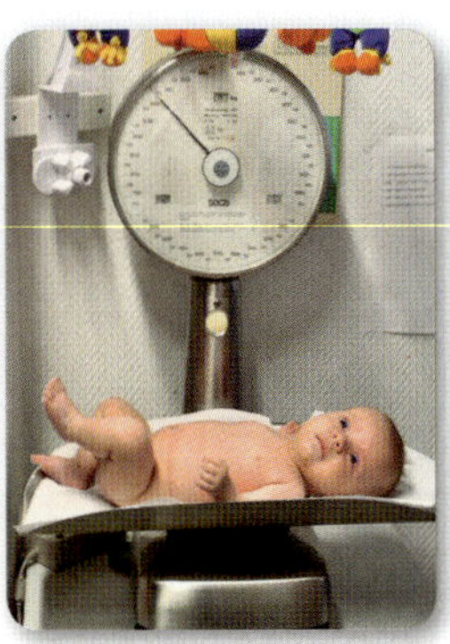

Um die Entwicklung von Säuglingen zu beobachten, wird in regelmäßigen Abständen deren Körpergewicht gemessen. Die Tabelle zeigt die Ergebnisse eines Babys in den ersten sechs Lebensmonaten.

- Welche Angaben kannst du der Tabelle entnehmen? Gib Beispiele an.
- Stelle die Entwicklung des Säuglings in diesem Zeitraum in einem geeigneten Diagramm dar.
- In welchem Monat hat das Baby am meisten (am wenigsten) zugenommen?

Alter in Monaten	Körpergewicht in g
0	3900
1	4100
2	4900
3	6100
4	6900
5	7300
6	7500

Merkwissen

Bei einer **Zuordnung** werden Größen/Zahlen zueinander in Beziehung gesetzt. Jeder **Ausgangsgröße** wird dabei eine andere **Größe** zugeordnet. Zuordnungen können durch **Tabellen, Diagramme** oder **Terme** dargestellt werden.

Schreibweise: *Anzahl Personen* $\longmapsto$ *Eintrittspreis in €*

Mögliche Sprechweisen:

- Der Anzahl von Personen wird ein Eintrittspreis zugeordnet.
- Jeder Anzahl von Personen ist ein Eintrittspreis zugeordnet.
- Der Eintrittspreis hängt von der Anzahl der Personen ab.

Beispiele

I In der Türkei wird als Währung die Türkische Lira (TRY) verwendet. Für einen Urlaub in der Türkei hat sich Frau Simmel folgende Tabelle angelegt:

TRY	1	2	3	4	5	9	10	20	30	40
€	0,50	1,00	1,50	2,00	2,50	4,50	5,00	10,00	15,00	20,00

a) Beschreibe, was du der Tabelle entnehmen kannst.

b) Gib die Zuordnung an, die in der Tabelle dargestellt ist.

c) Wie viel Euro erhältst du für 14 TRY (47 TRY)? Wie viel Türkische Lira bekommst du für 7 € (19 €)?

Lösung:

a) In der Tabelle kann man an Beispielen erkennen, wie Türkische Lira und Euro zusammenhängen. Dabei kann man die Tabelle in beide Richtungen betrachten: Man kann für einen Geldbetrag an Türkischer Lira den zugeordneten Wert in Euro ablesen, aber auch umgekehrt für einen Betrag in Euro den zugeordneten Geldwert in Türkischer Lira.

b) Türkische Lira (TRY) $\longmapsto$ Euro (€) oder Euro (€) $\longmapsto$ Türkische Lira (TRY)

c) 14 TRY = 10 TRY + 4 TRY $\longmapsto$ 5,00 € + 2,00 € = 7,00 € (47 TRY $\longmapsto$ 23,50 €)
7 € = 4,50 € + 2,50 € $\longmapsto$ 9 TRY + 5 TRY = 14 TRY (19 € $\longmapsto$ 38 TRY)

Verständnis

- Im Alltag findest du zahlreiche Beispiele für Zuordnungen. Nenne einige.
- Maria meint: „Oftmals kann ich eine Zuordnung in beide Richtungen betrachten, also Ausgangsgröße und zugeordnete Größe vertauschen.“ Was meinst du dazu? Finde Beispiele für Marias Behauptung.

1 1 *Stadt ⟼ Einwohnerzahl* 2 *Zeit in s ⟼ Strecke in m*
3 *Anzahl Eiskugeln ⟼ Preis in €* 4 *Tag der Woche ⟼ Höhe des Flusspegels*

a) Gib zu jeder Zuordnung mindestens drei konkrete Größenpaare an, wie sie im Alltag vorkommen können.

b) Welches Diagramm ist für die Darstellung der Zuordnung sinnvoll? Begründe.

2 a) 1 $ (US-Dollar) kostet etwa 0,75 €. Lege wie in Beispiel I eine Tabelle für die Zuordnung *US-Dollar ⟼ Euro an.*

b) Auf dem Obststand kosten 250 g Erdbeeren 1,20 €. Lege eine Preistabelle für 50 g, 100 g, 150 g, ..., 500 g Erdbeeren an. Beschreibe die Zuordnung.

c) Bei einer Treppe legt man pro Stufe 16 cm Höhe zurück. Wie viele Stufen entsprechen 27,2 dm (368 cm)? Lege eine Tabelle für die Zuordnung *Anzahl der Stufen ⟼ Höhe in cm* an.

3 Solia hat sich eine Erkältung zugezogen und liegt mit Fieber im Bett. Die Abbildung zeigt ihre Körpertemperatur im Verlauf der Tage aus ihrer Krankenakte an.

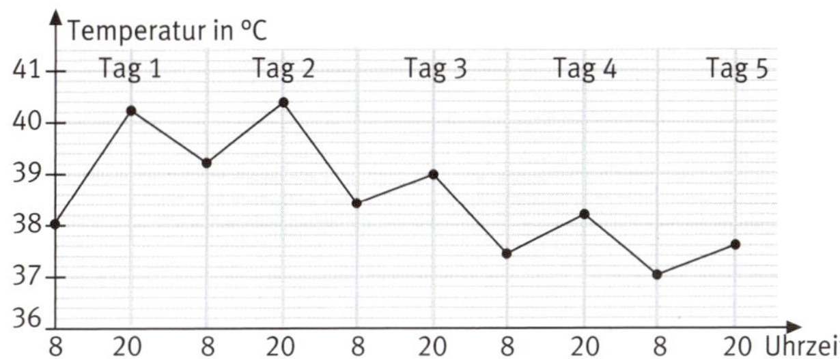

a) Beschreibe den Verlauf der Fieberkurve zum Krankheitsverlauf.

b) Lies folgende Werte so genau wie möglich ab:

1 Wann hatte Solia die höchste (niedrigste) Temperatur?

2 Wann betrug die Temperatur 39 °C (38,2 °C)?

c) Am Tag 4 kann die höchste Körpertemperatur auch größer als 38,2 °C gewesen sein. Finde Gründe für diese Behauptung.

4 Bei Kindern wird regelmäßig das Wachstum kontrolliert und in ein Untersuchungsheft eingetragen. Die folgenden Werte stammen von Massimo.

Alter in Jahren	1	2	3	4	5	6	7	8	9	10	11	12
Größe in cm	50	76	89	104	107	111	116	120	125	128	132	136

a) Gib die Zuordnung an. Benenne dabei Ausgangsgröße und zugeordnete Größe.

b) Wie viel ist Massimo von Jahr zu Jahr gewachsen? Zeichne ein Diagramm.

c) Wie groß wird Massimo wohl im Alter von 13 (14, 15, 16) Jahren sein? Beschreibe, wie du auf dein Ergebnis kommst. Beurteile, für wie realistisch du die Ergebnisse hältst.

d) Frage nach deinem Untersuchungsheft und erstelle deine eigene Wachstumskurve.

5 In der Klassenarbeit der Klasse 8a gibt es folgende Ergebnisse:

Note	sehr gut	gut	befriedigend	ausreichend	mangelhaft	ungenügend
Anzahl	2	5	8	6	3	0

a) Handelt es sich hierbei um eine Zuordnung? Begründe deine Antwort.

b) Stelle die Ergebnisse in einem Säulendiagramm dar.

Larissa legt aus Streichhölzern immer neue Quadrate in eine Reihe.

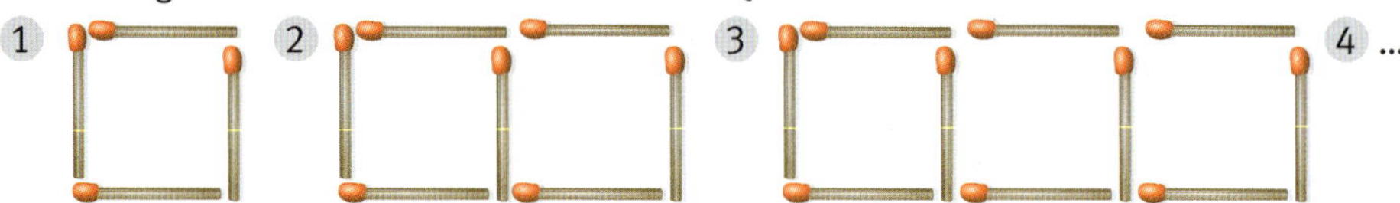

- Übertrage die Tabelle zur Zuordnung *Anzahl Quadrate* ⟼ *Anzahl Streichhölzer* in dein Heft und setze sie fort.

Anzahl Quadrate	1	2	3	4	5	6
Anzahl Streichhölzer	▢	▢	▢	▢	▢	▢

- Beschreibe in Worten und als Term, wie sich die Anzahl der Streichhölzer mit der Anzahl der Quadrate ändert.

Merkwissen

Bei Zuordnungen unterscheidet man zwischen **proportionalen, umgekehrt proportionalen** und **linearen** Zuordnungen.

Proportionale Zuordnung	
Beschreibung: Zum Doppelten (zum Dreifachen, ..., zur Hälfte, ...) der Ausgangsgröße gehört das Doppelte (das Dreifache, ..., die Hälfte, ...) der zugeordneten Größe.	• Der **Quotient** aus zugeordneter Größe und Ausgangsgröße ist stets **gleich**. Den Quotienten nennt man **Proportionalitätsfaktor m**. • Zwei Ausgangsgrößen stehen im **gleichen Verhältnis** wie zugeordnete Größen. • Die Punkte liegen auf einer Geraden durch den Ursprung.
Umgekehrt proportionale Zuordnung	
Beschreibung: Zum Doppelten (zum Dreifachen, ..., zur Hälfte, ...) der Ausgangsgröße gehört die Hälfte (ein Drittel, ..., das Doppelte, ...) der zugeordneten Größe.	• Das **Produkt** aus zugeordneter Größe und Ausgangsgröße ist stets **gleich**. • Die Punkte liegen auf einer Kurve, die Hyperbel heißt.
Lineare Zuordnung	
Beschreibung: Zu jedem zugeordneten Wert einer propotionalen Zuordnung wird ein **fester Wert t** ergänzt.	• Die Punkte der Zuordnung liegen auf einer **Geraden**. • Der **Graph** ist gegenüber einer proportionalen Zuordnung um einen festen Wert t entlang der y-Achse verschoben.

Graph: Ursprungsgerade

Graph: Hyperbel

Graph: Gerade

lineare Zuordnung
proportionale Zuordnung

Beispiele

Die Zuordnungen lassen sich auch anhand anderer Eigenschaften erkennen.

I Entscheide, welche Art von Zuordnung zugrunde liegt. Begründe und löse die Aufgaben auf verschiedene Arten.

a) Ein 250-g-Barren reines Gold kostet 9200 €. Wie teuer sind 100 g reines Gold?

b) Bei einem Schulfest verkauft die Klasse 8b Kuchen vom Blech. Die Schüler möchten den Kuchen in 15 Stücke zerschneiden und jeweils 1,40 € pro Stück verlangen. Nina macht den Vorschlag, den Kuchen in nur 10 Stücke zu zerlegen. Welchen Preis sollte die Klasse 8b in diesem Fall verlangen?

Lösung:

a) Es handelt sich um eine proportionale Zuordnung.

Tabelle

Masse	Preis
250 g	9200 €
50 g	1840 €
100 g	3680 €

(Masse: : 5, · 2; Preis: : 5, · 2)

Graph

Preis in €; 10 000, 8000, 6000, 4000, 2000, 0; Masse in g; 0, 50, 100, 150, 200

Quotientengleichheit

$$\frac{x}{100\text{ g}} = \frac{9200\text{ €}}{250\text{ g}}$$

$$x = \frac{9200\text{ €}}{250\text{ g}} \cdot 100\text{ g}$$

$$x = 3680\text{ €}$$

Beschreibung

Wenn 250 g Gold 9200 € kosten, dann kostet ein Fünftel des Goldes, also 50 g, auch ein Fünftel des Preises, nämlich 1840 €. Also kosten 100 g Gold 3680 €.

b) Es handelt sich um eine umgekehrt proportionale Zuordnung.

Tabelle

Anzahl	Preis
15	1,40 €
5	4,20 €
10	2,10 €

(Anzahl: : 3, · 2; Preis: · 3, : 2)

Graph

Preis in €; 5, 0; 0, 2, 10; Anzahl

Produktgleichheit

$$x \cdot 10 = 1{,}40\text{ €} \cdot 15$$

$$x = \frac{21\text{ €}}{10}$$

$$x = 2{,}10\text{ €}$$

Beschreibung

Wenn man 15 Stück für je 1,40 € verkauft, dann muss man bei einem Drittel der Menge (5 Stück) den dreifachen Preis verlangen, also 4,20 €. Somit kostet bei 10 Stücken jedes nur halb so viel wie bei 5 Stücken, nämlich 2,10 €.

Beachte, dass die Gesamteinnahme gleich bleiben soll.

II Energieversorgungsunternehmen berechnen für Strom meist eine monatliche Grundgebühr sowie einen Preis für den Verbrauch pro Kilowattstunde (kWh).

kWh ist eine Einheit für die Energie.

a) Welche Kosten entsprechen einem Proportionalitätsfaktor m, welche einem festen Wert t? Begründe.

b) Die Stadtwerke Mühlhausen bieten Strom für eine monatliche Grundgebühr von 6 € an bei einem Verbrauchspreis von 0,25 €/kWh.

1. Stelle eine Rechenvorschrift für den monatlichen Preis auf.
2. Zeichne einen Graphen, der den Sachverhalt wiedergibt.

Lösung:

a) Der Preis für den Verbrauch pro kWh entspricht dem Proportionalitätsfaktor m. Die monatliche Grundgebühr entspricht dem festen Wert t einer linearen Zuordnung.

b) 1. $y = 0{,}25\text{ €/kWh} \cdot x + 6\text{ €}$
x: monatlicher Verbrauch in kWh
y: Gesamtpreis

2.

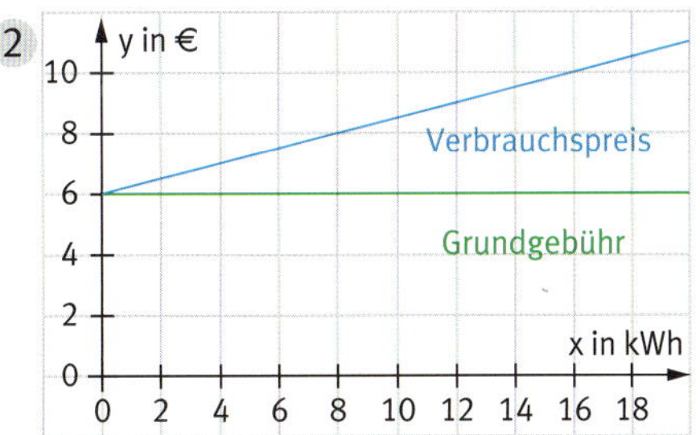

Um den Graphen einer linearen Zuordnung zu zeichnen, benötigt man zwei Punkte. Neben dem festen Wert t auf der y-Achse bestimmt man einen weiteren Punkt.

Verständnis

- Jede Zuordnung ist entweder proportional oder umgekehrt proportional. Stimmt das? Begründe.
- Jede proportionale Zuordnung ist eine lineare Zuordnung. Begründe.

1 Untersuche, ob eine bekannte Art der Zuordnung (proportional, umgekehrt proportional, linear) vorliegt.

a)

x	3	5	9
y	1,35	2,25	4,05

b)

x	4	5	8
y	9,0	7,2	4,5

c)

x	2	5	7
y	15,6	37,5	54,6

d)

x	0	2	8
y	2,5	4,5	10,5

e)

x	2	4	5
y	$9\frac{1}{4}$	$4\frac{5}{8}$	$3\frac{7}{10}$

f)

x	4	5	8
y	4,7	5,7	8,7

g)

x	2,5	4,0	6,5
y	52,0	32,5	22,0

h)

x	1	2	7
y	5,5	6,0	8,5

i)

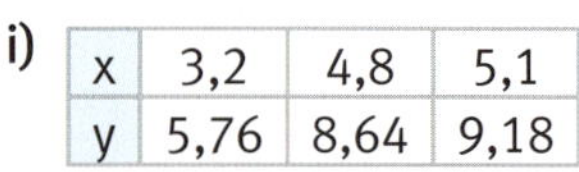

x	3,2	4,8	5,1
y	5,76	8,64	9,18

2 Entscheide, ob die Zuordnung linear ist oder sogar proportional. Begründe.

a) *Menge an Heizöl, die jemand kauft ⟼ Preis für das Heizöl in €*

b) *Fahrstrecke in km mit einem Taxi ⟼ Gesamtpreis in €*

c) *Fahrstrecke in km mit einem Bus ⟼ Fahrpreis in €*

d) *Anzahl der Arbeitsstunden ⟼ Arbeitslohn auf einer Rechnung*

e) *Brenndauer einer dünnen Kerze in min ⟼ Länge der Kerze in cm*

3 Auf einer Kirmes werden an einem Essensstand Tabellen angelegt, an denen man die Preise für bestellte Portionen direkt ablesen kann.

Schaschlik
1 Portion – 2,60 €
2 Portionen
3 Portionen
4 Portionen
5 Portionen

Eine Zuordnung ist eindeutig, wenn jeder Ausgangsgröße genau eine Größe zugeordnet wird.

a) Übertrage die Tabellen in dein Heft und vervollständige sie.

b) Beschreibe, wie die Anzahl der Portionen mit dem Preis zusammenhängt.

c) Beschreibe die Art der Zuordnung. Ist sie eindeutig?

4 Löse mit einer Gleichung.

1. 8 kg Weintrauben kosten 24 €. Wie teuer sind 3 kg Weintrauben?
2. Herr Müller bezahlt für 45 Liter Benzin 63 €. Wie viel kosten 30 Liter Benzin?
3. Für die Herstellung von 75 kg Holzkohle benötigt man 100 kg Holz. Wie viel Holz benötigt man für die Herstellung von 60 kg Holzkohle?

Stelle an einer Aufgabe alle Möglichkeiten dar, die du kennst, um eine Aufgabe zu einer proportionalen Zuordnung zu lösen.

5 Die Tabellen stellen jeweils die Verbrauchs- und die Gesamtkosten für Gas in einem Jahr dar.

1

Gasverbrauch in m³	0	100	200			1000
Verbrauchskosten in €	0	90	180	450		
Gesamtkosten in €	30				660	

2

Stromverbrauch in kWh	0	200	400			2000
Verbrauchskosten in €		50	100	250		
Gesamtkosten in €		120			420	

a) Übertrage die Tabellen in dein Heft und vervollständige sie.
b) Stelle die Zuordnungen in einem Koordinatensystem dar.
c) Gib die Rechenvorschriften für die Zuordnungen an.

6 Die Abbildung zeigt verschiedene Grundarten für Smartphone-Tarife.

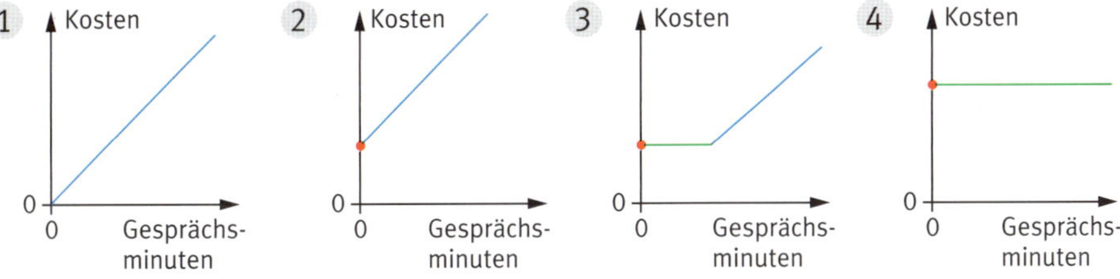

Es werden nur die Gesprächsminuten betrachtet, also keine Daten- oder SMS-Tarife.

a) Beschreibe den Verlauf der Tarife anhand der bekannten Zuordnungen.
b) Beschreibe die Tarifmodelle in Worten.

7 1 Bei einem Leihwagen wird eine Leihgebühr von 99 € fällig. Außerdem werden für jeden gefahrenen Kilometer noch einmal 0,11 € berechnet.
2 Bei einem Online-Kaffeeversand werden pro Kaffeepackung 3,10 € berechnet, zuzüglich einer Versandgebühr von 4,95 €.
3 Eine Online-Bank stellt monatlich eine Servicegebühr von 2,95 € in Rechnung. Außerdem wird jede Überweisung mit 0,25 € abgerechnet.
4 Eine Ferienwohnung kostet pro Tag 45 €. Unabhängig von der Aufenthaltsdauer werden für die Endreinigung 30 € erhoben.

a) Beschreibe bei jedem Sachverhalt den Proportionalitätsfaktor m.
b) Gib jeweils eine Rechenvorschrift an. Welche Bedeutung hat der feste Wert t?

8 In einem Taxameter werden die Fahrpreise bestehend aus Grundgebühr und Arbeitspreis angezeigt. Einmalige Zuschläge werden gesondert ausgewiesen.

Tarifzone 1:
Grundgebühr: 2,20 €
1,70 € pro km

Tarifzone 2:
Grundgebühr: 2,50 €
1,90 € pro km

a) Berechne jeweils die Fahrstrecke und den gesamten Fahrpreis.
b) Wie teuer wären dieselben Fahrten in Tarifzone 2? Nutze die Ergebnisse aus a).

1

2

3

- Ordne jeweils jedem Tier das zugehörige Futter zu.
- Beschreibe die Unterschiede bei den Zuordnungen.

Im Beispiel sind die Zuordnungen 1 und 2 Funktionen. Dabei bilden die Tiere den Definitionsbereich (Definitionsmenge) und das Futter den Wertebereich (Wertemenge).

Die Zuordnungsvorschrift $x \longmapsto f(x)$ ist eine weitere Möglichkeit, um Funktionen algebraisch zu beschreiben.

Merkwissen

Ist eine Zuordnung **eindeutig**, so nennt man sie eine **Funktion**. Dabei wird jedem x-Wert (**Argument**) genau ein y-Wert (**Funktionswert**) zugeordnet. Beachte: Derselbe Funktionswert darf verschiedenen Argumenten zugeordnet sein.

Definitionsbereich $\mathbb{D}$: Menge aller Argumente
Wertebereich $\mathbb{W}$: Menge aller Funktionswerte

Eine Funktion lässt sich auf verschiedene Arten darstellen:

1 verbale Beschreibung
2 Gleichung y = f (x) (lies: „f von x“)
3 Wertetabelle
4 Graph

Beispiel: $\mathbb{D} = \mathbb{Q}$; $\mathbb{W} = \mathbb{Q}$

1 Jeder Zahl wird ihre Hälfte zugeordnet.

2 $y = \frac{1}{2}x$ oder $f(x) = \frac{1}{2}x$

3

x	−2	−1	0	1	2	3
y	−1	$-\frac{1}{2}$	0	$\frac{1}{2}$	1	$1\frac{1}{2}$

4

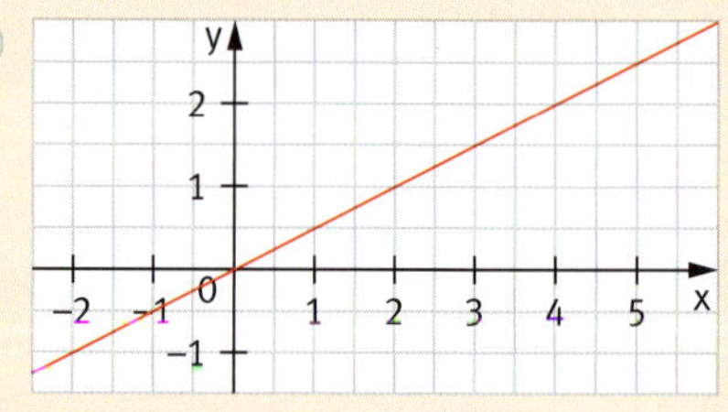

Beispiele

I Handelt es sich um den Graphen einer Funktion? Begründe deine Antwort.

a) 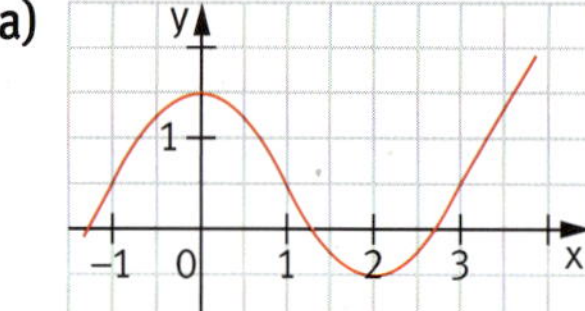

b) 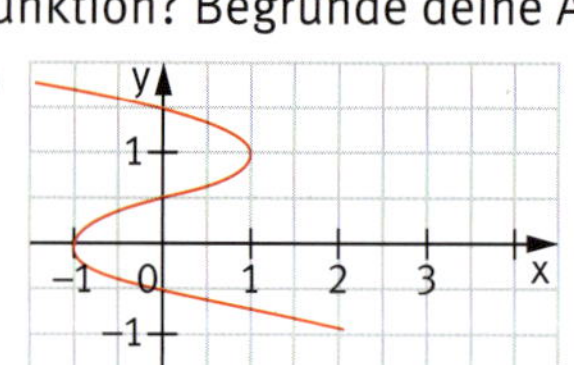

Lösung:

a) Es ist der Graph einer Funktion, weil jedem x-Wert genau ein y-Wert zugeordnet wird.

b) Es ist kein Funktionsgraph, weil z. B. dem x-Wert 0 drei y-Werte zugeordnet sind.

Es liegt bereits dann keine Funktion vor, wenn nur ein x-Wert mehrere zugeordnete y-Werte hat.

Verständnis

- „Jede Funktion ist eine Zuordnung." „Jede Zuordnung ist eine Funktion." Sind beide Aussagen wahr? Begründe deine Entscheidung.
- Johannes meint, dass alle Geraden im Koordinatensystem Funktionen darstellen. Finde Beispiele, bei denen das nicht zutrifft.

Aufgaben

1 Handelt es sich bei den Zuordnungen um Funktionen? Begründe.

a) *Gesprächskosten ⟼ Dauer des Telefongesprächs*

b) *Dauer eines Gesprächs ⟼ Gesprächskosten*

c) *Masse der Wurst ⟼ Preis in €*

d) *Datum ⟼ Tageshöchsttemperatur*

2 Handelt es sich um den Graphen einer Funktion? Begründe deine Antwort.

a) 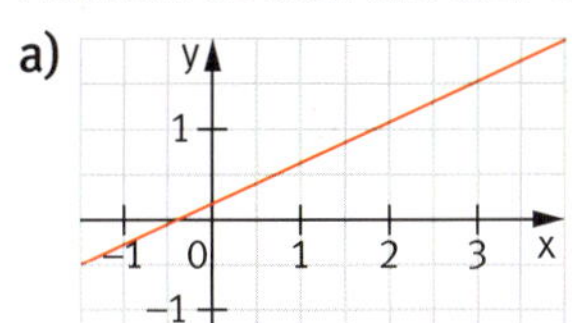

b) 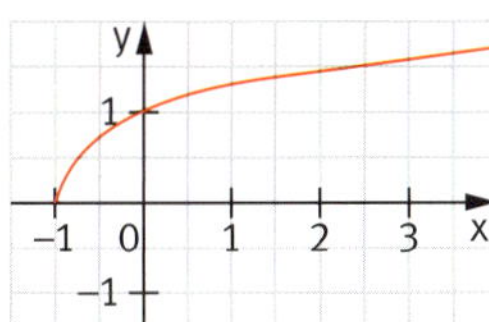

c) 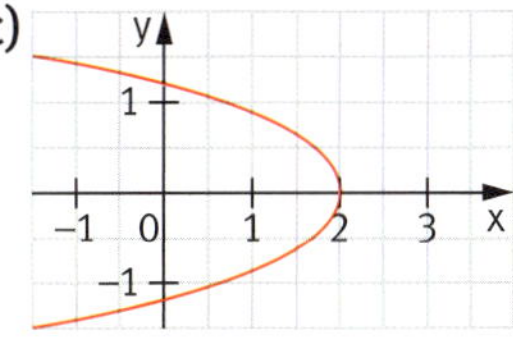

d) 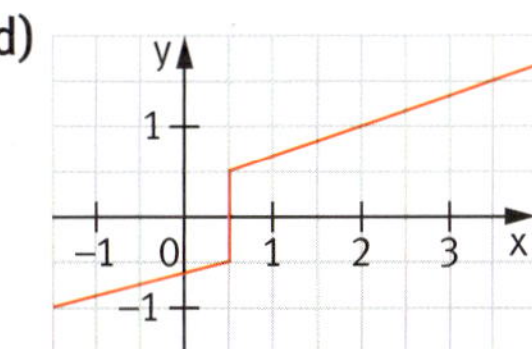

e) 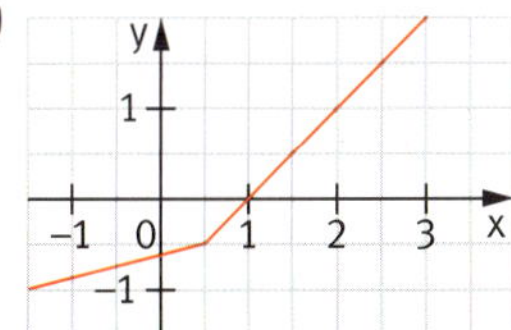

f) 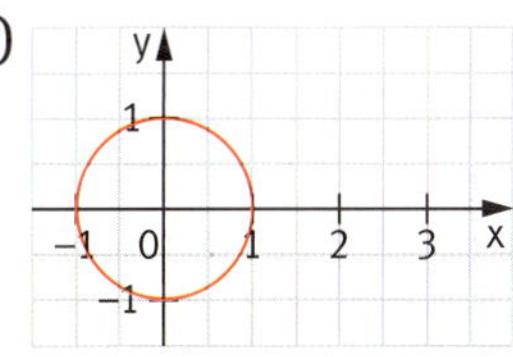

3 ① $y = 3x$ ② $y = \frac{1}{4}x$ ③ $y = x - 1$ ④ $y = 2x + 1$

a) Beschreibe die Funktion in Worten.
Beispiel: $y = \frac{1}{2}x$ „Jedem x-Wert wird sein halber y-Wert zugeordnet."
Oder „Der y-Wert ist jeweils halb so groß wie der x-Wert."

b) Übertrage und vervollständige für jede Funktion die Wertetabelle.

x	−2	−1	0	1	2
y	▢	▢	▢	▢	▢

c) Zeichne mithilfe von b) die zugehörigen Graphen der Funktionen.

4 Stelle eine Funktionsgleichung auf für alle rationalen Zahlen.

a) „Jeder x-Wert wird um 4 verringert."

b) „Der y-Wert ist ein Drittel mal so groß wie der x-Wert."

c) „Jeder Zahl wird ihre Quadratzahl zugeordnet."

d) „Jeder x-Wert wird halbiert und dann um 3 vergrößert."

e) „Vermindert man jeden x-Wert um 2,5, dann erhält man den y-Wert."

5 Berechne die Funktionswerte für $x = 0$ ($x = 1$; $x = 2$; $x = 3$; $x = -2$; $x = -5$).

a) $y = 2x + 1$ b) $y = \frac{1}{3}x - 2$ c) $y = -3x + 4$

d) $y = -\frac{3}{4}x - 3$ e) $y = (x + 2) \cdot x$ f) $y = -x^2$

*Bei einer Funktion nennt man die y-Werte auch **Funktionswerte**.*

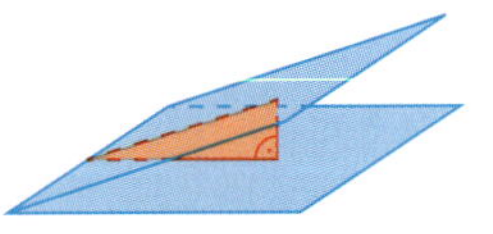

Steigungen auf Verkehrsschildern werden in Prozent angegeben. Möchte man eine bestimmte Strecke horizontal („in der Ebene") laufen, dann gibt der Prozentsatz p an, um welchen Anteil dieser Strecke man in die Höhe h gehen muss. Somit kann man die Steigung als Wert des Quotienten $\frac{h}{d}$ verstehen.

8 %

$8\,\% = \frac{8}{100} = \frac{\text{8 Höhenmeter}}{\text{auf 100 m „in der Ebene"}}$

h = 8 m

d = 100 m

Beispiele:

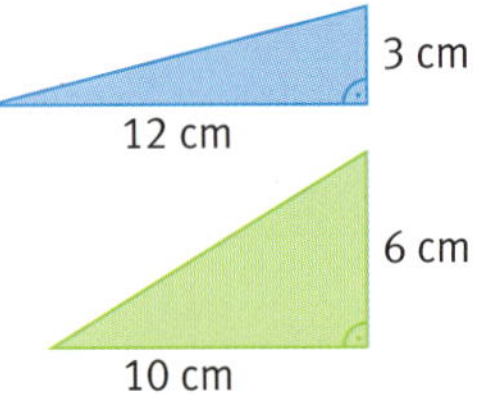

- Stelle vier rechtwinklige Dreiecke her, von denen zwei zwar unterschiedlich groß sind, jedoch die gleiche Steigung haben. Veranschauliche die Steigung einer Rampe, die du durch Falten aus einem DIN-A4-Blatt Fotokarton herstellst.
- Bestimme die Steigung der Rampe als Quotient und in Prozent.
- Erkläre, wie du h und d für eine Rampe mit der Steigung $\frac{1}{2}$ (3, m) wählen kannst.

Merkwissen

Die Gleichung der Form **y = m · x** mit ($m \in \mathbb{Q}$) beschreibt den **Sonderfall einer linearen Funktion** (proportionale Funktion).

Der **Proportionalitätsfaktor m** ist der Quotient aus zugeordneter Größe und Ausgangsgröße.

Der **Graph** ist eine **Gerade durch den Ursprung** des Koordinatensystems, **m** heißt **Steigung** oder Anstieg der Geraden.

Ist $m < 0$, gibt es eine negative Steigung, die Gerade „fällt".

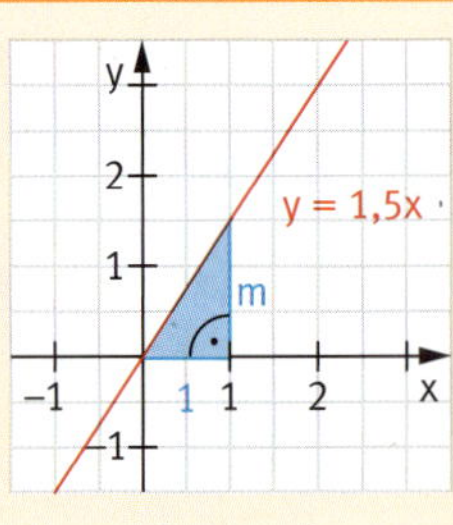

Beispiele

Zum Zeichnen schreibt man die Steigung m als Bruch und zeichnet ein rechtwinkliges Steigungsdreieck im Ursprung ein (Nenner nach rechts, Zähler nach oben oder unten).

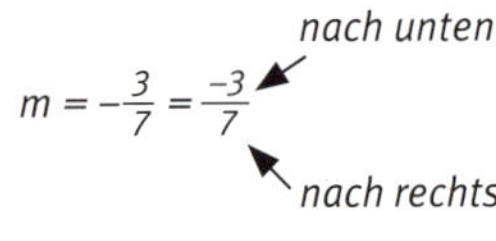

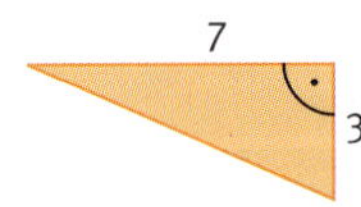

Steigungsdreieck

I Bestimme die Steigung der proportionalen Funktion. Gib die Funktionsgleichung an.

a)

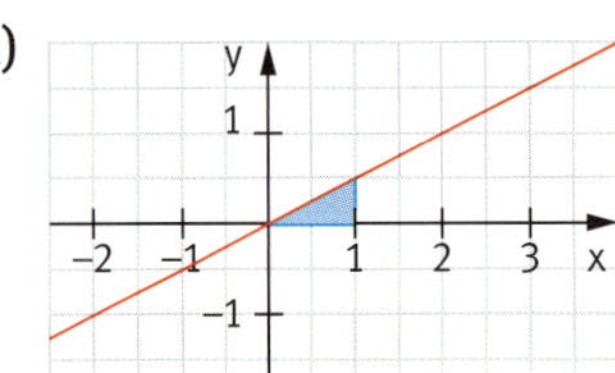

b)

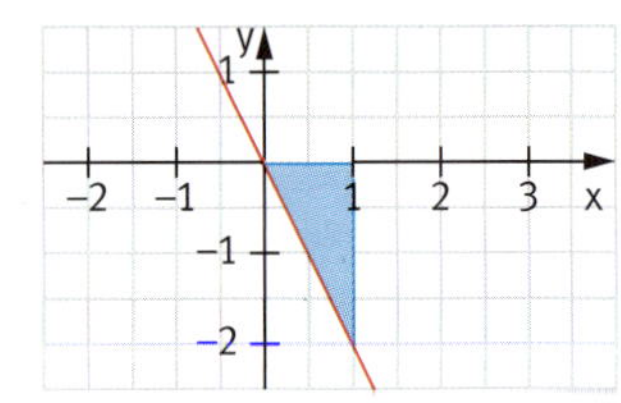

Lösung:

a) Wenn sich der x-Wert um 1 erhöht, erhöht sich der y-Wert um $\frac{1}{2}$.
Steigung: $m = \frac{1}{2}$
Funktionsgleichung: $y = \frac{1}{2} \cdot x$

b) Der y-Wert ist das −2-Fache des x-Werts.
Steigung: $m = \frac{-2}{1} = -\frac{2}{1} = -2$
Funktionsgleichung: $y = -2 \cdot x$

Verständnis

- Wie viele Wertepaare benötigt man mindestens, um den Graphen einer linearen Funktion zu zeichnen?
- Wie unterscheiden sich die Graphen von linearen Funktionen mit den Steigungen m = 2 und m = −2?

1

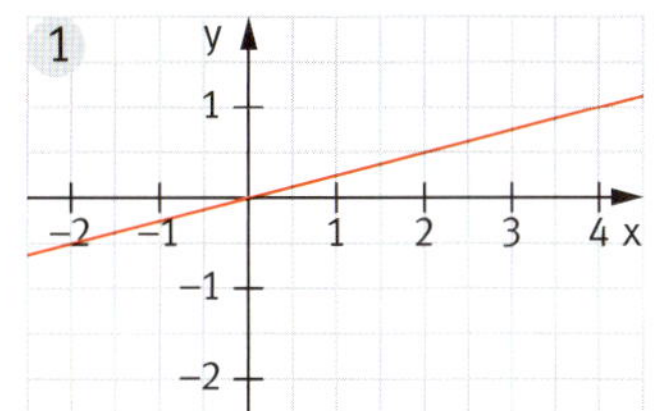

2

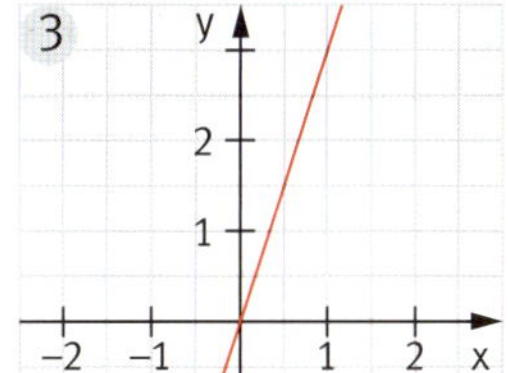

a) Bestimme die Steigung der linearen Funktion.

b) Wie lautet die Funktionsgleichung?

2 Bestimme die Steigung der linearen Funktion. Gib eine Funktionsgleichung an.

a) 3 kg Sand kosten 1,98 €.
b) 35 l Super kosten 54,60 €.
c) 6 Eier der Größe L wiegen 408 g.
d) Für 150 Mio. km braucht Licht 8 min.
e) Ein Turm aus 20 Stück 5-ct-Münzen ist 33,4 mm hoch.
f) 45 m^2 eines Teppichbodens kosten 517,50 €.

3 a) Begründe das Vorgehen zum Zeichnen des Graphen der Funktion $y = \frac{1}{2}x$.

b) Zeichne die Graphen folgender Funktionen.

1 $y = 2x$ 2 $y = 1{,}5x$ 3 $y = \frac{3}{4}x$ 4 $y = \frac{1}{5}x$

Graph zu $y = \frac{1}{2}x$:

- *Ursprung markieren*
- *$m = \frac{1}{2}$: $P\left(1 \mid \frac{1}{2}\right)$ (besser: Q (2 | 1)) liegt auf dem Graphen.*
- *Der Graph ist die Gerade durch den Ursprung und P bzw. Q.*

4 1 $m = -\frac{1}{2}$ 2 $m = -3$ 3 $m = -1{,}5$ 4 $m = -\frac{1}{3}$

a) Zeichne die Ursprungsgeraden mit der negativen Steigung.

b) Überprüfe anhand einer Wertetabelle, ob auch bei negativer Steigung gilt: „Verdopelt, verdreifacht, … sich der x-Wert, so verdoppelt, verdreifacht, … sich der zugeordnete y-Wert.“

5 Eine lineare Funktion hat folgende Funktionsgleichung:

1 $y = 2{,}5x$ 2 $y = -4x$ 3 $y = \frac{4}{5}x$ 4 $y = -0{,}1x$

a) Zeichne die zugehörige Gerade der Funktion.

b) Bestimme die Koordinaten der Punkte L (1 | ▢), O (−1 | ▢), G (2,5 | ▢), I (−5 | ▢), S (10 | ▢), C (−2 | ▢) und H (4 | ▢), wenn diese auf der Geraden liegen.

c) Für welchen x-Wert hat y den Wert 10 (−10; 25)?

6 Finde heraus, welche der Punkte E (0 | 0), U (2 | 5), K (−2 | 5), L (−0,4 | −1), I (3 | 7,5) bzw. D (−4 | −10) auf der Geraden g mit der Gleichung $y = \frac{5}{2}x$ liegen.

7 Bestimme jeweils die Steigung m der Gerade g: $y = mx$ ($m \in \mathbb{Q}$) so, dass der Punkt P auf dem Graphen von g liegt.

a) P (0,5 | 3) b) P (−6 | 4) c) P (−2 | −2) d) P (10 | −5) e) P (1,5 | 7,5)

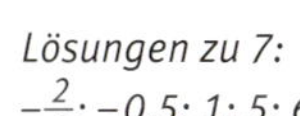
Lösungen zu 7: $-\frac{2}{3}$; −0,5; 1; 5; 6

8 Ein Auto fährt auf der Autobahn mit gleichbleibender Geschwindigkeit, d. h. es legt in gleich langen Zeitspannen gleich lange Strecken zurück.

a) Übertrage die Tabelle in dein Heft und ergänze sie dort.

Zeit x in h	0,5	1	1,5	2	2,5	3	3,5
Weg y in km	55	▢	▢	▢	▢	▢	▢

b) Gib eine passende Funktionsgleichung $y = m \cdot x$ an.

c) Zeichne den Graphen der Funktion (1 h ≙ 2 cm; 50 km ≙ 1 cm).

Leon wechselt das Wasser seines Aquariums. Dazu lässt er das Wasser bis zu einer Resthöhe von 5 cm aus dem Becken ab. Anschließend füllt er mit einem Schlauch frisches Wasser wieder auf. Der Wasserstand steigt pro Minute um 2 cm.

- Stelle den Wasserstand in Abhängigkeit von der Zeit für das Füllen des Aquariums grafisch dar.
- Gib eine Gleichung zur Berechnung des Wasserstands in Abhängigkeit von der Zeit an.
- Berechne die Füllhöhe nach 30 min und vergleiche dein Ergebnis mit der grafischen Darstellung.

MERKWISSEN

Die Gleichung der Form **$y = m \cdot x + t$** mit ($m \in \mathbb{Q}$) beschreibt die **allgemeine lineare Funktion.**

Der **Graph** ist entlang der y-Achse **um einen festen Wert t** ($t \neq 0$) verschoben. **m** bezeichnet die **Steigung** der Geraden, der **feste Wert t** wird auch **y-Achsenabschnitt** genannt.

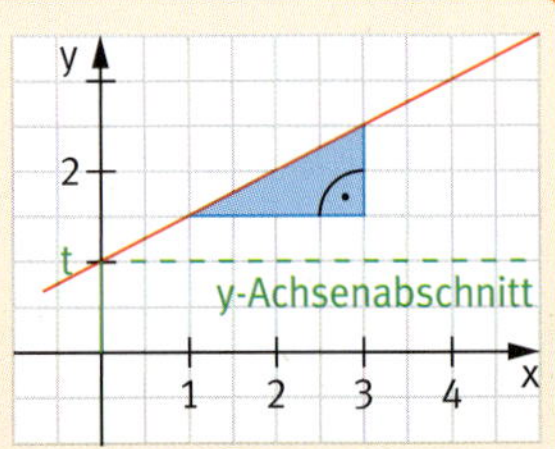

BEISPIELE

Eine lineare Zuordnung ist oftmals ein Sonderfall einer linearen Funktion.

I Stelle die Funktion $y = -\frac{3}{4}x + 2$ grafisch dar. Beschreibe unterschiedliche Vorgehensweisen.

Lösungsmöglichkeiten:

- mithilfe zweier beliebiger Punkte auf dem Graphen:
  1. Zwei beliebige Wertepaare der Funktion bestimmen, z. B. $A\left(2 \mid \frac{1}{2}\right)$ und $B(4 \mid -1)$
  2. Punkte eintragen und zum Graphen der Funktion verbinden

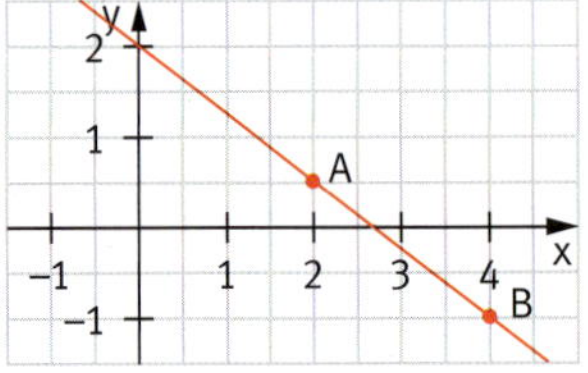

- mithilfe der Steigung m und y-Achsenabschnitt t:
  1. y-Achsenabschnitt t: Die Gerade schneidet die y-Achse bei + 2.
  2. Steigung m:
     $-\frac{3}{4} = \frac{-3}{4} = \frac{-3 \text{ „nach unten“}}{4 \text{ „nach rechts“}}$
     im Steigungsdreieck antragen
  3. Graphen der linearen Funktion zeichnen

Für m > 0 wird der Zähler „nach oben“ abgetragen.

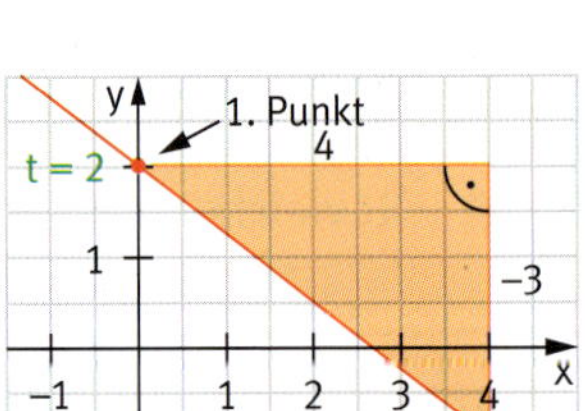

II Überprüfe, ob die Punkte A (2 | 3) und B (2 | –4) auf der Geraden mit der Gleichung $y = -3x + 2$ liegen.

Lösung:
Einsetzen der Punkte in die Gleichung:

1. $3 = -3 \cdot 2 + 2 \quad \Rightarrow \quad 3 = -4 \quad \Rightarrow$ A liegt nicht auf der Geraden.
2. $-4 = -3 \cdot 2 + 2 \quad \Rightarrow \quad -4 = -4 \quad \Rightarrow$ B liegt auf der Geraden.

Verständnis

- Die Funktion der Form $y = m \cdot x$ ist ein Sonderfall der Funktion $y = m \cdot x + t$. Erkläre diesen Sachverhalt.
- Warum reichen zwei Punkte aus, um den Graphen einer linearen Funktion zeichnen zu können?

Aufgaben

Tipp: Zähle für die Steigung „ganzzahlige Dreiecke“ ab.
Beispiel:

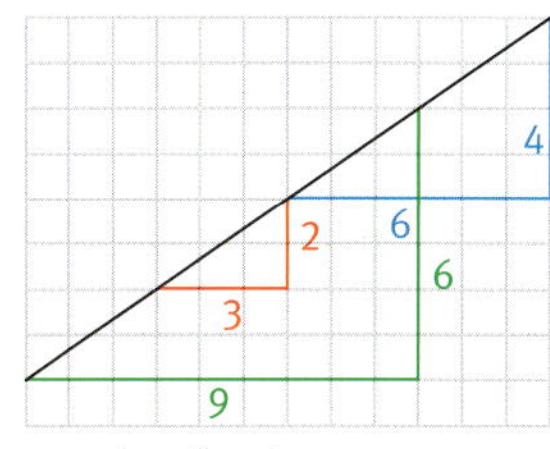

$m = \frac{4}{6} = \frac{6}{9} = \frac{2}{3}$
Üblicherweise wird m so weit wie möglich gekürzt.

1

1 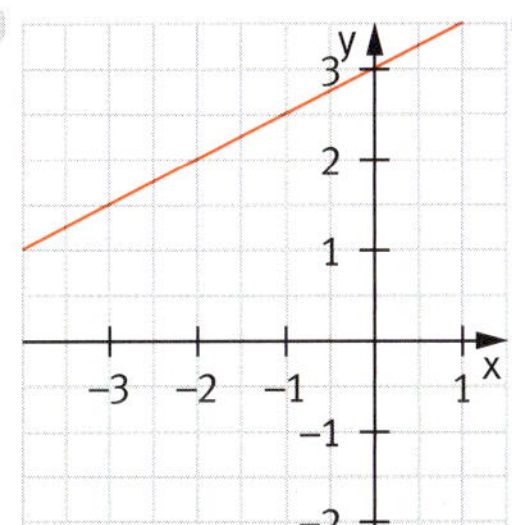
2 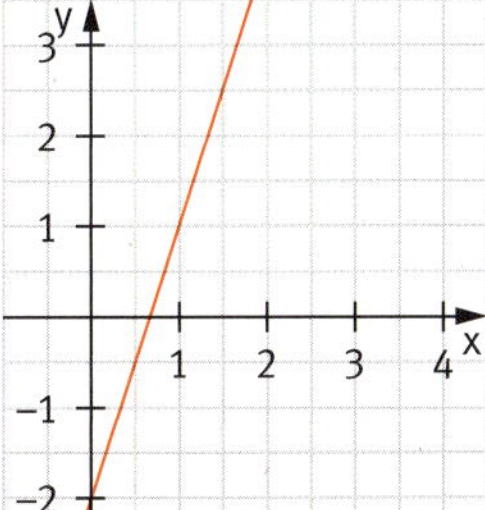
3 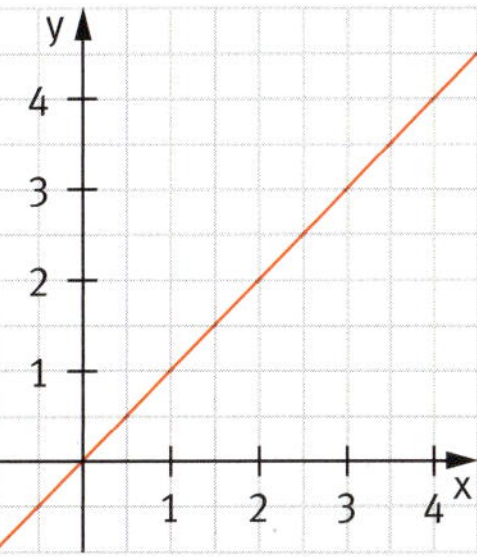
4 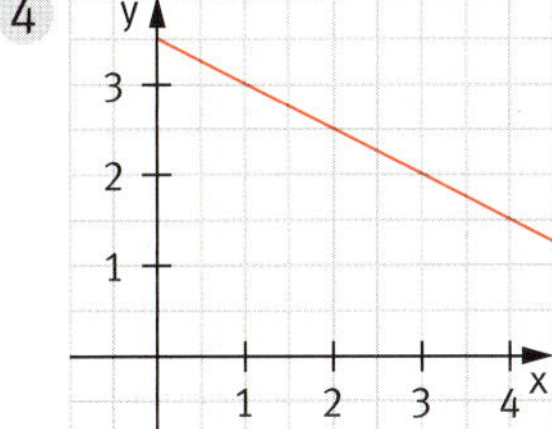
5 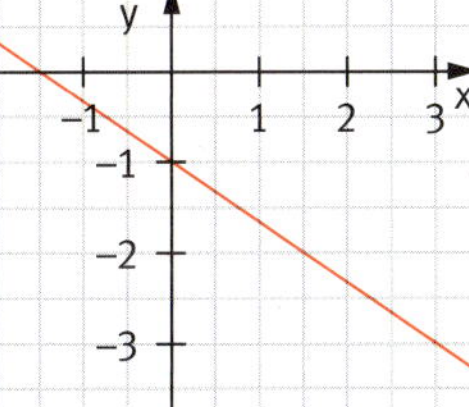
6 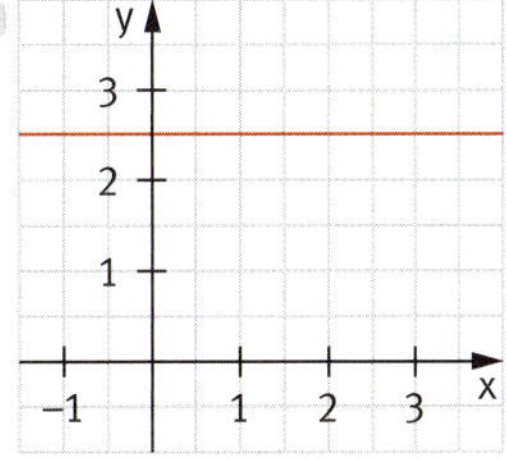

a) Lies jeweils den y-Achsenabschnitt t am Graphen der linearen Funktion ab.
b) Bestimme jeweils die Steigung m der linearen Funktion durch Auszählen.
c) Notiere die Funktionsgleichung in der Form $y = mx + t$.

2

1 $y = -2x + 2$ 2 $y = -1x + 2$ 3 $y = -\frac{1}{2}x + 2$ 4 $y = 0x + 2$
5 $y = \frac{1}{4}x + 2$ 6 $y = 1x + 2$ 7 $y = 2x + 2$ 8 $y = 3x + 2$

a) Zeichne die Graphen der linearen Funktionen mit verschiedenen Farben in ein und dasselbe Koordinatensystem. Beschreibe den Funktionsverlauf.
b) Vergleiche die Graphen. Welcher Graph verläuft am steilsten (am flachsten)?

3

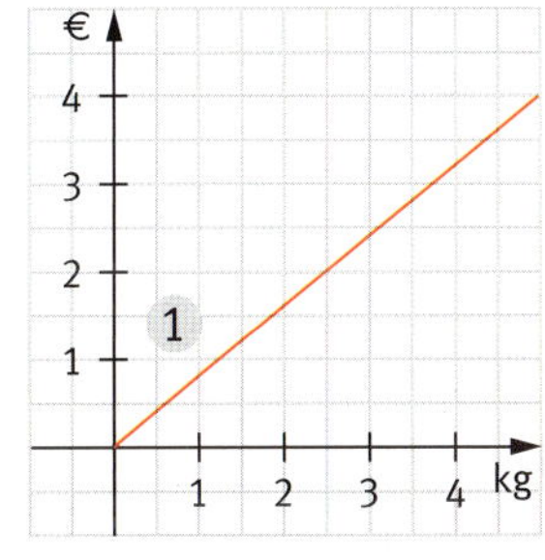

4

Uhrzeit	8:00	10:00	12:00	14:00	16:00
Temperatur in °C	12	14	17	19	18

5

2 € Grundgebühr
1,50 € pro km

a) Liegt dem Sachverhalt eine lineare Funktion zugrunde? Begründe.
b) Überlege dir jeweils ein mögliches Beispiel zu dem Sachverhalt.

4 Geraden können in besonderer Lage zueinander stehen. Untersuche die verschiedenen Fälle.

- Zwei Geraden, die die gleiche Steigung (**$m_1 = m_2$**) aber unterschiedliche y-Achsenabschnitte besitzen, sind **parallel**.
- Bei zueinander senkrechten Geraden gilt für das Produkt der Steigungen **$m_1 \cdot m_2 = -1$** $\left(\text{bzw. } m_1 = -\frac{1}{m_2}\right)$.

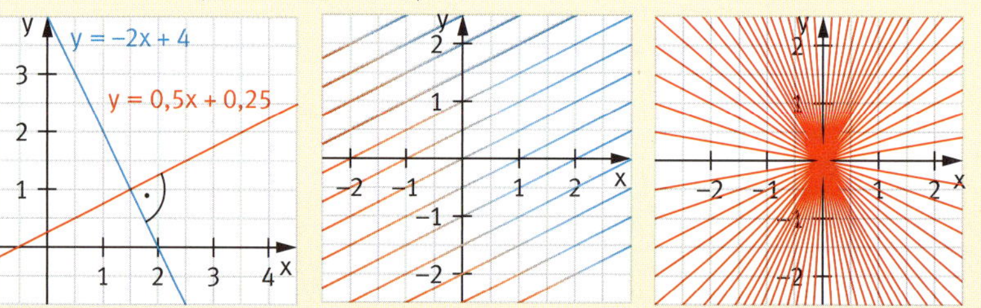

Eine Menge von parallelen Geraden nennt man **Geradenschar**. Eine Menge an Geraden, die sich in einem Punkt schneiden, nennt man **Geradenbüschel**. Der Schnittpunkt heißt **Büschelpunkt**.

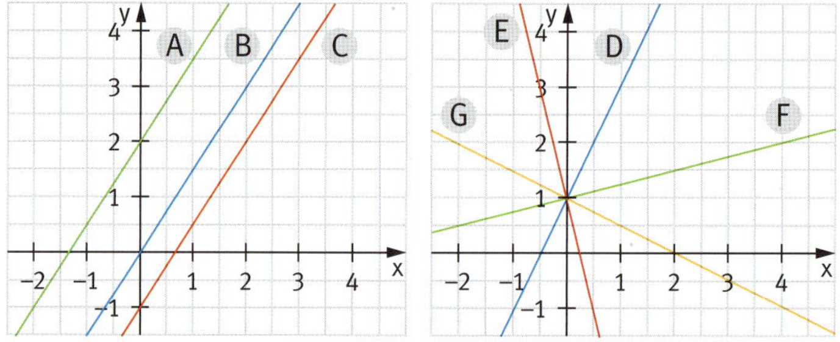

a) Beschreibe den Verlauf der Graphen der Funktionen A bis C bzw. D bis G. Was ist jeweils gleich? Ordne die Begriffe im Kasten zu.

b) Ordne die Funktionsgleichungen zu.

1 $y = 2 \cdot x + 1$ 2 $y = 1,5 \cdot x + 2$ 3 $y = \frac{1}{4}x + 1$ 4 $y = 1,5 \cdot x$ 5 $y = -4x + 1$ 6 $y = 1,5 \cdot x - 1$ 7 $y = -\frac{1}{2}x + 1$

5 Notiere, welche Graphen zueinander parallel und welche senkrecht zueinander sind. Schreibe so: Zueinander parallel: 1 und ...

1 $y = \frac{1}{2}x + 5$ 2 $y = \frac{3}{2}x - 2$ 3 $y = -2x - 3$ 4 $y = 1,5x + 0,5$
5 $y = -\frac{2}{3}x - \frac{3}{2}$ 6 $y = 2x + 1,5$ 7 $y = 0,5x + 2,5$ 8 $y = -0,5x$

6 a) Gib jeweils drei verschiedene Funktionsgleichungen an, deren Graphen senkrecht (parallel) zum Graphen folgender Funktionsgleichungen stehen.
1 $y = 2x + 4$ 2 $y = \frac{1}{3}x - 2$ 3 $y = -4x - 1$ 4 $y = -2,5x + 5$ 5 $y = x + 3$

b) Überlege, wie viele Möglichkeiten es insgesamt gibt. Begründe deine Annahme.

7 Zeichne in ein Koordinatensystem (Einheit 1 cm) jeweils den Graph der Funktion durch die Punkte U und V. Bestimme die Steigung und die Funktionsgleichung.

a) U (0|0); V (2|1) **b)** U (0|4); V (1|5) **c)** U (2|2); V (6|2)
d) U (0|–1); V (3|1) **e)** U (0|–4); V (–3|1) **f)** U (0|–2,5); V (–0,5|1,5)
g) U (0|–1); V (2|10) **h)** U (0|–1); V (4|–1) **i)** U (0|–1); V (4|–2)

Lösungen zu 7:
$-8; -\frac{5}{3}; -0,25; 0; 0; 0,5; \frac{2}{3}; 1; 5,5$
Es sind nur die Steigungen angegeben.

8 Überprüfe rechnerisch. Welcher Punkt gehört zu welcher Funktion?

A (1|–3) B (–2|4) C (–1|–3) D (4|1) E (3|–3) F (2|5)

① $y = \frac{1}{3}x - 4$ ② $y = 5x - 5$ ③ $y = 12x - 15$
④ $y = -8x + 6$ ⑤ $y = -6x - 8$ ⑥ $y = -\frac{5}{4}x + 6$

9 Bestimme die Funktionsgleichungen.

a)
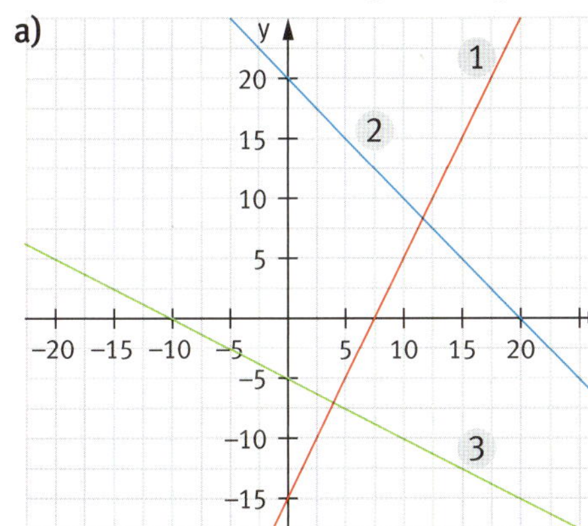

b)
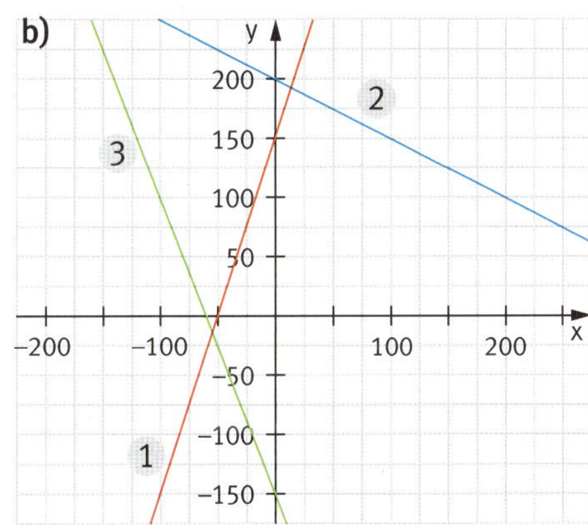

10 Bestimme die fehlende Koordinate des Punktes P so, dass P auf dem Graphen der Funktion liegt.

a) $y = x + 5$; P (1|▢) **b)** $y = 2 - 0,5x$; P (▢|0)
c) $y = 9,1 - 1,3x$; P (▢|0) **d)** $y = 5$; P (3|▢)
e) $y = 4,4 - 0,5x$; P (2,2|▢) **f)** $y = x$; P (▢|2)

Lösungen zu 10:
2; 3,3; 4; 5; 6; 7

11 Zeichne mithilfe der Wertetabellen die zugehörigen Geraden in ein Koordinatensystem. Bestimme die Funktionsgleichung, die zum Graph der linearen Funktion gehört.

a)

x	–2	–1	0	1
y	–5	–2,5	0	2,5

b)

x	–2	–1	0	2
y	–1,5	0	1,5	4,5

c)

x	–4	0	2	6
y	–3	0	1,5	4,5

d)

x	–2	–1	1	2
y	–7,5	–4,5	1,5	4,5

e)

x	–6	–3	3	6
y	2	1	–1	–2

f)

x	–5	–2	1	3
y	3	0	–3	–5

Lösungen zu 11 und 12:
$y = -x - 2$; $y = 2x - 2$;
$y = -2$; $y = 2,5x$;
$y = -1,5x + 1,5$;
$y = 1,5x + 1,5$;
$y = -\frac{1}{10}x + 2,5$; $y = 2x$;
$y = \frac{1}{2}x$; $y = 3x - 1,5$;
$y = -\frac{1}{3}x$; $y = \frac{3}{4}x$

12 Zeichne die Gerade AB in ein Koordinatensystem und bestimme die zugehörige Funktionsgleichung.

a) A (2|1); B (6|3) **b)** A (–2|–4); B (3|6) **c)** A (1|0); B (5|8)
d) A (–2|4,5); B (2|–1,5) **e)** A (–5|3); B (5|2) **f)** A (–4|–2); B (8|–2)

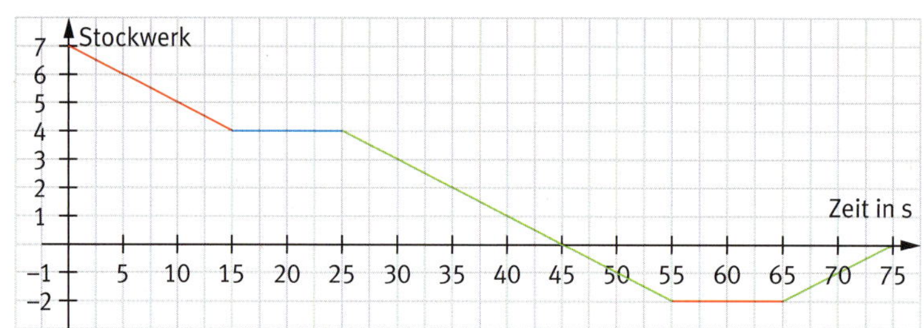

a) Die Grafik veranschaulicht die Fahrt eines Aufzugs. Beschreibe die Bewegung.

b) Ein Stockwerk ist 3 m hoch. Mit welcher Geschwindigkeit fährt der Aufzug?

Merkwissen

Die **Nullstelle** x_0 einer Funktion ist diejenige Stelle, an der der Funktionsgraph die **x-Achse schneidet**. An dieser Stelle gilt: y = 0
Die **Monotonie** des Graphens wird durch die Steigung festgelegt. Die Gerade kann monoton steigend, fallend oder konstant verlaufen.

Lineare Funktionen der Form y = mx + t schneiden die Koordinatenachsen in den Punkten N (x_0 | 0) und P (0 | t).

Unter dem **Definitionsbereich** $\mathbb{D}$ versteht man alle Zahlen, aus denen die x-Werte („Argumente") entnommen werden.

Der **Wertebereich** $\mathbb{W}$ ist die Menge derjenigen Zahlen, die als y-Werte („Funktionswerte") vorkommen können.

Beispiele

I Gegeben sind die linearen Funktionen (1) $y = \frac{1}{2}x + 3$ und (2) $y = -4x - 2$.

a) Zeichne die Graphen der Funktionen.
b) Berechne die Nullstellen.
c) Gib die Achsenschnittpunkte an.
d) Bestimme $\mathbb{D}$ und $\mathbb{W}$.
e) Beschreibe die Monotonie.

Lösung:

a)

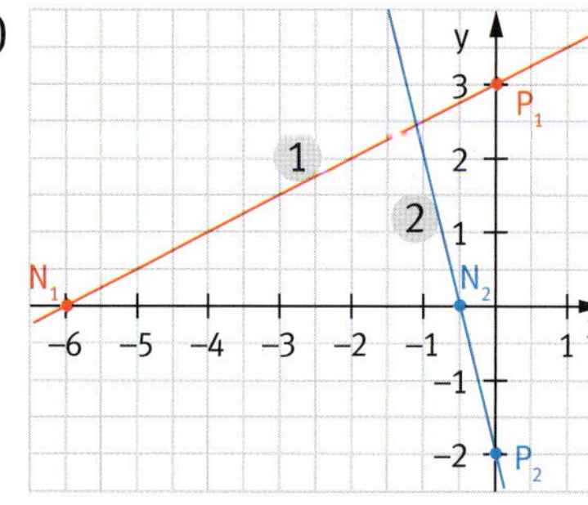

Achte auf eine sinnvolle Einteilung der Koordinatenachsen. Nicht immer ist es günstig, beide Achsen gleich zu skalieren.

b) (1) $\frac{1}{2}x + 3 = 0 \quad | -3$

$\frac{1}{2}x = -3 \quad | \cdot 2$

$x_0 = -6$

(2) $-4x - 2 = 0 \quad | +2$

$-4x = 2 \quad | : (-4)$

$x_0 = -\frac{1}{2}$

Die berechneten Nullstellen lassen sich auch grafisch bestätigen.

c) (1) N_1 (–6 | 0) P_1 (0 | 3)   (2) N_2 (–0,5 | 0) P_2 (0 | –2)

d) Da keine Einschränkung gegeben wurde, dürfen für x alle rationalen Zahlen eingesetzt werden, und jede beliebige rationale Zahl tritt als Funktionswert auf.
(1) $\mathbb{D} = \mathbb{Q}$; $\mathbb{W} = \mathbb{Q}$ (2) $\mathbb{D} = \mathbb{Q}$; $\mathbb{W} = \mathbb{Q}$

e) Betrachtet man die Graphen in zunehmender x-Richtung, so erkennt man:
(1) Die Funktion ist monoton steigend (m > 0).
(2) Die Funktion ist monoton fallend (m < 0).

Verständnis

- Wie viele Nullstellen kann eine lineare Funktion haben?
- Eine lineare Funktion ist entweder monoton steigend oder fallend. Stimmt das?

1 Berechne die Nullstellen der linearen Funktionen. Kontrolliere deine Ergebnisse mithilfe einer grafischen Darstellung.

a) $y = 5x - 4$ b) $y = -3x - 1$ c) $y = 2x + 4$ d) $y = -x + 3{,}5$
e) $y = -0{,}4x - 3$ f) $y = \frac{7}{3}x + \frac{2}{3}$ g) $y = -\frac{4}{3}x + 2$ h) $y = \frac{3}{5}x - 2$

2 Ordne die Funktionsgraphen den Beschreibungen zu.

1 Die Funktion hat den größten Anstieg.
2 Der Graph der Funktion ist fallend und verläuft durch den I. Quadranten.
3 Die zugehörige Funktion hat den Wertebereich y = 4.
4 Der Punkt K (4 | 2) liegt auf dem Graphen der Funktion.
5 Die Nullstelle der Funktion ist $x_0 = -4$.

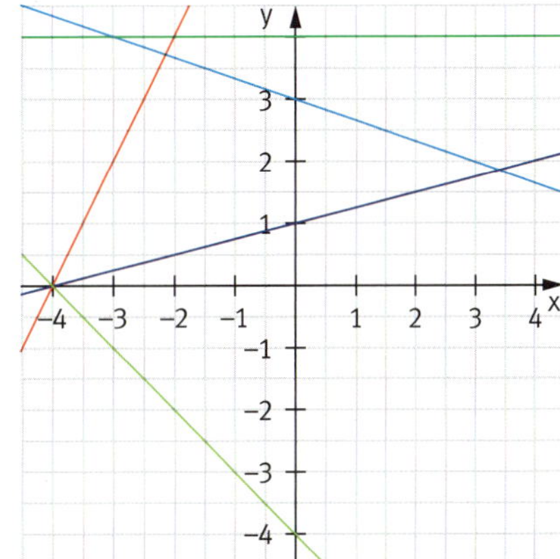

3 Vervollständige die Tabelle im Heft. Überprüfe mithilfe des Funktionsgraphen.

Funktionsgleichung	x_0	N	P	Monotonie
a) $y = 3x - 2$	▢	▢	▢	▢
b) $y = ▢x + 2$	−3	▢	▢	▢
c) $y = ▢x + ▢$	▢	(4 | 0)	(0 | 4)	▢
d) $y = \frac{2}{3}x + ▢$	▢	▢	(0 | 3)	▢
e) $y = -\frac{3}{4}x - 3$	▢	▢	▢	▢

x_0: Nullstelle
N: Schnittpunkt mit der x-Achse
P: Schnittpunkt mit der y-Achse

4 Gegeben sind die Gleichungen zweier linearer Funktionen mit $\mathbb{D} = \mathbb{Q}$:

1 $y = 0{,}5x + 3$ 2 $y = -\frac{3}{2}x + t$ und der Nullstelle $x_0 = 2$

a) Stelle die Graphen der Funktionen in einem Koordinatensystem dar.
b) Die Graphen der Funktionen schneiden sich in S. Gib die Koordinaten von S an.

5 Drei verschiedene Geraden y_1, y_2 und y_3 können sich in keinem, in einem, in zwei oder sogar in drei Punkten schneiden.

a) Entscheide möglichst ohne zu zeichnen, wie viele Schnittpunkte die Geraden besitzen. Begründe.
b) Gibt es Geradenbüschel oder -scharen?

1 $y_1 = \frac{1}{2}x - 2$ $y_2 = -\frac{1}{3}x + 1$ $y_3 = \frac{1}{2}x + 3$
2 $y_1 = -\frac{1}{5}x - 2$ $y_2 = \frac{1}{3}x + 2$ $y_3 = -5x + 3$
3 $y_1 = \frac{1}{5}x - 2$ $y_2 = -\frac{1}{3}x - 2$ $y_3 = -\frac{5}{2}x - 2$
4 $y_1 = \frac{3}{5}x - 2$ $y_2 = \frac{3}{5}x + 1$ $y_3 = \frac{3}{5}x + 7{,}5$

Lagemöglichkeiten bei drei Geraden:

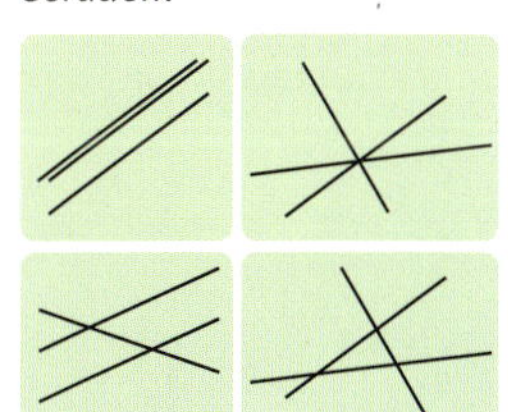

6.7 Lineare Funktionen rechnerisch bestimmen

Michelle fährt mit dem Fahrstuhl vom 8. Stock ins Erdgeschoss. In der Schule stellt sie den Sachverhalt mathematisch dar.

- Gib mindestens zwei Punkte der Geraden an.
- Bestimme die zugehörige Funktionsgleichung.

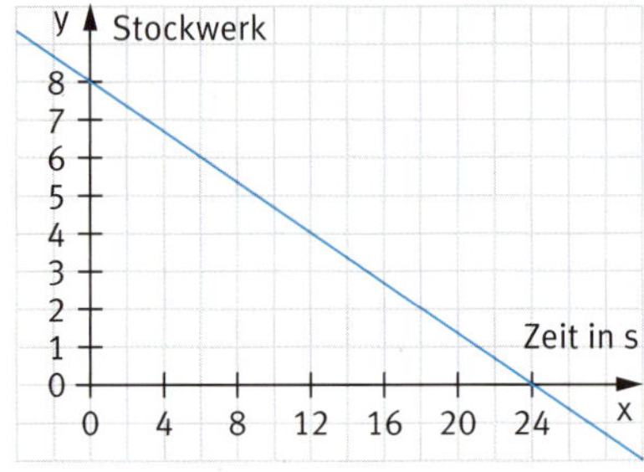

Merkwissen

Für jede lineare Funktion $y = mx + t$ mit dem Anstieg m gilt für zwei verschiedene Argumente x_1 und x_2 aus dem Definitionsbereich

$m = \frac{y_2 - y_1}{x_2 - x_1}$.

Der Term $\frac{y_2 - y_1}{x_2 - x_1}$ heißt **Differenzenquotient**.

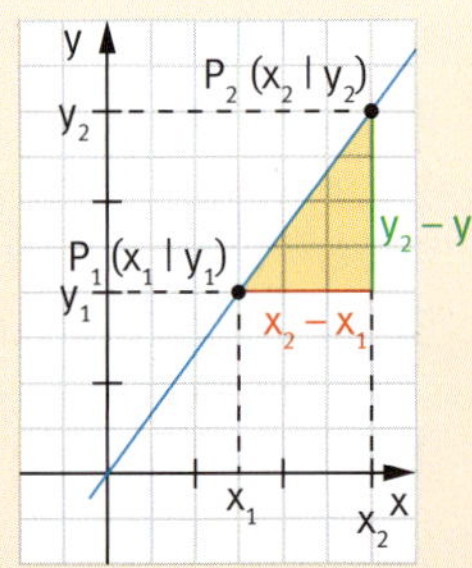

Beispiele

I Der Graph einer linearen Funktion verläuft durch die Punkte $P\left(\frac{3}{4} | -2\right)$ und $Q\left(-\frac{5}{4} | -\frac{1}{2}\right)$. Ermittle eine Gleichung dieser Funktion.

Lösung:
Für jede lineare Funktion gilt die allgemeine Gleichung $y = mx + t$. Der Anstieg m lässt sich mit dem Differenzenquotienten berechnen.

$$m = \frac{-2 - \left(-\frac{1}{2}\right)}{\frac{3}{4} - \left(-\frac{5}{4}\right)} = -\frac{3}{4} \qquad \Rightarrow \quad y = -\frac{3}{4}x + t$$

Grafische Lösungen können Näherungslösungen sein.

Zur Berechnung von t setzt man die Koordinaten eines gegebenen Punktes in die Gleichung ein (hier $P\left(\frac{3}{4} | -2\right)$).

$$-2 = -\frac{3}{4} \cdot \frac{3}{4} + t \qquad \Rightarrow \quad t = -\frac{23}{16}$$

Ergebnis: $y = -\frac{3}{4}x - \frac{23}{16}$

Probe mit $Q\left(-\frac{5}{4} | -\frac{1}{2}\right)$: $-\frac{1}{2} = -\frac{3}{4} \cdot \left(-\frac{5}{4}\right) - \frac{23}{16} = -\frac{8}{16} = -\frac{1}{2}$ w. A.

Verständnis

- Erläutere, wie man die Gleichung einer Geraden anhand eines bekannten Punktes P auf der Geraden und vorgegebener Steigung m ermitteln kann.
- Bei welchen speziellen Geraden reicht es aus, die Steigung zu kennen, um die Funktionsgleichung angeben zu können?

Aufgaben

1 Gib die Gleichung einer linearen Funktion an, für die gilt:

a) Die Nullstelle ist $x_0 = 1$.
b) Die Nullstelle ist $x_0 = -\frac{1}{7}$.
c) Die Funktion hat keine Nullstelle.
d) Die Funktion hat zwei Nullstellen.

2 Berechne die Gleichung der linearen Funktion, die durch die Punkte A und B gegeben ist. Kontrolliere deine Lösung grafisch.

a) A (1 | 2); B (5 | 4) **b)** A (–4 | –3); B (1 | 3)

c) A (2 | –1); B (–2 | 3) **d)** A (–7,5 | 6); B (–2,5 | 3)

3 Fabio hat in seiner Hausaufgabe die Gleichung einer linearen Funktion ermittelt, deren Graph durch die Punkte M (3 | –4) und N (–2 | –3) verläuft. Beurteile seinen Lösungsweg.

geg.: $M(3|-4)$; $N(-2|-3)$
ges.: Gleichung $y = mx + t$

Lösung: $m = \frac{y_2 - y_1}{x_2 - x_1} = \frac{-4-3}{3-2} = -\frac{7}{1}$

$y = -7x + t$
$-2 = -7 \cdot (-3) + t$
$t = -23 \Rightarrow y = -7x - 23$

4 Gib Gleichungen linearer Funktionen mit folgenden Eigenschaften an.

a) Der Graph von f (x) verläuft parallel zur Geraden mit y = 3x – 2.

b) Der Graph von g (x) hat die Nullstelle $x_0 = 4$ und ist parallel zu y = –2x.

c) Der Graph von h (x) steht senkrecht auf dem Graphen von y = 0,5x – 2.

d) Der Graph von k (x) verläuft durch den Punkt (–3 | 5) und ist parallel zum Graphen von y = –1,5x + 6.

5 Entscheide, ob folgende Aussagen wahr sind. Begründe.

a) Der Punkt P $\left(\frac{3}{5} \middle| 0\right)$ liegt auf dem Graph der Funktion mit y = 5x – 3.

b) Eine lineare Funktion hat den Anstieg m = –7 und verläuft durch den Punkt P (–4 | –18). Die zugehörige Funktionsgleichung ist y = –7x + 10.

c) Der Graph einer linearen Funktion schneidet stets die x-Achse.

d) Wenn der Differenzenquotient null ist, verläuft der Graph parallel zur x-Achse.

6 Ordne jedem Kärtchen den Buchstaben der richtigen Funktionsgleichung zu.

1

x	–2	1	3
y	15	–3	–15

2 Jeder Zahl wird ihr um 3 vermindertes Sechsfaches zugeordnet.

4 Die lineare Funktion hat den Anstieg –3 und die Nullstelle 2.

5

x	–1	–3	–5
y	–3	3	9

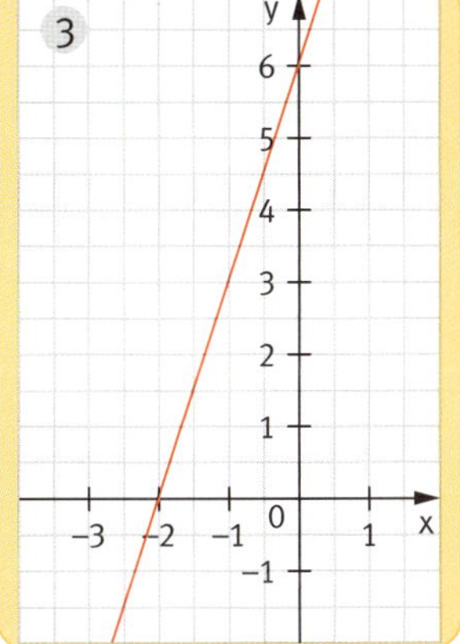

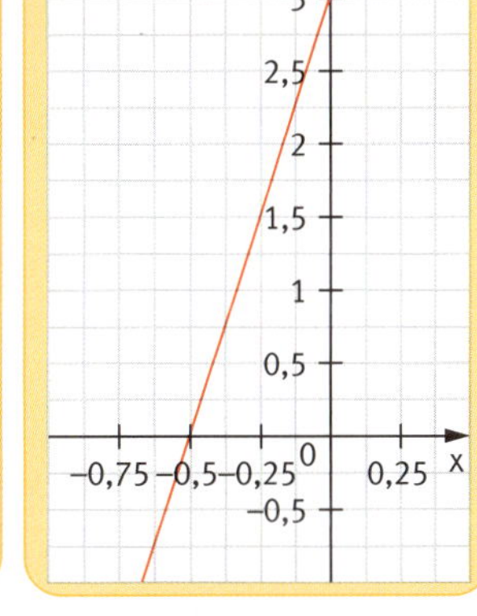

Lies deine Lösungsbuchstaben rückwärts. Du erhältst den Namen eines Mathematikers.

A y = –6x – 3   D y = –6x + 3   E y = 6x + 3   I y = 6x – 3

K y = –3x + 6   L y = 3x + 6   N y = 3x – 6   U y = –3x – 6

*Solche Schilder weisen auf extreme Steigungen oder starkes Gefälle hin.
8 % Steigung bedeuten auf 100 m Horizontale 8 m Höhenunterschied.*

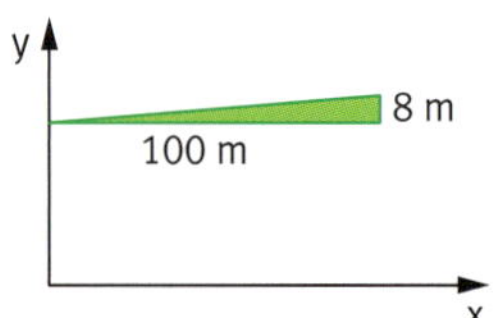

1 In manchen Ortschaften verlaufen Straßen recht steil.

a) Welches Steigungsschild müsste man hier aufstellen?

b) Gib eine Funktionsgleichung für den Verlauf der Straße an.

c) Welche Höhe würde man erreichen, wenn diese Straße mit gleichbleibender Steigung auf einer Karte umgerechnet 800 m lang ist?

d) Zeichne ein Koordinatensystem in dein Heft und trage die folgenden Steigungen bzw. Gefälle ein.

1 

2 

3 

4 

5 

2 Verschiedene Anbieter bieten Strom an.

Die vierköpfige Familie Roth ist umgezogen. Auf der Suche nach einem neuen Stromanbieter vergleicht sie die Preise. Auf einer Internetplattform findet sie den nebenstehenden Hinweis.

Haushalt	Durchschnittlicher Jahresverbrauch
1 Person	2000 kWh
2 Personen	2900 kWh
3 Personen	3800 kWh
4 Personen	4700 kWh

a) Bestimme für Familie Roth das günstigste Angebot.

b) Welches Angebot hätte ein Ein- (Zwei-, Drei-) Personen-Haushalt gewählt?

c) Welchen zusätzlichen Verbrauch legt die Internetplattform für jede weitere Person zugrunde?

d) Stelle für jeden Anbieter eine Funktionsgleichung für die jährlichen Gesamtkosten auf.

e) Bei welchem Jahresverbrauch haben „Good Energy“ und „S wie Strom“ („Good Energy“ und „Nature-Power“) denselben Preis?

3 Der Busunternehmer Heudorfer stellt für einen Tagesausflug eine Pauschale von 150 € und für jeden gefahrenen km 1,75 € in Rechnung.

a) Beschreibe den Zusammenhang von Rechnungsbetrag und Anzahl der gefahrenen Kilometer mithilfe einer Gleichung.

b) Zeichne den zugehörigen Graphen. Achte dabei auf einen sinnvollen Maßstab.

c) Lies aus der Zeichnung den Preis für 50 km bzw. 120 km ab.

d) In der Klassenkasse sind 290 €. Wie weit kann das Ausflugsziel höchstens entfernt sein?

4 Merve erhält zu ihrem Geburtstag ein Sparkonto mit 150 € Guthaben. Sie möchte nun monatlich 15 € auf das Konto einzahlen.

a) Stelle eine Funktionsgleichung auf, die den Zusammenhang von Zeit (Monate) und Guthaben darstellt.

b) Zeichne die dazugehörige Gerade in ein Koordinatensystem.

c) Bestimme aus der Zeichnung, wie hoch Merves Guthaben nach fünf bzw. neun Monaten ist.

d) Nach wie vielen Monaten übersteigt das Guthaben zum ersten Mal 260 €?

e) Nach einem Jahr möchte Merve 350 € auf ihrem Sparkonto haben. Wie viel muss sie am Ende des Jahres dafür zusätzlich einzahlen?

5 Die Firma Weihnachtsglück bietet 26 cm hohe Adventskerzen an, auf der die Zahlen 1 bis 24 aufgeprägt sind. Bei täglich 2 h Brenndauer ist die Kerze nach dem Heiligabend bis auf 2 cm abgebrannt.

a) Stelle das Abbrennverhalten der Kerze für die Zuordnung *Brenndauer in h → Restlänge der Kerze in cm* grafisch dar.

b) Gib die Funktionsgleichung an. Bestimme den Definitions- und den Wertebereich.

c) Familie Hektisch lässt die ersten 12 Dezembertage die Kerze täglich nur eine Stunde brennen. Wie viele Stunden muss die Kerze an den restlichen Tagen jeweils brennen, damit sie nach dem 24. Dezember richtig abgebrannt ist? Ergänze die beiden Graphen im Koordinatensystem.

d) Gib für die zwei Teilstücke ebenfalls die Gleichung, den Definitions- und den Wertebereich an.

6 Spaghetti enthalten pro 80 g die angegebenen Nährwerte.

Engerie	Zucker	Fett	gesättigte Fettsäuren	Natrium
285 kcal	2,8 g	1,5 g	0,6 g	0,0 g
14 %	3 %	2 %	3 %	0 %

Angaben in % der empfohlenen Tagesmenge für einen Erwachsenen

a) Zeichne die Graphen der Funktionen, welche die Menge an (1) Zucker, (2) Fett und (3) Natrium in Abhängigkeit von der Masse Spaghetti beschreiben.

b) Gib die zugehörigen Funktionsgleichungen an.

c) Berechne, welche Masse Spaghetti man essen müsste, um die Richtwerte für die Tageszufuhr an Zucker (90 g) zu decken.

Beim mathematischen Modellieren wird der Sachverhalt in die Sprache der Mathematik übersetzt, um ihn anschließend zu bearbeiten. Zuletzt werden die mathematischen Lösungen wieder auf das Ausgangsproblem übertragen und bewertet.

7 Aufgaben aus dem Alltag werden durch mathematisches Modellieren gelöst.

Die Konzertkarten – ein Beispiel
Petra möchte gerne das Konzert ihrer Lieblingsband besuchen. Da sie ihr Taschengeld aufgebraucht hat, leiht sie sich von ihrer Schwester 60 €. Petra schlägt vor, dass sie jede Woche 15 € zurückzahlt. Ihre Schwester benötigt selbst aber noch 45 € für ein Geschenk für ihren Freund und überlegt daher, ob sie dem Vorschlag zustimmen soll.

Lösungsschritte

1 Du sollst den Sachverhalt **verstehen** und eine **Frage** selbst formulieren, wichtige Informationen entnehmen und **Vereinfachungen** machen.	1 **Verstehen**: Je mehr zurück bezahlt wurde, desto geringer sind die Schulden. **Frage:** Wann hat Petra die 45 € für das Geschenk zurückgezahlt? Wann ist Petra wieder schuldenfrei? **Vereinfachung:** Höhe der Schulden: 60 €, Verringerung pro Woche um 15 €
2 Du entscheidest dich für ein **mathematisches Modell** (z. B. eine proportionale Zuordnung), mit dessen Hilfe du den Sachverhalt bearbeiten möchtest, und übersetzt die Informationen in das mathematische Modell.	2 **Mathematisches Modell**: Die Zuordnung *Zeit in Wochen* $\longmapsto$ *Höhe der Schulden in €* ist linear **Übersetzung in eine Rechenvorschrift**: $y = m \cdot x + t$ (y: Schulden in €, x: Zeit in Wochen) $t = 60$, $m = -15$ $\Longrightarrow y = -15\,€ \cdot x + 60\,€$
3 Du **bearbeitest** das mathematische Modell. Es gibt verschiedene Möglichkeiten (z. B. grafisch, rechnerisch, durch Argumente).	3 **Bearbeitung**: Wenn 45 € zurückgezahlt sind, beträgt die Schuld 15 €. Einsetzen von y = 15: $15 = -15 \cdot x + 60 \Longrightarrow x = 3$ Einsetzen von y = 0: $0 = -15 \cdot x + 60 \Longrightarrow x = 4$

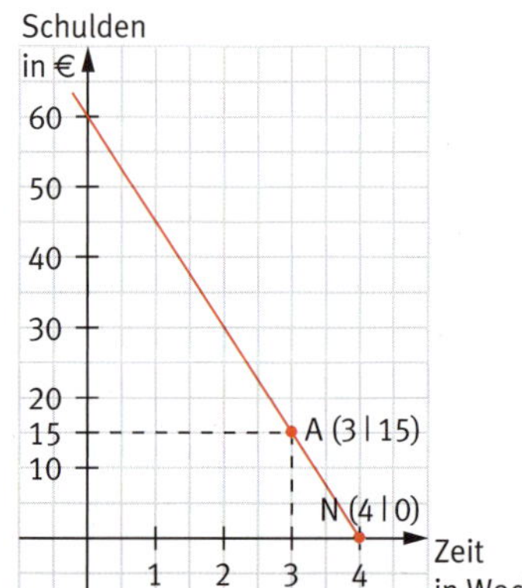

4 Du **deutest** das mathematische Ergebnis in der Realität: Sind Rundungen o. Ä. sinnvoll, ...?	4 **Deutung**: Der **Schnittpunkt mit der y-Achse (x = 0)** steht für die Höhe der Schulden bei der Leihgabe. Diese betragen 60 €. Da die Schulden geringer werden, haben wir eine **negative Steigung**. Nach 3 Wochen sind 45 € zurückgezahlt, die Schuld beträgt noch 15 €. Die **Nullstelle (y = 0)** gibt an, wann die Schulden getilgt sind. Dies ist nach 4 Wochen der Fall. Der **Wertebereich** $\mathbb{W}$ kann nur zwischen 0 und 60 liegen, da die Schulden 60 € nicht überschreiten und auch nicht negativ werden. Der **Definitionsbereich** $\mathbb{D}$ liegt zwischen 0 und 4, da der Zeitpunkt 0 den Beginn der Rückzahlungen darstellt. Zum Zeitpunkt 4 sind alle Schulden zurückgezahlt. Zeiträume davor und danach sind nicht von Bedeutung.
5 Du **bewertest** das reale Ergebnis im Hinblick auf den Sachverhalt: Gibt es Aspekte, die du nicht berücksichtigt hast? Waren die Vereinfachungen oder das mathematische Modell richtig?	5 **Bewertung**: Jede Vereinfachung kann hinterfragt werden. Z.B.: Wie wirkt es sich aus, wenn die Rate erhöht, verringert oder für einen Monat ausgesetzt wird? Was passiert bei einer Sonderrückzahlung?

Bearbeite die folgenden Aufgaben entsprechend der Schritte einer mathematischen Modellierung.

1 Daniel hat für sein Aquarium eine neue Steinlandschaft eingebaut. Nun will er es wieder mit Wasser füllen. Seine Pumpe schafft $\frac{1}{5}$ l in der Sekunde. Sein Aquarium fasst 120 l, aber er kann das Becken selbstverständlich nicht bis zum Rand füllen. Etwa 10 cm müssen oben frei bleiben.

2 Zu Weihnachten bekommt Felix von seiner Großmutter eine Prepaid-Karte für sein Handy mit 50 € Guthaben. Pro Minute kostet das Telefonieren 9 ct. Felix verschickt aber auch gerne Bilder per MMS. Eine MMS kostet 29 ct.

3 Zur Zeit hat Celine beim Handy eine monatliche Flatrate für Telefonate von 10 €. Allerdings muss sie für jede SMS zusätzlich 19 ct zahlen. Nun bekommt sie ein Angebot für eine monatliche Flatrate für Telefonate und SMS für 15 €.

4 Charlotte hat sich ein neues Computerspiel gekauft. Da sie danach pleite ist, leiht sie sich von ihrer Mutter 120 €. Bei der Abbezahlung der Schulden einigen sie sich auf eine monatliche Rate von 7,50 €. Nach der Hälfte der Zeit hat Charlotte Geburtstag und bekommt von ihrer Tante 50 €.

6.9 Vermischte Aufgaben

1 ① *Arbeitszeit in h ⟼ Lohn in €* — *Lohn in € ⟼ Arbeitszeit in h*
② *Paketgewicht in kg ⟼ Preis in €* — *Preis in € ⟼ Paketgewicht in kg*
③ *Wassermenge in l ⟼ Füllzeit in min* — *Füllzeit in min ⟼ Wassermenge in l*
④ *Euro ⟼ Kanadische Dollar* — *Kanadische Dollar ⟼ Euro*
⑤ *Anzahl der Arbeiter ⟼ Arbeitszeit in h* — *Arbeitszeit in h ⟼ Anzahl der Arbeiter*

a) Ist die Zuordnung jeweils eindeutig? Begründe jeweils mit Beispielen.
b) Ist die Zuordnung proportional, umgekehrt proportional oder nicht? Begründe.

2 An einer Wetterstation wurden Temperaturen gemessen.

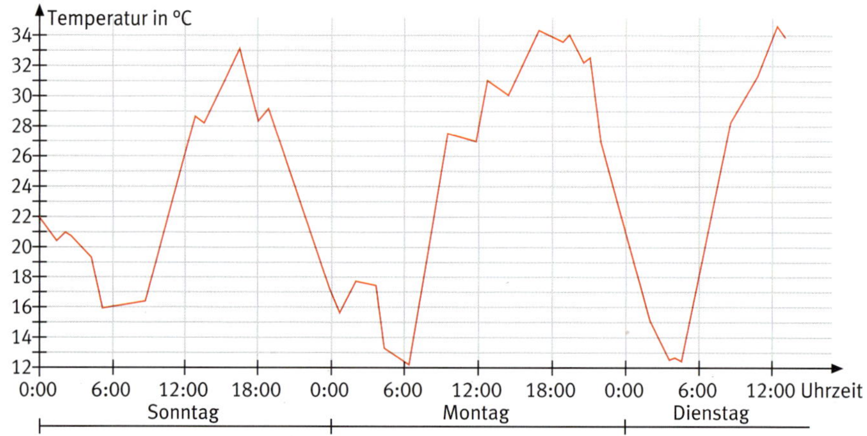

a) Beschreibe, was du dem Graphen entnehmen kannst.
b) Gib die dargestellte Zuordnung an. Ist die Zuordnung eindeutig? Begründe.
c) Beschreibe den Verlauf des Graphen. Beachte dabei die Tageszeit.
d) Wann waren die Temperaturen am höchsten (geringsten)? Bestimme die zugehörigen Gradzahlen möglichst genau.

Runde geeignet.

e) Bestimme etwa die Zeiten, bei der die Temperatur 20 °C betrug.
f) In den Nachrichten wird oft die durchschnittliche Temperatur angegeben. Wie kannst du diese für den Montag bestimmen? Beschreibe dein Vorgehen.

3 Überprüfe, welche Art von Zuordnung vorliegt.

a)

x	2	3	5	6
y	3	4,5	7,5	9

b)

x	2	3	5	6
y	7,5	5	3	2,5

c)

x	2	3	5	6
y	7	10	15	18

d)

x	1	4	5	7
y	4,5	10,5	12,5	16,5

e)

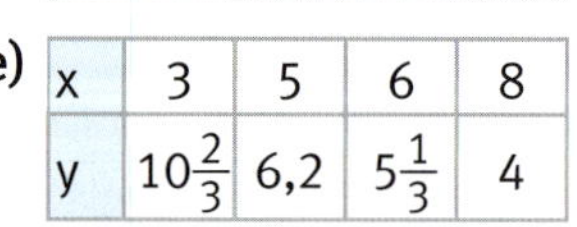

x	3	5	6	8
y	$10\frac{2}{3}$	6,2	$5\frac{1}{3}$	4

f)

x	2	3	4,5	6,5
y	10	13	17,5	23,5

4 ① Addiere zum Doppelten einer Zahl jeweils 0,5 hinzu.
② Addiere zum Dreifachen einer Zahl die Zahl 2.
③ Die Zahl 4 wird jeweils zur Hälfte einer Zahl hinzugefügt.

a) Stelle eine Rechenvorschrift auf, mit der man für jede beliebige Zahl x die gesuchte Zahl y bestimmen kann.
b) Erstelle eine Wertetabelle, die für x-Werte von 0 bis 5 die y-Werte angibt.
c) Stelle mithilfe der Tabelle den Sachverhalt grafisch dar.

5 Zum 70. Geburtstag ihres Opas möchten ihm die sechs Enkel eine Fahrt in einem Heißluftballon schenken. Eine solche Fahrt kostet 360 €.

a) Wie viel Geld muss jedes der Enkelkinder aufbringen?

b) Die Eltern der Kinder schalten sich ein. Jedes der sechs Elternpaare beteiligt sich an den Kosten zu gleichen Teilen wie jedes Kind. Wie viel muss jetzt jeder bezahlen?

c) Die Kinder finden, dass die Eltern ihren Anteil erhöhen sollten. Daraufhin zahlt jedes Elternpaar doppelt (dreimal) so viel wie jedes Kind. Berechne erneut.

d) Das jüngste Enkelkind hat lange gespart und sagt: „Ich habe 20 € gespart. Mehr kann ich nicht dazugeben." Welche Möglichkeiten gibt es nun, die Kosten gerecht zu verteilen? Mache verschiedene Vorschläge.

6 Ergänze die Wertetabellen und zeichne die Graphen der Funktionen.

a)

x	−2	−1	0	1
$y = 3x - 2$	▢	▢	▢	▢

b)

x	−1	0	1	3
$y = -2x + 5$	▢	▢	▢	▢

c)

x	−3	−1	3	6
$y = \frac{5}{3}x - 3$	▢	▢	▢	▢

d)

x	−4	−2	1	3
$y = -\frac{2}{5}x - 1{,}5$	▢	▢	▢	▢

7 Welche linearen Funktionen haben sich hier versteckt?

a) Jeder Zahl wird ihr Doppeltes zugeordnet.

b) Eine Parallele zu $y = \frac{1}{3}x$ geht durch den Punkt P (0 | 4).

c) Eine Gerade hat die Achsenschnittpunkte N (3 | 0) und P (0 | 3).

d) Eine Ursprungsgerade hat den Anstieg 0.

e) Die Gerade verläuft durch die Punkte A (−2 | 4) und B (1 | −5).

f) Der Anstieg der Geraden mit der Nullstelle $x_0 = -3$ ist m = 2.

8 ① $y = 2x - 5$ ② $y = 1{,}5x - 2{,}5$ ③ $y = x$
④ $y = 0{,}5x + 2{,}5$ ⑤ $y = 5$ ⑥ $y = -0{,}5x + 7{,}5$

a) Stelle die Graphen aller Funktionen in einem Koordinatensystem dar.

b) Bestimme die Koordinaten des gemeinsamen Schnittpunkts S aller Funktionsgraphen.

9 Ist die Aussage jeweils wahr oder falsch? Begründe.

a) Der Graph einer linearen Funktion hat die Steigung m = −7 und verläuft durch P (10 | −60). Die zugehörige Funktionsgleichung lautet: $y = -7x + 10$.

b) Jeder Graph einer linearen Funktion schneidet die x-Achse (die y-Achse).

c) Wenn die Koordinaten zweier Punkte auf einer Geraden negativ sind, dann ist der Graph der zugehörigen linearen Funktion fallend.

d) Wenn bei einer linearen Funktion die y-Werte zweier Punkte gleich sind, verläuft der Graph der Funktion parallel zur x-Achse.

e) Durch zwei Punkte ist eine lineare Funktion eindeutig bestimmt.

10 Prüfe durch Rechnung, ob der Punkt A auf der Geraden durch P und Q liegt.

a) P (2 | 4); Q (0 | −6); A (1 | −1) **b)** P (6 | −2); Q (9 | −4); A (3 | 1)

c) P (5 | 19); Q (−3 | −9); A (−1 | −2) **d)** $P\left(\frac{1}{4} \mid -1\right)$; $Q\left(\frac{3}{4} \mid -\frac{3}{2}\right)$; $A\left(-\frac{5}{2} \mid \frac{7}{4}\right)$

6.9 Vermischte Aufgaben

11 Gib für die blauen und grünen Graphen jeweils eine Funktionsgleichung an.

a) $y = \frac{1}{4}x$

b)
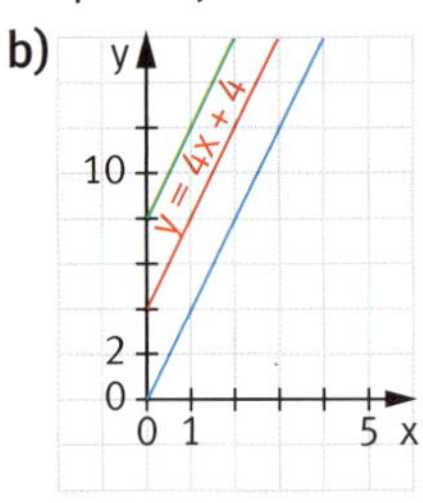

c)
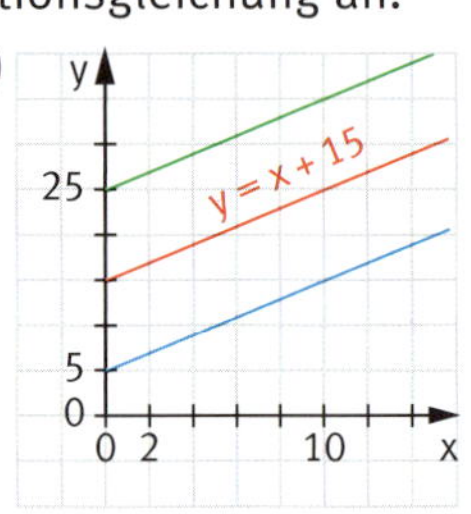

RIDE & BIKE
Pauschal:
50 € pro Tag

FIXX BIKE
Grundgebühr: 20 €
Zzgl. pro Stunde: 5 €

RADSTATION
Bis zu 3 Stunden 35 €
Danach jede Stunde 8 €

12 Farin und Esme verbringen eine Woche in Berlin und stellen fest, dass die Wege sehr weit sind. Darum möchten sie sich ein Fahrrad leihen. Drei Fahrradverleiher bieten zu unterschiedlichen Konditionen Fahrräder an. Nebenstehende Angebote liegen vor.

a) Stelle die Angebote einander grafisch in einem Koordinatensystem gegenüber.

b) Begründe, bei welchem Vorhaben welcher Fahrradverleih jeweils günstiger ist.

1 Das Fahrrad soll für zwei ganze Tage geliehen werden.

2 Das Fahrrad soll für drei Stunden gemietet werden.

3 Das Fahrrad soll für fünf Stunden gemietet werden.

13
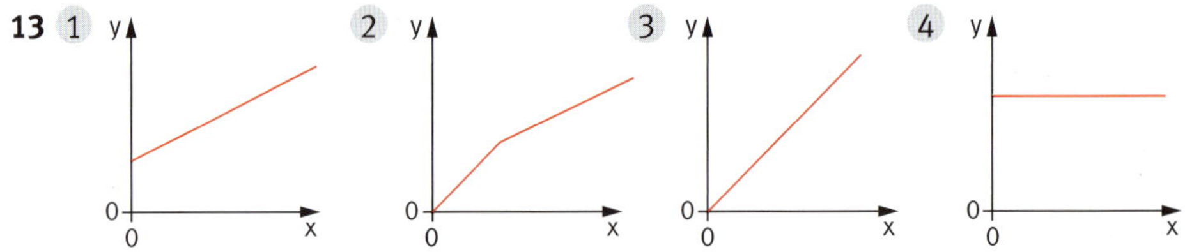

a) Welcher Graph gehört zu einer linearen Funktion?

b) Erfinde zu jedem Graphen einen passenden Sachverhalt und stelle ihn deiner Klasse vor.

14
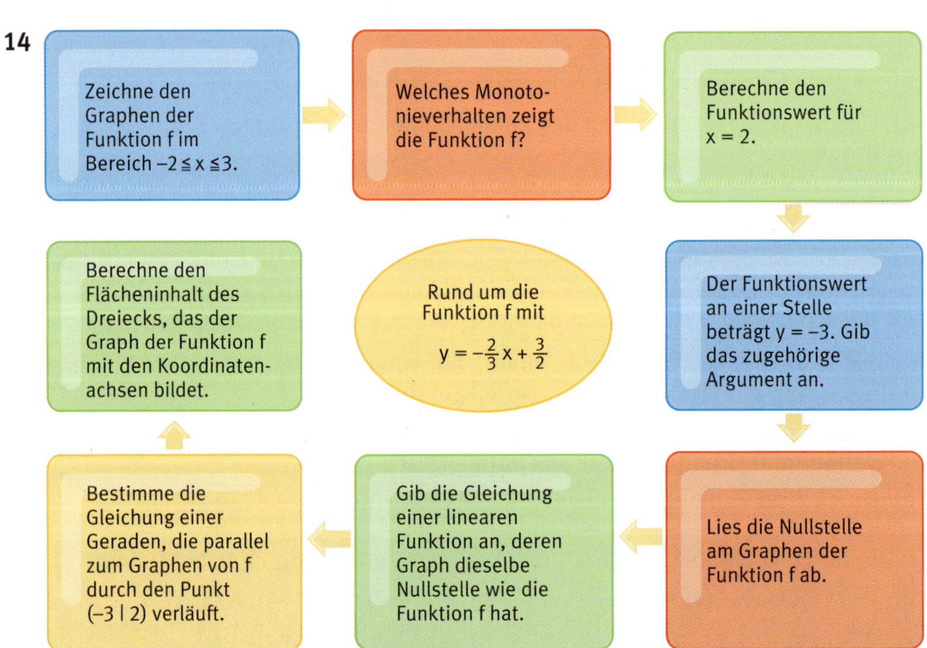

Das Smartphone

Situationsbeschreibung

Du hast von deinen Großeltern zum Geburtstag ein neues Smartphone geschenkt bekommen. Du freust dich riesig und möchtest gleich deinen Freunden Bescheid geben. Da unterbricht dich dein Vater und möchte wissen, wer denn das alles zahlen soll. Bedrückt schaust du ihn an und bittest ihn um Unterstützung. Da dein Vater dir nur schwer etwas abschlagen kann, vereinbart ihr beiden, dass die Eltern die Gebühr für den günstigsten Smartphone-Vertrag bezahlen. Folgende Angebote liegen vor.

Sorglos Telefonieren bei Purple
Flatrate Telefonieren, SMS,
500 MB Datenvolumen
Monatliche Gebühr: 23,00 €

Telefonitis für alle
Flatrate für alle Netze bis 50 Minuten,
20 SMS, 200 MB Datenvolumen
Monatliche Gebühr: 18,00 €
Darüber: jede Minute telefonieren: 0,16 €

Chose your cost
Internetflat unbegrenzt
Monatliche Gebühr: 14,00 €
Telefonieren in alle Netze: 12 ct/Min

Wie kannst du herausfinden, welches das günstigste Angebot für dich ist? Treffe deine Entscheidung mit Hilfe der folgenden Teilschritte.

Handlungsaufträge

1. Formuliere eine Frage, die du beantworten musst, um zur Lösung zu kommen. Beschreibe die Vereinfachungen, die in der Aufgabe stecken und diejenigen, die du noch treffen musst.
2. Entwickle ein mathematisches Modell.
3. Bearbeite das mathematische Modell. Überlege, welche verschiedenen Lösungsverfahren dabei anzuwenden sind.
4. Welche Bedeutung hat dein Ergebnis aus Aufgabe 3? Beschreibe kurz.
5. Bewerte das Ergebnis für deine Situation. Welche Annahmen musst du hierzu noch treffen?
6. Vergleiche dein Ergebnis mit dem deiner Mitschüler und überlege, welche Veränderungen zu den unterschiedlichen Ergebnissen geführt haben.
7. Gibt es Aspekte, die du vielleicht nicht berücksichtigt hast? Diskutiere.

Überprüfe deine Fähigkeiten und Kenntnisse. Bearbeite dazu die folgenden Aufgaben und bewerte anschließend deine Lösungen mit einem Smiley.

☺	😐	☹
Das kann ich!	Das kann ich fast!	Das kann ich noch nicht!

Hinweise zum Nacharbeiten findest du auf der folgenden Seite. Die Lösungen stehen im Anhang.

Aufgaben zur Einzelarbeit

1 Gib zu jeder Zuordnung drei Wertepaare an, die in deiner Umgebung vorkommen können.

a) *Parkdauer ⟼ Parkgebühr*

b) *Körpergröße ⟼ Körpergewicht*

c) *Uhrzeit ⟼ Temperatur*

d) *Uhrzeit ⟼ Zurückgelegter Weg in km*

2 Übertrage in dein Heft und ergänze die fehlenden Werte einer proportionalen Zuordnung.

a)

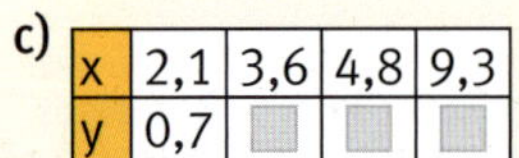

x	3,5	7	8,5	35
y		56		

b)

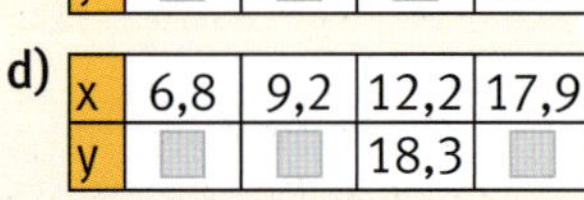

x	10,5	23,5	28,8	30,4
y				152

c)

x	2,1	3,6	4,8	9,3
y	0,7			

d)

x	6,8	9,2	12,2	17,9
y			18,3	

3 Bei einer Umfrage wurde erhoben, wie viel Prozent einer Altersgruppe im Durchschnitt mehr als drei Stunden pro Tag Fernsehen schauen.

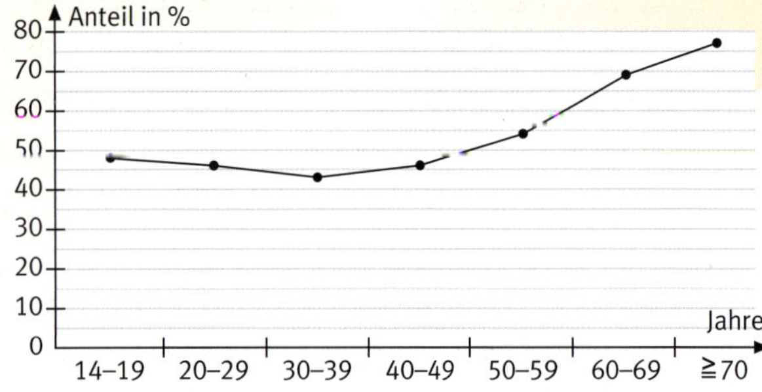

a) Beschreibe den Verlauf des Graphen.

b) Welche Zuordnung ist dargestellt?

c) In welcher Altersgruppe ist der Anteil derer, die mehr als drei Stunden Fernsehen schauen, am größten (am kleinsten)?

4 Handelt es sich um eine proportionale oder eine umgekehrt proportionale Zuordnung? Begründe und gib drei mögliche Wertepaare an.

a) *Anzahl Hotelübernachtungen ⟼ Preis in €*

b) *Farbverbrauch in l ⟼ gestrichene Fläche in m²*

c) *Anzahl Teilnehmer eines Ausflugs ⟼ Preis pro Teilnehmer in €*

d) *Fahrpreis Stadtbusticket ⟼ Fahrstrecke in km*

e) *Anzahl Eiskugeln ⟼ Preis in €*

f) *Anzahl der Gewinner einer Lotterie ⟼ Gewinn pro Gewinner in €*

5 Berechne die Preise für die verschiedenen Mengen.

a) 100 g Käse kosten 0,88 €.
Wie teuer sind 600 g (375 g, $1\frac{1}{2}$ kg, $\frac{3}{4}$ kg)?

b) 100 g Hackfleisch kosten 1,38 €.
Wie teuer sind 400 g (350 g; 750 g; 2,5 kg)?

c) 150 g Himbeeren kosten 1,69 €.
Wie teuer sind 100 g ($\frac{3}{4}$ kg, 75 g, 125 g)?

6

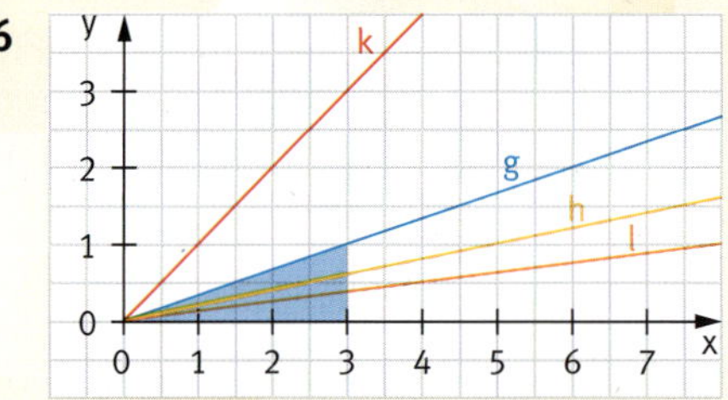

a) Erkläre, wie bei der Geraden g die Steigung $m = \frac{1}{3}$ bestimmt wird.

b) Bestimme die Steigungen der anderen Geraden.

7 Bestimme die Funktionsgleichung.

a)

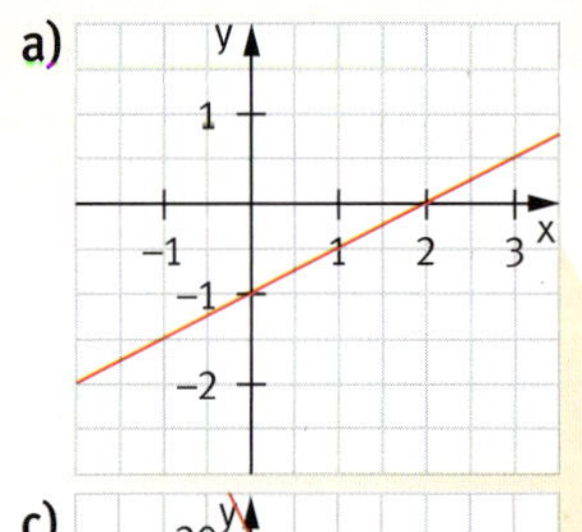

b)

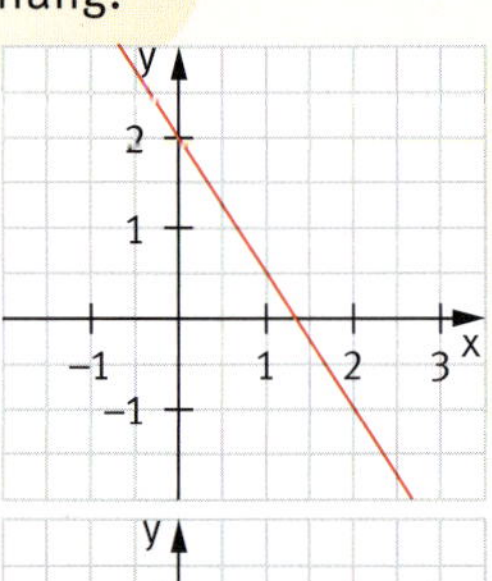

c)

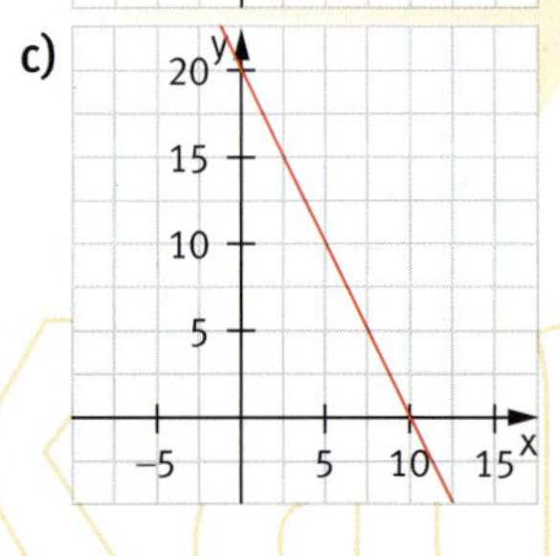

d)

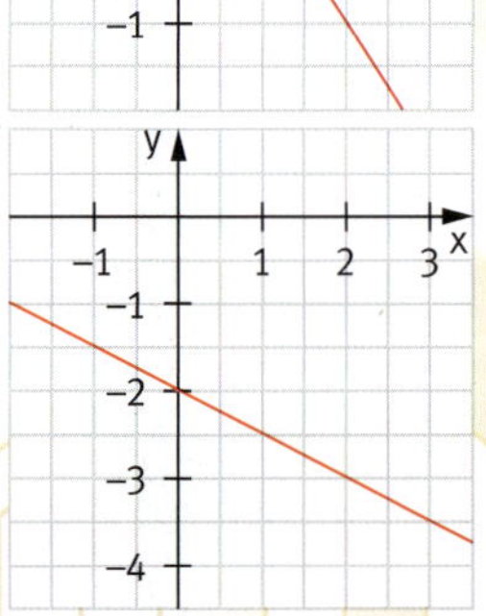

8 Zeichne die Graphen der Funktionen.

a) $y = -x + 3$ **b)** $y = -0{,}2x + 3$ **c)** $y = -\frac{3}{2}x + 3$
d) $y = -3$ **e)** $y = \frac{5}{3}x + 1$ **f)** $y = x$

9 Welcher Punkt liegt auf welchem Funktionsgraph?

A (8 | –2) B (1 | –1) C (3 | –4)
D (2 | 2) E (3 | 3) F (1 | 0)

1 $y = \frac{2}{3}x + 1$ 2 $y = 0{,}25x - 4$ 3 $y = 22x - 22$
4 $y = -3x + 8$ 5 $y = -0{,}5x - 2{,}5$ 6 $y = -\frac{5}{4}x + \frac{1}{4}$

10 Gegeben ist die Funktion $y = \frac{5}{3}x - 6$.
Bestimme die fehlenden Koordinaten der Punkte.
A (–3 | ▢) B (▢ | –1) C $\left(\frac{3}{5} \middle| ▢\right)$ D (▢ | 0)

11 Berechne die Nullstellen der Funktionen.

a) $y = 2x - 4$ **b)** $y = 5x + 7{,}5$ **c)** $y = -5x + 10$

12 Gib eine Funktionsgleichung an.

a) Die Funktion hat die Nullstelle $x_0 = -4$ und ihr Graph verläuft durch A (–2 | –1,5).
b) Der Punkt (–2 | 3) liegt auf dem Funktionsgraph. Die Steigung beträgt $m = -0{,}5$.
c) Der Graph verläuft parallel zur Geraden $y = x$ durch den Punkt K (–1 | –3).
d) Der Graph verläuft senkrecht zu $y = \frac{2}{7}x - 1$ durch den Koordinatenursprung.

13 Wie viele Schnittpunkte haben die drei Funktionsgraphen? Begründe deine Entscheidung.

a) $y_1 = 2x - 4$ $y_2 = 2x + 7$ $y_3 = 2x + 10$
b) $y_1 = 2x - 1$ $y_2 = 5x + 1$ $y_3 = 5x + 12$
c) $y_1 = -3x + 2$ $y_2 = 5x + 2$ $y_3 = -0{,}5x + 2$
d) $y_1 = 2x - 4$ $y_2 = 5x + 8$ $y_3 = -5x + 3$

Aufgaben für Lernpartner

Arbeitsschritte

1 Bearbeite die folgenden Aufgaben alleine.
2 Suche dir einen Partner und erkläre ihm deine Lösungen. Höre aufmerksam und gewissenhaft zu, wenn dein Partner dir seine Lösungen erklärt.
3 Korrigiere gegebenenfalls deine Antworten und benutze dazu eine andere Farbe.

Sind folgende Behauptungen **richtig** oder **falsch**? Begründe schriftlich.

14 Bei einer Zuordnung werden Größen oder Zahlen zueinander in Beziehung gesetzt.

15 Jede Zuordnung ist eindeutig.

16 Eine Zuordnung, bei der zur Hälfte (zum Drittel, zum Doppelten, ...) der Ausgangsgröße die Hälfte (ein Drittel, das Doppelte, ...) der zugeordneten Größe gehört, ist proportional.

17 Der Graph einer Funktion ist immer eine Gerade.

18 Der Graph der Funktion $y = 2x + 4$ schneidet die y-Achse bei $y = 2$.

19 $x + y = 3$ ist eine Funktionsgleichung.

20 Die Funktion $y = 0{,}5x + 2$ hat die Steigung $\frac{1}{2}$.

21 Es gibt lineare Funktionen, die keine Nullstellen besitzen.

22 Jeder steigende Graph einer linearen Funktion hat eine positive Steigung m.

23 Jede lineare Funktion mit der Gleichung $y = mx + t$ schneidet die y-Achse im Punkt P (0 | t).

24 Eine Grundgebühr bewirkt stets eine Verschiebung des Graphen entlang der y-Achse.

25 Die Graphen der Funktionen $y = 2x - 4$ und $y = 2x$ verlaufen parallel zueinander.

26 Alle Geraden mit der Nullstelle $x_0 = -2$ haben eine Funktionsgleichung der Form $y = mx - 2$.

Aufgabe	Ich kann ...	Hilfe
1, 2, 3, 4, 14, 16	Zuordnungen erkennen und beschreiben.	S. 102 S. 104
5, 9, 15	Funktionen als eindeutige Zuordnungen beschreiben.	S. 108
6, 20, 22	Steigungen linearer Funktionen bestimmen.	S. 110 S. 112
7, 9, 12, 19	Funktionsgleichungen linearer Funktionen bestimmen.	S. 110 S. 112
8, 13, 17, 18	Graphen linearer Funktionen zeichnen.	S. 110 S. 112
10, 11, 12, 16, 20, 21, 22, 23, 24, 25, 26	Eigenschaften linearer Funktionen angeben und nutzen.	S. 116 S. 118

S. 102
S. 104

Wenn 250 g Gold 9200 € kosten, dann kostet ein Fünftel des Goldes auch ein Fünftel des Preises. Also kosten 100 g Gold 3680 €.

Bei einer **Zuordnung** werden Größen oder Zahlen zueinander in Beziehung gesetzt. Zuordnungen können in **Tabellen**, **Diagrammen**, durch **Terme** oder durch eine **Beschreibung in Worten** dargestellt werden.

Wir unterscheiden zwischen proportionalen, umgekehrt proportionalen und linearen Zuordnungen.

S. 108
S. 110
S. 112

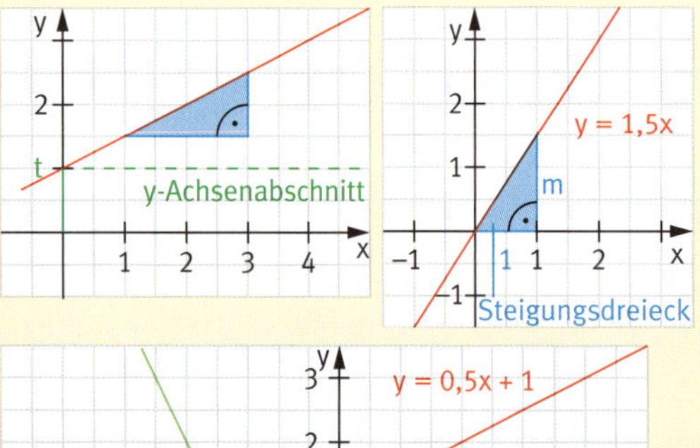

y = 0,5x + 1

y = −2x − 3

y = 0,5x − 1

Eine eindeutige Zuordnung nennt man **Funktion**.

Eine **lineare Funktion** liegt vor, wenn alle Wertepaare auf einer **Gerade** liegen.
Der Graph einer **linearen Funktion** ist um einen festen Wert t entlang der y-Achse verschoben.
Es gilt folgende **Funktionsgleichung**:
y = Steigung m · x + fester Wert t
$y = m \cdot x + t$

Die lineare Funktion der Form $y = m \cdot x$ ist ein Sonderfall. Ihr Graph ist eine **Gerade durch den Ursprung**.

Zwei Geraden liegen **parallel** zueinander, wenn für die Steigungen $\mathbf{m_1 = m_2}$ gilt.

Zwei Geraden liegen **senkrecht** zueinander, wenn die Steigungen $\mathbf{m_1 = -\frac{1}{m_2}}$ gilt.

S. 116
S. 118

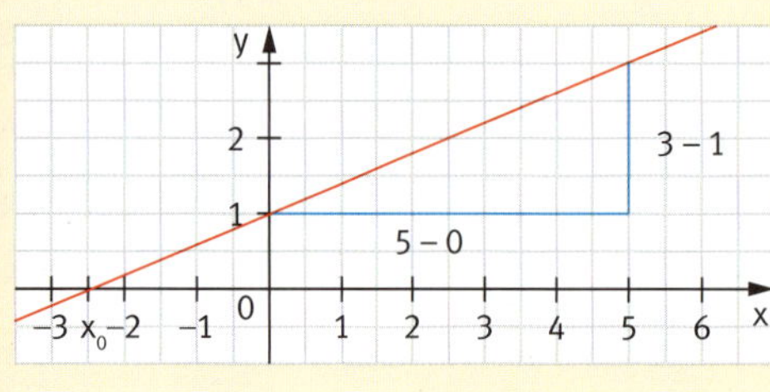

$t = 1$ $\qquad m = \frac{3-1}{5} = \frac{2}{5} = 0{,}4$

Funktionsgleichung: $f(x) = 0{,}4x + 1$

Die Nullstelle dieser Funktion ist $x_0 = -2{,}5$

$\mathbb{D} = \mathbb{Q}$; $\mathbb{W} = \mathbb{Q}$, da für x alle rationalen Zahlen eingesetzt werden dürfen und jede beliebige rationale Zahl als Funktionswert auftritt.

- Die Schnittstelle eines Funktionsgraphen mit der x-Achse (y = 0) bezeichnet man als **Nullstelle x_0** der Funktion.
- Der **Definitionsbereich** $\mathbb{D}$ gibt an, welche x-Werte (Argumente) in die Funktionsgleichung eingesetzt werden dürfen.
- Der **Wertebereich** $\mathbb{W}$ gibt an, welche y-Werte (Funktionswerte) vorkommen können.
- Der Graph kann monoton steigend ($m > 0$), fallend ($m < 0$) oder konstant ($m = 0$) verlaufen.
- Die Steigung kann mit dem **Differenzenquotienten** berechnet werden:
$$m = \frac{y_2 - y_1}{x_2 - x_1}$$

S. 120

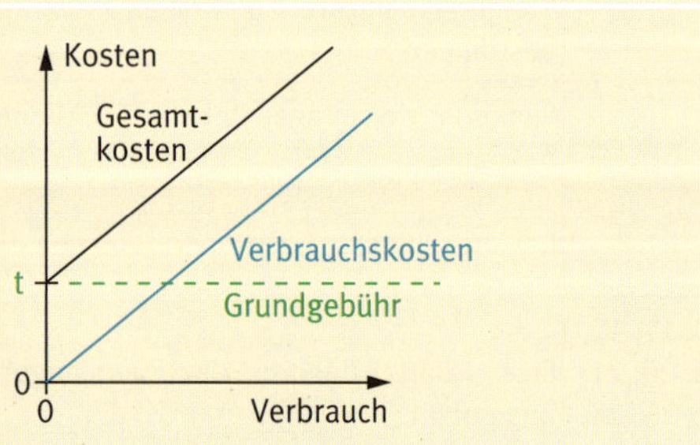

Im **Alltag** kommt eine Vielzahl von Funktionen vor, von denen viele auch linear sind.
Der feste Wert t ist dabei oftmals eine Grundgebühr, die unabhängig von einem Verbrauch zu bezahlen ist. Zusätzlich kommen noch Kosten hinzu, die vom Verbrauch abhängen.

7 Lineare Gleichungssysteme

Einstieg

- Tee gibt es in verschiedenen Sorten. Stelle für jede Teesorte die Kosten in Abhängigkeit von der Teemenge grafisch dar. Gib die Art der Zuordnung an.
- Tee wird oft aus verschiedenen Sorten gemischt, damit sich die Aromen oder die gesunden Wirkungen der Teesorten ergänzen können.
  Ein Teehändler mischt grünen Tee aus Indien und Sri Lanka. Bestimme die Massen jeder Sorte, die er nehmen müsste, um 2 kg der Teemischung zum Preis von 3,25 € pro 100 g anbieten zu können.

Herkunftsland	Teesorte	Preis pro 100 g
Indien	Grüner Tee – first cut	4,00 €
Sri Lanka	Grüner Tee – fermentiert	2,80 €
Pakistan	Grüner Tee – Hochlage	3,20 €

Ausblick

Am Ende dieses Kapitels hast du gelernt, ...
- lineare Gleichungssysteme mit zwei Variablen aufzustellen.
- lineare Gleichungssysteme auf verschiedene Arten zu lösen.
- die Lösungsmenge eines linearen Gleichungssystems anzugeben.

Sven ist Trainer in der Jugendabteilung eines Sportvereins. Für das 20-jährige Vereinsjubiläum möchte er Schirmmützen mit dem Vereinslogo besticken lassen.

- → Versand: KOSTENLOS!!!
- → Mindestmenge: 15 Stück
- → 3 Modelle zur Auswahl
- → Stickerentwurf einmalig 20,00 €
- → Ab 30 Mützen: 1 € Rabatt pro Mütze
- → Preise inklusive Stickerei:
  blau: 7,95 € grün: 12,50 € orange: 8,95 €

Sven hat 35 Mützen-Bestellungen vorliegen.

- Berechne die Kosten für die unterschiedlichen Modelle.
- Sven bestellt die Mützen für insgesamt 422,50 €. Welches Modell hat er bestellt?

Alle Zahlen, die man in eine Gleichung einsetzen darf, bezeichnet man als ***Grundmenge*** $\mathbb{G}$*. Die Lösungen der Gleichung müssen aus dieser Menge* $\mathbb{G}$ *stammen.*

Kurzschreibweise für Äquivalenzumformungen: Verwende einen Strich „|", hinter dem man die Änderung notiert.

MERKWISSEN

Um die **Lösungsmenge** $\mathbb{L}$ einer **linearen Gleichung** zu bestimmen, vereinfacht man die Gleichung schrittweise bis die Variable auf einer Seite der Gleichung alleine steht. Bei diesen Umformungen darf sich die Lösungsmenge nicht ändern. Die einzelnen Schritte nennt man **Äquivalenzumformungen.**
Man zählt alle Lösungen in der Lösungsmenge $\mathbb{L}$ auf. Es gibt drei Möglichkeiten:

- Es gibt keine Lösung in der Grundmenge $\mathbb{G}$.Die Lösungsmenge ist leer: $\mathbb{L} = \varnothing$
- Man findet Lösungen in der Grundmenge $\mathbb{G}$, z. B. $x = -2$ und $x = 2$. $\mathbb{L} = \{-2; 2\}$
- Alle Zahlen der Grundmenge $\mathbb{G}$ lösen die Gleichung. $\mathbb{L} = \mathbb{Q}$, wenn $\mathbb{G} = \mathbb{Q}$

Mögliche Umformungen:	Beispiel:
Auf beiden Seiten der Gleichung wird ... • die gleiche Zahl oder der gleiche Term addiert oder subtrahiert. • die gleiche Zahl ($\neq 0$) multipliziert oder dividiert.	$3x + 8 = -7$; $\mathbb{G} = \mathbb{Z}$ Kurzschreibweise: $3x + 8 = -7 \quad \vert -8$ $3x = -15 \quad \vert :3$ $x = -5$ -5 ist in der Grundmenge enthalten. $\mathbb{L} = \{-5\}$

BEISPIELE

Mögliche Lösungsmengen:
$\mathbb{L} = \varnothing$: keine Lösung in $\mathbb{G}$
$\mathbb{L} = \{-2\}$: eine Lösung in $\mathbb{G}$
$\mathbb{L} = \mathbb{G}$: alle Zahlen aus $\mathbb{G}$

I Bestimme die Lösungsmenge ($\mathbb{G} = \mathbb{Z}$).

a) $3 \cdot (x + 8) - x = 6$ b) $2 + 5z - 2 = 5z$ c) $4x - 2 = 0$

Lösung:

a)
$$3 \cdot (x + 8) - x = 6$$
$$3x + 24 - x = 6$$
$$2x + 24 = 6 \quad \vert -24$$
$$2x = -18 \quad \vert :2$$
$$x = -9$$
$\mathbb{L} = \{-9\}$

b)
$$2 + 5z - 2 = 5z$$
$$5z = 5z$$
Die Gleichung ist für alle $x \in \mathbb{Z}$ erfüllt.
$\mathbb{L} = \mathbb{Z}$

c)
$$4x - 2 = 0 \quad \vert +2$$
$$4x = 2 \quad \vert :4$$
$$x = \frac{1}{2}$$
$\frac{1}{2} \notin \mathbb{Z}$
$\mathbb{L} = \varnothing$

II In einem gleichschenkligen Dreieck ist die Basis 3,5 cm länger als jeder Schenkel. Der Umfang des Dreiecks beträgt 20 cm. Bestimme die Länge der Schenkel.

Lösung:
Länge der Basis: x; Länge eines Schenkels: $x - 3,5$
Umfang: $x + 2 \cdot (x - 3,5) = 20$; $\mathbb{G} = \mathbb{Q}^+$

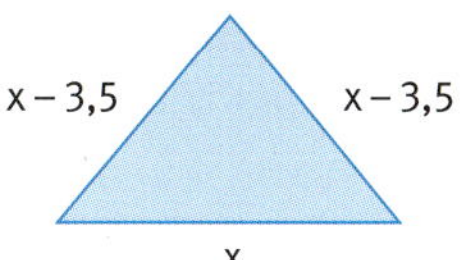

$$\begin{aligned} x + 2 \cdot (x - 3,5) &= 20 && \mid \text{Klammer auflösen} \\ x + 2x - 7 &= 20 && \mid \text{vereinfachen} \\ 3x - 7 &= 20 && \mid +7 \\ 3x &= 27 && \mid :3 \\ x &= 9 \end{aligned}$$

Die Basis ist 9 cm, jeder Schenkel 5,5 cm lang.

Alternativ kann man die Länge des Schenkels auch mit x und die der Basis mit x + 3,5 bezeichnen. Probiere aus, ob das Ergebnis dasselbe ist.

VERSTÄNDNIS

- In welchen Fällen hat $x = -x$ genau eine Lösung (keine Lösung)?

AUFGABEN

1 Bestimme die Lösungsmenge durch Äquivalenzumformungen ($\mathbb{G} = \mathbb{Q}$).

a) $8x - 8 = 24$ **b)** $5 - 2y + 10 = 0$ **c)** $4 \cdot 3x + 3 = 123$
d) $18a + 5 = 32$ **e)** $3x + 7 = 4x + 8$ **f)** $r : 4 + 2 = -1 + r$
g) $5x + 20 = 5$ **h)** $8x + 7 + 2x = 32$ **i)** $4 \cdot 3x + 5 = -2$
j) $5\,(2,2 + x) = 3$ **k)** $-(x + 2) = 3$ **l)** $\frac{4}{3} \cdot (3x + 12) = -8$

Lösungen zu 1:
$\mathbb{L} = \{-6\}$; $\mathbb{L} = \{-5\}$; $\mathbb{L} = \{-3\}$; $\mathbb{L} = \{-1,6\}$; $\mathbb{L} = \{-1\}$; $\mathbb{L} = \left\{-\frac{7}{12}\right\}$; $\mathbb{L} = \{1,5\}$; $\mathbb{L} = \{2,5\}$; $\mathbb{L} = \{4\}$; $\mathbb{L} = \{4\}$; $\mathbb{L} = \{7,5\}$; $\mathbb{L} = \{10\}$

2 **a)** Bestimme jeweils eine ursprüngliche Gleichung, die bei den gegebenen Umformungen zur gegebenen Lösungsmenge führt ($\mathbb{G} = \mathbb{Q}$).

①	②	③	④
$\mid +3x$	$\mid -2x$	$\mid +x$	$\mid -8x$
$\mid -7$	$\mid +5$	$\mid -12$	$\mid +4$
$\mid :4$	$\mid :(-2)$	$\mid \cdot(-2)$	$\mid \cdot\left(\frac{1}{5}\right)$
$\mathbb{L} = \{-4\}$	$\mathbb{L} = \{12\}$	$\mathbb{L} = \left\{\frac{1}{4}\right\}$	$\mathbb{L} = \{0,8\}$

b) Begründe, warum es in a) auch andere Gleichungen geben kann als diejenigen, die du gefunden hast. Nenne Beispiele.

3 Bestimme die Lösungsmenge durch Äquivalenzumformungen ($\mathbb{G} = \mathbb{Q}$).

a) $5x + 6 - x = 8x - 4$ **b)** $3 \cdot (x + 8) - x = 7$ **c)** $\frac{5 - 2x}{3x} = 3$
d) $4 + 8y = 2,5y - (4 + 5,5y)$ **e)** $0,8 \cdot (5 + 2,5r) = (2r + 1) : 5$ **f)** $\frac{a - 4}{a} = \frac{5}{2a}$

4 Stelle die Gleichungen mithilfe von Äquivalenzumformungen zur rot markierten Größe um. Welche Bedeutung haben die einzelnen Variablen?

Flächeninhalt Trapez:	Umfang Rechteck:	Volumen Dreiecksprisma:
$A = \frac{a + c}{2} \cdot h$	$u = 2 \cdot (a + b)$	$V = \frac{1}{2} a \cdot h_a \cdot h$

5 Wie heißt die gesuchte Zahl? Bestimme $\mathbb{G}$.

a) Ich denke mir eine natürliche Zahl, addiere zu ihr das 3-Fache ihres Nachfolgers und erhalte 51.

b) Addiert man zum 1,5-Fachen einer positiven rationalen Zahl das Vierfache ihrer Gegenzahl, so erhält man 654.

c) Multipliziert man eine rationale Zahl mit dem Nachfolger ihrer Gegenzahl, so erhält man das 3-Fache dieser Zahl.

Der Eintritt in den Zoo kostet die Familien Meier und Michel insgesamt 91 €. Es gehen insgesamt 4 Erwachsene und 6 Kinder, wobei ein Kind noch keinen Eintritt zahlen muss.

- Mache verschiedene Vorschläge für mögliche Eintrittspreise.
- Begründe, welche Lösung du sinnvoll findest.

Gleichungen können auch mehr als zwei Variablen haben. In der Schule spielen diese Gleichungen aber keine Rolle.

Erinnere dich:
$y = m \cdot x + t$

lineare Zuordnung
proportionale Zuordnung
+t
y
t
0
x

Merkwissen

Lineare Gleichungen können auch **zwei Variablen** enthalten.
Jedes **Zahlenpaar (x|y)**, das die Gleichung erfüllt, ist eine **Lösung** der Gleichung.

Beispiel: Bestimme Lösungspaare der linearen Gleichung $-x + 2y = -1$.

nach y auflösen:

$$-x + 2y = -1 \quad | + x$$
$$2y = x - 1 \quad | : 2$$
$$y = \frac{1}{2}x - \frac{1}{2}$$

① Werte für x einsetzen und y berechnen oder ...

x	−1	0	3
y	−1	$-\frac{1}{2}$	1

② Graph zeichnen und Lösungen ablesen

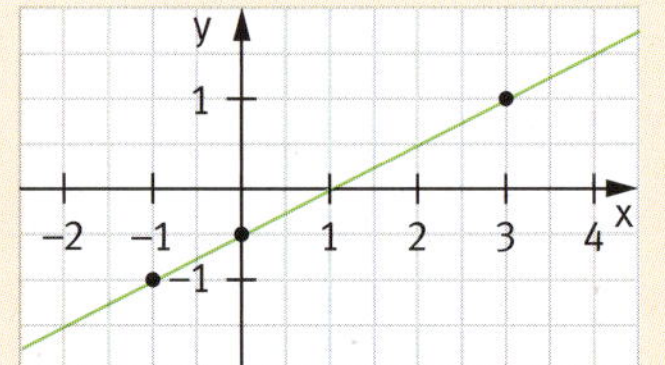

Beispiele

$-x$ bedeutet $-1 \cdot x$. Also ist die Steigung -1.

I Bestimme grafisch und rechnerisch fünf Lösungspaare der Gleichung $2x + 2y = 3$.

Lösungsmöglichkeit:

$2x + 2y = 3 \quad | -2x \iff 2y = -2x + 3 \quad | : 2 \iff y = -x + \frac{3}{2}$

	A	B	C	D	E
x	−0,5	0	0,5	1	1,5
y	2	1,5	1	0,5	0

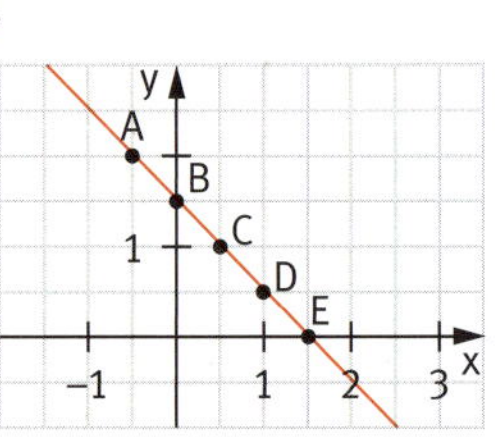

Verständnis

- Begründe, warum eine solche Gleichung „linear" heißt.
- Erkläre, warum es bei einer Gleichung mit zwei Variablen unendlich viele Zahlenpaare gibt, die die Gleichung lösen.

1 Welche der Zahlenpaare sind Lösungen der Gleichung $4x = y + 8$?

(−2 | 0) (1 | −2) (−9 | −44) (24 | 8) (20 | −72) (15 | 52)

2 Die Zahlenpaare lösen die lineare Gleichung $2y - 4x = -10$. Vervollständige die Lücken.

a) (2 | □) **b)** (−5 | □) **c)** (0 | □) **d)** (□ | −20) **e)** (□ | 10)

3 Bestimme grafisch und rechnerisch jeweils fünf Zahlenpaare, die die Gleichung lösen.

a) $y = 2x + 5$ **b)** $5x - 2y + 10 = 0$ **c)** $7x + y = 6x$ **d)** $3x + 3y = 3$

4 ① $x + 2y = 2$ ② $6x - 3y = -6$ ③ $3x - 8 = 2y$ ④ $-0{,}5x - 7 = -2y$

a) Bestimme drei Lösungspaare der linearen Gleichung.

b) Zeichne die zugehörige Gerade. Bestimme m und t.

5 Der Umfang eines Grundstücks in Form eines Parallelogramms beträgt 190 m. Benenne drei Lösungspaare (x | y) und bestimme eine Gleichung zu der Geraden, auf der die Punkte liegen.

6 Aus einer 45 cm langen und 2 cm dicken Leiste soll ein Bilderrahmen ohne Verschnitt gebaut werden.

a) Bestimme verschiedene Seitenlängen x und y, die möglich sind.

b) Stelle den Sachverhalt grafisch dar.

c) Begründe, welche Lösungen realistisch sind.

Skizze:

7 Ergänze so, dass die Zahlenpaare Lösungen der Gleichung sind.

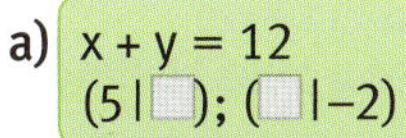

a) $x + y = 12$ (5 | □); (□ | −2) **b)** $2x + y = 20$ (6 | □); (□ | 6) **c)** $x - 2y = 8$ (□ | 8); (10 | □) **d)** $x - y = 13$ (5 | □); (□ | −3)

e) $2x + 3y = 48$ (12 | □); (□ | 10) **f)** $3y - 2x = 6$ (3 | □); (□ | 6) **g)** $4x - 3y = 0$ (3 | □); (□ | 8) **h)** $2 \cdot (x + y) = 12$ (□ | 3); (−1 | □)

8 Gegeben sind Lösungspaare einer linearen Gleichung.

①	(6 | −1)	(3 | 0,5)	(0 | 2)	③	(−2 | 7)	(0 | 5)	(4 | 1)
②	(−2 | 0,5)	$\left(3 \mid -\frac{3}{4}\right)$	(4 | −1)	④	(−5 | 0)	(−2,5 | 0,5)	(0,5 | 1,2)

a) Übertrage jeweils die drei Zahlenpaare in ein Koordinatensystem und bestimme die Gleichung der Geraden, auf denen die Punkte liegen.

b) Bestimme drei weitere mögliche Gleichungen, sodass die Lösungspaare alle auf der gezeichneten Geraden liegen. Erkläre, wie du die weiteren Gleichungen erhältst.

9 Bestimme a so, dass die Gleichung $2y = ax + 4$ durch das angegebene Zahlenpaar gelöst wird.

a) (1 | 4) **b)** (1 | −2) **c)** $\left(3 \mid \frac{1}{2}\right)$ **d)** (−3 | 5) **e)** (6 | 2)

In einem Gasthof gibt es Zwei- und Dreibettzimmer. Insgesamt hat der Gasthof 10 Zimmer mit 24 Betten. Zur Bestimmung der Anzahl der Zwei- und Dreibettzimmer werden lineare Gleichungen aufgestellt:

I $x + y = 10$ II $2x + 3y = 24$

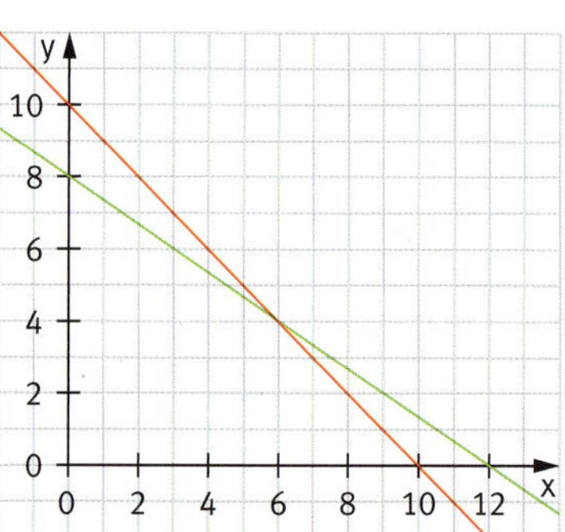

- Beschreibe die Bedeutung jeder Gleichung und insbesondere der verwendeten Variablen.

Um die Anzahl der Zimmer zu bestimmen, werden die Zahlenpaare, welche die Gleichungen erfüllen, grafisch dargestellt.

- Ordne den Geraden die zugehörige Gleichung zu. Begründe deine Wahl.
- Bestimme die Anzahl der Zwei- und Dreibettzimmer des Gasthofs.

zu 1:

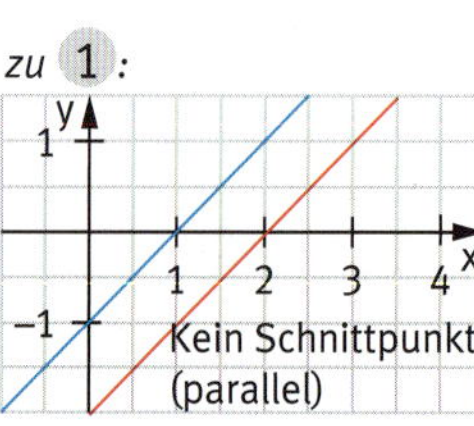

zu 2:

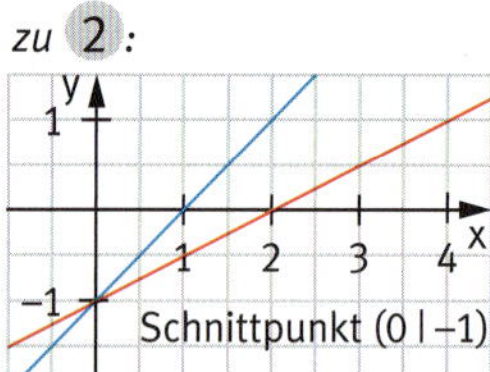

zu 3:

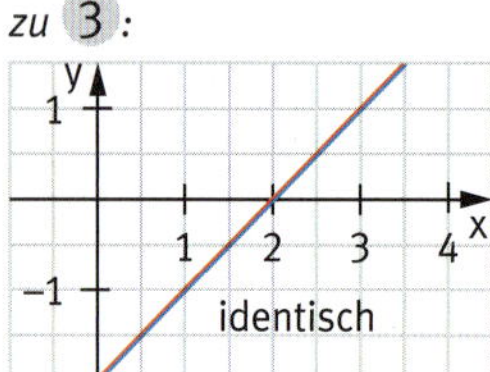

Merkwissen

Zwei Geraden können auf drei verschiedene Weisen in einer Ebene zueinander liegen, somit gibt es drei Möglichkeiten der Lösung für ein lineares Gleichungssystem.

Lage zweier Geraden in der Ebene	Lösung eines zugehörigen linearen Gleichungssystems
1 Die Geraden haben keinen gemeinsamen Punkt, sie sind parallel.	Es gibt kein Zahlenpaar, das beide Gleichungen erfüllt und damit **keine Lösung**. Schreibweise: $\mathbb{L} = \varnothing$
2 Die Geraden **schneiden sich** in genau einem Punkt.	Es gibt genau ein Zahlenpaar, das beide Gleichungen erfüllt. Es gibt genau **eine Lösung**.
3 Die Geraden sind **identisch** (d. h. sie liegen übereinander).	Jedes Zahlenpaar, das die erste Gleichung erfüllt, ist auch Lösung der zweiten Gleichung. Es gibt **unendlich viele Lösungen**.

Beispiele

I Bestimme die Lösungsmenge. Beschreibe die Lösungen.

a) I $y = 0{,}5x + 1$
II $y = -x + 4$

b) I $y = 0{,}8x + 1{,}5$
II $y = \frac{4}{5}x$

c) I $y = x + 0{,}5$
II $y = 2 \cdot \left(\frac{1}{2}x + \frac{1}{4}\right)$

Lösung:

a)

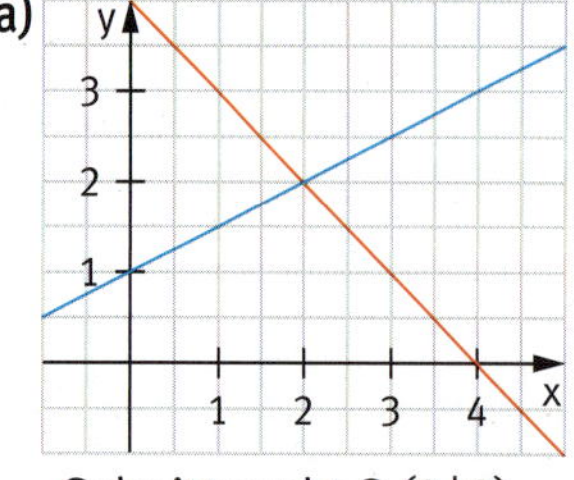

Schnittpunkt S (2 | 2)
$\mathbb{L} = \{(2|2)\}$

b)

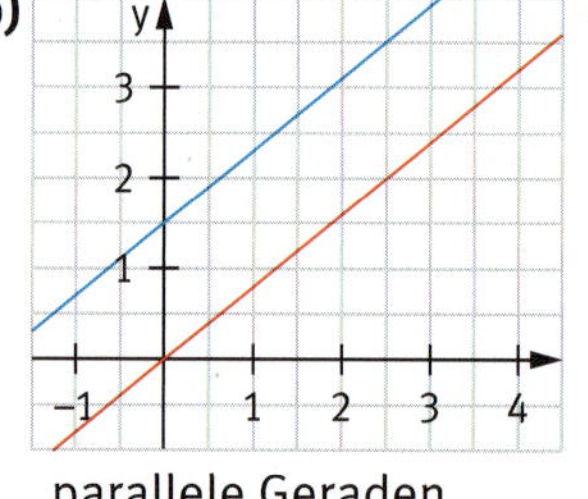

parallele Geraden
$\mathbb{L} = \varnothing$

c)

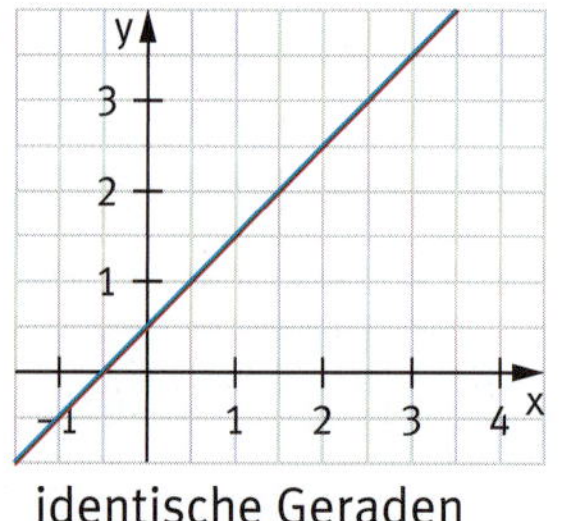

identische Geraden
$\mathbb{L} = \{(x|y) \text{ mit } y = x + \frac{1}{2}\}$

$\mathbb{L} = \{(x|y)$ mit $y = x + 0{,}5\}$ bedeutet: Alle Zahlenpaare $(x|y)$, die die Bedingung $y = x + 0{,}5$ erfüllen, gehören zur Lösungsmenge.

Oder anschaulich: alle Punkte $(x|y)$, die auf der Geraden $y = x + 0{,}5$ liegen, gehören zur Lösungsmenge.

Verständnis

- Begründe, weshalb die Probe beim grafischen Lösungsverfahren besonders wichtig ist.
- Beschreibe den Graph von $x = 3$ und $y = -1$.
- Entscheide, ob die Lösungsmenge eines linearen Gleichungssystems aus genau zwei Zahlenpaaren bestehen kann. Begründe.

Aufgaben

1 Überprüfe durch Einsetzen, ob die Zahlenpaare zur Lösungsmenge einer Gleichung gehören oder sogar das lineare Gleichungssystem erfüllen.

	I	II			
a)	$y = x$	$y = -0{,}5x + 3$	$(2 \mid 2)$	$(6 \mid 6)$	$(8 \mid 3)$
b)	$y = -x + 6$	$y = \frac{1}{2}x - 3$	$(6 \mid 0)$	$(4 \mid -1)$	$(5 \mid 1)$
c)	$y = -x + 2$	$y = 2x - 1$	$(5 \mid -3)$	$(0 \mid 3)$	$\left(\frac{1}{2} \mid 0\right)$
d)	$y = \frac{2}{3}x + \frac{1}{3}$	$y = -\frac{4}{3}x + \frac{1}{3}$	$\left(2 \mid \frac{5}{3}\right)$	$(10 \mid 9)$	$\left(0 \mid \frac{1}{3}\right)$
e)	$y = 3x - 3$	$y = -5x + 1$	$(1 \mid -2)$	$(3 \mid -3)$	$\left(\frac{1}{2} \mid -1{,}5\right)$
f)	$y = -3x - 1$	$y = 2x + 19$	$(1 \mid 1)$	$(-4 \mid 11)$	$(0 \mid 19)$

2 Prüfe, welches Zahlenpaar das Gleichungssystem jeweils erfüllt.

a) I $0 = 4x + 5y$
II $-5y = -20$

b) I $3x + 3y = -3$
II $-3x + 1{,}5 = 6y$

$(4{,}5 \mid -3{,}5)$ $(0{,}5 \mid 2{,}5)$ $(4 \mid 5)$ $(2 \mid -5)$ $(-5 \mid 4)$

$(3 \mid 0)$ $(7 \mid 4)$ $(-1{,}5 \mid -3{,}5)$ $(-2{,}5 \mid 1{,}5)$

3 Bestimme die Lösungsmenge zeichnerisch. Mache die Probe.

a)	I $y = x - 3$ II $y = -x + 7$	**b)**	I $y = 2x$ II $y = 0{,}5x + 3$	**c)**	I $y = x - 3$ II $y = 4 + x$	**d)**	I $y = 4x - 1$ II $y = -0{,}5x + 3{,}5$
e)	I $y = x$ II $y = -2x + 6$	**f)**	I $y = x + 2$ II $y = 2x + 3$	**g)**	I $y = 0{,}5x - 1$ II $y = 0{,}5x + 1$	**h)**	I $y = 2$ II $y = -x + 5$
i)	I $y = \frac{1}{3}x + 1$ II $y = -2x + 8$	**j)**	I $y = -x - 1$ II $y = x - 2$	**k)**	I $y = -1$ II $y = 2$	**l)**	I $y = -x + 3$ II $y = x + 1$

Lösungen zu 3:
$\mathbb{L} = \{(5 \mid 2)\}$; $\mathbb{L} = \{(2 \mid 4)\}$; $\mathbb{L} = \varnothing$; $\mathbb{L} = \{(1 \mid 3)\}$; $\mathbb{L} = \{(2 \mid 2)\}$; $\mathbb{L} = \{(-1 \mid 1)\}$; $\mathbb{L} = \varnothing$; $\mathbb{L} = \{(3 \mid 2)\}$; $\mathbb{L} = \{(3 \mid 2)\}$; $\mathbb{L} = \{(0{,}5 \mid -1{,}5)\}$; $\mathbb{L} = \varnothing$; $\mathbb{L} = \{(1 \mid 2)\}$

4 **a)** Stelle zwei Gleichungen auf und löse zeichnerisch.

1. Anna und ihre kleine Schwester Marie sind zusammen 16 Jahre alt. Anna ist zwei Jahre älter als Marie.
2. Herr Kachel ist in 5 Jahren doppelt so alt wie sein heute 20 Jahre jüngerer Neffe Tobias. Wie alt sind die beiden heute?

b) Erfinde selbst ein Altersrätsel und lasse es von einem Mitschüler lösen.

1 I $-3x + 14y = -1$
II $5x + y = 4$

2 I $2x = y + 27$
II $0{,}5x + y = 68$

- Löse das lineare Gleichungssystem zeichnerisch. Welche Probleme ergeben sich?
- Welche Vor- und Nachteile kann das zeichnerische Lösen eines linearen Gleichungssystems haben? Diskutiere mit einem Partner.

Merkwissen

Es gibt verschiedene Verfahren, um ein lineares Gleichungssystem zu lösen.

Das Einsetzungsverfahren wird auch Substitutionsverfahren genannt. (substituere (lat.) bedeutet „ersetzen")

Einsetzungsverfahren
Löst man eine der Gleichungen nach einer Variable (z. B. y) auf, dann kann man den erhaltenen Term für die Variable in die andere Gleichung einsetzen.

Beispiel:
I $-x - 2y = 3$
II $y = 2x$

einsetzen

$-x - 2 \cdot (2x) = 3$

Es folgt: $x = -\frac{3}{5}$

Einsetzen in II: $y = 2 \cdot \left(-\frac{3}{5}\right) = -1\frac{1}{5}$

Probe: I $\frac{3}{5} - 2 \cdot \left(-\frac{6}{5}\right) = 3$ wahr
II $-\frac{6}{5} = 2 \cdot -\frac{3}{5}$ wahr

*Das Lösungsprinzip für lineare Gleichungssysteme besteht darin, aus zwei Gleichungen mit zwei Variablen eine Gleichung mit einer Variable zu erhalten. Man sagt, eine Variable wird **eliminiert**.*

Gleichsetzungsverfahren
Löst man beide Gleichungen nach einer Variable (z. B. y) auf oder liegen die Gleichungen schon in dieser Form vor, dann kann man die Terme gleichsetzen.

Beispiel:
I $y = 2x - 1$
II $y = -x + 5$
gleichsetzen
$2x - 1 = -x + 5$

Es folgt: $x = 2$

Einsetzen in I: $y = 2 \cdot 2 - 1 = 3$

Probe: I $3 = 2 \cdot 2 - 1$ wahr
II $3 = -2 + 5$ wahr

Mithilfe von Äquivalenzumformungen lassen sich die Koeffizienten zu einer Variable in beiden Gleichungen auf die gewünschte Form bringen.

Additionsverfahren
Die Gleichungen werden addiert. Dabei soll möglichst eine Variable wegfallen. Gegebenenfalls muss zuvor mindestens eine der beiden Gleichungen mit reellen Zahlen multipliziert werden.

Beispiele:

I $2x - 2y = -5$
II $4x + 2y = -7$
I + II $6x = -12$ | : 6
$\Leftrightarrow$ $x = -2$

Einsetzen in I:
$2 \cdot (-2) - 2y = -5$
$\Leftrightarrow$ $y = \frac{1}{2}$
$\mathbb{L} = \left\{\left(-2 \mid \frac{1}{2}\right)\right\}$

Probe: II $4 \cdot (-2) + 2 \cdot \frac{1}{2} = -7$ wahr

I $6x - 5y = 9$ | · 2
II $4x - 7y = -5$ | · (−3)
I $12x - 10y = 18$
II $-12x + 21y = 15$
I + II $11y = 33$ | : 11
$\Leftrightarrow$ $y = 3$

Einsetzen in I:
$6x - 5 \cdot 3 = 9$
$\Leftrightarrow$ $x = 4$
$\mathbb{L} = \{(4 \mid 3)\}$

Probe: II $4 \cdot 4 - 7 \cdot 3 = -5$ wahr

Die Probe macht man insbesondere mit der Gleichung, die man nicht für das Einsetzen genutzt hat.

BEISPIELE

I Löse das Gleichungssystem I $-y = x + 2$ mit dem ...
II $x + 2y = 4$

a) Einsetzungsverfahren. **b)** Gleichsetzungsverfahren.

Lösungsmöglichkeit:

a) 1 I $y = -x - 2$
II $x + 2y = 4$

2 I einsetzen in II:
$x + 2 \cdot (-x - 2) = 4 \quad |$ vereinfachen
$-x - 4 = 4 \quad | +4$
$-x = 8 \quad | \cdot (-1)$
$x = -8$

3 x einsetzen in I:
$y = -(-8) - 2$
$y = 6$
$\mathbb{L} = \{(-8|6)\}$

Probe: $-6 = -8 + 2$ wahr
$-8 + 2 \cdot 6 = 4$ wahr

b) 1 I $x = -y - 2$
II $x = -2y + 4$

2 I und II gleichsetzen:
$-y - 2 = -2y + 4 \quad | +2y + 2$
$y = 6$

3 y einsetzen in I:
$x = -6 - 2$
$x = -8$
$\mathbb{L} = \{(-8|6)\}$

Probe: $-6 = -8 + 2$ wahr
$-8 + 2 \cdot 6 = 4$ wahr

Vorgehen:

1 Gleichungen nach einer Variable auflösen

*2 **Einsetzen** bzw. **Gleichsetzen** der Gleichungen; Lösen der Gleichung*

3 Einsetzen des Wertes einer Variable in eine ursprüngliche Gleichung und auflösen nach der anderen Variable

Mit der Probe überprüfst du die Lösung.

c) Löse das lineare Gleichungssystem I $y = -2x + 6{,}5$
II $3y - 4x = 2$

mit dem Additionsverfahren.

Lösungsmöglichkeit:

1
I $y = -2x + 6{,}5 \quad | \cdot 2$
II $3y = 4x + 2$
I $2y = -4x + 13$
II $3y = 4x + 2$
I + II $5y = 15 \quad | :5$
$y = 3$

2 y einsetzen in I: $3 = -2x + 6{,}5$
$\Leftrightarrow x = 1{,}75$
$\mathbb{L} = \{(1{,}75|3)\}$

Probe:
$3 = -2 \cdot 1{,}75 + 6{,}5$ wahr
$3 \cdot 3 - 4 \cdot 1{,}75 = 2$ wahr

VERSTÄNDNIS

- Begründe, dass das Gleichsetzungsverfahren ein Sonderfall des Einsetzungsverfahrens ist.
- Erläutere, dass durch ein rechnerisches Verfahren die Lösungsmenge eines linearen Gleichungssystems nicht verändert wird.

AUFGABEN

1 Löse mit dem Einsetzungsverfahren.

a) I $2x + 5y = 4$
II $y = 2x + 8$

b) I $3x + y = 15$
II $y = 5x - 11$

c) I $x - y = 5$
II $x = 2y - 4$

d) I $-2x + 4y = -28 - 4y$
II $2x - 4y = 32$

e) I $-15x = -8y$
II $-10 = -4y + 5x$

f) I $-4y = -7x - 5{,}5$
II $0 = 4y - 8x$

2 Isa behauptet, dass das Gleichungssystem
I $-2x = 18 + y$
II $0 = -2y + 36$

gut mit dem Additionsverfahren zu lösen ist. Stimmt das? Begründe.

3 Löse mit dem Gleichsetzungsverfahren.

a) I $y = 2x - 4$
II $3y = -2x + 12$

b) I $x - y = 65$
II $y = -x + 107$

c) I $6x + 2y = -10$
II $x + 2y = 5$

d) I $18{,}5 = x + 6$
II $11{,}5 + x - 2y = 0$

e) I $22x = -5y + 3{,}5$
II $-0{,}5 = 24x + 5y$

f) I $0 = -7 - y - 4x$
II $3y - 8x - 4y = -3$

4 Löse mit dem Additionsverfahren.

a) I $3x - 8y = -6{,}5$
II $3x - 4y = 9{,}5$

b) I $5 = 3x - 2y$
II $-7y + 9x = -2$

c) I $-3y = -22{,}5 + 3x$
II $6x = -3y - 7{,}5$

d) I $-11 + x = 0$
II $12 - 4y + 2x = 0$

e) I $-3x = -0{,}5 - 8y$
II $12 = -4y - 10$

f) I $-8x = 4 - 2y$
II $13x = 2y + 3x$

5 Sofie und Jenny lösen dasselbe Gleichungssystem.

Sofie

I $4x + 2y = 5$
II $10x + 4y = 6$

I $2y = -4x + 5$
II $2y = -5x + 3$

$-4x + 5 = -5x + 3$

Jenny

I $4x + 2y = 5$
II $10x + 4y = 6$

I $y = -2x + \frac{5}{2}$
II $y = -\frac{5}{2}x + \frac{3}{2}$

$-2x + \frac{5}{2} = -\frac{5}{2}x + \frac{3}{2}$

a) Vervollständige die Lösungswege in deinem Heft und vergleiche sie.

b) Welches Vorgehen findest du geschickter? Diskutiere mit einem Partner.

c) Löse das lineare Gleichungssystem möglichst geschickt.

① I $-3x + 2y = 2$
II $18x + 6y = 15$

② I $5x + 4y = 16$
II $x + 7y = 22$

③ I $2x + 2y = 10$
II $2x + 16y = 38$

6 ① ②

a) Formuliere eine passende Aufgabe zu jedem Bild und gib ein zugehöriges lineares Gleichungssystem an.

b) Löse die Gleichungssysteme aus a) mit einem Verfahren deiner Wahl. Gib die Bedeutung der Lösung für die dargestellte Situation an.

7 Löse die linearen Gleichungssysteme mit einem Verfahren deiner Wahl.

a) I $2x - 3y + 3 = 0$
II $2x = 3$

b) I $3x - 3y = -7$
II $3x = 11$

c) I $2x + 6y + 4 = 0$
II $y = -\frac{1}{3}x - \frac{2}{3}$

d) I $x + 4y = 4$
II $y = -\frac{1}{4}x + 1$

e) I $\frac{1}{3}x + \frac{1}{2}y = \frac{2}{3}$
II $3x - 5y = 25$

f) I $2x - 5y = -9$
II $2x + 7y = 1$

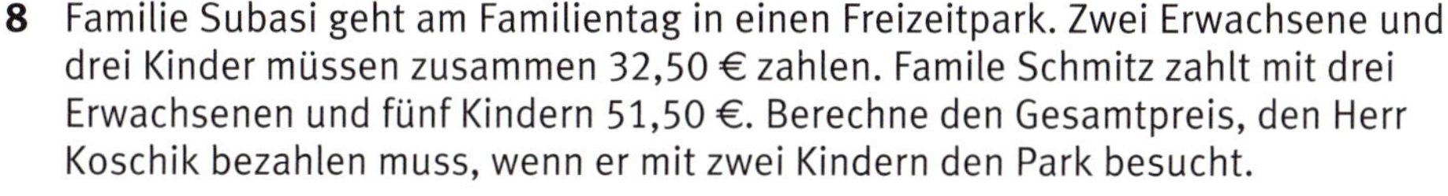

8 Familie Subasi geht am Familientag in einen Freizeitpark. Zwei Erwachsene und drei Kinder müssen zusammen 32,50 € zahlen. Famile Schmitz zahlt mit drei Erwachsenen und fünf Kindern 51,50 €. Berechne den Gesamtpreis, den Herr Koschik bezahlen muss, wenn er mit zwei Kindern den Park besucht.

9 Löse das folgende lineare Gleichungssystem mit einem beliebigen rechnerischen Lösungsverfahren.

a) I $-\frac{3}{2}y - \frac{1}{2}x = \frac{1}{4}$
II $0 = y + \frac{7}{2}$

b) I $0 = -\frac{1}{4} + \frac{3}{2}x - 11y$
II $21y - 3x = \frac{3}{2}$

c) I $-\frac{1}{5} = \frac{1}{5}x + 2y$
II $-\frac{3}{2} = 4y + \frac{1}{2}x$

d) I $2y - 2 = -\frac{1}{2}x$
II $3y - \frac{3}{2}x = -\frac{3}{2}$

e) I $-2y + 2 = x$
II $6y - 3x = -3$

f) I $y = \frac{1}{2}x + 2$
II $y = -2x + 6$

Beseitige zuerst die Brüche durch Multiplikation mit einem gemeinsamen Nenner.

Lösungen zu 9:
$\mathbb{L} = \{(-11|1)\}$;
$\mathbb{L} = \{(1,5|0,25)\}$;
$\mathbb{L} = \{(-14,5|-2)\}$;
$\mathbb{L} = \{(10|-3,5)\}$
$\mathbb{L} = \{2|\frac{1}{2}\}$; $\mathbb{L} = \{\frac{8}{5}|\frac{14}{5}\}$

10 Du hast verschiedene rechnerische Verfahren zur Lösung linearer Gleichungssysteme kennengelernt.

① I $y = 2x + 5$
II $y = -x + 3$

② I $y = 4 - x$
II $2x - y = 8$

③ I $6x - 3y = 5$
II $2x + 3y = 9$

a) Begründe, welches Verfahren für welches der obigen Beispiele am geeignetsten erscheint.

b) Löse das lineare Gleichungssystem mit dem gewählten Verfahren.

11 Löse die folgenden linearen Gleichungssysteme mit einem beliebigen rechnerischen Lösungsverfahren.

a) I $4x + 5y = 7$
II $3y - 4x = 17$

b) I $2x + 5y - 3 = 0$
II $3x + 8y = 4$

c) I $2x - 2y = x - 6$
II $3 \cdot (x + 3) = 4 \cdot (y - 2)$

d) I $7x + 32y = 13$
II $9x + 8y = 83$

e) I $-x + 7y = -12$
II $2x - y = 111$

f) I $3 \cdot (y - 4) = -(x + 8)$
II $x + 1 + 2y - 8 = 0$

g) I $12{,}5 + 2y = -x + 2y$
II $3 \cdot (1{,}5 - 2x) = -4y$

h) I $-6 \cdot (y - 3) = 5x$
II $5 \cdot (3y + 2x) = 0$

i) I $-34 = (-4) \cdot (y + x)$
II $(y + 0{,}5x) \cdot 4 = 40$

j) I $9y - 50 = 5x$
II $10y = (9 + x) \cdot 5$

k) I $2 \cdot (x + 4) = 0$
II $3y = 4x + 5 + 2y$

l) I $0 = 20 \cdot (y - x)$
II $-5x = 17 - 4y$

Lösungen zu 11:
$\mathbb{L} = \{(-19|-5)\}$;
$\mathbb{L} = \{(-17|-17)\}$;
$\mathbb{L} = \{(-12\frac{1}{2}|-19\frac{7}{8})\}$;
$\mathbb{L} = \{(-5|0,5)\}$;
$\mathbb{L} = \{(-4|-11)\}$;
$\mathbb{L} = \{(-3|11,5)\}$;
$\mathbb{L} = \{4|-1\}$; $\mathbb{L} = \{(11|-2)\}$;
$\mathbb{L} = \{(13|-3)\}$;
$\mathbb{L} = \{(18|-12)\}$;
$\mathbb{L} = \{(-2|3)\}$;
$\mathbb{L} = \{(58\frac{11}{13}|6\frac{9}{13})\}$

12 Stelle zunächst ein lineares Gleichungssystem auf. Bestimme die gesuchten Zahlen und gib die Bedeutung der von dir eingeführten Variablen an.

a) Die doppelte Summe zweier Zahlen ergibt 24, deren dreifache Differenz –6.

b) Eine Zahl ist um 8 größer als eine andere und um 10 kleiner als deren Dreifaches.

c) Eine zweistellige Zahl ist 2,5-mal so groß wie ihre Quersumme. Vertauscht man die Ziffern der Zahl, ergibt sich eine neue Zahl, die um 6 größer ist als das Dreifache der ursprünglichen Zahl.

1 Auch zahlreiche Alltagsaufgaben kann man mithilfe linearer Gleichungssysteme lösen.

Beispiel:
Laurenz ist in den Ferien auf einem Bauernhof. Dort zählt er die Hühner und Kühe und sagt seinem Vater Folgendes: „Zusammen sind es 23 Tiere. Insgesamt haben sie 62 Beine.“ Wie viele Hühner und Kühe sind auf dem Hof?

Lösungsmöglichkeit:

Variablen zuordnen:	Anzahl Kühe: x; Anzahl Hühner: y
Gleichung aufstellen zur 1. Bedingung: Zusammen sind es 23 Tiere.	$x + y = 23$
Gleichung aufstellen zur 2. Bedingung: Insgesamt haben sie 62 Beine.	$4x + 2y = 62$
Lineares Gleichungssystem mit einem Verfahren lösen	I $x + y = 23$ $\mid -x$ II $4x + 2y = 62$ I $y = -x + 23$ II $4x + 2y = 62$ I einsetzen in II: $4x + 2 \cdot (-x + 23) = 62$ $4x - 2x + 46 = 62$ $\mid -46$ $2x = 16$ $\mid :2$ $x = 8$ einsetzen in II: $y = -8 + 23 = 15$ Probe: $8 + 15 = 23$ wahr $32 + 30 = 62$ wahr $\mathbb{L} = \{(8\mid15)\}$
Lösung auf Ausgangssituation beziehen	Es sind 8 Kühe und 15 Hühner.

a) Erkläre einem Partner mit eigenen Worten das obige Vorgehen.

b) Löse ebenso: Andreas und Malte zählen auf einem Autobahnrastplatz 60 Fahrzeuge mit insgesamt 414 Rädern. Dabei haben Pkw 4 Räder und Lkw 10 Räder. Wie viele Fahrzeuge jeder Sorte standen auf dem Rastplatz?

2 Die 31 Kinder der Klasse 8c essen am Projekttag in der Schulcafeteria ihr Mittagessen. Das vegetarische Menü kostet 3,50 €, das Menü mit Fleisch kostet 3,60 €. Insgesamt zahlen sie 110,30 €.

3 188 Eier werden in 24 Eierkartons verpackt. Wie viele Kartons von jeder abgebildeten Art hat man verwendet?

4 In einem Hotel gibt es nur Einzel- und Doppelzimmer. Wie viele Einzel- und wie viele Doppelzimmer hat das Hotel?

Ruhige Lage,
116 Zimmer,
192 Betten
Übernachtung
ab 49 €

5 In einem Hotel mit 98 Betten stehen zusammen 60 Einzel- und Doppelzimmer zur Verfügung.

a) Stelle ein lineares Gleichungssystem für den Sachverhalt auf.

b) Löse das Gleichungssystem mithilfe einer Zeichnung (1 cm ≙ 10 Zimmer). Bestätige dein Ergebnis durch eine Rechnung.

6 a) Sven ist zurzeit viermal so alt wie sein Bruder Paul. Vor drei Jahren war Sven siebenmal so alt wie Paul. Wie alt sind Sven und Paul heute?

1 Erkläre und vervollständige den folgenden Ansatz:

	heute	vor 3 Jahren
Alter von Sven in Jahren:	x	x − 3
Alter von Paul in Jahren:	y	y − 3
	I x = 4y	II x − 3 = ☐

b) Berechne ebenso: Wie alt sind die Personen heute?

1 Marcos Onkel ist heute dreimal so alt wie Marco. Vor fünf Jahren war er viermal so alt wie Marco.

2 Majas Mutter ist in zwei Jahren doppelt so alt wie Maja. Vor acht Jahren war sie noch dreimal so alt wie ihre Tochter.

3 Herr Müller ist dreimal so alt wie seine Nichte Nicole. Zusammen sind sie 64 Jahre alt.

7 Ein Lkw einer Spedition fährt seine Ladung mit einer Geschwindigkeit von 80 km/h über 230 km zu seinem Kunden. Eine halbe Stunde nach der Abfahrt bemerkt der Juniorchef, dass ein wichtiger Artikel fehlt und fährt ihn mit seinem Sportwagen mit einer Geschwindigkeit von 120 km/h hinterher. Trifft der Juniorchef den Fahrer noch vor dem Ziel? Begründe.

8 Bei der Stichwahl für das Amt der Bürgermeisterin siegt Frau Schwab mit einer Mehrheit von 1236 Stimmen gegenüber Frau Beyer. Das Stimmenverhältnis der gültigen Stimmen war 5 : 4.
Wie viele Stimmen hatte jede der beiden Kandidatinnen?

9 Bei einem Fußballturnier haben Hansi und Thomas zusammen 13 Tore geschossen. Hätte Hansi 2 Tore weniger und Thomas 3 Tore mehr geschossen, hätten beide gleich viele Tore geschossen. Wie viele Tore hat jeder erzielt?

1 Gib jeweils eine lineare Gleichung so an, dass die gegebenen Zahlenpaare Lösungen der Gleichung sind.

a) $(-2|1)$; $(2|-1)$ **b)** $(-1|-1)$; $(1|3)$ **c)** $(-5|-2)$; $(-3|-1)$

2 Gib jeweils fünf Zahlenpaare an, welche die Gleichung lösen.

a) $3y + 4x = 12$ **b)** $x + y = 1$ **c)** $2x - 2y = 7$

3 Stelle folgende Gleichung grafisch dar.
$-4{,}5x - 10{,}5 = -3y$

Vergiss die Probe nicht.

4 Bestimme die Lösungsmenge des linearen Gleichungssystems zeichnerisch.

a) I $-x - 5y = 41{,}5$
II $5y + 2x + 40{,}5 = 0$

b) I $-2y = x - 11$
II $2y + 2x = 10$

c) I $2x - y = 3$
II $x - y = 1$

5 **a)** Gib jeweils ein lineares Gleichungssystem mit zwei Variablen so an, dass es ...
1 keine Lösung hat.
2 genau eine Lösung hat.
3 unendlich viele Lösungen hat.

b) Überprüfe deine Lösungen grafisch.

Findest du mehrere Möglichkeiten?

6 Bestimme zu den folgenden Graphen eine zugehörige Gleichung und lies die Lösung ab. Mache jeweils eine Probe.

a)

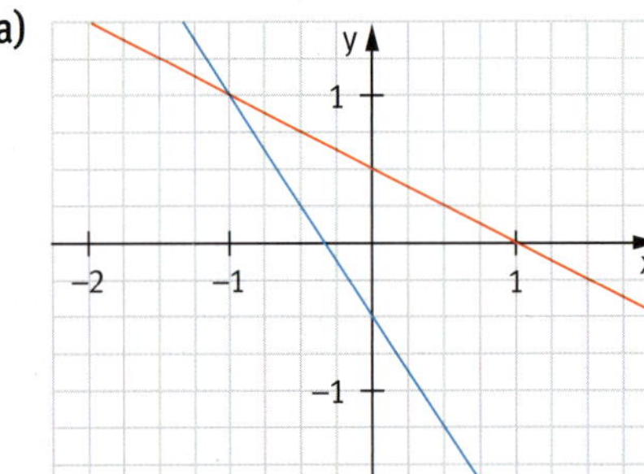

b)

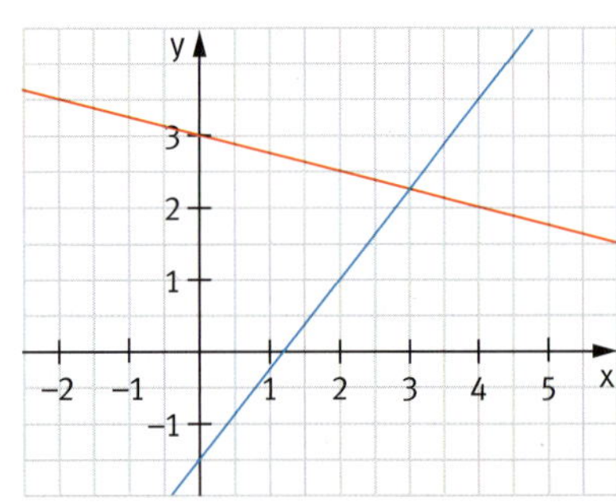

7 Aus der Geometrie. Stelle ein lineares Gleichungssystem auf und löse es.

a) Im Dreieck ABC mit $\alpha = 42°$ ist γ um $24°$ größer als β. Bestimme β und γ.

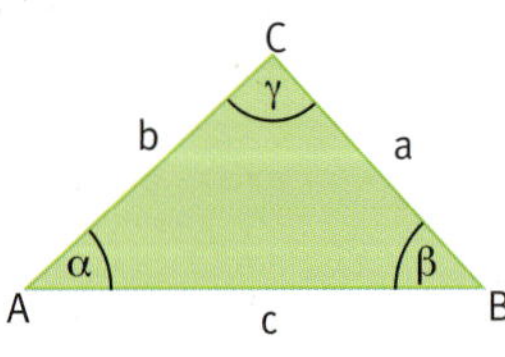

b) Ein Rechteck hat einen Umfang von 46 cm. Verlängert man eine Seite um 3 cm und verkürzt die andere gleichzeitig um 3 cm, so wächst der Flächeninhalt um $21\ \text{cm}^2$. Bestimme die Seitenlängen.

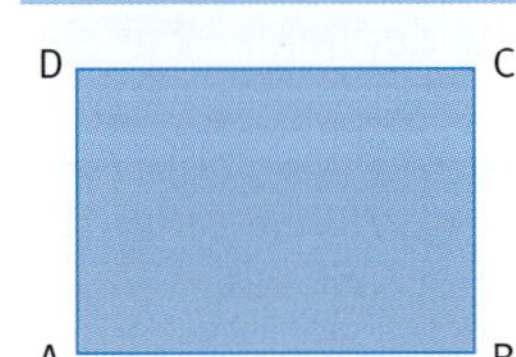

c) Ein Parallelogramm hat einen Umfang von 15 cm. Die Seite a ist um 1,5 cm länger als die Seite b. Bestimme a und b.

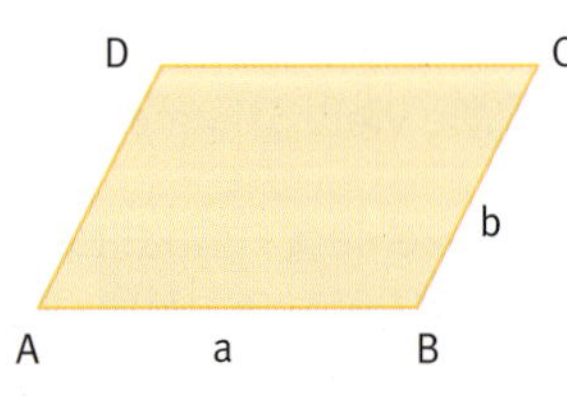

8 Löse mit dem Einsetzungsverfahren.

a) I $-3x + 3{,}5 = 5y$ II $3x + 2 = -37$ **b)** I $0 = -x - 8{,}5$ II $-2x = 3y - 4$ **c)** I $6x + 8y = 8$ II $-12 = 4x + 4y$ **d)** I $4 = 4x - 2y$ II $4x - y + 12 = 0$

9 Löse mit dem Gleichsetzungsverfahren.

a) I $y = -x - 10$ II $y = -2x - 6$ **b)** I $6 + 3x = 0$ II $-4y - 12x = 0$ **c)** I $-12y + 4x = 4$ II $-10 + 4y = 2x$ **d)** I $2y + 80 = -5x$ II $-y = 85 + 5x$

10 Löse mit dem Additionsverfahren.

a) I $-4x = 36 + 2y$ II $0 = -2y + 36$ **b)** I $7{,}5 = 5a$ II $-5b + 50a = -12{,}5$ **c)** I $-4 = -4r + 4s$ II $-17{,}5 = -s$

11 Löse das lineare Gleichungssystem mit einem beliebigen Verfahren.

a) I $x = 2y - 5$ II $y = \frac{1}{2}(3x - 8)$ **b)** I $3x + 5y = 7$ II $-5x - 8y + 2 = 0$ **c)** I $6y + 9x + 12 = 0$ II $x = 45 - 7y$

d) I $-11{,}5 = -a$ II $-2b - 3{,}5 = -3a$ **e)** I $52 = -3y + 2x$ II $-3y = -4x + 50$ **f)** I $-6m = 60 + 4n$ II $-4n - 64 = 4m$

Lösungen zu 11:
$\mathbb{L} = \{(-46|29)\}$;
$\mathbb{L} = \{(-6\frac{4}{19}|7\frac{6}{19})\}$;
$\mathbb{L} = \{(-1|-18)\}$;
$\mathbb{L} = \{(2|-18)\}$;
$\mathbb{L} = \{(6\frac{1}{2}|5\frac{3}{4})\}$;
$\mathbb{L} = \{(11\frac{1}{2}|15\frac{1}{2})\}$;

12 Von „Rechenmeister" Adam Ries ist folgende Aufgabe überliefert:

Jemand stellt einen Arbeiter für 30 Tage an. Wenn er arbeitet, bekommt er 7 Pfennig am Tag; wenn er nicht arbeitet, muss er 3 Pfennig am Tag bezahlen. Nach 30 Tagen ist keiner dem anderen etwas schuldig.

Wie viele Tage hat der Arbeiter gearbeitet und wie viele Tage hat er frei gehabt?

13 Vervollständige so, dass das lineare Gleichungssystem ...

① keine Lösung hat. ② unendlich viele Lösungen hat. ③ genau eine Lösung hat.

a) I $-2x + 13 = 2y$ II $x + y = \square$ **b)** I $\frac{2}{3}x + 2y = 5$ II $\square = 7{,}5 - 3y$ **c)** I $-2y + 8 = -x$ II $-2x - 5 = \square$

14 Hier stimmt doch was nicht. Verbessere und vervollständige die Lösung. Welchen Tipp kannst du geben, um den Fehler zu vermeiden?

①
I $4y + 11x + 45 = 0 \quad | -4y$
II $-10x - 4y - 46 = 0$

I $11x + 45 = -4y$
II $-10x - 4y - 46 = 0$

I einsetzen in II:
$-10x - (11x + 45) - 46 = 0$
$-10x - 11x - 45 - 46 = 0$
$-21x - 91 = 0 \quad | +91$
$-21x = 91 \quad | :(-21)$
$x = 4\frac{1}{3}$

②
I $12y = 8x + 4$
II $-4y = 10 - 4x \quad | \cdot(-3)$

I $12y = 8x + 4$
II $12y = 30 - 12x$

I und II gleichsetzen:
$8x + 4 = 30 - 12x \quad | +12x$
$20x + 4 = 30 \quad | -4$
$20x = 26 \quad | :20$
$x = 1{,}3$

15 Zwei Bratwürste und drei Portionen Pommes kosten 11,60 €, vier Bratwürste und sechs Portionen Pommes kosten 23,20 €.

a) Begründe, wieso man mit den obigen Angaben den Preis für eine Bratwurst bzw. eine Portion Pommes nicht eindeutig berechnen kann.

b) Verändere eine Angabe so, dass die Aufgabe eindeutig lösbar ist und stelle sie deinem Nachbarn vor. Überprüfe sein Ergebnis.

16 Lea und Steffi planen zusammen ihren Urlaub. Sie vergleichen die Kosten für eine Ferienwohnung und ein Doppelzimmer.

	Kosten pro Tag	Kosten für Endreinigung und Energie
Ferienwohnung	40,00 €	100,00 €
Doppelzimmer	60,00 €	0,00 €

a) Ermittle die jeweiligen Kosten für die Ferienwohnung und das Doppelzimmer bei einem Aufenthalt von 3 bzw. 8 Tagen.

b) Übertrage das Koordinatensystem in dein Heft und stelle für die Ferienwohnung diese Abhängigkeit in demselben Koordinatensystem dar.

c) Ermittle, bei welcher Anzahl der Urlaubstage die Kosten gleich sind.

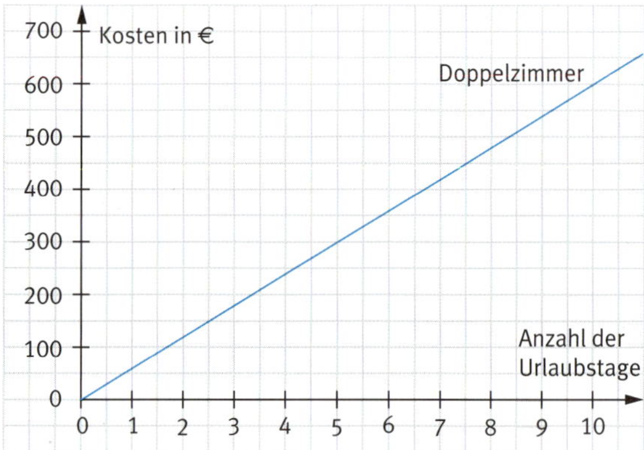

17 Frau Reuter fährt täglich mit der Bahn zur Arbeit und zurück. Sie vergleicht verschiedene Angebote und geht dabei von 20 Arbeitstagen im Monat aus.

a) Gib jeweils eine Gleichung an, mit der sich die Kosten in Abhängigkeit von den Arbeitstagen berechnen lassen.

b) Stelle die Kosten in Abhängigkeit von den Arbeitstagen für einen Monat beim Kauf von Einzelfahrten, Monatskarte, Bahncard 25 und 50 in einem Diagramm grafisch dar. Interpretiere das Diagramm.

c) Ermittle das für Frau Reuter finanziell interessanteste Angebot. Diskutiere verschiedene Zeiträume.

Der Energiefresser

Situationsbeschreibung

Du bist stellvertretender Manager eines großen Hotels. Da du ein besonderes Geschick für Zahlen hast, wirst du mit dem Auftrag betraut, innerhalb der nächsten 5 Jahre Kosten im Bereich Energie einzusparen. Dein Blick fällt sofort auf euer Warmwasseraufbereitungssystem für die Badezimmer, das mithilfe von elektrischen Durchlauferhitzern arbeitet. Diese Art der Beheizung kostet das Hotel jährlich 25 000 €. Du besprichst das mit deinen Kollegen und es ergeben sich drei Optionen.

1. Option
Beim alten System bleiben und woanders einsparen
Einmalige Kosten: Keine
Laufende Kosten pro Jahr: 25 000 €

2. Option
Umrüstung auf Fernwärme
Einmalige Kosten: 20 000 €
Laufende Kosten pro Jahr: 15 000 €

3. Option
Umrüstung auf Solarunterstützung
Einmalige Kosten: 90 000 €
Laufende Kosten pro Jahr: 10 000 €

Wie wirst du dich entscheiden, damit der obige Auftrag erfüllt wird?
Treffe die Entscheidung mithilfe folgender Teilschritte.

Handlungsaufträge

1. Stelle für jede Option eine lineare Funktion der Form $y = mx + t$ auf.
2. Zeichne die Graphen der Funktionen in ein und dasselbe Koordinatensystem.
3. Nun hast du im Grunde drei lineare Gleichungssysteme vorliegen. Ermittle zeichnerisch alle Schnittpunkte der drei Graphen. Was bedeuten diese Schnittpunkte in unserem Zusammenhang? Diskutiere.
4. Ermittle mit einem rechnerischen Lösungsverfahren deiner Wahl alle Lösungen der Gleichungssysteme und vergleiche mit deinem Ergebnis aus 3.
5. Nun entscheide dich mithilfe deiner bisherigen Ergebnisse für eine der drei Optionen. Denke an die obige Vorgabe, dass du Einsparungen noch innerhalb der nächsten 5 Jahre machen sollst. Begründe deine Entscheidung schriftlich.
6. Erstelle ein großes Plakat/Tafelbild mit dem Diagramm aus 2. und präsentiere deinen Chefs in der nächsten Sitzung, warum deine Option die kostengünstigste ist für den Zeitraum von 5 Jahren.
7. Wie würdest du dich entscheiden, wenn der Zeitraum des Auftrags von 5 auf 10 Jahre gestreckt würde? Begründe genau.

Überprüfe deine Fähigkeiten und Kenntnisse. Bearbeite dazu die folgenden Aufgaben und bewerte anschließend deine Lösungen mit einem Smiley.

☺	😐	☹
Das kann ich!	Das kann ich fast!	Das kann ich noch nicht!

Hinweise zum Nacharbeiten findest du auf der folgenden Seite. Die Lösungen stehen im Anhang.

1 Bestimme die Lösungsmenge ($\mathbb{G} = \mathbb{Q}$).

a) $12x + 2 = -11$ b) $4 - y + 5 = y$

2 Folgende Umformungen wurden in der Reihenfolge gemacht, um das jeweilige Ergebnis zu erhalten. Wie lautet die ursprüngliche Gleichung ($\mathbb{G} = \mathbb{Q}$)?

1 $|+4x$

2 $|-8$

3 $|\cdot(-1)$

a) $\mathbb{L} = \{-3\}$ b) $\mathbb{L} = \{2\}$ c) $\mathbb{L} = \left\{\frac{2}{3}\right\}$

3 Wie heißt die gesuchte Zahl? Ich denke mir eine ganze Zahl, addiere zu ihr das Dreifache ihrer Gegenzahl und erhalte 4.

4 a) Löse die Gleichung nach y auf: $\frac{1}{2}x + y = 5$.

b) Vervollständige die Tabelle mit den passenden y-Werten:

x	−3	−2	−1	0	1	2	3
y	▒	▒	▒	▒	▒	▒	▒

c) Stelle die Zahlenpaare grafisch dar und verbinde sie durch eine Gerade.

5 Vervollständige die Lücken so, dass die Zahlenpaare die lineare Gleichung $3y + 4{,}5x = 6$ lösen.

a) $(1|▒)$ b) $(▒|-13)$ c) $(▒|-5{,}5)$ d) $(-3|▒)$

6 Welches der Zahlenpaare ist Lösung des linearen Gleichungssystems? Finde die Lösung zeichnerisch.

$(-12{,}5|4)$ $(-5|2{,}5)$ $(-8|2)$
$(-2{,}5|3)$ $(1|0{,}5)$ $(3|-4{,}5)$

a) I $12y = -3x$
II $-2{,}5x + 10y = 40$

b) I $-4x = -2 + 4y$
II $-4 - 4x = 2y$

7 Lies zwei zu folgenden Graphen passende Gleichungen und die Lösung ab. Mache die Probe.

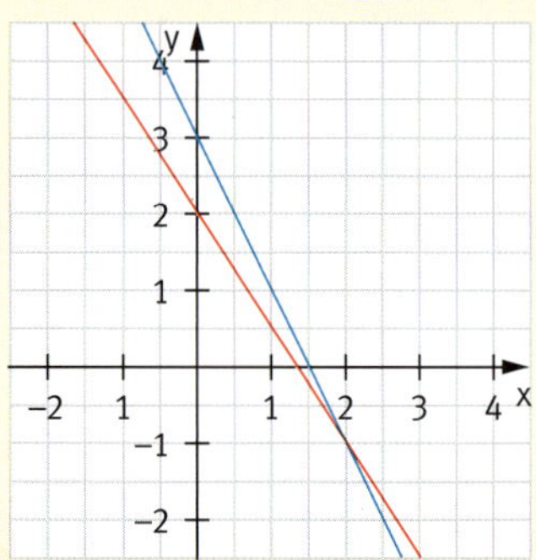

8 Bestimme zeichnerisch die Lösung des linearen Gleichungssystems. Mache die Probe.

a) I $-3x + 5y = 11{,}5$
II $5y + 9{,}5 = 6x$

b) I $4y = 4x - 6$
II $-4y + 2x = 4$

9 Gib jeweils an, ob es genau eine, keine oder unendlich viele Lösungen für das lineare Gleichungssystem gibt.

a) I $3x - 2y = 1$
II $1{,}5x - y = 1$

b) I $2{,}5y = 3{,}5 - 1{,}5x$
II $2x = 7 - 5y$

10

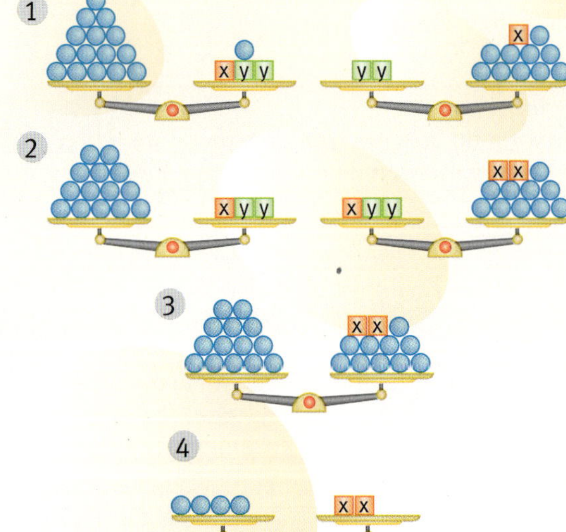

a) Wie lautet das zugehörige Gleichungssystem zu 1?

b) Beschreibe, wie die Lösung des linearen Gleichungssytems bestimmt wird. Gib die Lösungsmenge an.

11 Bestimme die Lösungsmenge.

a) I $8y = 4x - 28$
II $-32 = -4x + 4y$

b) I $-2y + 2x = -6$
II $-2x + y = 7$

12 Löse mit dem Einsetzungsverfahren.

a) I $-9 + 3x = 6y$
II $-7{,}5 = -15y + 9x$

b) I $0 = -42 + 4y - 4x$
II $3y = 4x + 44$

13 Löse mit dem Gleichsetzungsverfahren.

a) I $-24 + 4y = -2x$
II $-2x = -18 + 6y$

b) I $-9 - 2x + y = 0$
II $-y + 3x = -5{,}5$

14 Löse mit einem beliebigen rechnerischen Lösungsverfahren.

a) I $-6b + 31 = 2a$
II $3b = 34 - 2a$

b) I $8x = 5y + 21$
II $-12x = 6 - 10y$

c) I $4y = 2 \cdot (3{,}5 - 0{,}5x)$
II $y = \frac{1}{4} \cdot (-12x - 20)$

d) I $-5a = \left(1 + \frac{1}{2}b\right) \cdot 8$
II $(-3) \cdot (b - 3) = 5a$

15 Ali und seine Oma sind zusammen 110 Jahre alt. Vor fünf Jahren war sie genau dreimal so alt wie Ali. Bestimme das Alter von Ali und seiner Oma.

16 Ein Unternehmer nimmt zur Finanzierung seiner Maschinen zwei Kredite auf, die zusammen 125 000 € betragen. Der eine Kredit ist mit 7,5 %, der zweite mit 8 % zu verzinsen. Die Zinsen belaufen sich in einem Jahr zusammen auf 9460 €. Berechne die Kredithöhen.

17 Diana besorgt für ein Klassenfrühstück Brezeln und Laugenstangen. Sie bestellt zunächst von jeder Sorte 15 und soll dafür 27,00 € bezahlen. Es entscheiden sich aber 3 Schüler um und wollen nun lieber Brezeln. Nun kostet alles zusammen 27,90 €. Ermittle den Preis für eine Brezel und eine Laugenstange.

18 Die Quersumme einer aus zwei Ziffern bestehenden Zahl beträgt 10. Vertauscht man die Ziffern, so entsteht eine Zahl, die um 2 kleiner ist als das Dreifache der ersten Zahl. Löse das Rätsel.

19 In einem rechtwinkligen Dreieck ist einer der spitzen Winkel fünfmal so groß wie der andere. Bestimme die Winkelgrößen.

Aufgaben für Lernpartner

Arbeitsschritte

1 Bearbeite die folgenden Aufgaben alleine.
2 Suche dir einen Partner und erkläre ihm deine Lösungen. Höre aufmerksam und gewissenhaft zu, wenn dein Partner dir seine Lösungen erklärt.
3 Korrigiere gegebenenfalls deine Antworten und benutze dazu eine andere Farbe.

Sind folgende Behauptungen **richtig** oder **falsch**? Begründe schriftlich.

20 Die Division (Multiplikation) durch (mit) x ist keine Äquivalenzumformung, da sich dadurch die Lösungsmenge einer Gleichung ändert.

21 Zur y-Achse gehört die Funktionsgleichung $y = 0$.

22 Ein lineares Gleichungssystem mit zwei Unbekannten kann man grafisch so verstehen, dass die Lage zweier Geraden zueinander dargestellt wird.

23 Hat ein lineares Gleichungssystem mit zwei Variablen unendlich viele Lösungen, ist die Lösung eine Gerade.

24 Beim Gleichsetzungsverfahren löse ich nach einer Variablen auf und erhalte dann durch Gleichsetzen eine Gleichung mit nur einer Variablen.

25 Die beiden Gleichungen $x = 3$ und $y = 4$ ergeben kein lineares Gleichungssystem.

Aufgabe	Ich kann ...	Hilfe
1, 2, 3, 20	lineare Gleichungen mit einer Variablen lösen.	S. 132
4, 5, 21	lineare Gleichungen mit zwei Variablen grafisch interpretieren und lösen.	S. 134
6, 7, 8, 22, 23, 24	lineare Gleichungssysteme zeichnerisch lösen.	S. 136
9, 10, 11, 14, 25	die Lösungsmenge linearer Gleichungssysteme angeben.	S. 136 S. 138
12, 13, 14	lineare Gleichungssysteme rechnerisch lösen.	S. 138
15, 16, 17, 18, 19	Alltagsprobleme auf lineare Gleichungen anpassen und diese mithilfe der Lösungsverfahren lösen.	S. 144

7.8 Auf einen Blick

S. 132

$4 \cdot (2 + x) - x = -1$ | ausmultiplizieren
$8 + 4x - x = -1$ | zusammenfassen
$8 + 3x = -1$ | -8
$3x = -9$ | $:3$
$x = -3$
$\mathbb{L} = \{-3\}$

Gleichungen kann man auch durch **Äquivalenzumformungen** lösen. Es gilt:

- Man **addiert** (**subtrahiert**) auf beiden Seiten der Gleichung die **gleiche Zahl** oder den **gleichen Term**.
- Man **multipliziert** (**dividiert**) auf beiden Seiten die **gleiche Zahl** (die nicht null sein darf).

S. 134

fünf Zahlenpaare aus $\mathbb{Q}$, die die Gleichung lösen:
$y = 3x + 7$
(−2 | 1); (−1 | 4); (0 | 7); (1 | 10); (2 | 13)

Lineare Gleichungen können auch **zwei Variablen** enthalten. Alle Zahlenpaare, die die Gleichung erfüllen, sind Lösungen der Gleichung.

S. 136

1
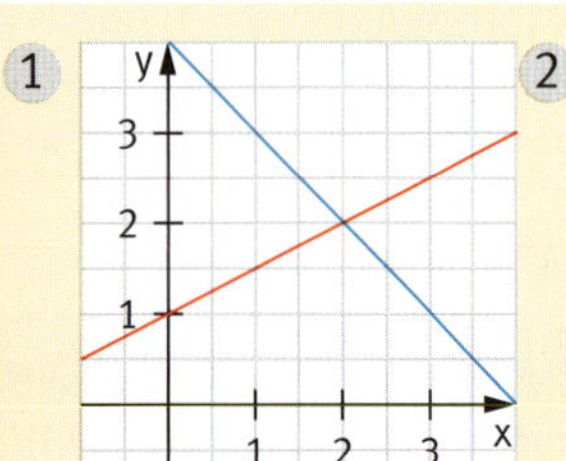

2

3

Sollen Zahlenpaare (x | y) **zwei lineare Gleichungen gleichzeitig erfüllen**, so spricht man von einem **linearen Gleichungssystem**.
Die **Lösungsmenge** $\mathbb{L}$ eines linearen Gleichungssystems ist sowohl ein Element der Lösungsmenge der ersten als auch der zweiten Gleichung.

Bei der Lösungsmenge eines linearen Gleichungssystems können folgende drei Fälle auftauchen:

1. Die Geraden **schneiden sich.** Das lineare Gleichungssystem hat **genau eine Lösung**.
   $\mathbb{L} = \{(2|2)\}$
2. Die Geraden sind **parallel**. Das lineare Gleichungssystem hat **keine Lösung**:
   $\mathbb{L} = \varnothing$
3. Die Geraden sind **identisch**. Das lineare Gleichungssystem hat **unendlich viele Lösungen**:
   $\mathbb{L} = \{(x|y) \mid y = x + 0{,}5\}$

S. 138

I $-x - 2y = 3$
II $y = 2x$
einsetzen
$-x - 2 \cdot (2x) = 3$

Einsetzungsverfahren
Man löst eine der Gleichungen nach einer Variable (z. B. y) auf, dann kann man den erhaltenen Term für die Variable in die andere Gleichung einsetzen.

S. 138

I $y = 2x - 1$
II $y = -x + 5$
gleichsetzen
$2x - 1 = -x + 5$

Gleichsetzungsverfahren
Sind beide Gleichungen nach einer Variable (z. B. y) aufgelöst, kann man die Terme gleichsetzen.

S. 138

I $2x - 2y = -5$
II $4x + 2y = -7$
$6x = -12$ | $:6$

Additionsverfahren
Addition beider Gleichungen, wenn vor einer Variable betragsgleiche Koeffizienten stehen, die ein unterschiedliches Vorzeichen haben.

S. 142

Peter ist 2 Jahre älter als Tina. Zusammen sind sie 30 Jahre alt.
Peters Alter: p; Tinas Alter: t
I $p = t + 2$
II $p + t = 30$ (...) $p = 16$; $t = 14$
Peter ist also 16, Tina 14 Jahre alt.

Bei **Alltagsaufgaben** betrachtet man den Inhalt der Aufgabenstellung und versucht **Bedingungen** zu finden, die man in Gleichungen mit zwei **Variablen** umwandeln kann, um sie dann mit den bekannten Verfahren zu lösen.

8 Statistik

Einstieg

- Nimm eine Packung Schokolinsen und schätze ab, wie viele Schokolinsen sie enthält.
- Leere den Packungsinhalt auf einen Tisch aus und zähle nach.
- Wie viele Schokolinsen liegen so, dass der aufgedruckte Buchstabe sichtbar ist?
- Sind von jeder Farbe stets gleich viele Schokolinsen in einer Packung vorhanden? Prüfe nach.
- Welche Farbe kommt am häufigsten vor, welche am seltensten? Zähle ab.
- Sind die ermittelten Werte für alle Packungen gleich?
  Stelle eine Vermutung auf und diskutiere.

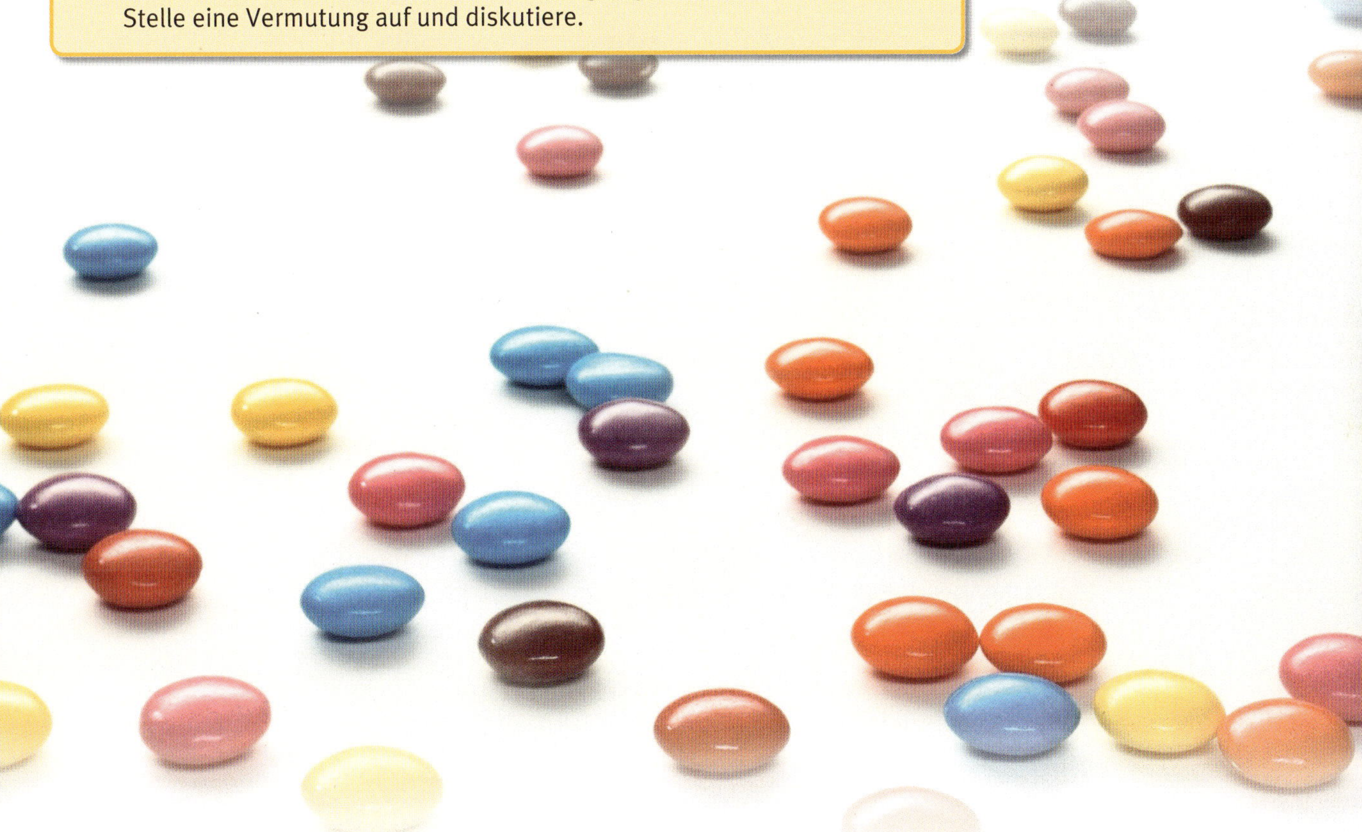

Ausblick

Am Ende dieses Kapitels hast du gelernt, ...

- wie man Daten erheben, auswerten und darstellen kann.
- was eine Stichprobe ist.
- wie man Daten anhand von Kennwerten beschreiben kann.
- welche Wirkungen verschiedene Diagramme erzeugen.

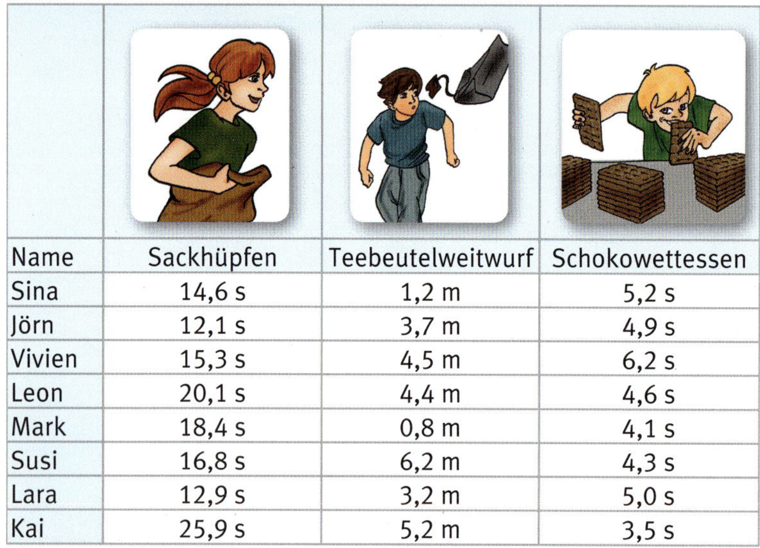

Name	Sackhüpfen	Teebeutelweitwurf	Schokowettessen
Sina	14,6 s	1,2 m	5,2 s
Jörn	12,1 s	3,7 m	4,9 s
Vivien	15,3 s	4,5 m	6,2 s
Leon	20,1 s	4,4 m	4,6 s
Mark	18,4 s	0,8 m	4,1 s
Susi	16,8 s	6,2 m	4,3 s
Lara	12,9 s	3,2 m	5,0 s
Kai	25,9 s	5,2 m	3,5 s

Dreikampf auf einer Geburtstagsfeier: Die Tabelle zeigt die Ergebnisse.

- Bestimme für jede Disziplin die drei besten Teilnehmer.
- Wer hat den Dreikampf gewonnen? Erstelle die Ordnung für jede Disziplin und bilde für jeden Teilnehmer die Summe seiner Platzierungen. Bestimme damit die besten Dreikämpfer.
  Beispiel: Vivien
  Sackhüpfen: Platz 4
  Teebeutelweitwurf: Platz 6
  Schokowettessen: Platz 8
  Summe: 4 + 6 + 8 = 18
- Finde auch andere sinnvolle Möglichkeiten, um die Sieger des Dreikampfes zu bestimmen.

Merkwissen

Daten werden häufig in **Listen** gesammelt. Dabei bezeichnet man die Liste, die man direkt bei der Erhebung aufstellt, als **Urliste**. Ordnet man die Daten aus der Urliste der Größe nach, so erhält man die **Rangliste**. In einer **Häufigkeitstabelle** bestimmt man durch einfaches Abzählen die Anzahl, mit der die Datenwerte in der Urliste vorkommen, entweder durch eine **Strichliste** oder als **Anzahl**.

Beispiel:
Urliste (ungeordnete Daten):
3, 2, 4, 3, 2, 4, 1, 3, 3, 2, 1, 4, 4, 3, 3, 4

Rangliste (geordnete Daten):
1, 1, 2, 2, 2, 3, 3, 3, 3, 3, 3, 4, 4, 4, 4, 4

Tabelle (Anzahl von Datenwerten):

<table>
<tr><th></th><th>Strichliste</th><th>Anzahl</th></tr>
<tr><td>1</td><td>||</td><td>2</td></tr>
<tr><td>2</td><td>|||</td><td>3</td></tr>
<tr><td>3</td><td>𝍸 |</td><td>6</td></tr>
<tr><td>4</td><td>𝍸</td><td>5</td></tr>
</table>

Eine Strichliste wird vor allem dann verwendet, wenn mehrere gleiche Datenwerte in einer Rangliste vorkommen.

Beispiele

I Die Schüler eines Arbeitskreises haben folgendes Alter:
14; 11; 11; 15; 13, 11; 15; 14; 14; 13
Erstelle eine Rangliste und eine Strichliste zu den Altersangaben.

Lösung:
Rangliste:
11, 11, 11, 13, 13, 14, 14, 14, 15, 15

Strichliste:

<table>
<tr><td>11</td><td>13</td><td>14</td><td>15</td></tr>
<tr><td>|||</td><td>||</td><td>|||</td><td>||</td></tr>
</table>

Verständnis

- Nenne verschiedene Beispiele aus dem Alltag, in denen Ranglisten auftreten.
- Welche Vorteile hat eine Rangliste (Strichliste) gegenüber einer Urliste?

AUFGABEN

1 Entscheide, ob es sinnvoll ist, eine Rangliste (Strichliste) anzulegen. Begründe.

a) In einem Fragebogen wird nach dem Geschlecht (m, w) gefragt.

b) Bei einem Skirennen werden die Laufzeiten gemessen.

c) In einer Klasse wird die Religionszugehörigkeit (kath., ev., ...) erfasst.

d) Vor dem Schlittschuhlaufen mit einer Klasse werden die Schuhgrößen erfragt.

2 Die Tabelle zeigt die Notenverteilung in einem Englischtest. Stelle das Ergebnis in einer Rangliste dar.

Note	1	2	3	4	5	6
Anzahl	3	5	7	4	2	0

3 Die Klasse 8a macht einen Skiausflug in die Rhön. 15 Kinder müssen sich Ski leihen und deshalb ihr Körpergewicht angeben: 37 kg, 41 kg, 40 kg, 39 kg, 44 kg, 48 kg, 42 kg, 45 kg, 39 kg, 44 kg, 46 kg, 39 kg, 48 kg, 45 kg, 39 kg

a) Stelle das Ergebnis als Rangliste (Strichliste, Häufigkeitstabelle) dar.

b) Stelle den Sachverhalt in einem Diagramm dar.

4 Am Tag der offenen Tür hat die Klasse 8c einen Geschicklichkeitsparcours für Mitschüler organisiert. Er besteht aus den Disziplinen Pedalofahren, Eimerwerfen und Baumstamm-Balancieren.

Name	Pedalo: Zeit	Eimer: Anzahl Würfe	Baumstamm: Zeit
Türkan	12,4 s	3	22,7 s
Marie	10,2 s	5	19,2 s
Tom	13,7 s	4	16,3 s
Judith	7,5 s	6	17,1 s
Adnan	9,8 s	3	20,9 s
René	11,2 s	1	25,8 s
Dorian	13,5 s	6	17,9 s
Jil	10,2 s	2	15,4 s
Kezban	9,5 s	5	22,2 s
Gregor	11,0 s	3	21,5 s

Beim Pedalo bzw. Baumstamm muss in möglichst kurzer Zeit eine bestimmte Strecke mit dem Pedalo bzw. auf dem Baumstamm bewältigt werden. Beim Eimer muss ein Ball mit wenigen Würfen in einen Eimer geworfen werden.

a) Erstelle für jeden Wettbewerb eine Rangliste. Bestimme jeweils die drei Besten.

b) Um zu entscheiden, wer den Dreikampf gewonnen hat, wurden verschiedene Möglichkeiten diskutiert:

1 Das Ergebnis ergibt sich als Summe der Ergebnisse der Einzeldisziplinen.
Beispiel: Türkan: 12,4 + 3 + 22,7 = 38,1

2 Das Ergebnis ist die Summe der Platzierungen in den einzelnen Disziplinen.
Beispiel: Türkan: 8 + 3 + 9 = 20

Fertige für beide Möglichkeiten eine eigene Rangliste an und bestimme jeweils den Sieger.

Beachte: Teilnehmer mit gleicher Punktzahl teilen sich den erreichten Platz.

c) Welche der beiden Möglichkeiten aus Aufgabe b) würdest du wählen, um den Sieger zu ermitteln? Begründe deine Antwort.

5 Du kannst Daten auch mit einem Tabellenprogramm sortieren. Übertrage die Daten in ein Tabellenblatt.

a) Bestimme mit dem Befehl „= MAX(B3:D3)“ den größten Wert aus den Zellen B3 bis D3 und kopiere den Befehl in der Spalte nach unten.

b) Sortiere die Daten wie folgt: Markiere die Tabelle und gehe auf den Menüpunkt „Daten“ in das Feld „Sortieren“. Im Untermenü kannst du wählen, nach welcher Spalte die Daten sortiert werden sollen. Sortiere nach dem besten Wurf (1. Wurf, 2. Wurf, 3. Wurf, Name). Kommentiere das Ergebnis.

	A	B	C	D	E
1	Ergebnisse Weitsprung (alle Angaben in Meter				
2	Name	1. Sprung	2. Sprung	3. Sprung	Bester Sp
3	Julian	2,85	3,10	2,90	=MAX(B3:
4	Güllü	2,65	2,70	2,55	
5	Alina	3,15	2,85	3,25	
6	Amelie	2,10	2,25	2,05	
7	Timo	3,40	3,45	3,20	
8	Henrick	2,85	2,95	3,30	
9	Luis	1,80	0,00	2,35	
10	Kemal	3,80	3,70	3,95	
11	Petra	2,65	2,25	2,85	
12	Steffen	2,40	2,30	2,55	
13	Ralf	3,20	3,75	3,15	
14	Gesa	2,65	2,60	2,70	
15	Martin	3,10	3,00	0,00	
16	Philipp	3,20	3,90	0,00	

Kopieren: Zelle markieren und auf das kleine schwarze Quadrat in der rechten unteren Ecke gehen. Mit gedrückter linker Maustaste den Befehl nach unten kopieren.

Bei einer Umfrage der Wirtschaftsschule Augsburg wurden alle 102 Achtklässler befragt, was sie sich am liebsten zum Mittagessen in der Mensa wünschen. Das Ergebnis wurde in nebenstehender Häufigkeitstabelle festgehalten.

- Zahlen kann man auf verschiedene Arten in Diagrammen darstellen. Finde in Zeitungen und im Internet unterschiedliche Möglichkeiten.
- Finde Vorteile, die ein Diagramm gegenüber einer Strichliste oder Häufigkeitstabelle besitzt.

Gericht	Nennung
Pizza	18
Spaghetti	22
Gemüseauflauf	14
Salat	16
Pommes	24
Sonstiges	8

Merkwissen

Die **tatsächliche Anzahl**, wie oft ein Ergebnis in Daten vorkommt, bezeichnet man als **absolute Häufigkeit H**. Man kann sie durch Abzählen herausfinden.

Mögliche Darstellungen absoluter Häufigkeiten:

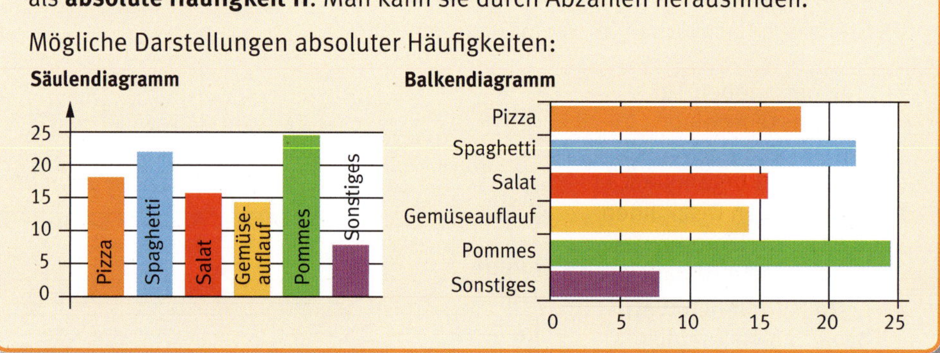

Beispiele

I Sabrina würfelt 40 mal einen Spielwürfel und notiert die folgenden Ergebnisse:
1 4 3 3 2 5 4 6 2 5 2 5 1 6 4 4 5 1 5 4 2 6 5 5 2 1 2 2 5 6 3 4 2 5 4 3 6 1 1 5

a) Stelle die Anzahl der einzelnen Augenzahlen in einer Häufigkeitstabelle dar.

b) Welche Augenzahl kommt am häufigsten (wenigsten) vor?

Lösung:

a)

Augenzahl	1	2	3	4	5	6
H	6	8	4	7	9	5

b) Am häufigsten kam die Augenzahl 5, am wenigsten die Augenzahl 3.

II Die Tabelle zeigt, wie viel monatliches Taschengeld je nach Alter empfohlen wird:

Alter in Jahren	6 – 7	8 – 9	10 – 11	12 – 13	14 – 15	16 – 17
Betrag in €	3	4	6	10	15	20

Stelle die Empfehlung in einem Säulendiagramm dar. Beschreibe dein Vorgehen.

Lösung:

€
20
15
10
5
6-7 J. 8-9 J. 10-11 J. 12-13 J. 14-15 J. 16-77 J.

Vorgehen:

1. Zeichne einen senkrechten und einen waagerechten Zahlenstrahl bzw. eine Linie.
2. Trage an der senkrechten Linie ab, wie oft die Daten vorkommen; schreibe an die waagerechte Linie, was erfasst werden soll.

Verständnis

- Finde Gemeinsamkeiten zwischen Säulen- und Balkendiagramm.
- Welchen größten (kleinsten) Wert kann die absolute Häufigkeit haben. Begründe.

Aufgaben

1 In den 8. Klassen der Wirtschaftsschule wurde eine Umfrage zum Thema „Sportarten“ durchgeführt. Dabei durfte jeder Schüler genau eine Sportart nennen. Es ergaben sich folgende Ergebnisse. Übertrage die Tabelle in dein Heft und vervollständige sie.

Sportart	8a	8b	8c	H
Tennis	15	10	10	
Fußball	9	5	11	
Snowboard fahren	2	3		9
Schwimmen	1	4	1	
Sonstiges		3	3	
Summe	30			

2 Die Auswertung einer Umfrage in der Klasse 8b ergibt folgende Diagramme.

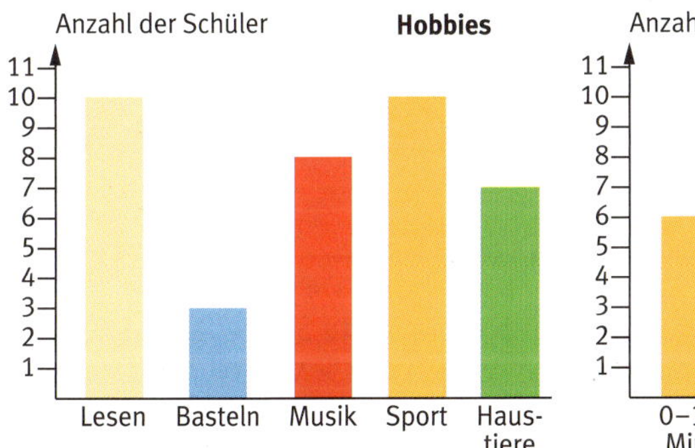

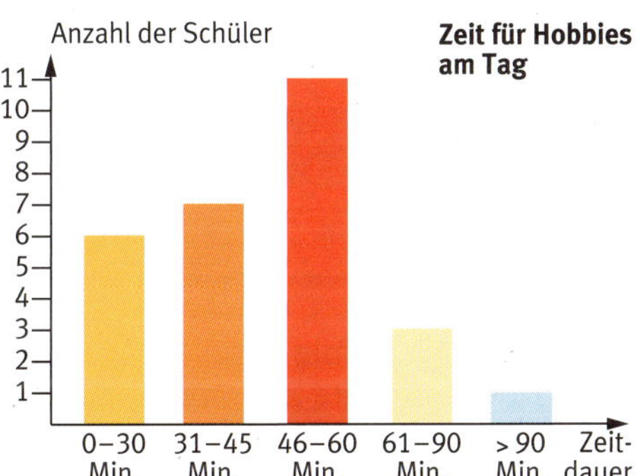

a) Welche Informationen kannst du jedem Diagramm entnehmen, welche nicht?

b) Stelle die Ergebnisse der Befragung jeweils in einer Tabelle dar.

c) Wie viele Schülerinnen und Schüler wurden insgesamt befragt?

3 Faruk würfelt wiederholt zweimal mit einem „Würfel“, auf dem die Zahlen 0 bis 9 abgebildet sind. Er notiert die Summe der beiden Würfe in einer Tabelle.

<table>
<tr><td>0</td><td>1</td><td>2</td><td>3</td><td>4</td><td>5</td><td>6</td><td>7</td><td>8</td><td>9</td><td>10</td><td>11</td><td>12</td><td>13</td><td>14</td><td>15</td><td>16</td><td>17</td><td>18</td></tr>
<tr><td>||</td><td>|||</td><td>||</td><td>𝍸</td><td>||||</td><td>𝍸||</td><td>𝍸𝍸</td><td>𝍸||||</td><td>𝍸||||</td><td>𝍸𝍸|</td><td>𝍸||</td><td>𝍸</td><td>𝍸|</td><td>𝍸</td><td>|||</td><td>𝍸</td><td>||</td><td>||</td><td>|||</td></tr>
</table>

Stelle die Ergebnisse in einem Diagramm dar.

4 a) Nimm eine 2-€-Münze und wirf sie 100-mal. Fertige eine Strichliste an und erstelle ein sinnvolles Diagramm dazu.

b) Wie viele verschiedene Möglichkeiten für die absolute Häufigkeit von „Zahl“ sind bei diesem Experiment denkbar? Nenne einige von ihnen.

Wappen

Zahl

5 a) Was könnte die Fragestellung gewesen sein, die nebenstehendes Diagramm als Ergebnis hat?

b) Erstelle für das nebenstehende Diagramm eine Häufigkeitstabelle.

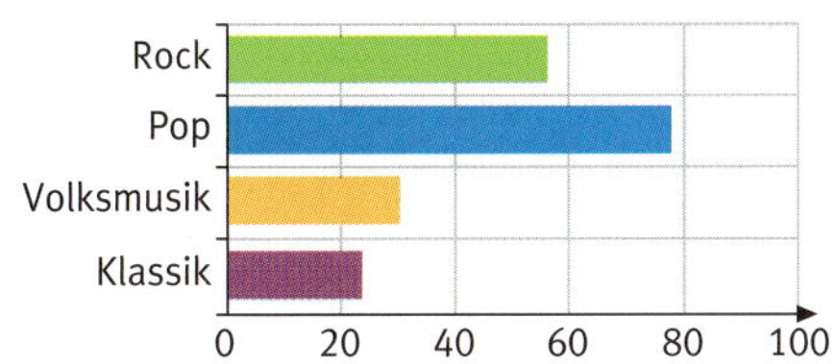

Die etwa 7,2 Milliarden Menschen, die momentan auf der Erde leben, verteilen sich weitgehend wie folgt auf die Kontinente:

	Asien	Afrika	Amerika	Europa	Australien
Einwohner in Millionen	4360	1060	970	780	36
Anteil in %	60,5	14,7	13,5	10,8	0,5

- Zeige die Kontinente auf der Karte.
- Stelle die Daten in verschiedenen Diagrammen dar. Du kannst auch ein Tabellenprogramm verwenden.

Merkwissen

Den **Anteil**, mit dem ein Ergebnis in Bezug auf die Gesamtanzahl n aller Ergebnisse auftaucht, nennt man **relative Häufigkeit h**: $h = \frac{H}{n}$

Kreisdiagramm: Das Ganze entspricht 360° bzw. 100 % entspricht 360°

Relative Häufigkeiten lassen sich mit denselben Diagrammarten darstellen wie absolute Häufigkeiten. Außerdem eignet sich hierfür auch das Kreisdiagramm.

Kreisdiagramm

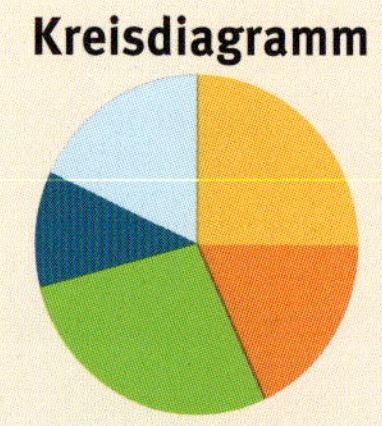

Beispiele

I Einer Umfrage zufolge sind 15 % der deutschen Haushalte Singlehaushalte. In 30 % der Haushalte leben zwei, in 25 % leben drei, in 25 % vier und im Rest mehr als vier Personen. Erstelle ein Kreis- und ein Streifendiagramm.

Tipp zur Erstellung eines Kreisdiagramms:
1. Zeichne einen Kreis mit Radius von mindestens 3 cm.
2. Zeichne im Kreis einen beliebigen Radius ein und beginne von dort aus, der Reihe nach die Winkel abzutragen.

Lösung:
Anteil der Haushalte mit mehr als vier Personen:
Zu 100 % fehlen noch 5 %.

Kreisdiagramm:
360° entsprechen 100 %
15 % von 360° sind 54°
30 % von 360° sind 108° usw.

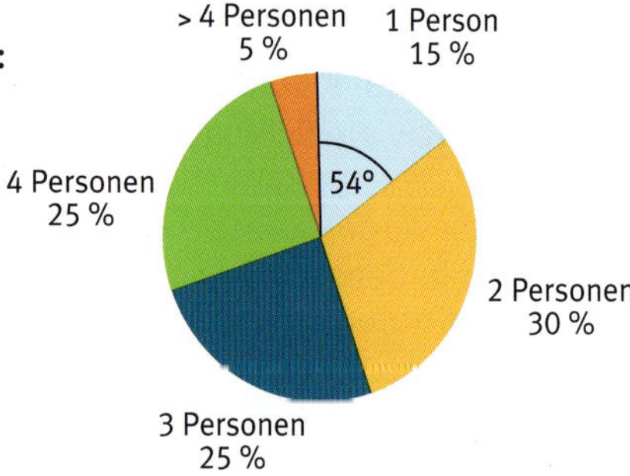

II Sebastian würfelt 200-mal und erhält die folgenden relativen Häufigkeiten. Mit welchen absoluten Häufigkeiten hat Sebastian die Zahlen 1 bis 6 gewürfelt?

Das Ganze sind 100 %.

Augenzahl	1	2	3	4	5	6
relative Häufigkeit h	18 %	11 %	23 %	16 %	17 %	▢

Lösung:

Augenzahl	1	2	3	4	5	6
absolute Häufigkeit H	36	22	46	32	34	30

Verständnis

- Welchen größten (kleinsten) Wert kann die relative Häufigkeit haben? Begründe.
- Begründe, warum man mit Kreisdiagrammen relative Häufigkeiten gut darstellen kann, absolute Häufigkeiten jedoch nicht.

Aufgaben

1 Mateo würfelt 50-mal. Die Eins kommt zwölfmal, die Zwei siebenmal, die Drei neunmal, die Vier und die Fünf jeweils sechsmal und die Sechs zehnmal. Erstelle eine Häufigkeitstabelle und bestimme die relativen Häufigkeiten der Zahlen.

2 Die Schülervertretung der Wirtschaftsschule in Nürnberg hat alle Schüler nach ihrem bevorzugten Hobby gefragt und die Ergebnisse dargestellt.

a) Schätze, welcher Anteil der Schüler die einzelnen Hobbies genannt hat.

b) Miss die Winkel und bestimme die zugehörigen Anteile.

c) Berechne die zugehörigen absoluten Häufigkeiten, wenn in Nürnberg 1260 Schüler die Wirtschaftsschule besuchen.

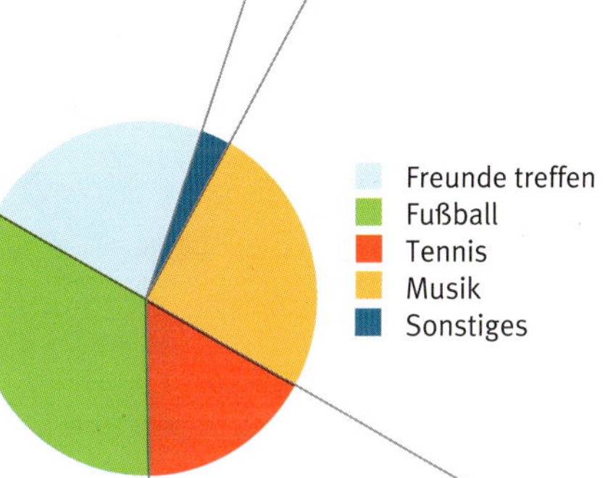

Runde geeignet.

3 Am schwarzen Brett der Entbindungsstation des Klinikums Passau war zum Jahresbeginn dieser Anschlag zu sehen.

a) Wie hoch ist der Anteil an Jungen, die zur Welt gekommen sind?

b) Bestimme die absoluten Häufigkeiten für Jungen und Mädchen im Klinikum Passau, wenn es insgesamt 525 Geburten gab.

4 a) Wie viele Gummibärchen von jeder Farbe findest du in der Abbildung? Schätze möglichst geschickt und erstelle eine Häufigkeitstabelle.

b) Mit welcher relativen Häufigkeit treten die Farben jeweils auf? Runde geeignet.

c) Zeichne ein Diagramm, das einen schnellen Überblick über die Farbverteilung der Gummibärchen ermöglicht.

5 Bei einer Klassenarbeit in Mathematik erhalten die Schülerinnen und Schüler in der Klasse 8a die folgenden Punktwerte:
16; 14; 16; 8; 11; 14; 11; 18; 16; 14; 5; 12; 14; 18; 17; 13; 9; 12; 10; 19; 7; 14; 17; 10; 16
Die Noten werden wie folgt festgelegt:

Punkte	19 – 20	16 – 18	13 – 15	10 – 12	5 – 9	0 – 4
Note	1	2	3	4	5	6

a) Bestimme die relative Häufigkeit der einzelnen Noten als Bruch und in Prozent.

b) Welcher Anteil der Schüler hat mindestens die Note 4 (2) bekommen?

8.4 Stichproben

Die vier Mitarbeiterinnen der Schülerzeitung möchten mithilfe einer Umfrage herausfinden, welche Wassersportart bei den Mädchen an ihrer Schule am beliebtesten ist.

Stichprobe

Gesamtheit

Auswahl einer repräsentativen Stichprobe:
- *Die Stichprobe muss die Zusammensetzung der Gesamtheit widerspiegeln.*
- *Der Stichprobenumfang darf nicht zu klein sein.*
- *Die Stichprobe muss zufällig ausgewählt sein.*

- Was meinst du zu den einzelnen Vorschlägen?
- Stell dir vor, du müsstest die Umfrage durchführen. Beschreibe, nach welchen Kriterien du die Befragten auswählst.

Merkwissen

Will man Aussagen über eine **Grundgesamtheit** machen, die man nicht vollständig untersuchen kann (weil dies zu aufwändig oder nicht möglich ist), dann beschränkt man sich auf die Untersuchung eines Teils der Grundgesamtheit. Man spricht von einer **Stichprobe**. Die Größe einer Stichprobe bezeichnet man als **Stichprobenumfang**.

Damit man aus dem Ergebnis einer Stichprobe Rückschlüsse auf die Grundgesamtheit ziehen kann, muss die Stichprobe **repräsentativ** sein.

Beispiele

I In Freising werden 2500 zufällig ausgewählte Menschen gefragt, wie sie meistens zu ihren Einkäufen kommen.

Weg mit:	Auto	Rad	zu Fuß
H	2000	300	200

Freising hat etwa 45 000 Einwohner. Bestimme, wie viele Einwohner auf die verschiedenen Möglichkeiten entfallen.

Lösung:

Möglichkeit 1:

- relative Häufigkeiten h bestimmen

Weg mit:	Auto	Rad	zu Fuß
h	0,8 = 80%	0,12 = 12%	0,08 = 8%

- Anzahl bestimmen:

Auto: $0{,}8 \cdot 45\,000 = 36\,000$
Rad: $0{,}12 \cdot 45\,000 = 5400$
zu Fuß: $0{,}08 \cdot 45\,000 = 3600$

Möglichkeit 2:

- Die Gesamtheit ist 18 mal so groß wie die Stichprobe.
- Anzahl bestimmen:

Auto: $18 \cdot 2000 = 36\,000$
Rad: $18 \cdot 300 = 5400$
zu Fuß: $18 \cdot 200 = 3600$

Verständnis

- Gib mindestens drei Beispiele aus dem Alltag, in denen die Befragung der Grundgesamtheit nicht möglich oder zu aufwändig ist.
- Nenne verschiedene Möglichkeiten um eine Stichprobe zufällig zu bestimmen.

Aufgaben

1 Handelt es sich um eine repräsentative Stichprobe? Begründe deine Einschätzung.

a) Ina möchte anhand einer Umfrage ermitteln, ob die Mehrheit der Bevölkerung in ihrer Heimatstadt für oder gegen den Ausbau des benachbarten Großflughafens ist. Sie befragt dazu zehn Personen, die in der Einflugschneise wohnen.

b) Um ein Meinungsbild über die Notwendigkeit von Smartphones zu erhalten, werden 100 Jugendliche im Alter von 10 bis 20 Jahren befragt.

c) Um das Durchschnittsgehalt in einem Unternehmen zu ermitteln werden die Reinigungskräfte, die Azubis, die Angestellten und die Abteilungsleiter befragt.

2 Das Ergebnis einer telefonischen Befragung von 1000 repräsentativ ausgewählten Personen war: „Vier von fünf Bundesbürgern sind für einen sofortigen Ausstieg aus der Kernenergie."

a) Nenne mögliche Kriterien, die bei der Auswahl der Stichprobe berücksichtigt worden sein könnten.

b) Gib die relative sowie die absolute Häufigkeit der Befragten an, die sich für einen sofortigen Ausstieg aus der Kernenergie ausgesprochen haben.

c) Deutschland hat etwa 80 Mio. Einwohner. Bestimme aufgrund der Befragung die Anzahl an Bundesbürgern, die für einen sofortigen Ausstieg sind.

3 Das Bayerische Familienministerium möchte wissen, wie lange Grundschulkinder pro Tag im Durchschnitt fernsehen. Bewerte folgende Vorschläge.

1 Man könnte einen Nachmittag lang Grundschulkinder in München befragen.

2 Man könnte allen Grundschulkindern in Bayern einen Fragebogen schicken.

4 Beschreibe, wie du vorgehen würdest, um herauszufinden, welcher Song bei den Achtklässlern an deiner Schule aktuell am beliebtesten ist.

5 Jedes Jahr machen etwa 5 Mio. Touristen in Bayern Urlaub. Ein Tourismus-Verband befragt 2500 zufällig ausgewählte Touristen, welchen Begriff sie mit Bayern verbinden. Das Ergebnis ist in der Tabelle festgehalten.

Begriff	Oktoberfest	Lederhose	Alm	Sonstiges
H	1900	450	100	50

Bestimme, wie viele von allen Touristen den jeweiligen Begriff mit Bayern verbinden.

8.5 Statistische Kennwerte

In einer Klasse vergleichen die Schüler die Anzahl der SMS miteinander, die im letzten Monat verschickt wurden.

- Erstelle eine Rangliste.
- Welches ist hierbei der größte und kleinste Wert? Wie groß ist die Differenz der beiden Werte?
- Beschreibe die Anzahl verschickter SMS mithilfe bekannter Mittelwerte.

Verschickte SMS			
23	45	8	77
65	34	12	51
34	21	101	12
17	49	31	27
121	14	22	76
21	63	11	65

Merkwissen

Datenreihen lassen sich mit **Kennwerten** beschreiben.

- Um zu erfahren, wie weit die Daten **auseinanderliegen**, verwendet man den **größten Wert** der Datenreihe als Maximum und den **kleinsten Wert** als Minimum. Die **Differenz** dieser beiden Werte wird Spannweite s genannt.
  Spannweite s = Maximum – Minimum
- Durch die Angabe eines **Mittelwertes** versucht man, einen Wert zu bestimmen, der typisch ist für die Datenreihe. Man unterscheidet drei Mittelwerte:
  - Der Modalwert ist der Wert, der **am häufigsten** vorkommt.
  - Der Median (Zentralwert z) ist der Wert, der genau in der **Mitte einer Rangliste** liegt.
  - Das arithmetische Mittel (Durchschnittswert) $\bar{x}$ **verteilt** die Summe aller Einzelwerte **gleichmäßig** auf alle Werte: $\bar{x} = \frac{\text{Summe aller Einzelwerte}}{\text{Anzahl der Einzelwerte}}$

Kommen mehrere Werte gleich häufig vor, dann gibt es auch mehrere Modalwerte.

*Minimum, Maximum und Spannweite sagen etwas über die Verteilung von Daten aus. Man nennt sie **Streumaße**.*

*Modelwert, Median und arithmetisches Mittel sagen etwas über die Lage von Daten aus. Man nennt sie **Lagemaße**.*

Beim Median liegen in der geordneten Datenreihe genauso viele Werte rechts wie links. Gibt es zwei mittlere Werte, so wählt man als Median die Zahl in der Mitte zwischen diesen beiden Werten.

Beispiel: Schuhgrößen
Urliste: 38, 39, 37, 40, 42, 38, 40, 36, 39, 39, 38, 41, 38, 37
Rangliste: 36, 37, 37, 38, 38, 38, 38, 39, 39, 39, 40, 40, 41, 42

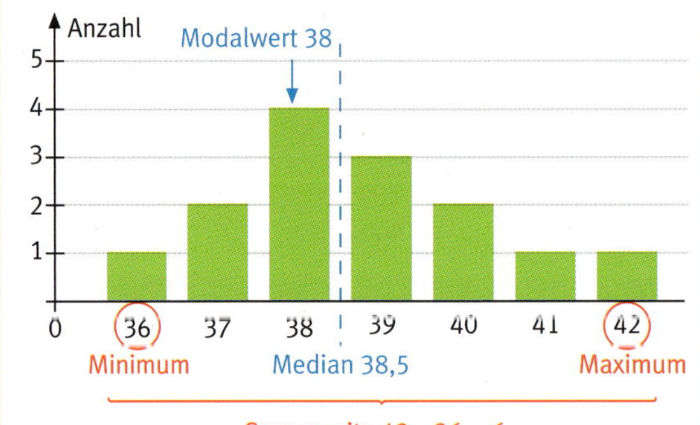

arithmetisches Mittel:
$\bar{x} = \frac{36 + 37 + 37 + \ldots + 41 + 42}{14}$
$\approx 38{,}7$

Im Durchschnitt hat jede Person eine Schuhgröße von fast 39.

Beispiele

I Martin vergleicht die Preise pro Kugel Eis in Eisdielen in seiner Stadt.
50 ct 70 ct 45 ct 70 ct 60 ct 60 ct 50 ct 75 ct 70 ct 55 ct
Wie viel kostet eine Kugel mindestens (höchstens)? Wie groß ist der Preisunterschied? Beschreibe die Eispreise anhand der bekannten Mittelwerte.

Lösung:
niedrigster Preis (Minimum): 45 ct höchster Preis (Maximum): 75 ct
größter Preisunterschied ist die Spannweite: s = 75 ct – 45 ct = 30 ct
Modalwert: 70 ct (häufigster Wert) Median: z = 60 ct (Mitte einer Rangliste)
arithmetisches Mittel: $\bar{x} = \frac{45\text{ ct} + 2 \cdot 50\text{ ct} + 55\text{ ct} + 2 \cdot 60\text{ ct} + 3 \cdot 70\text{ ct} + 75\text{ ct}}{10} = 60{,}5\text{ ct}$

Verständnis

- Zeige an einem einfachen Zahlenbeispiel, dass Modalwert und Median (arithmetisches Mittel) auch gleich sein können.
- Der Median einer Datenreihe kann auch das Maximum sein. Überlege dir ein Beispiel hierfür.
- Der Median wird oft als Zentralwert bezeichnet. Finde eine Begründung.

Aufgaben

1 ① 15 20 15 30 25 15 30 25 10 15
② −5 −3 −2 0 0 0 0 2 4 4
③ −100 000 200 000 100 000 −100 000 400 000
④ 2,5 12,6 28,3 14,1 27,9 1,0 14,8 19,3
⑤ 0,6 0,8 0,2 0,5 0,7 1,2

a) Gib jeweils Minimum, Maximum sowie die Spannweite der Datenreihe an.
b) Bestimme die drei Mittelwerte von jeder Datenreihe.

2 Ergänze jeweils eine weitere Zahl so, dass …

		①	②
a)	der Median 100 ist.	50, 99, 100, 101	50, 99, 101, 102
b)	die Spannweite 13 ist.	10 000, 9991, 10 001	27, 28, 40, 32
c)	der Modalwert 21 ist.	99, 21, 13 000, 11	22, 23, 23, 21
d)	das arithmetische Mittel 25 ist.	3, 19, 30, 44	17, 22, 23

3 Beim Eiskunstlaufen wird der Sprung von einer Jury aus neun Wettkampfrichtern beurteilt. Jeder vergibt pro Sprung 0 (nicht gelaufen) bis 6 Punkte (perfekt gelaufen). Eine Eisläuferin erhält folgende Wertung:

a) Ordne die Wertungen in einer Rangliste.
b) Bestimme Minimum, Maximum und die Spannweite der Wertung.
c) Bestimme Modalwert, Median und arithmetisches Mittel der Wertung.
d) Bei Wettkämpfen werden jeweils die beiden höchsten und niedrigsten Wertungen gestrichen. Bestimme die Kennwerte nach dieser Streichung und vergleiche mit den ursprünglichen Werten.
e) Finde Gründe, warum es zu der Streichung der Werte in Aufgabe d) kommt.

4 Das Diagramm zeigt die Tageshöchsttemperaturen der einzelnen Monate im vergangenen Jahr.

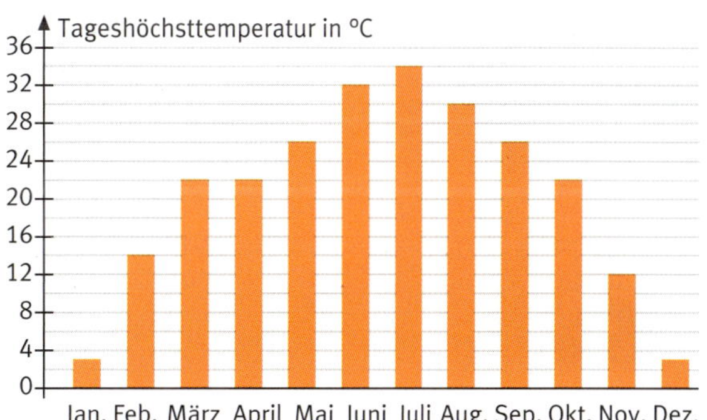

a) Erstelle anhand des Diagramms eine Rangliste.
b) Bestimme den Median und den Modalwert der Tageshöchsttemperaturen. Welche Bedeutung haben diese Kennwerte in diesem Sachverhalt?

c) In welchen Diagrammformen lässt sich der Sachverhalt ebenso gut darstellen? Begründe deine Antwort.
① Balkendiagramm ② Kreisdiagramm

5 Zwei Schützen messen sich beim Luftgewehrschießen. Die beiden Zielscheiben zeigen das Ergebnis an. Die einzelnen Treffer werden aufgrund der Anordnung der Bewertungen als „Ringe" bezeichnet.

1 Schütze Marius

2 Schütze Sascha

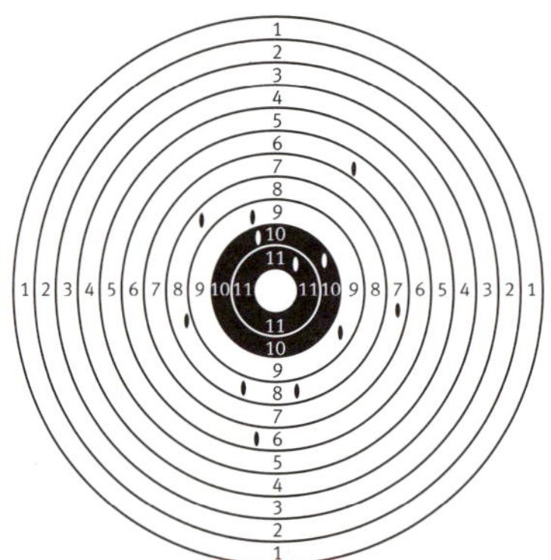

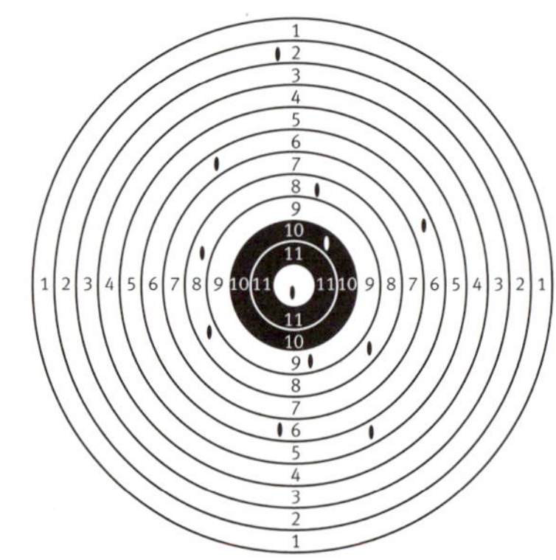

Ein Treffer genau in der Mitte ist 12 Punkte wert.

a) Erstelle für jeden Schützen eine Rangliste der getroffenen Ringe.

b) Beschreibe die Schießleistung jedes Schützen anhand des Maximums, des Minimums und der Spannweite.

c) Bestimme die drei Mittelwerte für das Schießergebnis jedes Schützen.

d) Bewerte die Schießleistung. Welcher der beiden ist der bessere Schütze? Begründe deine Antwort. Nutze dazu die zuvor berechneten Kennwerte.

6 Die Übersicht zeigt die Spielergebnisse ab dem Achtelfinale („K.-o.-Runde") während der Fußballweltmeisterschaft 2010 am Ende der regulären Spielzeit.

Achtelfinale		**Viertelfinale**	
Uruguay : Korea	2 : 1	Niederlande : Brasilien	2 : 1
USA : Ghana	1 : 1	Uruguay : Ghana	1 : 1
Deutschland : England	4 : 1	Argentinien : Deutschland	0 : 4
Argentinien : Mexiko	3 : 1	Paraguay : Spanien	0 : 1
Niederlande : Slowakei	2 : 1		
Brasilien : Chile	3 : 0	**Halbfinale**	
Paraguay : Japan	0 : 0	Uruguay : Niederlande	2 : 3
Spanien : Portugal	1 : 0	Deutschland : Spanien	0 : 1
Spiel um Platz 3		**Finale**	
Uruguay : Deutschland	2 : 3	Niederlande : Spanien	0 : 0

a) Betrachte die Anzahl der gefallenen Tore pro Spiel.
  1 Welches war das torreichste (torärmste Spiel) während der K.-o.-Runde?
  2 Wie viele Tore fielen im Durchschnitt pro Spiel?
  3 Bestimme, wie viel Prozent der Tore in der K.-o.-Runde von den einzelnen Ländern geschossen wurden.

b) Vergleiche die Anzahl der Tore von Spanien, den Niederlanden, Uruguay und Deutschland miteinander.
  1 Erstelle eine Häufigkeitstabelle für die Länder mit den erzielten und bekommenen Toren.
  2 Vergleiche die Tore dieser Länder anhand der verschiedenen Kennwerte.
  3 Stelle den Sachverhalt grafisch dar.

7 Verändere zwei der Größen 2 €, 3 €, 5 €, 5 €, 7 €, 3 €, 5 € und 2 € so, dass ...
a) der Modalwert sich nicht verändert.
b) das arithmetische Mittel gleich bleibt.
c) der Median sich ändert, aber der Modalwert gleich bleibt.
d) das arithmetisches Mittel sich ändert, aber der Modalwert gleich bleibt.

8 Wähle aus den Zahlen 1, 2, 3, 4, 5, 6, 7, 8 fünf Zahlen so aus, dass der Median 4 ist. Wie groß ist das arithmetische Mittel dieser fünf Zahlen höchstens (mindestens)?

9 Erfinde zu den Kennwerten eine passende Datenreihe und eine Sachsituation.
a) Minimum: 1,34 m   Maximum: 1,68 m   Modalwert: 1,46 m
b) Spannweite: 17 kg   Modalwert: 42 kg   Durchschnitt $\bar{x} = 46{,}5$ kg

Alltag

Tabellenkalkulation

Beim Schlagballwerfen hat jeder drei Versuche. Um die gewonnenen Daten möglichst schnell auszuwerten, kann man die Wurfweiten (in m) in ein Tabellenkalkulationsprogramm eingeben und die statistischen Kennwerte bestimmen. Um Daten auszuwerten, solltest du folgende Befehle kennen:

	A	B	C	D	E
1	Schlagballwurf 7c am 16.05. (Weiten in Meter)				
2	Name	1. Wurf	2. Wurf	3. Wurf	Bester Wurf
3	Laura	22,4	31,7	29,9	=MAX(B3:D3)
4	Sebastian	45,1	38,7	41,0	45,1
5	Nico	36,9	38,7	37,4	38,7
6	Sarah	31,9	33,5	39,0	39,0
7	Linda	34,7	16,7	35,6	35,6
8	Mert	9,6	27,2	25,8	27,2
9	Pascal	41,8	43,0	38,1	43,0
10	Stefan	53,9	60,3	57,2	60,3
11	Paul	37,0	31,8	37,9	37,9
12	Sophia	18,3	22,9	20,7	22,9
13	Jakob	45,8	48,9	42,3	48,9
14	Marie	38,8	58,3	49,7	58,3
15	Alina	26,6	30,0	19,0	30,0

Minimum: =MIN(B3:D3) oder =MIN(B3;C3;D3)
Das Minimum der Werte aus den Zellen B3, C3 und D3 wird berechnet und in der gewünschten Zelle angezeigt. Die Berechnung des Maximums erfolgt analog über das Kürzel MAX.

Arithmetisches Mittel: =MITTELWERT(B4:D4) oder =MITTELWERT(B4;C4;D4)

3	Laura	22,4	31,7	29,9	28,0
4	Sebastian	45,1	38,7	41,0	=MITTELWERT(B4:D4)
5	Nico	36,9	38,7	37,4	37,7

Das arithmetische Mittel der Werte aus den Zellen B4, C4 und D4 wird berechnet und in der gewünschten Zelle angezeigt.

Modalwert: =MODALWERT(B3:D15) bzw. **Median:** =MEDIAN(B3:D15)
Der Modalwert bzw. der Median der Werte wird bestimmt, die in dem rechteckigen Feld zwischen der Zelle B3 im linken oberen Eck und D15 in der rechten unteren Ecke liegen.

- Erstelle aus den Daten mithilfe eines Tabellenkalkulationsprogramms eine Rangliste der besten Weiten.
- Bestimme das arithmetische Mittel für jeden Schüler.
- Erstelle eine Rangliste, wenn nicht die beste Wurfweite, sondern der Mittelwert der drei Wurfweiten gewertet wird. Vergleiche diese mit der ersten Rangliste.
- Bestimme den Mittelwert aller durchgeführten Würfe.
- Bestimme den Modalwert und den Median der Wurfweiten und vergleiche diese beiden Werte mit dem arithmetischen Mittelwert aller Würfe.
- Welche Aussagen kann man mithilfe der drei Mittelwerte machen?

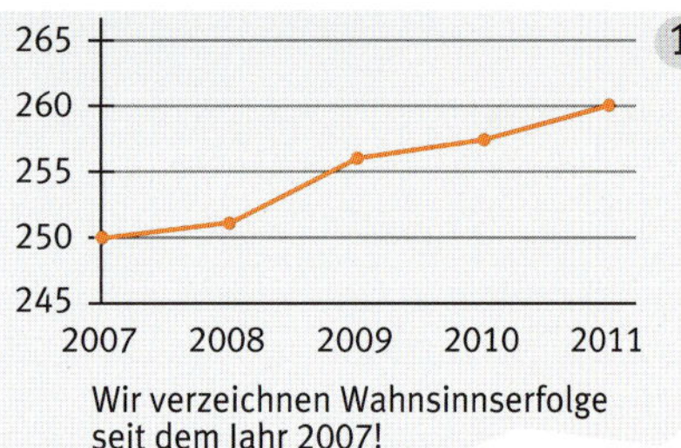

Wir verzeichnen Wahnsinnserfolge seit dem Jahr 2007!

100 % Umsatzsteigerung bei unserem Volksfest im Vergleich zum letzten Jahr

- Wie könnten die beiden Zeitungsartikel weitergehen?
- Untersuche den Begriff „Wahnsinnserfolge“ bei 1.
- Wie groß ist die Fläche des großen Bildes im Vergleich zum kleinen bei 2? Vergleiche mit der Umsatzsteigerung von 100 %.

Merkwissen

Diagramme werden gelegentlich auch dazu verwendet, den Betrachter gezielt in die Irre zu führen. Möglichkeiten der **Manipulation**:

- Einteilung der Achsen wird verändert:

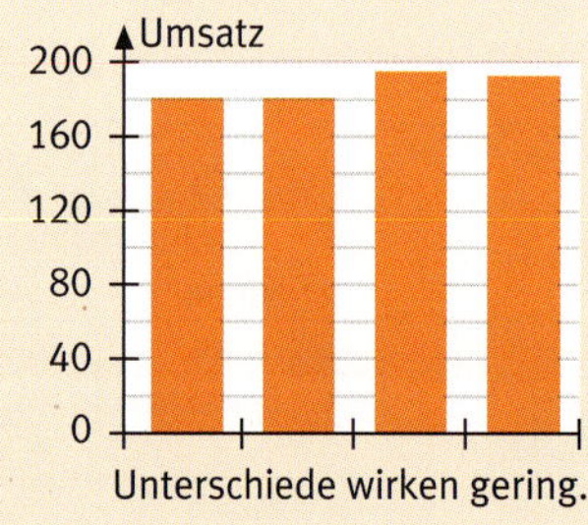

Unterschiede wirken gering.

→

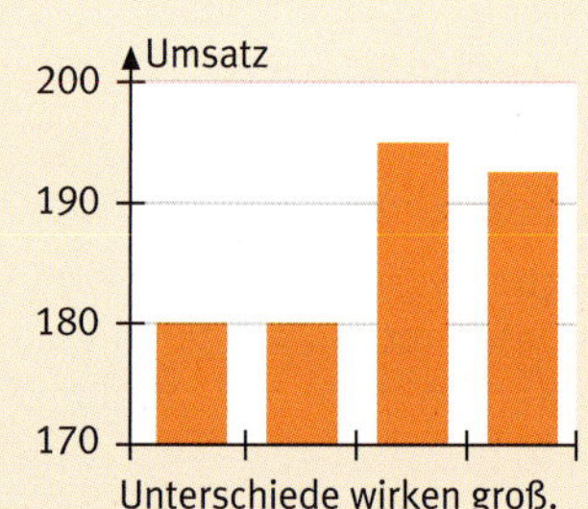

Unterschiede wirken groß.

- Daten werden gezielt weggelassen:

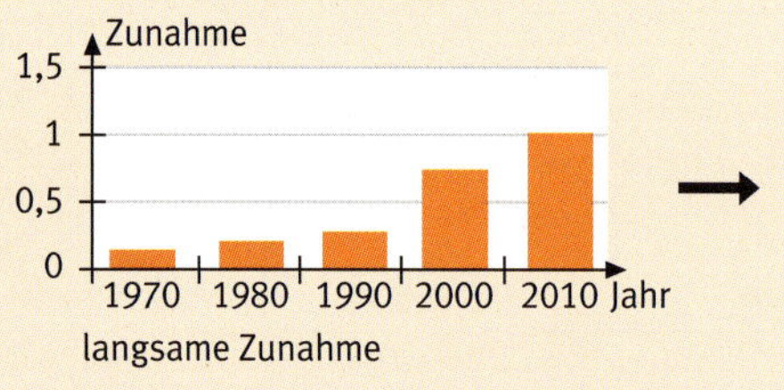

langsame Zunahme

→

scheinbar schlagartige Zunahme

- x- oder y-Achse werden gestreckt oder gestaucht:

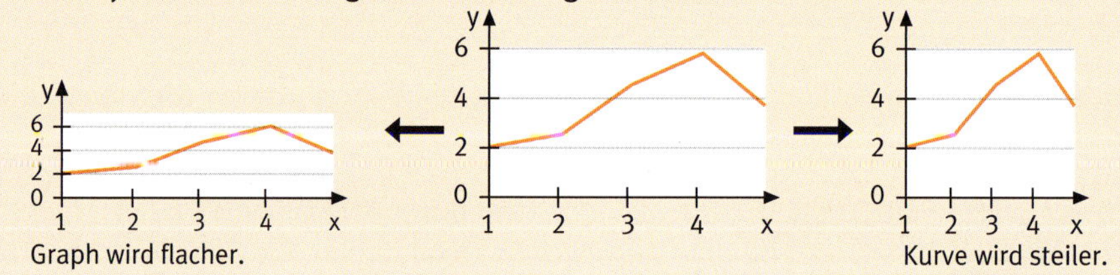

Graph wird flacher.

Kurve wird steiler.

Beispiele

I Das Diagramm stellt dar, wie sich die Höhe des Kindergelds entwickelt hat. Beurteile die Darstellung.

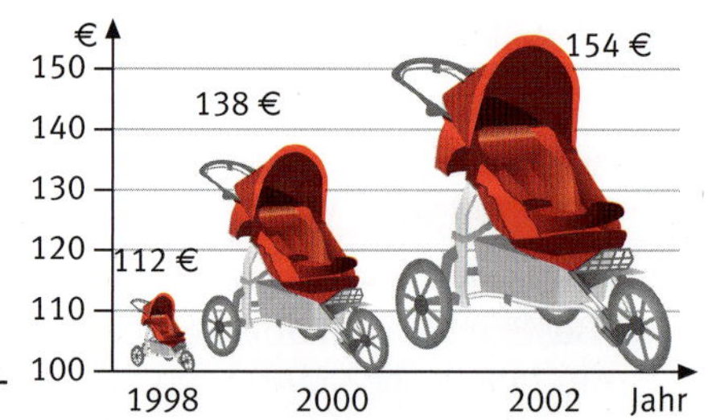

Lösung:
Manipulationen: 1 Die y-Achse beginnt erst bei 100 €, sodass der Anstieg des Kindergeldes sehr groß wirkt. 2 Die Kinderwägen werden in zwei Richtungen vergrößert, wodurch die Änderung erneut größer erscheint, als sie in Wirklichkeit ist.

Verständnis

- Nenne Situationen, in denen jemand ein irreführendes Diagramm verwendet. Welche Absicht wird mit der Manipulation verfolgt?
- Finde berechtigte Gründe dafür, die Einteilung der Achsen zu verändern oder Daten wegzulassen.

Aufgaben

1 Miriam ist Schülersprecherin und zeigt dem Direktor ihrer Schule ein Diagramm, das die Teilnahme von Schülern bei Aktionen der SMV miteinander vergleicht.

a) Welche Wirkung möchte Miriam erzielen? Beschreibe.

b) Der Direktor ist nicht überzeugt von der Darstellung. Erstelle in deinem Heft ein Diagramm, das den Sachverhalt nicht verzerrt wiedergibt.

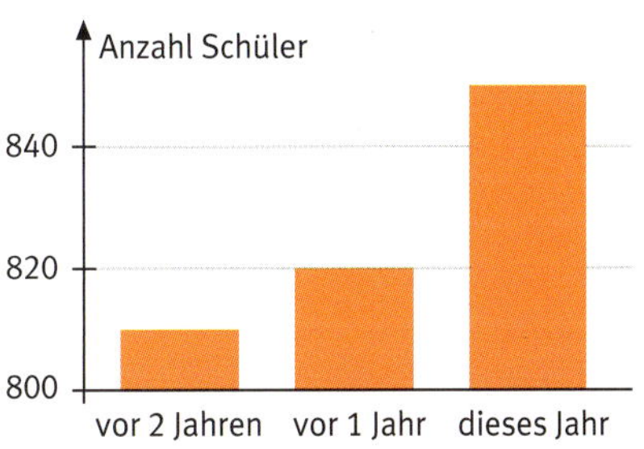

2 Das Schaubild soll die Entwicklung der Preise in Deutschland von 1980 und 2010 vergleichen.

Preise 1980

Preise 2010

a) Vergleiche die Seitenlängen der Geldscheine miteinander. Wie werden sich demnach wohl die Preise zwischen 1980 und 2010 entwickelt haben?

b) Vergleiche die Flächen der Geldscheine miteinander. Welche Preisentwicklung soll damit gezeigt werden?

c) In unserer Wahrnehmung vergleichen wir eher Flächen als Strecken miteinander. Beschreibe, welche Manipulation wohl bei der Darstellung vorliegt.

3 Das Diagramm zeigt die Durchschnittswerte der Tagestemperatur für einen Ort in Deutschland im Laufe eines Jahres. Ein Gastschüler aus Costa Rica kommt an deine Schule zu Besuch. In einer E-Mail schreibt er vorher:

Tagesdurchschnittstemperatur in °C
26 24 22 20 18 16 14 12 10 8 6 4 2 0
Jan Feb März April Mai Juni Juli Aug Sep Okt Nov Dez

Bei uns ist es das ganze Jahr über gleich warm. Man kann fast immer im T-Shirt herumlaufen. Ich habe Angst vor den extremen Temperaturschwankungen in Deutschland.

Manipuliere das Diagramm so, dass seine Angst nicht mehr ganz so groß ist.

8.7 Vermischte Aufgaben

1 Führe in deiner Klasse eine Umfrage durch und finde heraus, wie viel Zeit deine Mitschüler pro Woche mit digitalen Medien (Computer, TV, Spielkonsole, ...) verbringen. Du kannst bei der Auswertung auch ein Tabellenprogramm nutzen.

a) Erstelle mit den Daten eine Urliste.

b) Ordne die Daten und fasse sie in geeigneten Gruppen zusammen (z. B. 0–2 h, 2–4 h, ...). Bestimme die absoluten und relativen Häufigkeiten jeder Gruppe und erstelle zu jeder Häufigkeit ein geeignetes Diagramm, das den Sachverhalt wiedergibt. Begründe deine Auswahl.

2 Die Lehrkräfte an einer Wirtschaftsschule möchten wissen, wie viele Stunden die Achtklässler ihrer Schule täglich im Internet verbringen. Da die Zusammensetzung aller vier 8. Klassen recht gleich ist, werden nur die 29 Schüler der Klasse 8a befragt. Wie könnte man überprüfen, ob sich aus dem auf diese Weise erhaltenen Ergebnis Rückschlüsse auf alle Achtklässler der Schule ziehen lassen?

3 Quax arbeitet bei der Fluggesellschaft „Turbo-Lenz“, deren einzige Maschine täglich auf der Strecke Oldtown – Newcity verkehrt. Er möchte wissen, welcher Anteil der Fluggäste Vielflieger sind, d. h. im Durchschnitt dreimal oder öfter pro Monat mit „Turbo-Lenz“ fliegen. Bewerte folgende Vorschläge für eine statistische Erhebung. Quax könnte ...

(1) alle Tickets auswerten, die innerhalb eines Jahres ausgestellt wurden.

(2) einen ganzen Samstag lang mitfliegen und alle Passagiere an Bord befragen.

4 Gib den Modalwert an.

a) Affe, Pferd, Kamel, Pferd, Esel, Hund, Kamel, Katze, Affe, Hund, Kamel, Katze

b) 2; 5; 3; 7; 8; 3; 8; 2; 5; 9; 1; 7; 3; 5; 3; 2; 1; 9

c) 5 ct; 2 ct; 10 ct; 50 ct; 2 ct; 2 ct; 1 ct; 10 ct; 5 ct; 10 ct

5 Vervollständige.

a) 2; 4; 6; 8; 10 z = □; $\bar{x}$ = □
b) 1; 3; 5; 7; 9; 11 z = □; $\bar{x}$ = □
c) 7; 10; 90; 40; 3 z = □; $\bar{x}$ = □
d) 5; 5; 5; 5; 5; 5; 5 z = □; $\bar{x}$ = □
e) 1; 6; □; 19; 4 $\bar{x}$ = 7; z = □
f) □; 13,0; 14,1; 17,8; 9,2 $\bar{x}$ = 15,6; z = □

6 Die Schülerinnen des Wahlfachs „Unsere Region“ haben ermittelt, wie weit entfernt sie von der Schule wohnen. Sabine wohnt 2 km von der Schule entfernt, Petra 5 km, Paula 3 km, Selvican 1 km, Evelyn 2 km, Zoe 6 km, Steffi 5 km und Penelope, die Austauschschülerin aus Madrid, 1500 km. Ist das arithmetische Mittel der Entfernungen aussagekräftig? Begründe.

7 Peter plant eine Radtour. An den einzelnen Tagen will er 75 km, 69 km, 86 km, 64 km, 72 km und 54 km fahren.

a) Wie weit würde er täglich im Mittel fahren?

b) Gib den Zentralwert für die sechs Tagesstreckenlängen an.

c) Peter hat alle bisherigen Etappen wie geplant hinter sich gebracht. Allerdings ist er nach der vierten Etappe so erledigt, dass er seine Radtour abbricht. Ermittle den prozentualen Anteil, den er von seiner geplanten Strecke geschafft hat.

8 Vervollständige im Heft.

	Daten							Min.	Max.	s
a)	4,1 m	3,7 m	3,9 m	5,3 m	5,2 m	5,1 m	4,8 m	□	□	□
b)	200,2	198,0	177,6	213,8	186,3	207,4	200,2	□	□	□
c)	34 s	□	51 s	48 s	59 s	16 s	22 s	15 s	□	□
d)	27 ct	33 ct	□	75 ct	□	61 ct	69 ct	□	81 ct	67 ct
e)	87 g	105 g	74 g	□	103 g	112 g	□	67 g	□	46 g

9 In einer Kleinstadt wurde in vier Sportgeschäften der Preis für das gleiche Paar Inlineskates ermittelt. Bestimme die Spannweite der Preise.

10 Die Tabellen zeigen die Monatsgehälter der Mitarbeiter zweier Kleinunternehmen.

a) Stelle für jede der beiden Firmen in einem Säulendiagramm dar, welches Monatsgehalt jeweils wie viele Mitarbeiter bekommen.

b) Berechne die Spannweite der Gehälter in beiden Firmen sowie das jeweilige durchschnittliche Monatsgehalt.

c) Senta und Pit unterhalten sich:

Firma A	
Personalnummer	Monatsgehalt
1	2500 €
2	750 €
3	12 500 €
4	5000 €
5	750 €
6	2500 €
7	4000 €

Firma B	
Personalnummer	Monatsgehalt
1	1500 €
2	1000 €
3	750 €
4	1500 €
5	2000 €
6	2000 €
7	13 250 €
8	750 €
9	4250 €

Wenn der bestbezahlteste Mitarbeiter in Firma A monatlich 750 € mehr bekommen würde, dann ist die Spannweite der Gehälter in beiden Firmen gleich groß.

Wenn die beiden am schlechtesten bezahlten Mitarbeiter in Firma B monatlich 750 € mehr bekommen würden, dann ist die Spannweite der Gehälter in beiden Firmen gleich groß.

Überprüfe, ob die beiden Behauptungen stimmen.

11 Annika hat zwei Sechserpackungen Äpfel gekauft und die Äpfel einzeln gewogen.
Packung 1: 165 g; 165 g; 175 g; 170 g; 165 g; 160 g
Packung 2: 185 g; 150 g; 155 g; 175 g; 155 g; 180 g

a) Wie groß ist das arithmetische Mittel für beide Packungen?

b) Vergleiche die beiden Packungen mithilfe von Streumaßen.

c) Welche der beiden Packungen würdest du bevorzugen? Begründe.

12 Maxi und seine fünf Freunde vergleichen ihre Körpergröße.

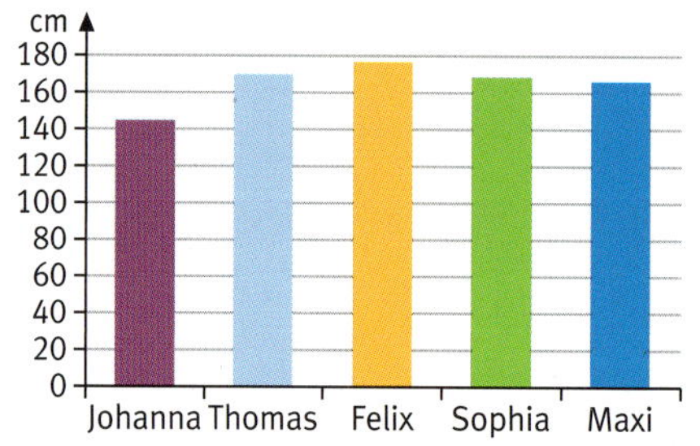

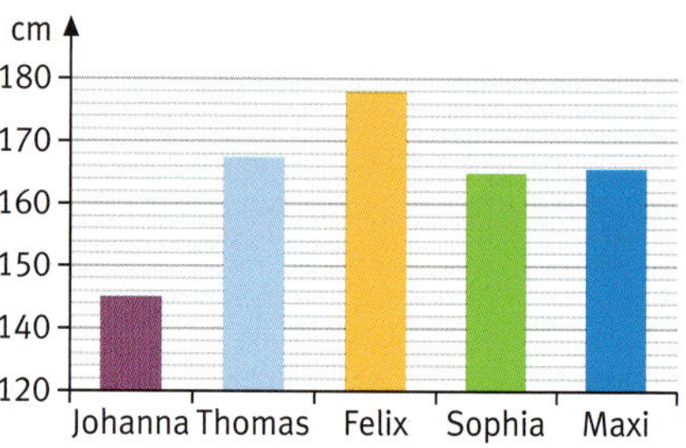

a) Wodurch unterscheiden sich die Grafiken? Welcher Eindruck wird erzeugt?

b) Maxi behauptet, dass Johanna nur ungefähr halb so groß wie Felix ist. Hat er Recht? Welchen Fehler hat er wohl begangen?

c) Welches der beiden Diagramme stellt die Größen der Kinder besser dar? Begründe deine Wahl und lies die Werte so gut wie möglich ab.

13 Mesut: 16 € Sara: 14 € Meike: 30 € Jaron: 20 € Serdar: 12 €

a) Serdar fordert mehr Taschengeld von seinen Eltern und will ihnen zum „Beweis" ein Diagramm vorlegen. Hilf ihm.

b) Serdars Eltern geben ihm 4 € mehr und legen ihm ebenfalls ein Diagramm vor. Wie könnte es aussehen?

14 In zwei verschiedenen Zeitungen finden sich Artikel zum selben Sachverhalt.

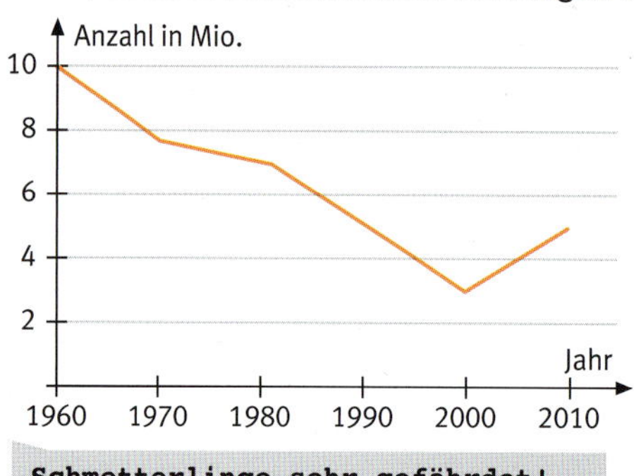

Schmetterlinge sehr gefährdet!
Die Anzahl der Schmetterlinge in Deutschland nimmt immer weiter ab. Nun hat sie sich halbiert.

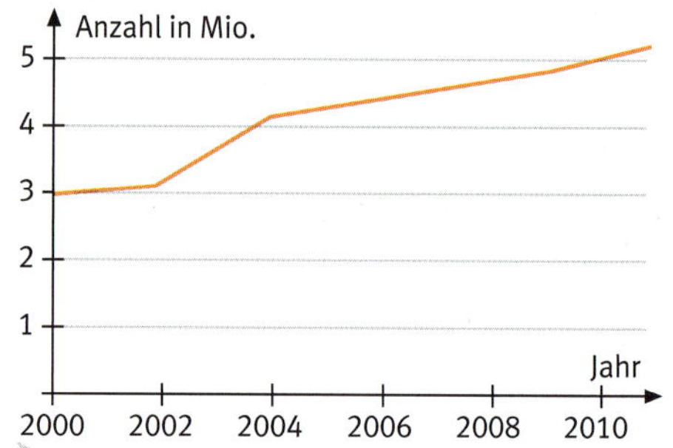

Schmetterlinge auf dem Vormarsch!
Es gibt in Deutschland immer mehr Schmetterlinge. Seit 2000 hat sich die Artenvielfalt fast verdoppelt.

a) Vergleiche die Diagramme miteinander. Was kann da passiert sein? Beschreibe.

b) Welche Absicht verfolgen die Autoren jeweils? Begründe deine Antwort.

15 Das Ergebnis einer Klassenumfrage wird auf drei verschiedene Arten dargestellt. Welche Eindrücke entstehen durch die verschiedenen Diagramme? Beschreibe.

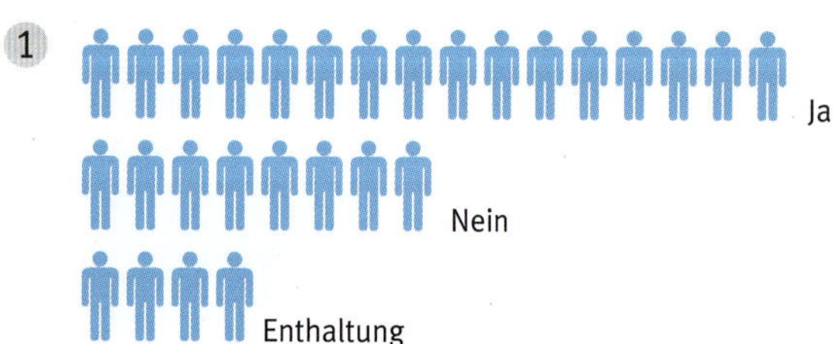

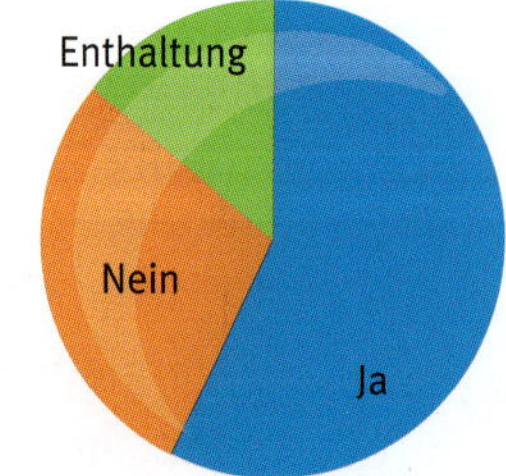

Umfrage

Situationsbeschreibung

Die Schulleitung will herausfinden, wie viele Stunden pro Tag verschiedene Medien von den Schülern und Schülerinnen genutzt werden. Da deine Klasse das Thema „Daten erheben und auswerten“ dieses Schuljahr im Mathematikunterricht behandelt, sollt ihr eine selbst erstellte Umfrage in eurer Schule starten. Die Umfrage beinhaltet die Vorgabe, ausreichend viele Leute zu befragen, um eine hohe Repräsentativität zu erreichen. Anschließend soll das gewonnene Ergebnis dem Mathematiklehrer präsentiert werden, damit er der Schulleitung von dem Ergebnis berichten kann.

Handlungsaufträge

1. Findet heraus, wie viele Schüler und Schülerinnen eure Schule besuchen.
2. Was bedeutet die Vorgabe „ausreichend viele“ Leute zu befragen? Diskutiert und entscheidet, wie groß eure Stichprobe sein soll.
3. Bei der Umfrage soll es 3 Kategorien geben:
   1. Smartphone
   2. Tablet
   3. Fernseher

   Erstellt eine Liste, auf der alle 3 Kategorien gelistet sind. Jeder Befragte wird danach gefragt, wie viele Minuten er pro Tag vor dem jeweiligen Medium der 3 Kategorien verbringt.
4. Überlegt euch nun, wann und wo ihr die Umfrage durchführen wollt. Tipp: Denkt an den Pausenhof. Achtet darauf, dass keine Leute doppelt befragt werden.
5. Nun habt ihr für jede Kategorie von jedem befragten Schüler jeweils eine Minutenzahl vorliegen (Urliste). Erstellt eine Rangliste und findet anschließend für jede Kategorie den Modalwert, den Median sowie das arithmetische Mittel heraus.
6. Bestimmt das Maximum/ Minimum jeder Kategorie und errechnet daraus die Spannweite der jeweiligen Datenreihe.
7. Hättet ihr das Ergebnis so erwartet? Diskutiert in der Gruppe und haltet schriftlich fest.
8. Präsentiert nun eurer Klasse und eurem Mathematiklehrer eure Ergebnisse mit geeigneten Diagrammen und/oder einem Tafelbild.

Überprüfe deine Fähigkeiten und Kenntnisse. Bearbeite dazu die folgenden Aufgaben und bewerte anschließend deine Lösungen mit einem Smiley.

☺	😐	☹
Das kann ich!	Das kann ich fast!	Das kann ich noch nicht!

Hinweise zum Nacharbeiten findest du auf der folgenden Seite. Die Lösungen stehen im Anhang.

Aufgaben zur Einzelarbeit

1 Beim Würfeln erhält Stefanie folgende Ergebnisse:
1; 3; 6; 6; 2; 5; 3; 4; 2; 3; 1; 5; 6; 1; 3; 5; 2; 6; 6; 1; 5; 3; 2; 3; 4; 4; 6; 2; 1; 5; 4; 3; 6; 1; 5; 5; 1; 2; 4; 1; 6; 2; 4; 3; 3; 2; 6; 1; 3; 4

a) Erstelle eine Strichliste.

b) Bestimme die absoluten Häufigkeiten der Augenzahlen.

c) Bestimme die relativen Häufigkeiten für jede Augenzahl als Bruch und in Prozent.

d) Stelle die absoluten und relativen Häufigkeiten in geeigneten Diagrammen dar.

2 Sind die Stichproben sinnvoll ausgewählt? Begründe deine Antwort und mache ggf. Verbesserungsvorschläge.

a) In einem Sportstudio wird jeder 10. Kunde befragt, wie häufig er in der Woche trainiert.

b) Ein Lehrer möchte wissen, ob seine Schüler sich für Fußball interessieren. Dazu befragt er die Jungs der Klasse.

c) Um herauszufinden, wie viele Arbeitnehmer mit den öffentlichen Verkehrsmitteln zur Arbeit fahren, werden 100 Angestellte in Geschäften der Münchner Innenstadt befragt.

3 Gib den Median der Datenmenge an.

a) 31 kg; 26 kg; 74 kg; 34 kg; 29 kg

b) 240 m^2; 280 m^2; 60 m^2; 250 m^2; 230 m^2; 210 m^2

4 Beim Wettkampf im Weitsprung hatte der Sieger folgende Sprungweiten erzielt:
7,92 m; 8,04 m; 7,75 m; 7,88 m; 7,95 m; 8,01 m; 7,93 m; 8,04 m

Gib für die erzielten Sprungweiten das Maximum, das Minimum und die Spannweite an.

5 Bei einem 2000-m-Lauf wurden folgende Zeiten gemessen:

8:24 9:03 7:57 8:12 8:49 8:11 7:20
6:36 9:42 8:39 8:17 9:08 8:18 9:37

a) Erstelle eine Rangliste. Beginne bei der besten Zeit.

b) Bestimme die durchschnittliche Zeit. Wandle die Zeiten zuvor in s um.

c) Bestimme den Modalwert sowie den Median der Messung.

6 Ergänze zu den Daten je eine Zahl so, dass …

a) das arithmetische Mittel unverändert bleibt.
0 1 3 4

b) das arithmetische Mittel der Zahlen 30 wird.
10 40 30 10

c) der Modalwert 0 ist.
0 1 2 3 4

d) der Median 2 ist.
3 13 1 1 7

e) die Spannweite 11 ist.
5 2 5 9

f) der Zentralwert unverändert bleibt.
4 17 8 12 7

7 Sebnems Großmutter wird 69. Bei der Familienfeier stellt Sebnem stolz in einem Säulendiagramm dar, wie viele Gäste ein bestimmtes Alter haben. Sie weiß, dass kein Gast älter ist als die Großmutter.

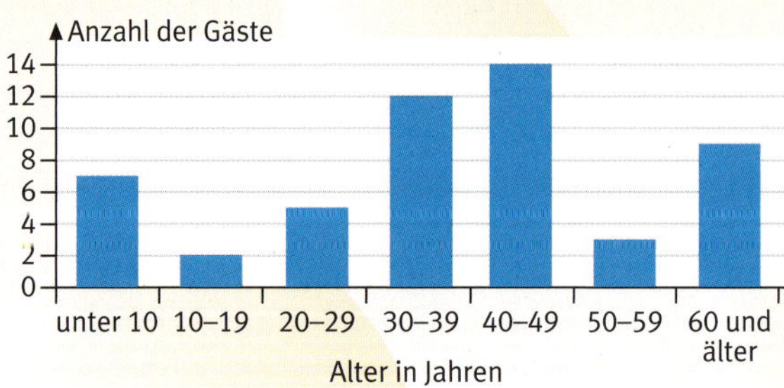

a) Gib den Modalwert an.

b) Berechne das ungefähre Durchschnittsalter der Gäste. Beschreibe dein Vorgehen.

8 Das arithmetische Mittel der Zahlen 6, 15, 15 und 20 soll berechnet werden. Erkläre, wie die einzelnen Schüler zu ihrer Lösung kommen. Beschreibe gegebenenfalls, wo der Fehler liegt.

1 *Leon:* $6 + 15 + 15 + 20 : 4$
$= 6 + 15 + 15 + 5 = 41$

2 *Jona:* $(6 + 15 + 15 + 20) : 4$
$= 56 : 4 = 14$

3 *Maja:* *Man kann das arithmetische Mittel ablesen: 15.*

9 Die beiden Diagramme zeigen den gleichen Sachverhalt in unterschiedlicher Darstellung.

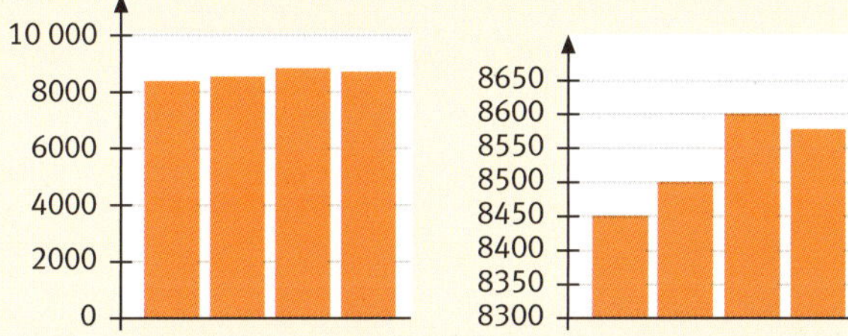

Beschreibe einen passenden Sachverhalt und erfinde zu den Diagrammen jeweils eine geeignete Überschrift. Erkläre, in welchen Situationen du welches Diagramm für praktischer hältst.

10 Der Elternbeirat einer Schule stellt die Frage: „Soll am Pausenverkauf unserer Schule Cola verkauft werden?" Es gab folgende Ergebnisse:

Ja	Nein	Egal
338 Stimmen	402 Stimmen	320 Stimmen

a) Erstelle ein Diagramm, mit dem die Cola-Gegner in die Diskussion ziehen könnten.

b) Beurteile dein Diagramm selbst. Wie müsste man es verändern, damit die Cola-Befürworter einen Nutzen davon haben?

Aufgaben für Lernpartner

Arbeitsschritte

1 Bearbeite die folgenden Aufgaben alleine.
2 Suche dir einen Partner und erkläre ihm deine Lösungen. Höre aufmerksam und gewissenhaft zu, wenn dein Partner dir seine Lösungen erklärt.
3 Korrigiere gegebenenfalls deine Antworten und benutze dazu eine andere Farbe.

Sind folgende Behauptungen **richtig** oder **falsch**? Begründe schriftlich.

11 Aus einer Strichliste kann man die relativen Häufigkeiten sofort ablesen.

12 Ist die absolute Häufigkeit gleich 0, dann gilt dies auch für die relative Häufigkeit.

13 Die relative Häufigkeit kann nie größer als 1 sein.

14 Aus H = 100 folgt h = 100 %.

15 Der einzige Grund, nicht die Gesamtheit, sondern eine Stichprobe zu untersuchen, ist, dass die Gesamtheit zu groß ist.

16 Nur eine repräsentative Stichprobe lässt Rückschlüsse auf die Gesamtheit zu.

17 Der Modalwert ist immer ein tatsächlich vorkommender Wert.

18 Der Median ist immer ein tatsächlich vorkommender Wert.

19 Das arithmetische Mittel ist immer ein tatsächlich vorkommender Wert.

20 Wenn das arithmetische Mittel von zwei Zahlen den gleichen Wert hat wie eine der beiden Zahlen, so hat die zweite Zahl ebenfalls denselben Wert.

21 Die Spannweite ist höchstens so groß wie das Maximum.

22 Die Spannweite ist mindestens so groß wie das Minimum.

23 Irreführende Diagramme werden ausschließlich verwendet, um den Betrachter zu manipulieren.

Aufgabe	Ich kann ...	Hilfe
1, 11	Daten mit Hilfe von Strichlisten und Häufigkeitstabellen erheben.	S. 152
1, 11, 12, 13, 14	Absolute und relative Häufigkeiten aus Texten, Diagrammen oder sonstigen Quellen ermitteln und sinnvoll darstellen.	S. 154 S. 156
2, 15, 16	Stichproben sinnvoll auswählen und begründen.	S. 158
4, 5, 6, 7, 8, 17, 18, 19, 20, 21, 22	Statistische Kennwerte bestimmen.	S. 160
9, 10, 23	Die Wirkung von Diagrammen beurteilen und mit ihnen arbeiten.	S. 164

S. 152

	Strichliste	Anzahl
1	‖	2
2	‖‖ (3 Striche)	3
3	~~‖‖‖‖~~ ‖	6

Erfassung von Daten:
Urliste: ungeordnete Daten
Rangliste: geordnete Daten
Strichliste: Abzählen der Daten durch Striche
Häufigkeitstabelle: Angabe der Daten als Anzahl

S. 154
S. 156

Mit einem Farbwürfel wurde 6-mal gewürfelt. Die Ergebnisse waren:
Rot, Gelb, Grün, Blau, Weiß, Schwarz, Rot

H (Rot) = 2

$$h\,(\text{Rot}) = \frac{\text{absolute Häufigkeit (Rot)}}{\text{Gesamtanzahl Würfe}} = \frac{2}{6} = 33{,}3\,\%$$

Die **tatsächliche Anzahl,** wie oft ein Ergebnis vorkommt, bezeichnet man als **absolute Häufigkeit H.**

Den Anteil, mit dem ein Ergebnis in Bezug auf die Gesamtanzahl aller Daten vorkommt, nennt man **relative Häufigkeit h.**

S. 154
S. 156

Säulendiagramm **Kreisdiagramm**

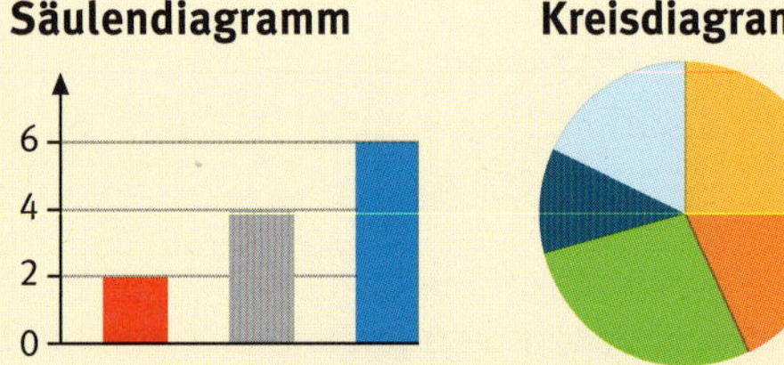

Zur Darstellung absoluter Häufigkeiten verwendet man **Säulen- oder Balkendiagramme.**

Zur Darstellung relativer Häufigkeiten eignen sich **Kreisdiagramme.**

S. 158

Grundgesamtheit: alle vom Sachverhalt betroffenen Personen
Stichprobe: zufällig ausgewählter Teil der Grundgesamtheit
Stichprobenumfang: Größe der Stichprobe

S. 160

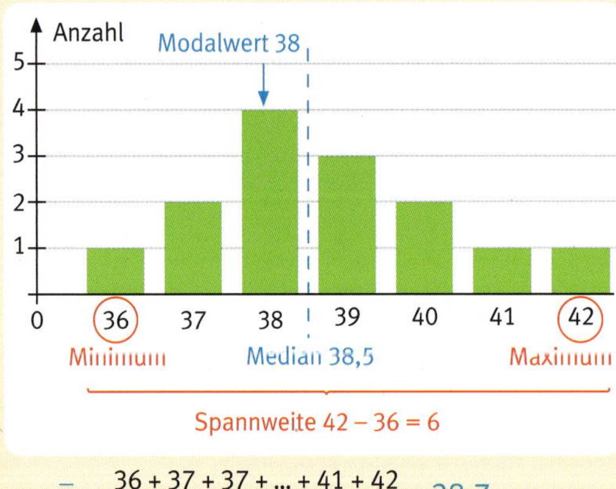

$$\bar{x} = \frac{36 + 37 + 37 + \ldots + 41 + 42}{14} \approx 38{,}7$$

Kennwerte, die die Streuung von Daten beschreiben:
Minimum: kleinster Datenwert
Maximum: größter Datenwert
Spannweite: Unterschied zwischen Minimum und Maximum

Kennwerte, die Daten durch einen zentralen Wert beschreiben:
Modalwert: häufigster Wert
Median: Wert in der Mitte einer geordneten Datenreihe
arithmetisches Mittel: $\bar{x} = \frac{\text{Summe aller Einzelwerte}}{\text{Anzahl der Einzelwerte}}$

S. 164

Beispiel:

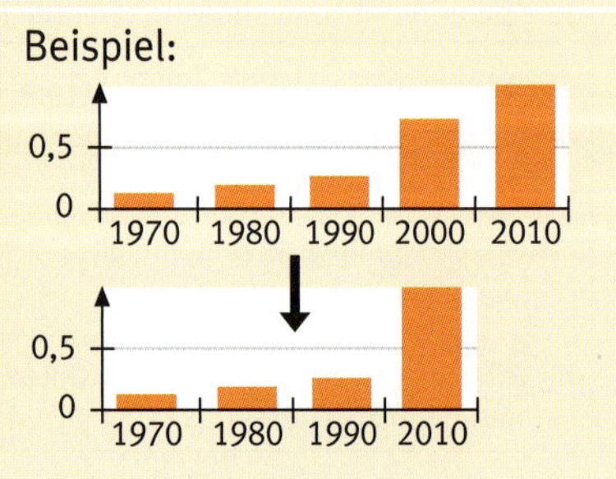

Durch Diagramme lassen sich Daten auch irreführend darstellen.
Möglichkeiten für irreführenden Darstellungen:

- Achsen und deren Einteilung verändern
- Stauchen oder Strecken von Achsen
- Daten weglassen
- Sachverhalte durch Flächen oder Bilder verzerren

Lösungen zum Grundwissen – Seite 6 bis 12

1 a) b)

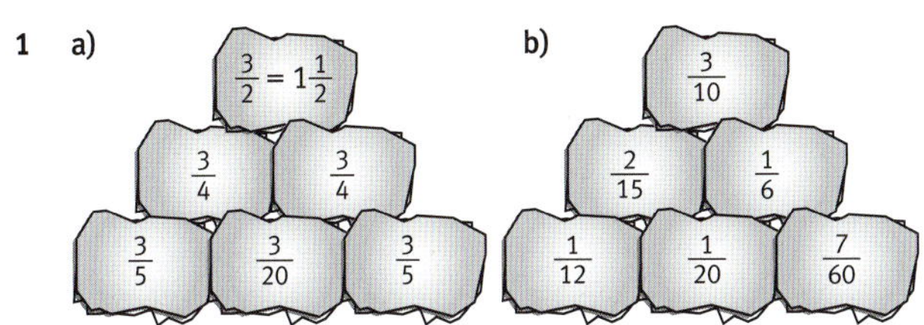

2 a) $\frac{4 \cdot 65}{13 \cdot 88} = \frac{1 \cdot 5}{1 \cdot 22} = \frac{5}{22}$ b) $\frac{18}{7} \cdot \frac{14}{36} = \frac{1 \cdot 2}{1 \cdot 2} = 1$

c) $\frac{24 \cdot 86}{7 \cdot 36} = \frac{2 \cdot 86}{7 \cdot 3} = \frac{172}{21} = 8\frac{4}{21}$ d) $\frac{7}{13} \cdot \frac{65}{14} = \frac{1 \cdot 5}{1 \cdot 2} = \frac{5}{2} = 2\frac{1}{2}$

e) $\frac{15}{7} \cdot \frac{42}{15} = \frac{42}{7} = 6$ f) $\frac{43}{77} \cdot \frac{36}{86} = \frac{1 \cdot 36}{77 \cdot 2} = \frac{18}{77}$

3 a) $(-4) + (-7) + (-2) = -4 - 7 - 2 = -13$

b) $(+25) + (+35) + (+65) = 25 + 35 + 65 = 125$

c) $(-350) + (-225) = -350 - 225 = -575$

d) $(+25) + 175 + (-50) = +25 + 175 - 50 = 150$

e) $(-4) - (+7) = -4 - 7 = -11$

f) $(+24) - (+14) - (+36) = 24 - 14 - 36 = -26$

4 a) −28 b) 345 c) −1750

d) −2800 e) −2100 f) 8700

5 a) Kommutativgesetz und Assoziativgesetz:

$(-0{,}62 + (-4{,}5)) + (-1{,}38)$
$= ((-4{,}5) + (-0{,}62)) + (-1{,}38)$
$= -4{,}5 + (-0{,}62 + (-1{,}38))$
$= -4{,}5 + (-2) = -6{,}5$

b) Kommutativgesetz:

$2\frac{1}{3} + \left(\frac{-5}{8}\right) - \frac{7}{3} = \frac{7}{3} - \frac{7}{3} + \left(\frac{-5}{8}\right) = -\frac{5}{8}$

c) Kommutativgesetz:

$-4{,}5 + 8{,}23 - 15{,}5$
$= -4{,}5 - 15{,}5 + 8{,}23$
$= -20 + 8{,}23 = -11{,}77$

d) Kommutativgesetz:

$-\frac{1}{5} - \left(\frac{3}{-8}\right) + \frac{3}{10} = -\frac{1}{5} + \frac{3}{8} + \frac{3}{10}$
$= \frac{3}{8} - \frac{2}{10} + \frac{3}{10} = \frac{3}{8} + \frac{1}{10} = \frac{15 + 4}{40} = \frac{19}{40}$

6

a	b	c	a − (b − c)	(a − b) − c
$\frac{1}{2}$	$\frac{1}{3}$	$\frac{1}{6}$	$\frac{1}{3}$	0
$\frac{7}{10}$	$-\frac{2}{5}$	$\frac{1}{4}$	$1\frac{7}{20}$	$\frac{17}{20}$
$3\frac{1}{4}$	$-2\frac{1}{4}$	$-1\frac{3}{8}$	$4\frac{1}{8}$	$6\frac{7}{8}$

7 a) Klammer ausrechnen, dann multiplizieren:

$\left(-\frac{3}{5} - \frac{2}{5}\right) \cdot \left(-\frac{5}{6}\right) = \left(-\frac{5}{5}\right) \cdot \left(-\frac{5}{6}\right) = \frac{5}{6}$

Distributivgesetz anwenden:

$\left(-\frac{3}{5} - \frac{2}{5}\right) \cdot \left(-\frac{5}{6}\right) = \left(-\frac{3}{5}\right) \cdot \left(-\frac{5}{6}\right) + \left(-\frac{2}{5}\right) \cdot \left(-\frac{5}{6}\right) = \frac{3}{6} + \frac{2}{6} = \frac{5}{6}$

b) Klammer ausrechnen, dann multiplizieren:

$(-2{,}5 + 3{,}48) \cdot \left(-\frac{3}{4}\right) = 0{,}98 \cdot \left(-\frac{3}{4}\right) = -0{,}735$

Distributivgesetz anwenden:

$(2{,}5 + 3{,}48) \cdot \left(-\frac{3}{4}\right) = (-2{,}5) \cdot \left(-\frac{3}{4}\right) + 3{,}48 \cdot \left(-\frac{3}{4}\right)$
$= 1{,}875 - 2{,}61 = -0{,}735$

8 a)

+	0,34	2,8
3,45	3,79	6,25
2,647	2,987	5,447
3,012	3,352	5,812

b)

−	1,56	0,563
12,34	10,78	11,777
3,172	1,612	2,609
5	3,44	4,437

9 a) 557,134 b) 55,7134 c) 5,57134

10 a) 45,71 b) 1,48192 c) 59,749

11 a) b)

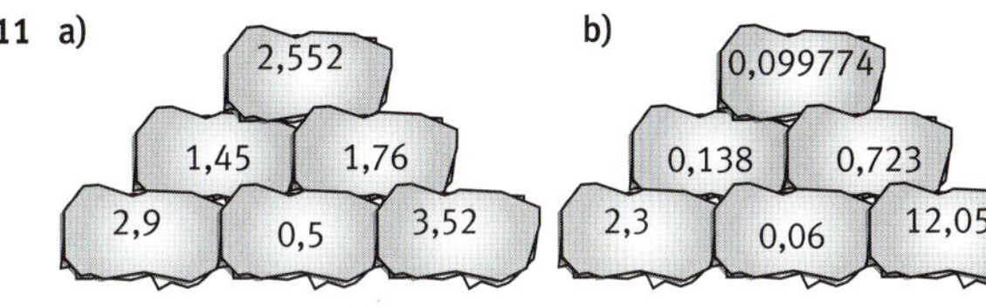

12 a) Zu T (x) = −8x + 4 äquivalent:

1 $T_1(x) = 4 - 8x$ 3 $T_3(x) = -4 - 8x + 8$
4 $T_4(x) = 2 \cdot (2 - 3x) - 2x$

b) Es sind unterschiedliche Antworten möglich, z. B. für $T_1(x)$: Die Differenz von 4 und dem Achtfachen einer Zahl x.

13 a) $x + 3{,}3$ b) $-4{,}6x - 19{,}7$

c) $4{,}7a + 2b - 4{,}5c$ d) $2\frac{1}{3}a - 2b - 3\frac{3}{4}c$

14 a) 48y b) 4a c) 4k

d) 27lm e) $\frac{1}{3}$ilk f) 150abc

15 a) $7x \cdot 3 = 21x$ b) $4q \cdot \frac{1}{2} = 2q$

c) $-4b \cdot 16 = -64b$ d) $4t \cdot r \cdot 2s = 8rst$

16 a) 10x + 3y b) 4a − b c) −8z + 5

d) 6e − f e) −10x + 3y f) 4z + 5

17 a) 144x + 60y b) −50c − 20d c) 17c − 3

d) 48x + 128 e) 3 − v f) −1,4br − 2,2by

18 a) x · (13a + 5) b) 5 · (2r − s) c) yz · (x + 2)

d) 6a · (b − c) e) 0,5x · (1 − y) f) a · (x − y)

19 a) 1

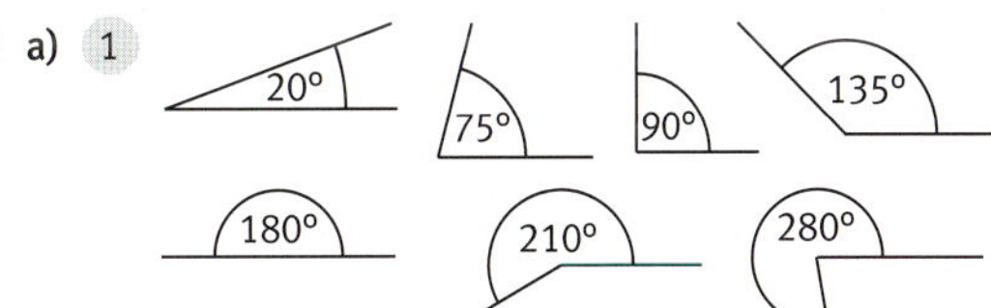

2 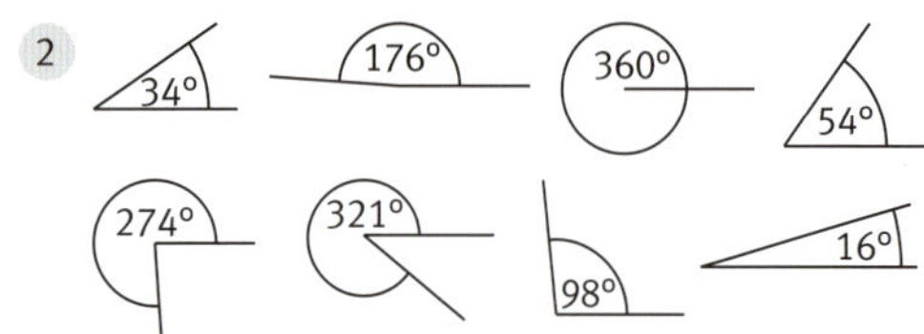

b) spitzer Winkel: 20°; 75°; 34°; 54°; 16°
stumpfer Winkel: 135°; 176°; 98°
rechter Winkel: 90°
gestreckter Winkel: 180°
überstumpfer Winkel: 210°; 280°; 274°; 321°
Vollwinkel: 360°

20 a) $\alpha = 60°$ $\quad \beta = 120°$ $\quad \gamma = 60°$
b) $\alpha = \beta = 103°$ $\quad \gamma = 35°$ $\quad \delta = 42°$

21 a) α ist Nebenwinkel zu 125°:
$\alpha = 180° - 125° = 55°$
β ist Scheitelwinkel zu 125°: $\beta = 125°$
α und γ sind Wechselwinkel: $\gamma = \alpha = 55°$
δ ist Stufenwinkel zu 125°: $\delta = 125°$

b) α ist Nebenwinkel zu 38°: $\alpha = 180° - 38° = 142°$
β ist Scheitelwinkel zu 38°: $\beta = 38°$
α und γ sind Scheitelwinkel: $\gamma = \alpha = 142°$
α und δ sind Stufenwinkel: $\delta = \alpha = 142°$
β und ε sind Stufenwinkel: $\varepsilon = \beta = 38°$

22 a) d = 7 cm b) r = 0,2 dm c) r = 0,6 dm

23 Das Dreieck ist ...
a) rechtwinklig.
b) spitzwinklig.
c) stumpfwinklig.
d) gleichseitig (spitzwinklig).

24 a) stumpfwinkliges Dreieck
b) gleichseitiges Dreieck (gleichschenkliges Dreieck, bei dem alle Winkel 60° sind)
c) rechtwinkliges Dreieck
d) gleichseitiges Dreieck (gleichschenkliges Dreieck, bei dem alle Winkel 60° sind)
e) spitzwinklig-gleichschenkliges Dreieck (Der fehlende Winkel ist ebenfalls 65° groß.)
f) spitzwinkliges Dreieck

25 a) Beschreibung:
1. Zeichne die Strecke [AC] mit b = 5,4 cm.
2. Trage in A den Winkel $\alpha = 75°$ ab.
3. Trage in C den Winkel $\gamma = 59°$ ab.
4. Der Schnittpunkt der freien Schenkel von α und γ ergibt den Eckpunkt B des Dreiecks.

Zeichnung:

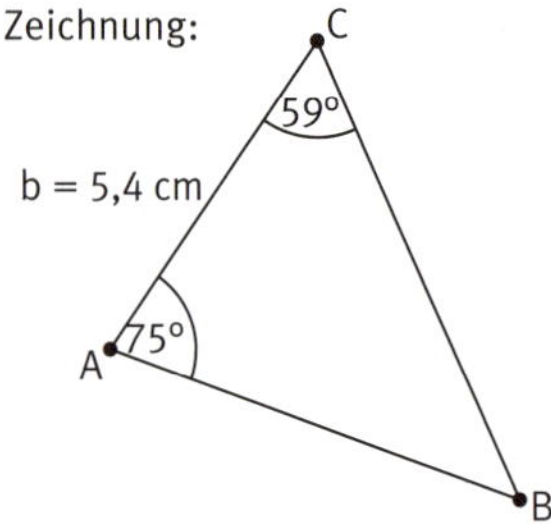

b) Beschreibung:
1. Zeichne die Strecke [AB] mit c = 9,2 cm.
2. Trage in A den Winkel $\alpha = 33°$ ab.
3. Zeichne einen Kreisbogen um A mit r = b = 7,5 cm.
4. Der Schnittpunkt des freien Schenkels von α und des Kreisbogens ergibt den Eckpunkt C des Dreiecks.

Zeichnung:

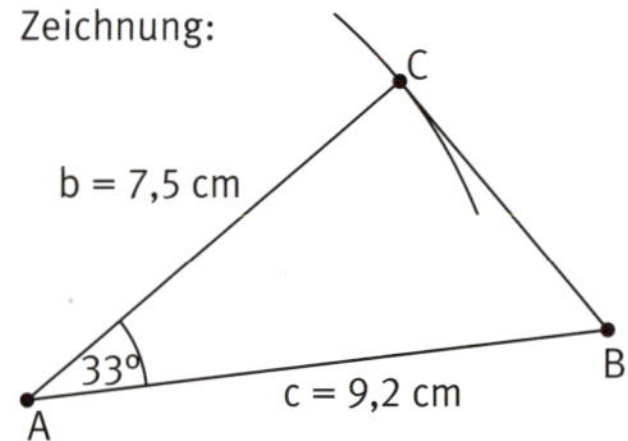

Anmerkung: Es ist möglich, mit b zu beginnen. Den Punkt B erhält man dann als Schnittpunkt eines Kreises um A mit Radius r = c und dem freien Schenkel von α.

c) Beschreibung:
1. Zeichne die Strecke [AB] mit c = 5,5 cm.
2. Zeichne einen Kreisbogen um A mit r = b = 3,3 cm.
3. Zeichne einen Kreisbogen um B mit r = a = 4,4 cm.
4. Der Schnittpunkt der Kreisbögen ergibt C.

Zeichnung:

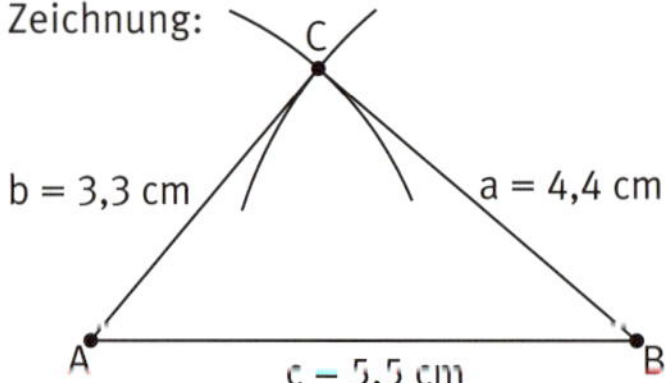

Anmerkung: Man kann auch mit einer anderen Seite beginnen und von dort die zugehörigen Kreisbögen zeichnen.

26

α	66°	5°	59,5°	24,5°	30°
β	24°	85°	115°	82°	2α
γ	90°	90°	5,5°	3α	3α

27 a) $\gamma = 59°$ b) $\beta = 60°$; $\gamma = 30°$

28 a)
$\alpha + \beta + \gamma + \delta = 360°$ $\quad$ | $\alpha = \beta$ und $\delta = \gamma$ ersetzen
$\Leftrightarrow 2\beta + 2\gamma = 360°$ $\quad$ | $\beta = 2\gamma$ ersetzen
$\Leftrightarrow 2 \cdot 2\gamma + 2\gamma = 360°$ $\quad$ | : 6
$\Leftrightarrow \gamma = 60°$ $\quad$ $\alpha = \beta = 120°$; $\gamma = \delta = 60°$

29 **a)** Parallelogramm, Trapez
(Jedes Parallelogramm ist auch ein Trapez.)

b) symmetrisches Trapez

c) Raute, Parallelogramm, Trapez
(Jede Raute ist auch ein Parallelogramm.)

d) Rechteck, Parallelogramm, Trapez
(Jedes Rechteck ist auch ein Parallelogramm.)

e) Quadrat, Rechteck, Raute, Parallelogramm, Trapez
(Jedes Quadrat erfüllt gleichzeitig die Eigenschaften aller anderen Vierecke.)

f) Trapez

30 1 → Quadrat, Rechteck, Parallelogramm, gleichschenkliges Trapez

2 → Quadrat, Rechteck, Parallelogramm

3 → Quadrat, Rechteck, Parallelogramm

4 → Quadrat, Rechteck, Parallelogramm

5 → Quadrat

6 → Quadrat

7 → Quadrat, Rechteck

8 → Quadrat

31

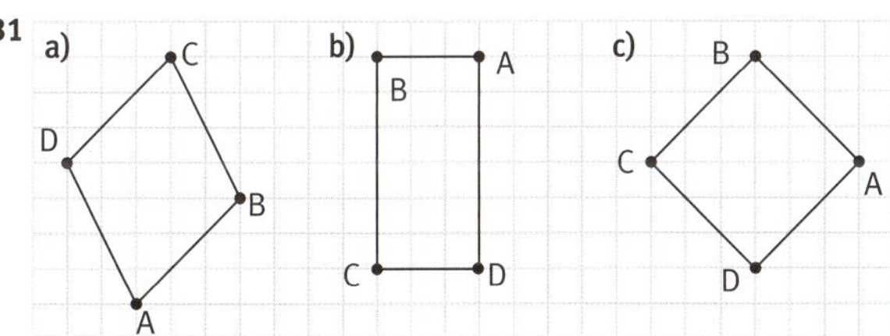

32 Lösungsmöglichkeit:

a) $15\ m^2 = 1500\ dm^2 = 150\,000\ cm^2$

b) $27{,}3\ dm^2 = 0{,}273\ m^2 = 2730\ cm^2$

c) $0{,}5\ ha = 50\ a = 5000\ m^2$

d) $846\ cm^2 = 8{,}46\ dm^2 = 84\,600\ mm^2$

e) $3617\ a = 36{,}17\ ha = 0{,}3617\ km^2$

f) $0{,}003\ m^2 = 0{,}3\ dm^2 = 30\ cm^2$

g) $160\ m^3 = 160\,000\ dm^3 = 160\,000\,000\ cm^3$

h) $1{,}2\ dm^3 = 1200\ cm^3 = 1\,200\,000\ mm^3$

i) $2411\ m^3 = 2411\,000\ dm^3 = 2\,411\,000\,000\ cm^3$

j) $0{,}5\ cm^3 = 500\ mm^3 = 0{,}0005\ dm^3$

m) $\frac{1}{2}\ km^3 = 500\,000\ m^3 = 500\,000\,000\ dm^3$

n) $4\frac{1}{5}\ dm^3 = 4\,200\ cm^3 = 0{,}0042\ m^3$

o) $15\frac{1}{3}\ a = 1533\frac{1}{3}\ m^2 = \frac{23}{150}\ ha$

33 **a)** $A = 5\ cm \cdot 12\ cm = 60\ cm^2$
$u = 5\ cm + 5\ cm + 12\ cm + 12\ cm = 34\ cm$

b) $A = 5{,}5\ cm \cdot 5{,}5\ cm = 30{,}25\ cm^2$
$u = 4 \cdot 5{,}5\ cm = 22\ cm$

c) $A = 23\ cm \cdot 5\ cm = 115\ cm^2$
$u = 23\ cm + 23\ cm + 5\ cm + 5\ cm = 56\ cm$

d) $A = 0{,}45\ m \cdot 0{,}45\ m = 0{,}2025\ m^2 = 20{,}25\ dm^2$
$u = 4 \cdot 0{,}45\ m = 1{,}8\ m$

34 **a)** Wird nur die Breite verdoppelt (verdreifacht), so verdoppelt (verdreifacht) sich auch der Flächeninhalt. Für den Umfang muss die ursprüngliche Breite zusätzlich zweimal (viermal) addiert werden.

b) Werden beide Seiten halbiert (geviertelt), so wird der Flächeninhalt geviertelt (gesechzehntelt). Der Umfang halbiert (viertelt) sich.

35 **a)** Beschreibung:
1. Zeichne die Strecke [AB] mit c = 13 cm.
2. Zeichne einen Kreisbogen um a mit r = b = 5 cm.
3. Zeichne einen Kreisbogen um b mit r = a = 12 cm.
4. Der Schnittpunkt der Kreisbögen ergibt C.

Abmessen ergibt:
$h_c \approx 4{,}6\ cm$
$A = \frac{1}{2} \cdot c \cdot h_c = \frac{1}{2} \cdot 13\ cm \cdot 4{,}6\ cm = 29{,}9\ cm^2$
$u = a + b + c = 12\ cm + 5\ cm + 13\ cm = 30\ cm$

b) Beschreibung:
1. Zeichne die Strecke [AB] mit c = 4 cm.
2. Trage in B den Winkel $\beta = 40°$ an.
3. Zeichne einen Kreisbogen um B mit r = a = 3 cm.
4. Der Schnittpunkt des freien Schenkels von β und des Kreisbogens ergibt C.

Abmessen ergibt:
$h_c \approx 1{,}9\ cm$, $b \approx 2{,}6\ cm$
$A = \frac{1}{2} \cdot c \cdot h_c = \frac{1}{2} \cdot 4\ cm \cdot 1{,}9\ cm = 3{,}8\ cm^2$
$u = a + b + c = 3\ cm + 2{,}6\ cm + 4\ cm = 9{,}6\ cm$

c) Beschreibung:
1. Zeichne die Strecke [AB] mit c = 4 cm.
2. Trage in A den Winkel $\alpha = 60°$ an.
3. Trage in B den Winkel $\beta = 70°$ an.
4. Der Schnittpunkt der freien Schenkel von α und β ergibt C.

Abmessen ergibt:
$h_c \approx 4{,}2\ cm$, $a \approx 4{,}5\ cm$, $b \approx 4{,}9\ cm$
$A = \frac{1}{2} \cdot c \cdot h_c = \frac{1}{2} \cdot 4\ cm \cdot 4{,}2\ cm = 8{,}4\ cm^2$
$u = a + b + c = 4{,}5\ cm + 4{,}9\ cm + 4\ cm = 13{,}4\ cm$

36 **a)** Abmessen ergibt: $a \approx 5{,}4\ cm$, $b \approx 2{,}8\ cm$, $h_a \approx 2{,}6\ cm$
$A = a \cdot h_a = 5{,}4\ cm \cdot 2{,}6\ cm = 14{,}04\ cm^2$
$u = 2 \cdot a + 2 \cdot b = 2 \cdot (a + b) = 2 \cdot (5{,}4\ cm + 2{,}8\ cm) = 16{,}4\ cm$

b) Abmessen ergibt: $a \approx 5{,}1\ cm$, $b \approx 5{,}4\ cm$, $h_a \approx 5{,}3\ cm$
$A = a \cdot h_a = 5{,}1\ cm \cdot 5{,}3\ cm = 27{,}03\ cm^2$
$u = 2 \cdot a + 2 \cdot b = 2 \cdot (a + b) = 2 \cdot (5{,}1\ cm + 5{,}4\ cm) = 21\ cm$

c) Abmessen ergibt: $a \approx 4{,}1\ cm$, $b \approx 1{,}4\ cm$, $h_a \approx 0{,}7\ cm$
$A = a \cdot h_a = 4{,}1\ cm \cdot 0{,}7\ cm = 2{,}87\ cm^2$
$u = 2 \cdot a + 2 \cdot b = 2 \cdot (a + b) = 2 \cdot (4{,}1\ cm + 1{,}4\ cm) = 11\ cm$

37

	a	c	h	A
a)	6 cm	4 cm	2 cm	10 cm²
b)	4,6 cm	5,4 cm	2,7 cm	13,5 cm²
c)	6,3 dm	0,9 dm	0,9 dm	3,24 dm²

38 1, 3 und 4 besitzen mit 36 Kästchen denselben Flächeninhalt. 2 ist 40 Kästchen groß.

39 Lösungsmöglichkeiten:

1

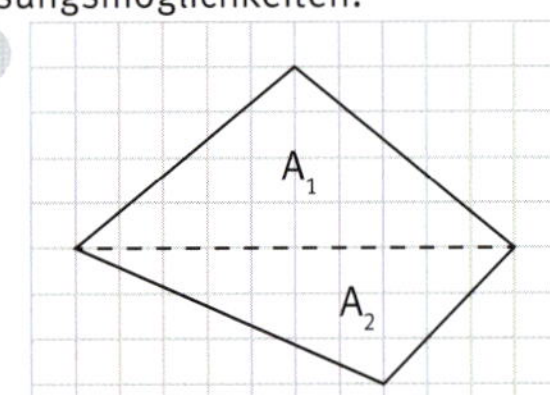

$A_1 = \frac{1}{2} \cdot 5\text{ cm} \cdot 2\text{ cm} = 5\text{ cm}^2$

$A_2 = \frac{1}{2} \cdot 5\text{ cm} \cdot 1{,}5\text{ cm} = 3{,}75\text{ cm}^2$

$A_{gesamt} = A_1 + A_2 = 8{,}75\text{ cm}^2$

2

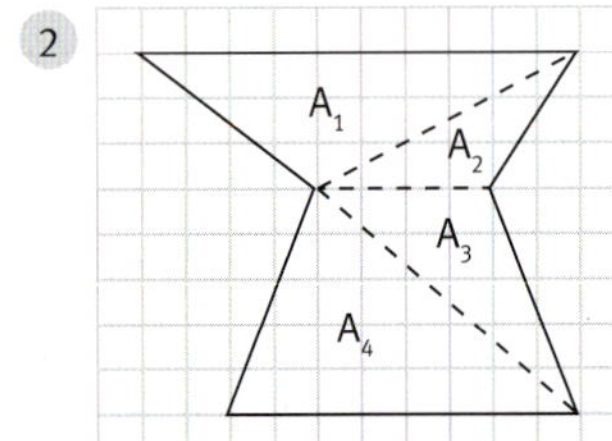

$A_1 = \frac{1}{2} \cdot 5\text{ cm} \cdot 1{,}5\text{ cm} = 3{,}75\text{ cm}^2$

$A_2 = \frac{1}{2} \cdot 2\text{ cm} \cdot 1{,}5\text{ cm} = 1{,}5\text{ cm}^2$

$A_3 = \frac{1}{2} \cdot 2\text{ cm} \cdot 2{,}5\text{ cm} = 2{,}5\text{ cm}^2$

$A_4 = \frac{1}{2} \cdot 4\text{ cm} \cdot 2{,}5\text{ cm} = 5\text{ cm}^2$

$A_{gesamt} = A_1 + A_2 + A_3 + A_4 = 12{,}75\text{ cm}^2$

3

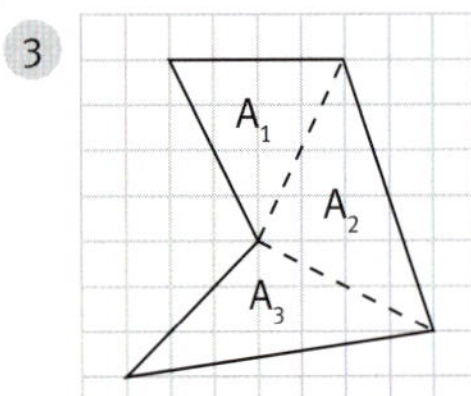

$A_1 = \frac{1}{2} \cdot 2\text{ cm} \cdot 2\text{ cm} = 2\text{ cm}^2$

$A_2 = \frac{1}{2} \cdot 3{,}1\text{ cm} \cdot 1{,}6\text{ cm} \approx 2{,}5\text{ cm}^2$

$A_3 = \frac{1}{2} \cdot 3{,}5\text{ cm} \cdot 1{,}3\text{ cm} \approx 2{,}3\text{ cm}^2$

$A_{gesamt} = A_1 + A_2 + A_3 = 6{,}8\text{ cm}^2$

4

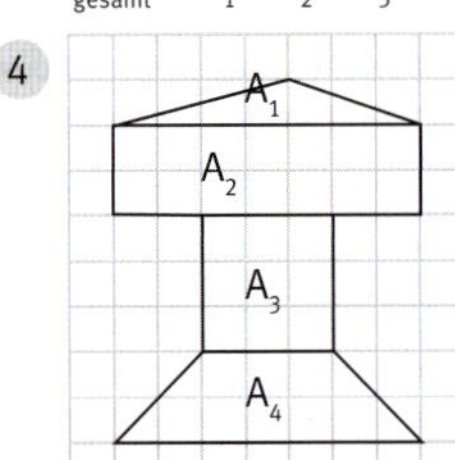

$A_1 = \frac{1}{2} \cdot 3{,}5\text{ cm} \cdot 0{,}5\text{ cm} = 0{,}875\text{ cm}^2$

$A_2 = 3{,}5\text{ cm} \cdot 1\text{ cm} = 3{,}5\text{ cm}^2$

$A_3 = 1{,}5\text{ cm} \cdot 1{,}5\text{ cm} = 2{,}25\text{ cm}^2$

$A_4 = \frac{3{,}5\text{ cm} + 1{,}5\text{ cm}}{2} \cdot 1\text{ cm} = 2{,}5\text{ cm}^2$

$A_{gesamt} = A_1 + A_2 + A_3 + A_4 = 9{,}125\text{ cm}^2$

40 Lösungsmöglichkeit:

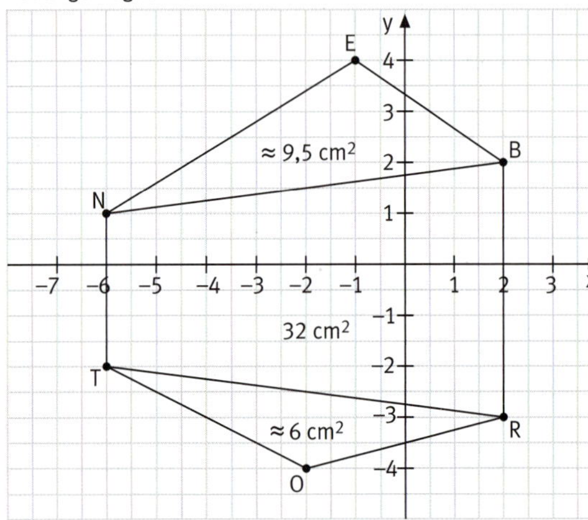

$A = 6\text{ cm}^2 + 32\text{ cm}^2 + 9{,}5\text{ cm}^2 = 47{,}5\text{ cm}^2$

41 a) $V = 4{,}5\text{ cm} \cdot 3{,}7\text{ cm} \cdot 4\text{ cm} = 66{,}6\text{ cm}^3 = 0{,}0666\text{ dm}^3$

b) $V = (12{,}8\text{ dm})^3 = 2097{,}152\text{ dm}^3 = 2{,}097152\text{ m}^3$

c) $V = 12{,}3\text{ dm} \cdot 23\text{ dm} \cdot 4{,}7\text{ dm} = 1329{,}63\text{ dm}^3 = 1{,}32963\text{ m}^3$

42 Lösungsmöglichkeit Würfelnetz:

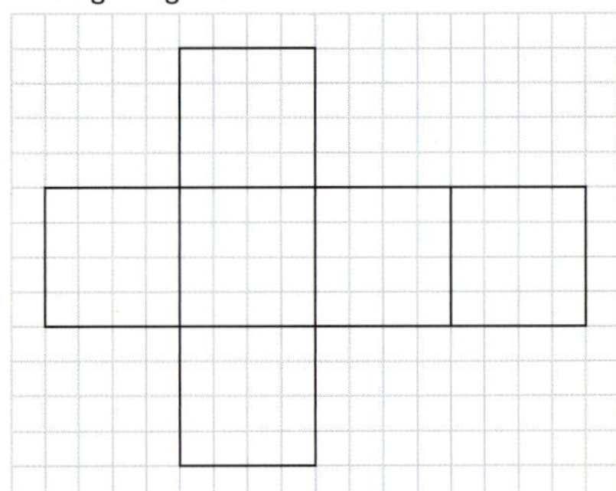

$A_O = 6 \cdot 2\text{ cm} \cdot 2\text{ cm} = 24\text{ cm}^2$

Lösungsmöglichkeit Quadernetz:

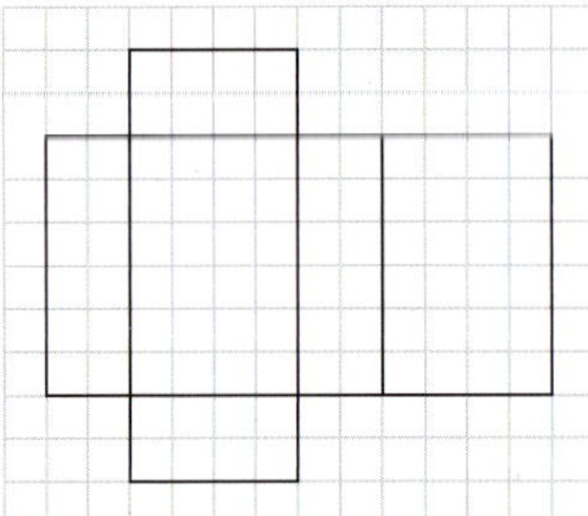

$A_O = 2 \cdot 1\text{ cm} \cdot 3\text{ cm} + 2 \cdot 1\text{ cm} \cdot 2\text{ cm} + 2 \cdot 2\text{ cm} \cdot 3\text{ cm} =$
$= 6\text{ cm}^2 + 4\text{ cm}^2 + 12\text{ cm}^2 = 22\text{ cm}^2$

43 a) Das Volumen berechnet sich als Volumen des Würfels abzüglich des Volumens des ausgeschnittenen Quaders.
$V = 4\text{ m} \cdot 4\text{ m} \cdot 4\text{ m} - 2\text{ m} \cdot 2\text{ m} \cdot 4\text{ m} = 48\text{ m}^3$

b) Das ausgeschnittene Prisma hat genau das halbe Volumen des ausgeschnittenen Quaders aus Teilaufgabe a).
$V = 4\text{ m} \cdot 4\text{ m} \cdot 4\text{ m} - \frac{1}{2} \cdot 2\text{ m} \cdot 2\text{ m} \cdot 4\text{ m} = 56\text{ m}^3$

Lösungen zu „1.6 Das kann ich!“ – Seite 28

1 a) $4^4 = 256$ b) $(-3)^3 = -27$
c) $\left(\frac{1}{4}\right)^5 = \frac{1}{1024}$ d) $(-1{,}2)^2 = 1{,}44$

2 a) $3^4 > 4^3$ b) $3^4 = (-3)^4$ c) $-4^3 = (-4)^3$
d) $-3^4 < (-3)^4$ e) $-4^3 < 4^3$ f) $4^4 > -4^4$

3 a) $4^2 = +16$ b) $(+7)^3 = +343$
$(-4)^2 = +16$ $(-7)^3 = -343$
c) $2{,}5^1 = +2{,}5$ b) $6^{-2} = +\frac{1}{36}$
$(-2{,}5)^1 = -2{,}5$ $(-6)^{-2} = +\frac{1}{36}$

4 (1) $a = 2$ cm, $V = (2\text{ cm})^3$ (2) $a = 3$ cm, $V = (3\text{ cm})^3$ (3) $a = 6$ dm, $V = (6\text{ dm})^3$

5

	Kantenlänge	Volumen	Oberfläche
a)	4 cm	64 cm³	96 cm²
b)	1,5 m	3,375 m³	13,5 m²
c)	9 cm	729 cm³	486 cm²
d)	10 m	1000 m³	600 m²
e)	8 mm	512 mm³	384 mm²
f)	4,5 m	91,125 m³	121,5 m²
g)	10,5 dm	1157,625 dm³	661,5 dm²

6 a) $\frac{1}{3^2} = \frac{1}{9}; \frac{1}{4^1} = \frac{1}{4}; \frac{1}{5^3} = \frac{1}{125}; \frac{1}{9^1} = \frac{1}{9}$
b) $\frac{1}{(-3)^1} = -\frac{1}{3}; \frac{1}{(-2)^6} = \frac{1}{64}; \frac{1}{(-5)^3} = -\frac{1}{125}; -\frac{1}{2^5} = -\frac{1}{32}$
c) $\frac{1}{0{,}2^2} = 25; \frac{1}{0{,}5^4} = 16; \frac{1}{0{,}1} = 10$
d) $\frac{1}{3^2} = \frac{1}{9}; -\frac{5}{2} = -2{,}5; \frac{1}{\left(\frac{3}{4}\right)^3} = \frac{64}{27}$

7 a) $\frac{1}{a^3}$ b) $\frac{1}{b^5}$ c) $\frac{1}{c^6}$
d) $\frac{3}{d^4}$ e) $\frac{1}{(xy)^4}$ f) $\frac{x}{y^3}$
g) $\frac{1}{z^a}$ h) $\frac{1}{(-x^2)^3} = -\frac{1}{x^6}$

8 a) x^7 b) y^3 c) $(-z)^8 = z^8$
d) $a^{-1} = \frac{1}{a}$ e) $10b^5$ f) 1

9 a) $(-6)^4 = 6^4 = 1296$ b) 9 c) 1
d) $10^3 = 1000$ e) $\left(\frac{1}{4}\right)^{-3} = \frac{1}{4^3} = \frac{1}{64} = 0{,}015625$
f) $3^5 = 243$

10 a) $16a^4$ b) $3{,}375b^6$ c) $0{,}0016c^{12}$
d) $36d^{10}$ e) $\frac{e^{12}}{216}$ f) $-0{,}2f^5$

11 a) $\frac{1}{3^3} = \frac{1}{27}$ b) $4^3 = 64$ c) $\frac{1}{5^2} = \frac{1}{25}$
d) $2^9 = 512$ e) $20^2 = 400$ f) $(-2)^{-3} = -\frac{1}{8}$
g) $40^3 = 64\,000$ h) $\left(\frac{25}{8}\right)^{-2} = \frac{64}{625}$ i) $(-6)^4 = 1296$
j) $4^{-6} = \frac{1}{4096}$ k) $0{,}8^3 = 0{,}512$ l) 1

12 a) $4x$ b) $4c$ c) $3{,}5a$
d) $5{,}5x$ e) $9{,}3x - 5{,}11y - 5{,}8$
f) $-4st$ g) $-\frac{1}{4}ab^2 - \frac{4}{9}a^2b$

13 a) $10^3; 10^{-3}; 10^7; 10^{-7}$ b) $10^{-1}; 10^5; 10^0; 10^{-4}; 10^{-9}$

14 a) $3 \cdot 10^4 = 30 \cdot 10^3$ b) $2{,}4 \cdot 10^7 < 0{,}24 \cdot 10^8$
c) $1{,}5 \cdot 10^3 < 15\,000$ d) $7{,}3 \cdot 10^5 < 7300 \cdot 10^3$

Seite 29

15 a) (1) $597 \cdot 10^{22}$ kg (2) $28 \cdot 10^{-11}$ m (3) $35 \cdot 10^5$
(4) $102 \cdot 10^5$ km² (5) $5 \cdot 10^{-5}$ m
b) (1) $5{,}97 \cdot 10^{24}$ kg (2) $2{,}8 \cdot 10^{-10}$ m (3) $3{,}5 \cdot 10^6$
(4) $1{,}02 \cdot 10^7$ km² (5) $5 \cdot 10^{-5}$ m

16 $39\,343{,}68\text{ min} \approx 39{,}3 \cdot 10^3$ min
$2\,360\,620{,}8\text{ s} \approx 23{,}6 \cdot 10^5$ s

17 a) 150 000 000 km
b) 2 000 000 000 000 000 000 000 000 000 000 kg
c) 1 400 000 km d) 0,00000005 m e) 0,025 g

18 Das ist falsch, denn ein Quadrat der Seitenlänge 2,5 m hat einen Flächeninhalt von 6,25 m².

19 Das ist falsch. Ein Würfel der Kantenlänge a = 10 cm hat das Volumen V = 1000 cm³ = 1 l.

20 Die Aussage ist falsch, denn das Ergebnis bei geraden Exponenten kann niemals negativ sein: $(-3)^2 = 3^2$.

21 Diese Gleichheit ist eine Ausnahme. Im Allgemeinen ist die Aussage falsch.

22 Die Aussage ist richtig.

23 Die Aussage ist falsch. Der Exponent –1 bewirkt, dass die Potenz mit positivem Exponenten in den Nenner geschrieben wird: $a^{-1} = \frac{1}{a}$.

24 Das ist falsch, richtig ist hier: $a^{-n} = \frac{1}{a^n}$.

25 Das ist falsch, die Exponenten werden addiert und die Basis behält man bei.

26 Die Aussage ist richtig.

27 Die Aussage ist falsch. Wird die Potenz potenziert, dann werden die Exponenten multipilziert.

28 Die Aussage ist richtig.

29 Die Aussage ist richtig.

30 Die Aussage ist falsch. Wenn bei einer Potenz der Exponent gerade ist, dann ist der Wert der Potenz stets positiv.

Lösungen zu „2.5 Das kann ich!“ – Seite 48

1 a) 16 ist der Prozentwert PW, 18 ist der Grundwert GW. Gesucht ist der Prozentsatz p.

b) 20 % entspricht dem Prozentsatz p, 15 € dem Prozentwert PW. Gesucht wird der Grundwert GW.

c) 25 € ist der Grundwert GW, 20 % der Prozentsatz p. Gesucht wird der Prozentwert PW.

2 a) 102 € b) 2,88 m c) 33,6 t
d) 3,696 m^3 e) 272 min f) 39,355 ha

3

	a)	b)	c)	d)
GW	240 cm	30,25 t	77,5 l	120 s
p	25	60	24	85
PW	60 cm	18,15 t	18,6 l	102 s

4 a) ① 1,75 € ② 1,98 € ③ 112,56 € ④ 9,13 €

b) ① 85,75 € ② 97,22 € ③ 5515,44 € ④ 447,14 €

5 Anzahl der Minuten eines Tages: 24 · 60 min = 1440 min
Zeit des Stillstandes: 1440 min – 45 min = 1395 min
Anteil: $\frac{1395\text{ min}}{1440\text{ min}} \approx 0{,}969 = 96{,}9\ \%$

6 a)

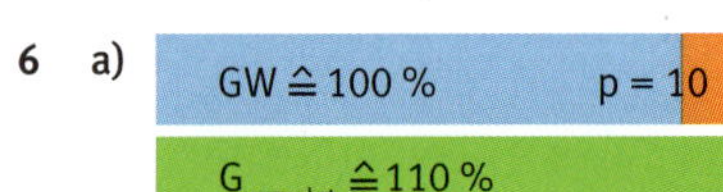

$G_{vermehrt} = GW \cdot 1{,}1$
$G_{vermehrt} = 2{,}40\ € \cdot 1{,}10$
$G_{vermehrt} = 2{,}64\ €$

b)

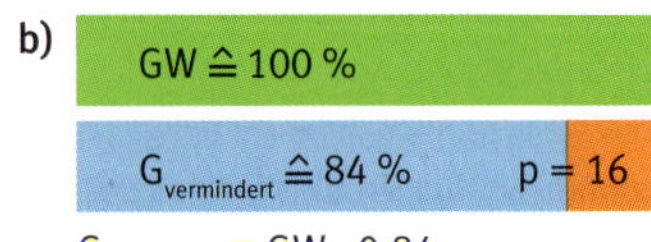

$G_{vermindert} = GW \cdot 0{,}84$
$G_{vermindert} = 980\ € \cdot 0{,}84$
$G_{vermindert} = 823{,}20\ €$

c)

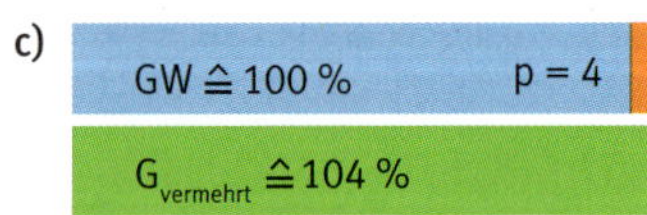

$G_{vermehrt} = GW \cdot 1{,}04$
$G_{vermehrt} = 23{,}50\ € \cdot 1{,}04$
$G_{vermehrt} = 24{,}44\ €$

7 Paula berechnet zunächst mit dem Dreisatz den Prozentwert, der zu 106 % gehört.

Jenny berechnet den zu 106 % zugehörigen Prozentwert mit der Prozentformel.

Enna bestimmt den vermehrten Grundwert, indem sie den Grundwert mit dem Wachstumsfaktor multipliziert.

8

	a)	b)	c)	d)
alte Größe	120 kg	33 min	86 m^2	480 m
Änderung in %	+ 12	– 5	– 8	+ 20
Änderungsfaktor	1,12	0,95	0,92	1,2
neue Größe	134,4 kg	31,35 min	79,12 m^2	576 m

9

Prozentrechnung	Zinsrechnung
Grundwert	Guthaben, Kapital, Kreditbetrag, Darlehen, Geldanlage
Prozentwert	Jahreszinsen, Kreditzinsen, Guthabenzinsen
Prozentsatz	Zinsatz

Seite 49

10

	a)	b)	c)	d)	e)
K	460 €	1200 €	245 €	780 €	3600 €
p	4	6,5	2	6	3,5
Z	18,40 €	78 €	4,90 €	46,80 €	126 €

11 a) Darlehen: K = 5400 €
b) Zinsen: Z = 12,80 €
c) Zinssatz: p = 2,5

12 Z (30 Tage) = $350\ € \cdot 0{,}12 \cdot \frac{30}{360} = 3{,}50\ €$

13

	a)	b)	c)	d)
K	2500 €	680 €	1400 €	1800 €
p	6	4	3	4
Zeit	4 Monate	8 Monate	3 Monate	120 Tage
Z	50 €	18,13 €	10,50 €	24 €

14 Jahreszinsen: Z = 80 € · 0,02 = 1,60 €
Zinsen 1. Quartal: $Z_1 = 1{,}60\ € \cdot \frac{3}{12} = 0{,}40\ €$
Zinsen 2. Quartal: $Z_2 = 1{,}60\ € \cdot \frac{6}{12} = 0{,}80\ €$
Zinsen 3. Quartal: $Z_3 = 1{,}60\ € \cdot \frac{9}{12} = 1{,}20\ €$
Zinsen 4. Quartal: $Z_4 = 1{,}60\ €$
Zinsen insgesamt: $Z_g = Z_1 + Z_2 + Z_3 + Z_4 = 4{,}00\ €$
Am Ende des ersten Jahres hat Herr Müller 320 € + 4 € = 324 € auf seinem Konto.

15 Jahreszinsen: Z = 130 € · 0,035 = 4,55 €

		1. Quartal	2. Quartal	3. Quartal	4. Quartal
a)	Zinsen	1,14 €	2,28 €	3,41 €	4,55 €
b)	Zinsen	0 €	1,14 €	2,28 €	3,41 €

Zahlt man zu Beginn des Quartals ein, so hat man „ein Quartal Vorsprung“ und erhält deswegen mehr Zinsen.

Seite 171

8 Leon hat bei der Division die Klammer um die Summe vergessen, seine Rechnung ist falsch.
Jona hat richtig gerechnet.
Maja hat fälschlicherweise den Modalwert angegeben.

9 Die Diagramme könnten die Entwicklung der Umsätze einer Firma für ein Produkt in den letzten vier Jahren darstellen. Im rechten Diagramm wurde ein Teil der y-Achse weggelassen, sodass kleine Unterschiede recht groß wirken.
Mögliche Überschrift für das linke Diagramm für gleichen Erfolg:
„Umsätze im Laufe der letzten Jahre recht stabil."
Mögliche Überschrift für das rechte Diagramm für einen beginnenden Abschwung:
„Der Höhepunkt ist überschritten, es geht jetzt bergab."

10 a)

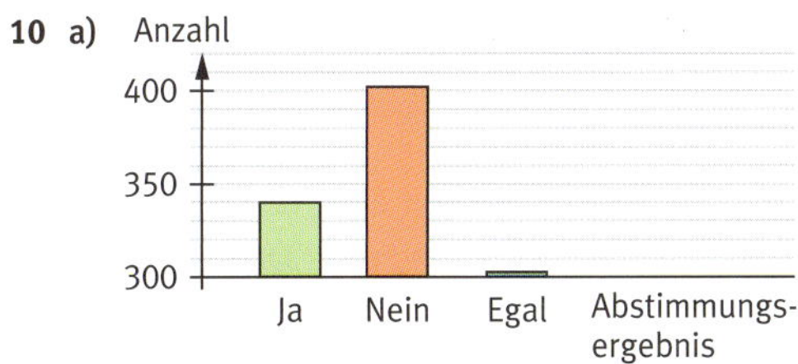

b) Der Sockelbetrag sollte mit erfasst werden. günstiger für die Befürworter wäre ein Kreisdiagramm, das das Gewicht der Nein-Stimmen weniger stark betont.

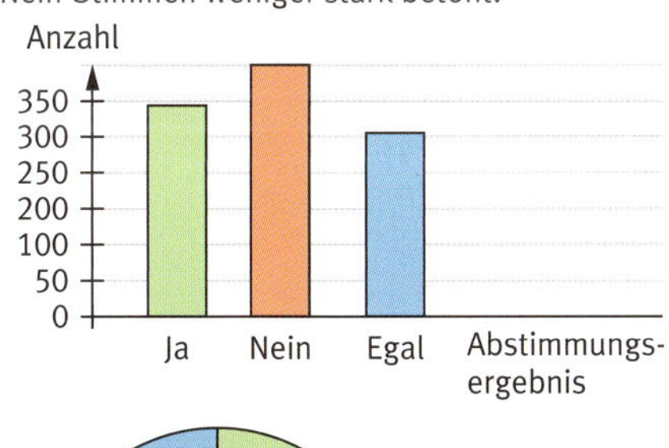

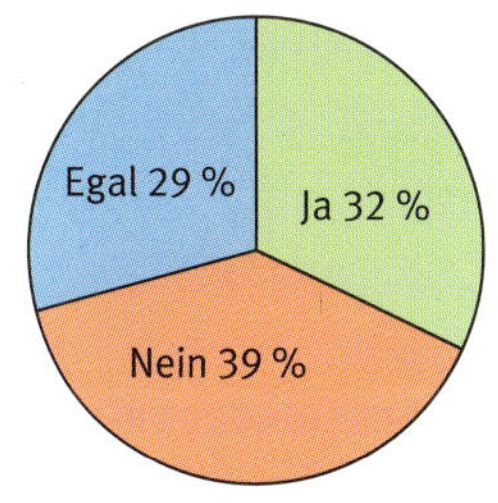

11 Das ist falsch. Strichlisten dienen dazu, absolute Häufigkeiten zu bestimmen. Wenn man viele Striche hat, sind aber auch hier Häufigkeitstabellen besser geeignet.

12 Die Aussage ist richtig.

13 Die Aussage ist richtig.

14 Das ist falsch, es kommt darauf an, wie oft ein Zufallsversuch durchgeführt wurde.

15 Die Aussage ist nur zum Teil richtig: Gründe für eine Stichprobenbefragung sind, dass die Untersuchung der Gesamtheit zu aufwändig oder nicht möglich ist.

16 Die Aussage ist richtig.

17 Die Aussage ist richtig, denn es ist der Wert, der am häufigsten vorkommt.

18 Die Aussage ist falsch. Gegenbeispiel:
0, 1, 3, 4
Hier ist der Median 2, die Zahl 2 kommt aber nicht vor.

19 Die Aussage ist falsch. Gegenbeispiel:
0, 1, 2, 9
$\bar{x} = \frac{12}{4} = 3$. Die Zahl 3 kommt aber nicht vor.

20 Die Aussage ist richtig, wie man an beliebigen Beispielen ausprobieren kann.

21 Die Aussage ist richtig für positive Zahlen. Wenn das Minimum jedoch eine negative Zahl ist, dann kann die Spannweite auch größer sein.

22 Die Aussage ist im Allgemeinen falsch.
Beispiel: 4, 5, 6
Minimum: 4 Spannweite: $6 - 4 = 2$

23 Die Aussage ist richtig.

Bildnachweis

Alimdi.net / Katja Kreder, Deisenhofen – S. 3, 51; Avenue Images / Classic Vision / agefotostock, Hamburg – S. 119; Caro Fotoagentur GmbH / Kruppa, Berlin – S. 4, 83;dpa Picture Alliance / Stefan Matzke, sampics, Frankfurt – S. 52; Ingolf Enghardt, Stadtilm – S. 120; Fotocommunity.de / U. Heeren – S. 3, 69; Fotolia / ApartFoto – S. 37; - / apfelweile – S. 95; - / ArtHdesign – S. 63; - / ASonne30 – S. 107; - / Bastos – S. 164; - / Benicce – S. 160; - / Copriol – S. 39; - / Otto Durst – S. 84; - / ferkelraggae – S. 43; - / fredredhat – S. 149; - / Gordon Grand – S. 102; - / Paul Grecaud – S. 39; - / K.-U. Häßler – S. 47; - / Henner – S. 39; - / Jgz – S. 84; - / Kadmy – S. 88; - / Kautz15 – S. 107; - / G. Light – S. 122; - / mdi – S. 157; - / pegbes – S. 103; - / Phototom – S. 71; - / pwollinga – S. 165; - / Peter Pyka – S. 123; - / Birgit Reitz-Hofmann – S. 90; - / Rido – S. 34; - / Alexander Rochau – S. 153; - / Carmen Steiner – S. 105; - / Teamarbeit – S. 65; - / vector-master – S. 25; - / Yanterric – S. 39; Images.de / digital photo GmbH / Xinhua, Berlin – S. 162; iStockphoto / tiamtic – S. 98; Matthias Ludwig, Würzburg – S. 86, 94; Pitopia / Werner Nick – S. 71; Premium Stock Photography GmbH / Heinz-Dieter Falkenstein, Düsseldorf – S. 157; Stockfood / Hailight Fotografie, München – S. 4, 151; Thinkstock / © Ablestock.com – S. 143; Thinkstock / Eyecandy Images – S. 116, 118; Thinkstock / Hemera / Brian Jackson – S.143; - / Hemera / Richard Nelson – S. 112, 123; Thinkstock / Ingram Publishing – S. 143; Thinkstock / © Medioimages / Photodisc – S. 54; Thinkstock / iStockphoto – S. 142, 146; Thinkstock / iStockphoto / designaart – S. 27; - / iStockphoto / EpicStockMedia – S. 27; - / iStockphoto / esolla – S. 101; - / iStockphoto / Daniel Fleck – S. 146; - / iStockphoto / Antonio Gravante – S. 54; - / iStockphoto / Thomas Handfield – S. 97; - / iStockphoto / Kravcs – S. 23; - / iStockphoto / Kurga – S. 23; - / iStockphoto / Brian McEntire – S. 120; - / iStockphoto / M_MUC1968 – S. 92; - / iStockphoto / murat sengul – S. 88; - / iStockphoto / Umberto Pantalone – S. 31; - / iStockphoto / PaulBr – Cover; - / iStockphoto / PIKSEL – S. 127; - / iStockphoto / Achim Prill – S. 94; - / iStockphoto / scanrail – S. 169; - / iStockphoto / Dymtro Skorobogatov – S. 4, 23, 65, 131; - / iStockphoto / slava296 – S. 147; - / iStockphoto / Taina Sohlman – S. 121; - / iStockphoto / technotr – S. 161; - / iStockphoto / tiamtic – S. 98; - / iStockphoto / zhongguo – S. 159; Thinkstock / Photodisc – S. 23; Thinkstock / Photos.com / Jupiterimages – S. 134; Thinkstock / Stockbyte – S. 26; - / Stockbyte / John Foxx – S. 141; www.spaceweather.com – S. 25; www.wikimedia.org – S. 25 (2); www.wikimedia.org / Heribert Pohl, Germering – S. 159; www.wikipedia.com – S. 71; www.wikipedia.com / 2micha – S. 58.

16 Der Gesamtzinssatz errechnet sich mit folgender Formel:

$$\frac{\textit{(Gesamtkreditbetrag – Kredithöhe)}}{\textit{Kredithöhe}} \cdot \frac{24 \cdot 100}{\textit{(Laufzeit in Monaten + 1)}}$$

Gesamtkreditbetrag:

5700 € + 7,5 % Zinsen + Kreditprovision

Zinsen: $Z = \frac{K \cdot p}{100} = \frac{5700\,€ \cdot 7{,}5}{100} = 427{,}50\,€$

Kredithöhe: 5700 € Kreditprovision: 80 €

Gesamtkreditbetrag: 6207,50 €

Laufzeit: 12 Monate

Gesamtzinssatz:

$$\frac{6207{,}50\,€ - 5700\,€}{5700\,€} \cdot \frac{24 \cdot 100}{12 + 1} \approx 16{,}4\,\%$$

17 Die Aussage ist richtig.

18 Die Aussage ist richtig.

19 Die Aussage ist falsch. Es gilt: $G_{vermehrt}$ = GW + PW.

20 Die Aussage ist richtig.

21 Die Aussage ist falsch. Die Jahreszinsen entsprechen dem Prozentwert bei der Prozentrechnung.

22 Die Aussage ist falsch. Bei 200 € erhält man 4 € Zinsen.

23 Die Aussage ist richtig.

Lösungen zu „3.5 Das kann ich!“ – Seite 66

1

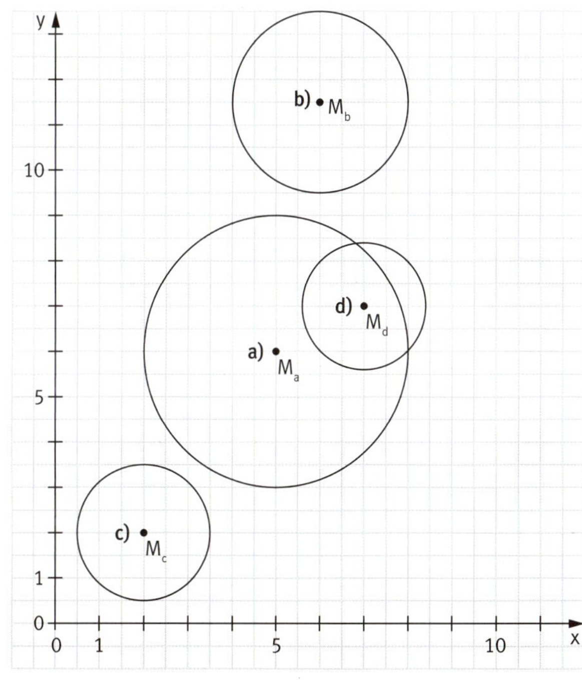

2 **a)** r = 3 cm; d = 6 cm **b)** r = 2,2 cm; d = 4,4 cm

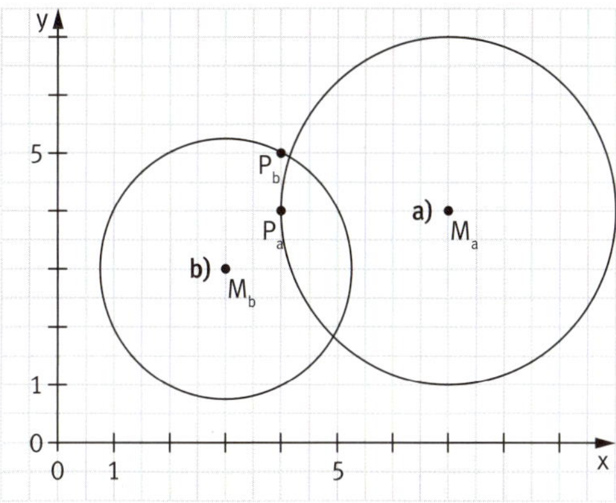

3 Die Figuren sollen ins Heft übertragen werden. Auf eine Lösung kann hier verzichtet werden.

4

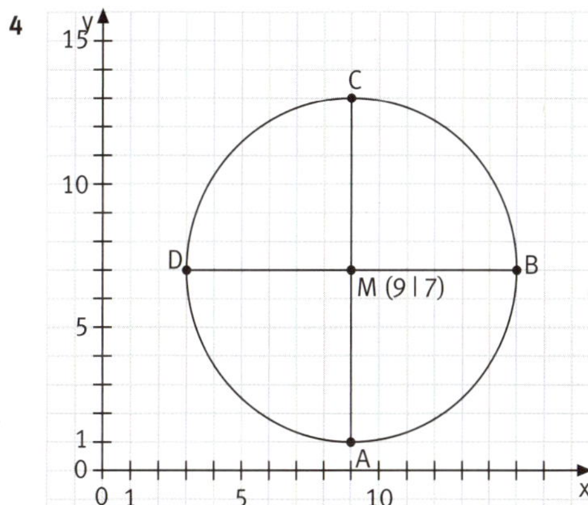

A, C und B, D liegen sich auf einer Kreislinie genau gegenüber. Der Mittelpunkt M muss somit auf dem Schnittpunkt beider Verbindungsstrecken $\overline{AC}$ und $\overline{BD}$ liegen (bzw. auf der Hälfte einer dieser Verbindungsstrecken)

5 Gesucht sind alle Punkte, die im Inneren und auf der Linie eines Kreises um M mit r = 3,5 cm liegen.

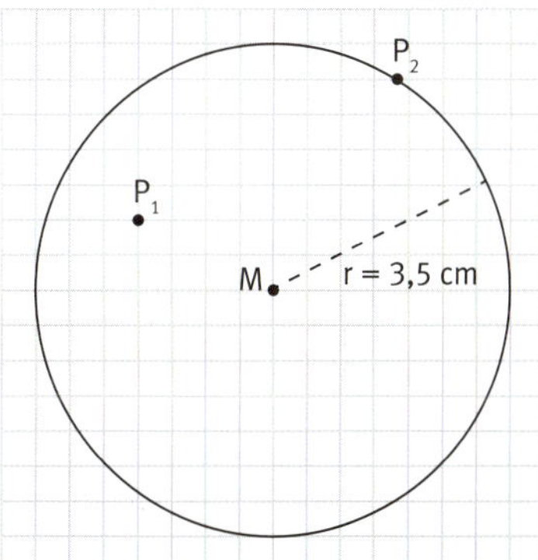

b) Gesucht sind alle Punkte, die außerhalb und auf der Linie eines Kreises um M mit r = 2 cm liegen.

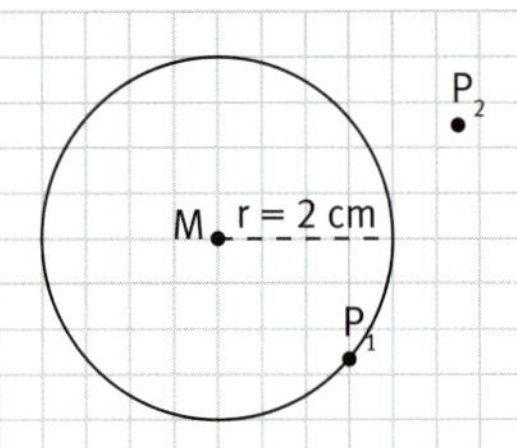

c) Gesucht sind alle Punkte, die außerhalb des Kreises um M mit r = 1,5 cm liegen.

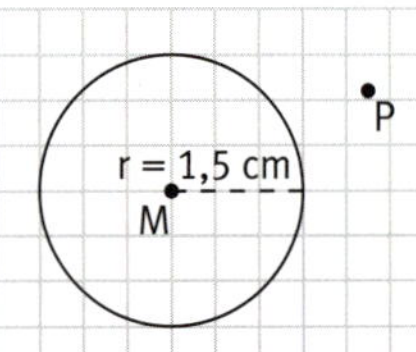

d) Gesucht sind alle Punkte, die auf der Linie eines Kreises um M mit r = 4 cm liegen.

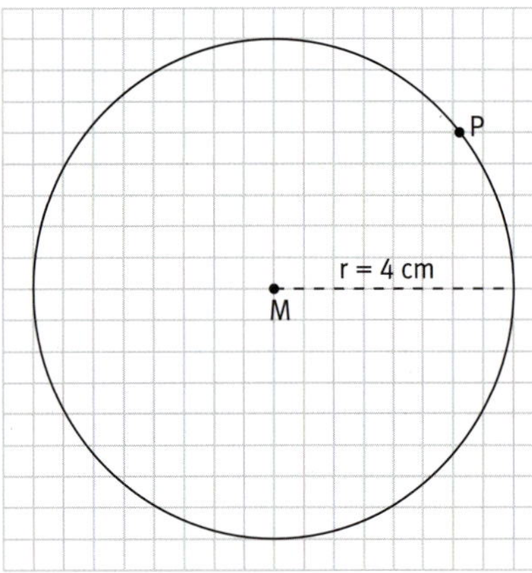

6 a) Die Punkte liegen auf der Linie eines Kreises um A mit r = 4 cm.

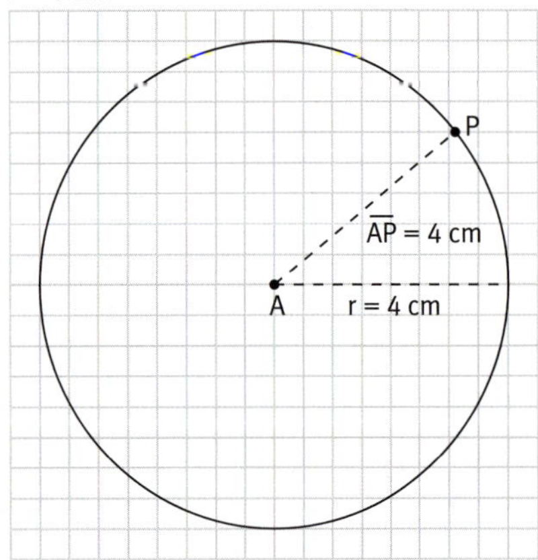

b) Die Punkte liegen auf der Linie und außerhalb des Kreises um B mit r = 3,5 cm (innerhalb des Kreises um C mit r = 1,5 cm).

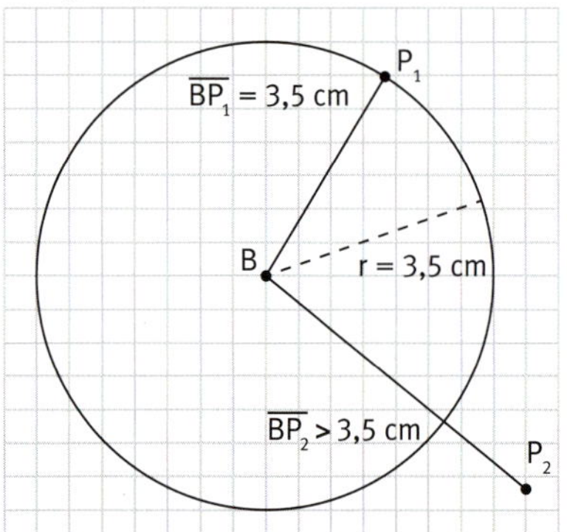

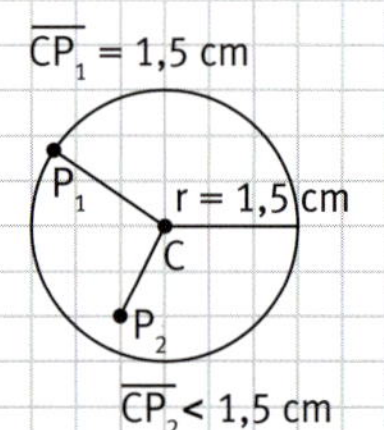

c)

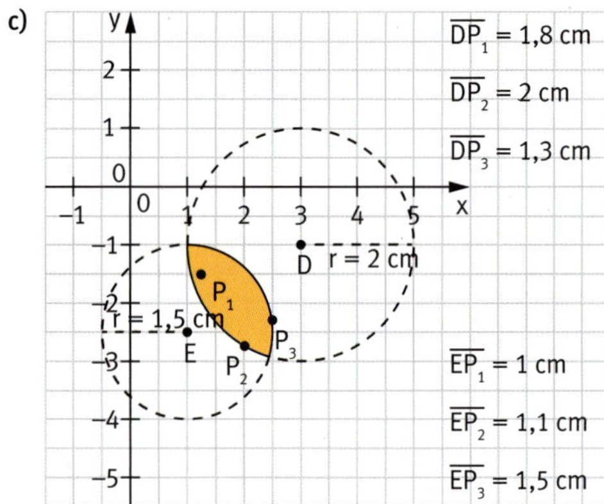

7 a) $\overline{PM}$ < 4 cm, alle Punkte, die innerhalb eines Kreises um M mit r = 4 cm liegen.

b) $\overline{PM}$ > 2,5 cm, alle Punkte, die außerhalb eines Kreises um M mit r = 2,5 cm liegen.

8 Zwei gemeinsame Punkte:

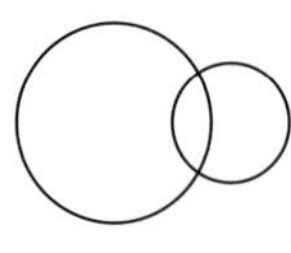

Einen gemeinsamen Punkt:

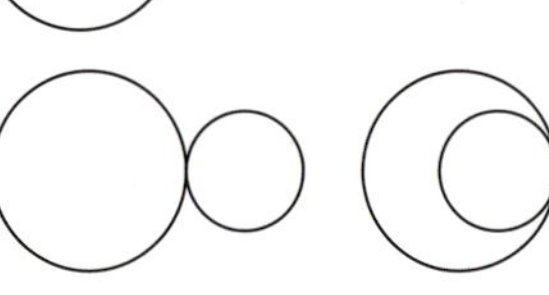

Keinen gemeinsamen Punkt:

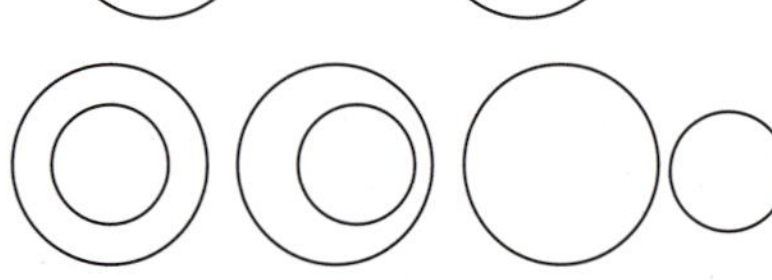

9 Zielscheibe (verkleinert):

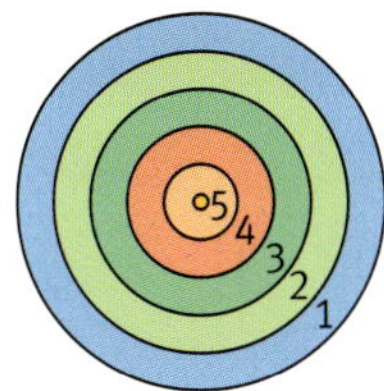

10 Wähle zwei von den drei Punkten als Endpunkte des Durchmessers des Kreises. Der Kreis ist damit der Thaleskreis über dieser Strecke. Somit ist das Dreieck rechtwinklig.

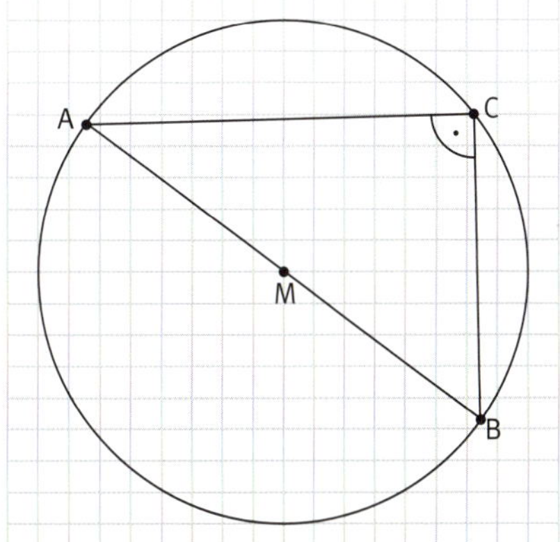

11 a)

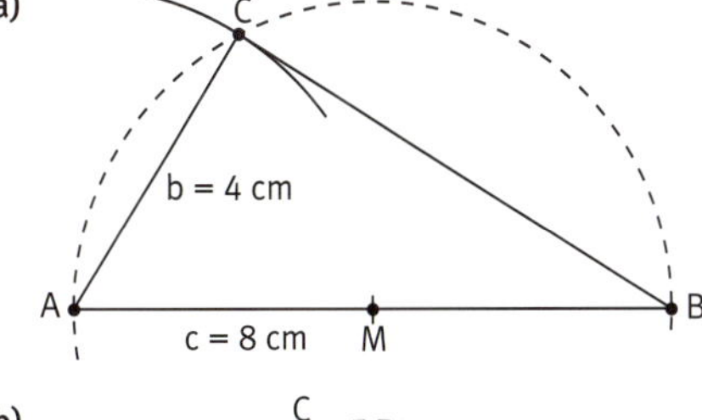

b)

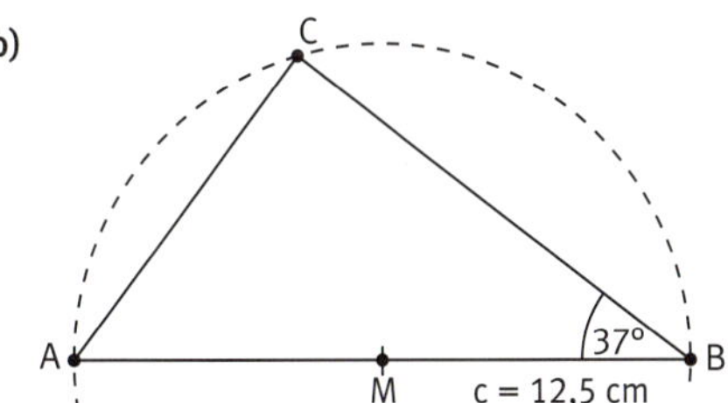

12 Beschreibung:

1. Zeichne die Diagonale d mit den Eckpunkten A und C.
2. Zeichne den Thaleskreis über dem Mittelpunkt M der Diagonale $\overline{AC}$.
3. Zeichne einen Kreisbogen mit Mittelpunkt A und Radius r = a. Der Schnittpunkt des Kreisbogens mit dem Thaleskreis ergibt B.
4. Zeichne einen Kreisbogen mit Mittelpunkt C und Radius r = a. Der Schnittpunkt des Kreisbogens mit dem Thaleskreis ergibt den Eckpunkt D.

Begründung: Man erhält auf diese Weise ein Parallelogramm, dessen Winkel in B und D rechtwinklig sind. Folglich müssen auch die gleich großen Winkel in A und C rechtwinklig sein. Wir haben das gesuchte Rechteck konstruiert.

Zeichnung:

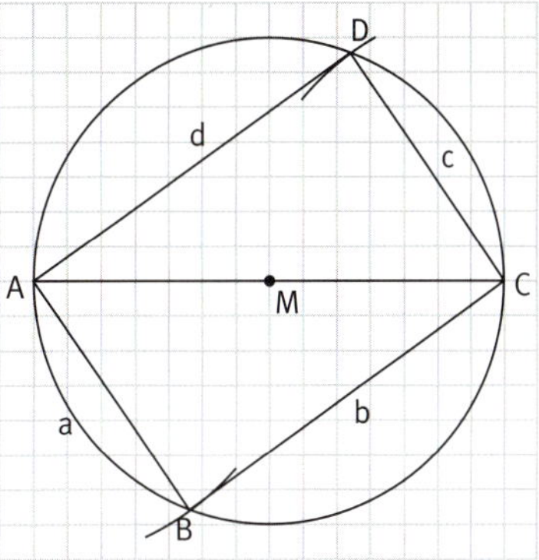

13 Man erhält weitere Lösungen, indem man jeweils den Thaleskreis über den Quadratseiten errichtet und die Punkte auf den Kreisbögen jeweils so wählt, dass sie wiederum ein Quadrat ergeben.

14 ①

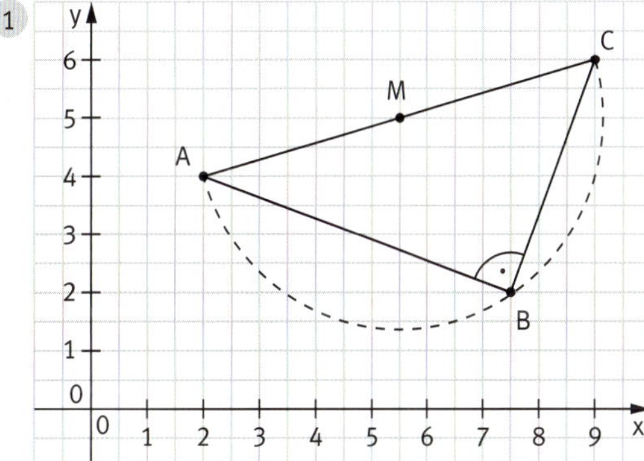

a) Der Umfang des Dreiecks beträgt 17,4 cm.

b) Das Dreieck ABC ist rechtwinklig, der Mittelpunkt M hat die Koordinaten M (5,5 | 5).

②

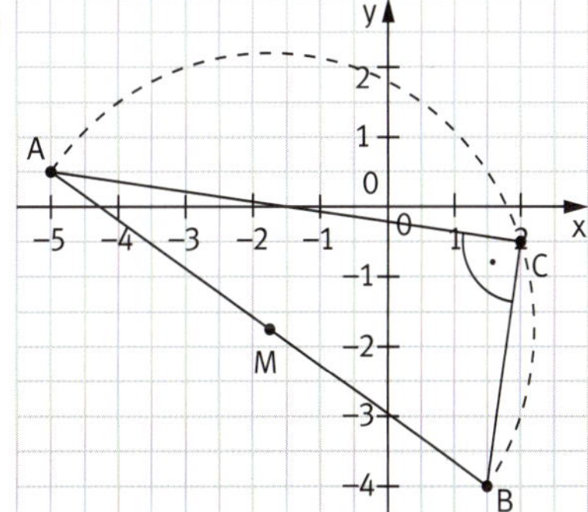

a) Der Umfang des Dreiecks beträgt 18,5 cm.

b) Das Dreieck ABC ist rechtwinklig, der Mittelpunkt M hat die Koordinaten M (–1,75 | –1,75).

Seite 67

15 Im Dreieck AMC mit $\overline{MA} = \overline{MC}$ gilt: $\alpha = \beta = \frac{180° - 60°}{2} = 60°$

C liegt auf dem Thaleskreis über [AB], daher beträgt der ganze Winkel bei C 90°.

Damit gilt nun: 180° – 90° – 60° = 30°.
Der Winkel bei M ist der Nebenwinkel zu 60° und beträgt somit:
$\gamma = 180° - 60° = 120°$

Im Dreieck MBC gilt nun:
$\beta = 180° - 120° - 30° = 30°$

16 a)

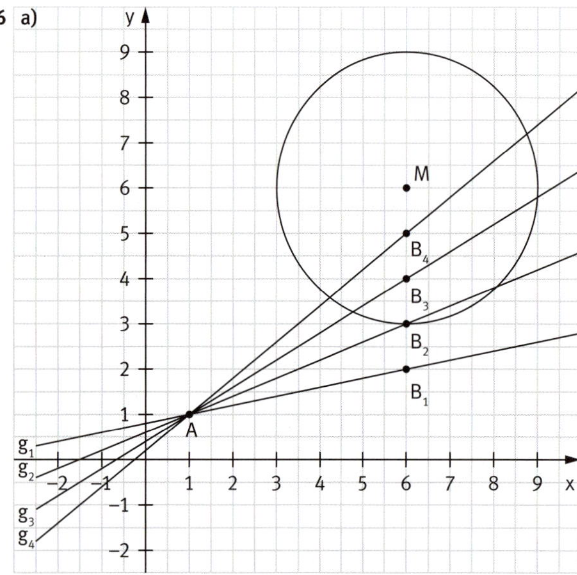

AB_1 ist eine Passante. AB_2, AB_3 und AB_4 sind Sekanten.

b) Länge der Sehne zur Sekante AB_2: 2,2 cm
Länge der Sehne zur Sekante AB_3: 4,9 cm
Länge der Sehne zur Sekante AB_4: 5,8 cm

17

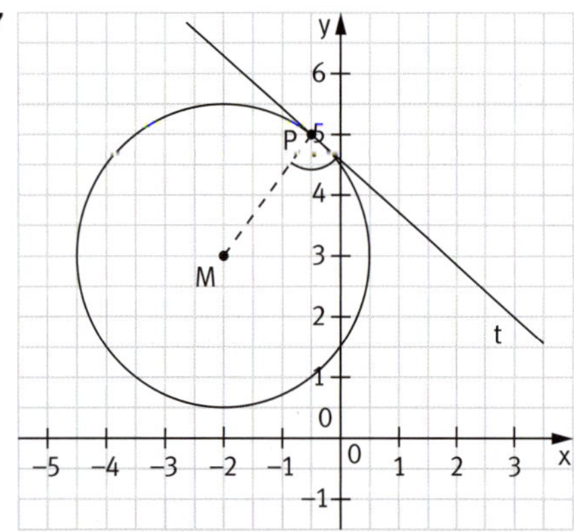

18

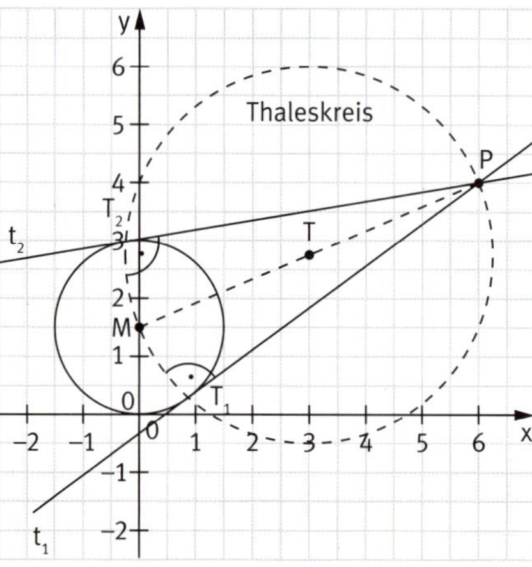

19 a)

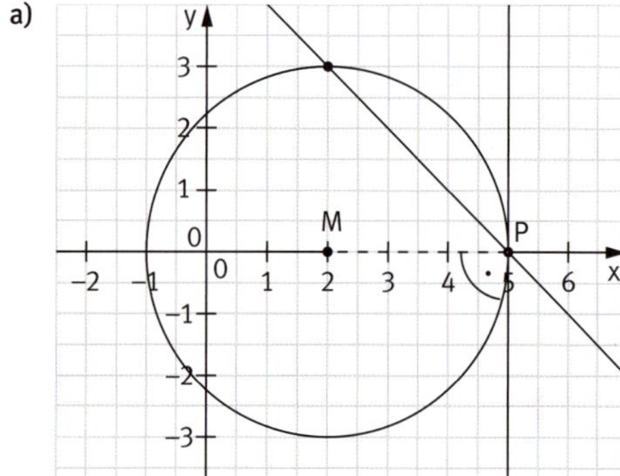

Hier ist keine Passante möglich, da der Punkt auf der Kreisbahn liegt. Es gibt genau eine Lösung für die Tangente t. Es gibt unendlich viele Lösungen für die Sekante s.

b)

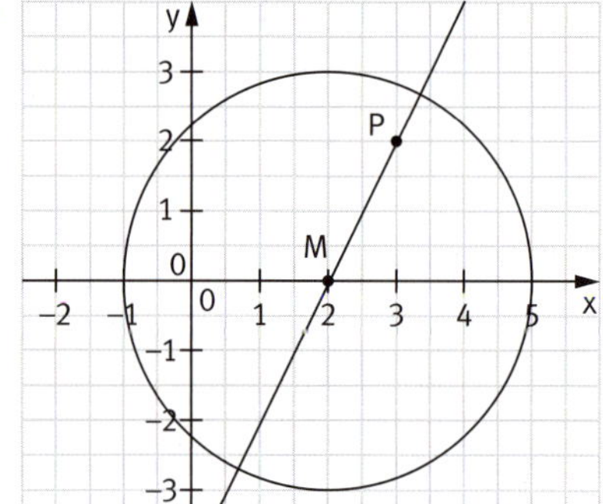

Hier ist keine Passante und keine Tangente möglich, weil der Punkt im Kreisinneren liegt.
Es gibt unendlich viele Lösungen für die Sekante s.

c)

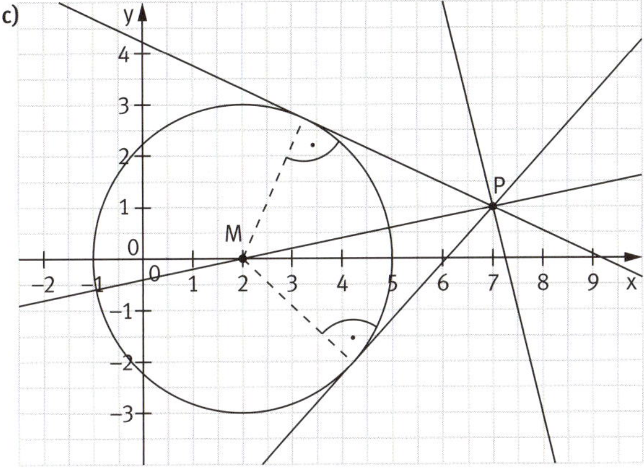

Hier sind alle drei Geraden (Passante p, Tangente t und Sehne s) zeichenbar, da P außerhalb des Kreises und nicht auf der Kreisbahn liegt. Es gibt für p und s unendlich viele Lösungen; für t gibt es genau zwei Lösungen.

20 Vereinfachte Zeichnung:

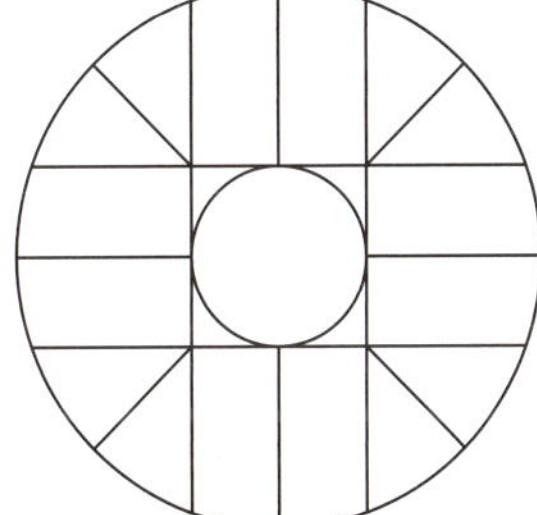

Der Brunnen in der Mitte, der Weg direkt um den Brunnen herum und der lange kreisförmige Weg lassen sich durch konzentrische Kreise darstellen. Der große Rundweg um die Grünfläche herum lässt sich vereinfacht durch ein Rechteck darstellen, wobei die längeren Rechteckseiten näherungsweise Tangenten an die äußere Kreislinie darstellen. Die durchgezogenen Wege im Kreisinneren sind bei Betrachtung des großen Kreises Sehnen, bei Betrachtung des kleinen Kreises näherungsweise Tangenten. Verbindet man die kurzen unterbrochenen Wegstücke im Kreisinneren miteinander, erhält man die längstmöglichen Sehnen, den Durchmesser.

21 Die Aussage ist falsch. Zur Kreisfläche gehört auch die Kreislinie. Auf dieser Linie haben alle Punkte P die gleiche Entfernung r zum Kreismittelpunkt, hier gilt: $\overline{PM} = r$.

22 Die Aussage ist falsch. Das Dreieck ist nur dann rechtwinklig, wenn die längste Dreiecksseite dem Durchmesser des Kreises entspricht.

23 Die Aussage ist richtig.

24 Die Aussage ist richtig. Der Streckenteil der Sekante im Inneren des Kreises entspricht der Sehne.

25 Die Aussage ist richtig.

26 Die Aussage ist richtig. Es handelt sich in diesem Fall um eine Tangente.

27 Die Aussage ist richtig. In bzw. an jedem/n Punkt auf der Kreisbahn kann eine Tangente konstruiert werden.

28 Die Aussage ist falsch. Jede Gerade durch einen Punkt im Kreisinneren schneidet den Kreis in zwei Punkten. Dies widerspricht der Definition einer Tangente.

Lösungen zu „4.6 Das kann ich!" – Seite 80

1
- a) Zylinder: kongruente Kreise als Grund- und Deckfläche, Rechteck als Mantelfläche
- b) Quader (bzw. Prisma) mit rechteckiger Grundfläche: Sechs Rechtecke als Seitenflächen, wobei gegenüberliegende Rechtecke kongruent sind.
- c) Quader (bzw. Prisma) mit quadratischer Grundfläche: Sechs Rechtecke als Seitenflächen, wobei gegenüberliegende Rechtecke kongruent sind, bei quadratischer Grundfläche sogar alle vier Seitenflächen.
- d) Pyramide mit rechteckiger Grundfläche: Rechteck als Grundfläche, Seitenflächen sind Dreiecke, von denen gegenüberliegende Dreiecke kongruent sind. Alle Dreiecke treffen sich in einer Spitze.
- e) Pyramide mit dreieckiger Grundfläche: Dreieck als Grundfläche, Seitenflächen sind Dreiecke, die sich in einer Spitze treffen
- f) Zylinder: kongruente Kreise als Grund- und Deckfläche, Rechteck als Mantelfläche
- g) Kegel: Die Grundfläche ist ein Kreis und die Seitenfläche ein Kreissektor.
- h) Kegel: Die Grundfläche ist ein Kreis und die Seitenfläche ein Kreissektor.

2
- a) Prisma mit Sechseck als Grundfläche, das in der Spitze in einen Kegel übergeht
- b) Würfel als Haus mit quadratischer Pyramide als Dach. Der Anbau ist ein Prisma mit Trapez als Grundfläche.
- c) Zylinder mit aufgesetztem Quader (bzw. Prisma mit quadratischer Grundfläche)
- d) Der Turm besteht aus einem Quader (bzw. Prisma) mit quadratischer Grundfläche, dessen Dach eine quadratische Pyramide ist. Der rote Anbau besteht aus einem auf der Seite liegenden Quader (bzw. Prisma mit quadratischer Grundfläche), dessen Dach ein dreiseitiges Prisma ist mit einem gleichschenkligen Dreieck als Grundfläche. Der grüne Anbau ist ein Quader (bzw. Prisma) mit quadratischer Grundfläche.

3 Darstellung in Originalgröße:

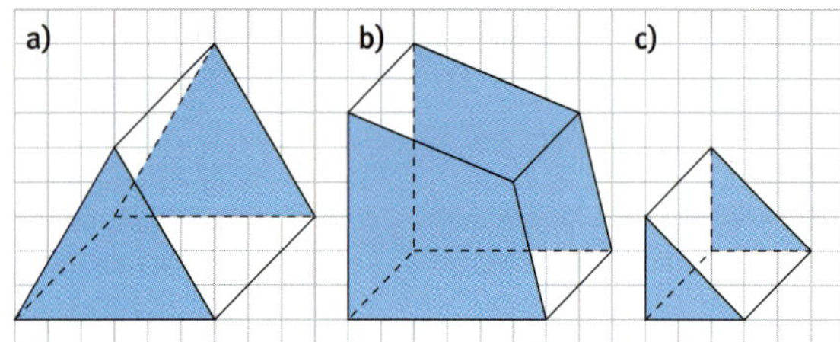

4 Die Körpernetze a), b), d), e) und g) gehören zu Prismen, da diese kongruente (deckungsgleiche) Grund- und Deckflächen haben. a): Quadrat, b): Sechseck, d): Quadrat, e): Dreieck, g): Fünfeck.
Bei a) und d) ergibt sich aus dem Netz ein Würfel bzw. ein Quader, also ein besonderes Prisma.

5  a) b)

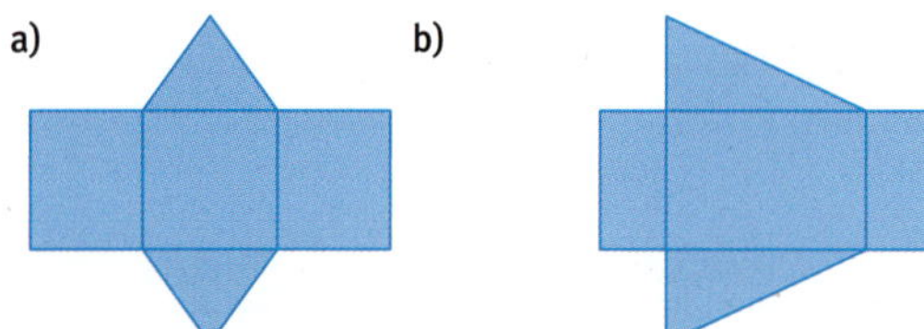

6

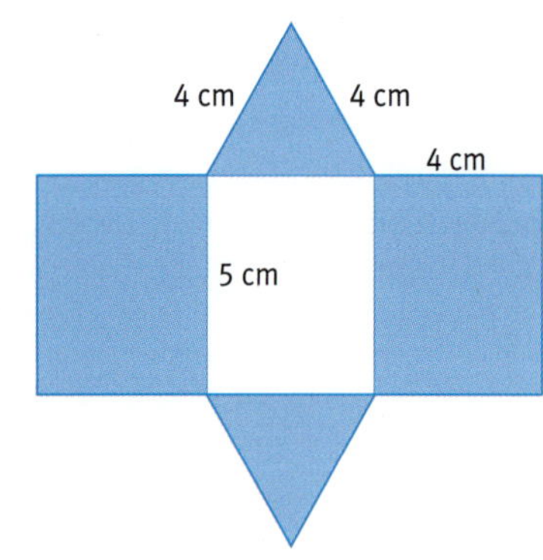

Höhe des gleichseitigen Dreiecks: ≈ 3,5 cm
$V = A_G \cdot h$
$A_G = 4\text{ cm} \cdot 3{,}5\text{ cm} \cdot \frac{1}{2} = 7\text{ cm}^2$
$V = 7\text{ cm}^2 \cdot 5\text{ cm} = 35\text{ cm}^3$
$A_O = 2A_G + A_M$
$A_M = 5\text{ cm} \cdot 4\text{ cm} \cdot 3 = 60\text{ cm}^2$
$A_O = 2 \cdot 7\text{ cm}^2 + 60\text{ cm}^2 = 74\text{ cm}^2$

7 a)

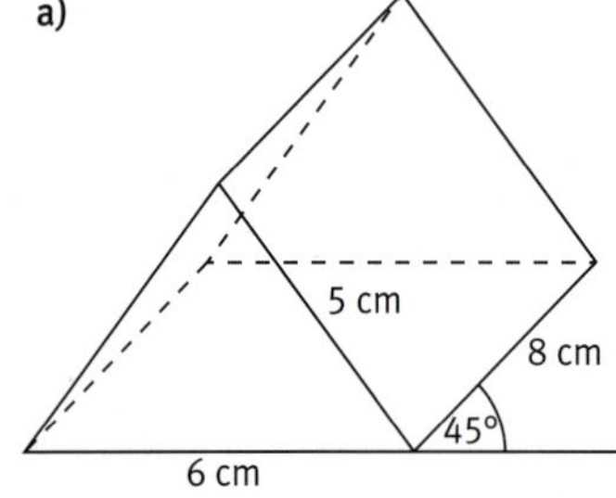

b)

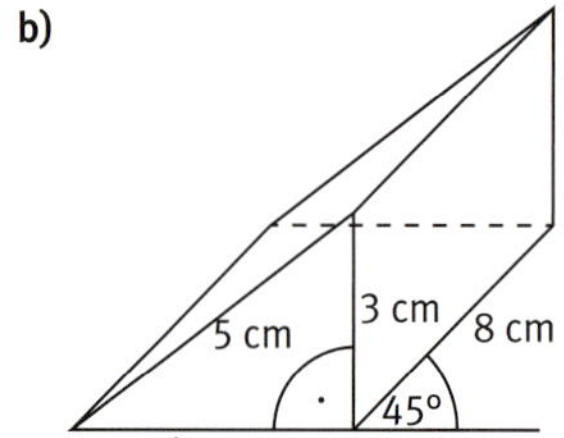

Vorgehensweise:
1. Mithilfe der gegebenen Maße werden zunächst die Vorder-/Grundflächen (Dreiecke) der Prismen gezeichnet.
2. An den Ecken der Dreiecke werden unter einem 45°-Winkel die nach hinten laufenden Kanten abgetragen.
Diese sind in der Schrägbilddarstellung 4 cm lang.
3. Zuletzt werden die Endpunkte der nach hinten laufenden Kanten zur Rückfläche verbunden. Nicht sichtbare Linien werden gestrichelt.

Seite 81

8 Prisma zu 7a):
$A_M = 5\text{ cm} \cdot 8\text{ cm} + 5\text{ cm} \cdot 8\text{ cm} + 6\text{ cm} \cdot 8\text{ cm} = 128\text{ cm}^2$
$A_O = A_M + 2 \cdot A_G = 128\text{ cm}^2 + 2 \cdot (\frac{1}{2} \cdot 6\text{ cm} \cdot 4\text{ cm}) = 152\text{ cm}^2$

Prisma zu 7 b):
$A_M = 5\text{ cm} \cdot 8\text{ cm} + 3\text{ cm} \cdot 8\text{ cm} + 4\text{ cm} \cdot 8\text{ cm} = 96\text{ cm}^2$
$A_O = A_M + 2 \cdot A_G = 96\text{ cm}^2 + 2 \cdot (\frac{1}{2} \cdot 4\text{ cm} \cdot 3\text{ cm}) = 108\text{ cm}^2$

9 Die Mantelfläche ist ein Rechteck der Länge u und der Breite h.

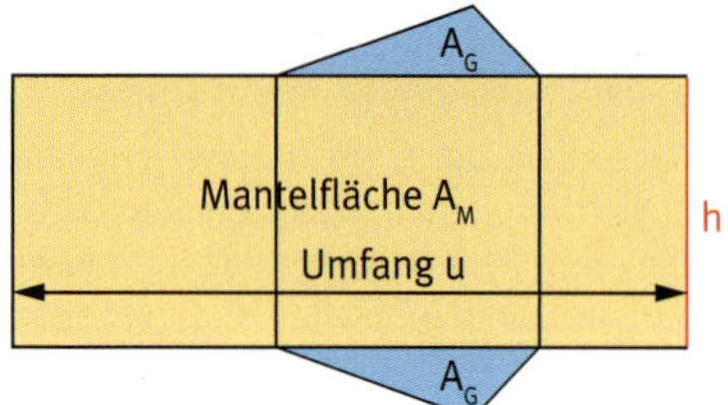

Es gilt also: $A_M = u \cdot h$
$h = A_M : u = 133{,}1\text{ cm}^2 : 24{,}2\text{ cm} = 5{,}5\text{ cm}$

10 a) $A_O = (2{,}5\text{ cm} \cdot 4{,}4\text{ cm} + 2{,}5\text{ cm} \cdot 9{,}5\text{ cm} + 4{,}4\text{ cm} \cdot 9{,}5\text{ cm}) \cdot 2$
$= 153{,}1\text{ cm}^2$
$V = 2{,}5\text{ cm} \cdot 4{,}4\text{ cm} \cdot 9{,}5\text{ cm}$
$= 104{,}5\text{ cm}^3$

b) $A_O = 16{,}7\text{ cm} \cdot 44\text{ cm} + 16{,}7\text{ cm} \cdot 44\text{ cm} + 21\text{ cm} \cdot 44\text{ cm} +$
$2 \cdot \left(\frac{1}{2} \cdot 21\text{ cm} \cdot 13\text{ cm}\right) = 2666{,}6\text{ cm}^2$
$V = A_G \cdot h = \frac{1}{2} \cdot 21\text{ cm} \cdot 13\text{ cm} \cdot 44\text{ cm} = 6006\text{ cm}^3$

c) $A_O = 56\text{ cm} \cdot 77\text{ cm} + 28\text{ cm} \cdot 77\text{ cm} + 65\text{ cm} \cdot 77\text{ cm} +$
$2 \cdot \left(\frac{1}{2} \cdot 65\text{ cm} \cdot 24\text{ cm}\right) = 13\,033\text{ cm}^3$
$V = A_G \cdot h = \frac{1}{2} \cdot 65\text{ cm} \cdot 24\text{ cm} \cdot 77\text{ cm} = 60\,060\text{ cm}^3$

11 a) (1) Wasserhöhe: 20 cm
$V = \frac{1}{2} \cdot 40\text{ cm} \cdot 20\text{ cm} \cdot 60\text{ cm} = 24\,000\text{ cm}^3$ (= 24 l)

(2) Wasserhöhe: 10 cm
$V = \frac{1}{2} \cdot 40\text{ cm} \cdot 10\text{ cm} \cdot 60\text{ cm} = 12\,000\text{ cm}^3$ (= 12 l)

3 Wasserhöhe: 15 cm
$V = \frac{1}{2} \cdot 40\text{ cm} \cdot 15\text{ cm} \cdot 60\text{ cm} = 18\,000\text{ cm}^3$ (= 18 l)

4 Wasserhöhe: 8 cm
$V = \frac{1}{2} \cdot 40\text{ cm} \cdot 8\text{ cm} \cdot 60\text{ cm} = 9600\text{ cm}^3$ (= 9,6 l)

b) Das Volumen des Wassers und die Bodenfläche der Wanne (Grundfläche) verändern sich nicht.
$V = A_G \cdot h \qquad h = V : A_G$
$A_G = 40\text{ cm} \cdot 60\text{ cm} = 2400\text{ cm}^2$

1 $h = 24\,000\text{ cm}^3 : 2400\text{ cm}^2 = 10\text{ cm}$

2 $h = 12\,000\text{ cm}^3 : 2400\text{ cm}^2 = 5\text{ cm}$

3 $h = 18\,000\text{ cm}^3 : 2400\text{ cm}^2 = 7{,}5\text{ cm}$

4 $h = 9600\text{ cm}^3 : 2400\text{ cm}^2 = 4\text{ cm}$

12 Die Aussage ist falsch. Die Kanten werden auf die Hälfte gekürzt und unter einem Winkel von 45° gezeichnet.

13 Die Aussage ist in dieser Richtung falsch. Umgekehrt würde sie stimmen: jeder Quader ist auch ein Prisma. Ein Quader ist ein Prisma mit Quadraten oder Rechtecken als Grund- und Deckfläche.

14 Die Aussage ist im Allgemeinen falsch. Die Mantelfläche besteht aus lauter Rechtecken. Zur Oberfläche kommen noch Grund- und Deckfläche hinzu, die auch eine andere Form haben können. Für den Spezialfall des Quaders trifft die Aussage zu.

15 Die Aussage ist richtig.

16 Die Aussage ist richtig.

17 Die Aussage ist richtig.

18 Die Aussage ist richtig, denn ein Quader ist ein spezielles Prisma.

19 Die Aussage ist richtig.

20 Die Aussage ist falsch. Es gibt mehrere Möglichkeiten, einen Körper entlang seiner Kanten aufzuschneiden.

Lösungen zu „5.6 Das kann ich!" – Seite 98

1 **a)** $u \approx 35{,}8$ cm; $A \approx 102{,}1\text{ cm}^2$ **b)** $u \approx 15{,}7$ cm; $A \approx 19{,}6\text{ cm}^2$
c) $u \approx 113{,}1$ mm; $A \approx 1017{,}9\text{ mm}^2$
d) $u \approx 942$ m; $A \approx 7{,}1$ ha **e)** $u \approx 19{,}5$ cm; $A \approx 30{,}2\text{ cm}^2$
f) $u \approx 6{,}0$ km; $A \approx 2{,}9\text{ km}^2$

2 **a)** $r \approx 26{,}26$ m; $A \approx 2166{,}5\text{ m}^2$ **b)** $r \approx 0{,}32$ km; $A \approx 0{,}32\text{ km}^2$
c) $r \approx 1{,}43$ m; $A \approx 6{,}45\text{ m}^2$ **d)** $r \approx 1{,}18$ dm; $A \approx 4{,}36\text{ dm}^2$
e) $r \approx 6366$ km; $A \approx 127\,320\,000\text{ km}^2$
f) $r \approx 1{,}0$ m; $A \approx 3{,}14\text{ m}^2$

3 **a)** $r^2 = \frac{A}{\pi} = \frac{50{,}27\text{ cm}^2}{\pi} \approx 16$ cm
$\Longrightarrow r = 4$ cm, $d = 8$ cm, $u \approx 25{,}13$ cm
b) $r = 2$ km, $d = 4$ km, $u \approx 12{,}57$ km
c) $r = 5$ m, $d = 10$ m, $u \approx 31{,}42$ m
d) $r = 3$ cm, $d = 6$ cm, $u \approx 18{,}85$ cm

4 $u = \pi \cdot d = \pi \cdot 80\text{ cm} \approx 251{,}33\text{ cm} \approx 251\text{ cm}$

5 $u = \pi \cdot 3{,}50\text{ m} \approx 11\text{ m}$
$A = \pi \cdot (1{,}75\text{ m})^2 \approx 9{,}62\text{ m}^2$

6 $d \approx 29{,}9$ cm; $A \approx 702\text{ cm}^2$

7 $u_{\text{kleine Halbkreise}} = 3 \cdot \frac{1}{2} \cdot 2\text{ cm} \cdot 3{,}14 \approx 9{,}42\text{ cm}$
$u_{\text{großer Halbkreis}} = \frac{1}{2} \cdot 6\text{ cm} \cdot 3{,}14 \approx 9{,}42\text{ cm}$
$u_{\text{gesamt}} = 9{,}42\text{ cm} + 9{,}42\text{ cm} = 18{,}84\text{ cm}$
$A_{\text{kleine Halbkreise}} = 3 \cdot \frac{1}{2} \cdot (1\text{ cm})^2 \cdot 3{,}14 \approx 4{,}71\text{ cm}^2$
$A_{\text{großer Halbkreis}} = \frac{1}{2} \cdot (3\text{ cm})^2 \cdot 3{,}14 \approx 14{,}13\text{ cm}^2$
$A_{\text{gesamt}} = 4{,}71\text{ cm}^2 + 14{,}13\text{ cm}^2 = 18{,}84\text{ cm}^2$

8 $A_{\text{Ring}} = \pi \cdot (R^2 - r^2)$
a) $A_{\text{Ring}} \approx 122{,}52\text{ cm}^2$ **b)** $A_{\text{Ring}} \approx 1756{,}15\text{ cm}^2$

9 **a)** Der Rasenstreifen kann durch einen Kreisring dargestellt werden.
b) Flächeninhalt des Rasenstreifens =
= Flächeninhalt des Kreisrings
$R = 4{,}2\text{ m} \qquad r = 3{,}6\text{ m}$
$A_{\text{Ring}} = \pi \cdot (R^2 - r^2)$
$= \pi \cdot [(4{,}2\text{ m})^2 - (3{,}6\text{ m})^2]$
$\approx 14{,}70\text{ m}^2$
c) $u_{\text{Ring}} = u_{\text{Außenkreis}} + u_{\text{Innenkreis}}$
$= 2\pi \cdot (R + r)$
$= 2\pi \cdot (4{,}2\text{ m} + 3{,}6\text{ m})$
$\approx 49\text{ m}$

10 Hinweis: Alle Ergebnisse wurden auf zwei Dezimalen gerundet.

a)

μ	60°	60°	120°	120°
r	1 cm	1 cm	1 cm	1 cm
b	1,05 cm	1,05 cm	2,09 cm	2,09 cm
A_{Sektor}	0,52 cm²	0,52 cm²	1,05 cm²	1,05 cm²

b)

μ	90°	45°	90°	135°
r	1 cm	1 cm	1 cm	1 cm
b	1,57 cm	0,79 cm	1,57 cm	2,36 cm
A_{Sektor}	0,79 cm²	0,39 cm²	0,79 cm²	1,18 cm²

11 Zylindernetz allgemein:

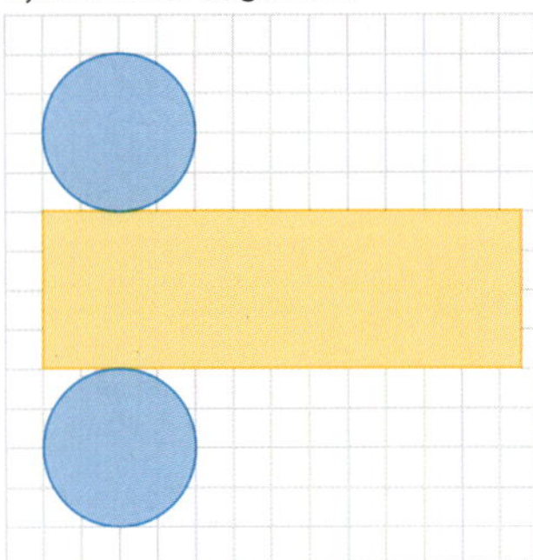

a) Rechtecksbreite (Körperhöhe): 4 cm
Rechteckslänge: $2 \cdot \pi \cdot 1\ \text{cm} \approx 6{,}3\ \text{cm}$
Zwei Kreise mit r = 1 cm

b) Rechtecksbreite (Körperhöhe): 2 cm
Rechteckslänge: $2 \cdot \pi \cdot 0{,}75\ \text{cm} \approx 4{,}7\ \text{cm}$
Zwei Kreise mit r = 0,75 cm

c) Rechtecksbreite (Körperhöhe): 2,5 cm
Rechteckslänge: 6,9 cm
Zwei Kreise mit $r = \frac{6{,}9\ \text{cm}}{2\pi} \approx 1{,}1\ \text{cm}$

d) Rechtecksbreite (Körperhöhe): 6 cm
Rechteckslänge: $2 \cdot \pi \cdot 1{,}8\ \text{cm} \approx 11{,}3\ \text{cm}$
Zwei Kreise mit r = 1,8 cm

12 Hinweis: Mögliche Abweichungen in den Ergebnissen sind durch Rundungen bedingt.

	a)	b)	c)	d)	e)
r	3,6 cm	25 mm	6,8 cm	3,1 dm	8,7 dm
A_G	40,7 cm²	19,6 cm²	145,3 cm²	30 dm²	2,4 m²
h	7,8 cm	7,3 cm	22,4 cm	12 dm	3,1 dm
A_M	176,4 cm²	114,7 cm²	957,1 cm²	233,7 dm²	169,5 dm²
V	317,5 cm³	143,1 cm³	3249 cm³	360 l	750 l

13 Gesucht ist die Mantelfläche des Zylinders, die dann mit fünf multipliziert werden muss. Die Breite der Straßenwalze entspricht der Körperhöhe.
$A_M = 2 \cdot \pi \cdot r \cdot h = 2 \cdot \pi \cdot 0{,}7\ \text{m} \cdot 1{,}5\ \text{m} \approx 6{,}60\ \text{m}^2$
Fläche bei 5 Umdrehungen ≈ 33 m²

14 $V_{Tonne} = \pi \cdot r^2 \cdot h = \pi \cdot (25\ \text{cm})^2 \cdot 90\ \text{cm}$
$\approx 176714{,}59\ \text{cm}^2 \approx 176{,}714\ \text{l}$
$V_{Regenwasser} = \frac{2}{3} \cdot V_{Tonne} \approx 117{,}809\ \text{l}$

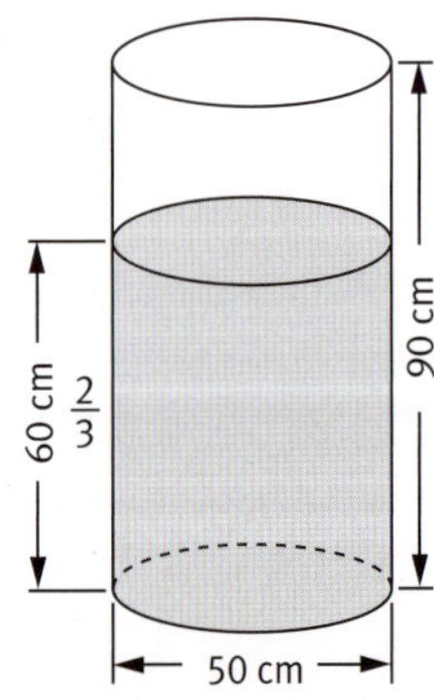

Seite 99

15 a) $A_M = \pi \cdot 2r \cdot h$
$h = \frac{A_M}{\pi \cdot 2r} = \frac{50\ \text{cm}^2}{\pi \cdot 4\ \text{cm}} \approx 3{,}98\ \text{cm} \approx 4\ \text{cm}$
Für das Körpernetz ist ein Rechteck der Breite 4 cm (Körperhöhe) und der Länge $\pi \cdot 4\ \text{cm} \approx 12{,}57 \approx 12{,}6\ \text{cm}$ (Umfang) und zwei Kreise mit r = 2 cm.

b) $A_{O\ Zylinder} = 2 \cdot A_G + A_M = 2 \cdot \pi \cdot r^2 + A_M$
$= 2 \cdot \pi \cdot (2\ \text{cm})^2 + 50\ \text{cm}^2 \approx 75{,}13\ \text{cm}^2$

16 a)

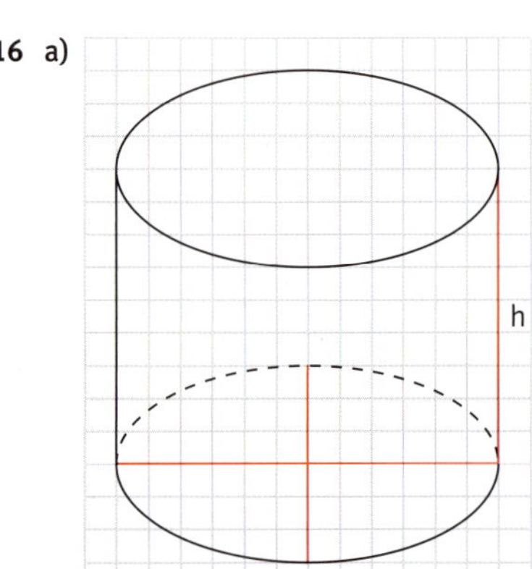

b)

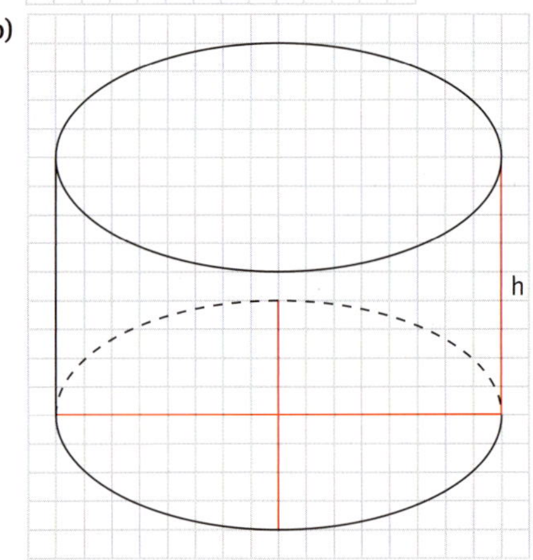

17 a) ① $A_M \approx 131{,}9\ \text{cm}^2$ ② $A_M \approx 75{,}4\ \text{cm}^2$
Etikett ① hat fast die doppelte Größe wie Etikett ②.

b) ① $A_O \approx 188{,}4\ \text{cm}^2$ ② $A_O \approx 175{,}9\ \text{cm}^2$
Dose ① benötigt etwas mehr Material als Dose ②.

18 Körpernetz von A:
Rechtecksbreite (Körperhöhe): 4 cm
Rechteckslänge: $2 \cdot \pi \cdot 6\ \text{cm} \approx 37{,}7\ \text{cm}$
Zwei Kreise mit r = 6 cm
$V_A = \pi \cdot r^2 \cdot h = \pi \cdot (6\ \text{cm})^2 \cdot 4\ \text{cm} \approx 452{,}40\ \text{cm}^2$

Körpernetz von B:
Rechtecksbreite (Körperhöhe): 6 cm
Rechteckslänge: $2 \cdot \pi \cdot 4\ \text{cm} \approx 25{,}1\ \text{cm}$
Zwei Kreise mit r = 4 cm
$V_B = \pi \cdot r^2 \cdot h = \pi \cdot (4\ \text{cm})^2 \cdot 6\ \text{cm} \approx 301{,}59\ \text{cm}^2$

19 Die Aussage ist falsch. π ist eine irrationale Zahl und daher nicht als Bruch darstellbar.

20 Die Aussage ist richtig.

21 Das ist falsch. Der Radius (und damit der halbe Durchmesser) wird quadriert, um den Flächeninhalt zu berechnen.

22 Die Aussage ist richtig.

23 Das ist falsch. Die Fläche vervierfacht sich, da die Radien jeweils quadriert werden.

24 Die Aussage ist falsch. Es gibt mehrere Möglichkeiten, Körpernetze zu zeichnen.

25 Die Aussage ist richtig.

26 Die Aussage ist richtig.

27 Das ist falsch. Eine Verdoppelung des Radius bedeutet eine Vervierfachung der Grundfläche, da der Radius im Quadrat eingeht.

28 Das ist falsch. Eine Verdoppelung des Radius bedeutet eine Vervierfachung der Grundfläche und somit auch des Volumens, da der Radius im Quadrat eingeht.

29 Die Aussage ist richtig.

Lösungen zu „6.10 Das kann ich!" – Seite 128

1 Lösungsmöglichkeiten:

a) 45 min → 1,50 €; 1 h → 1,50 €; 1,5 h → 3,00 €

b) 1,20 m → 45 kg; 1,45 m → 56 kg; 1,65 m → 62 kg

c) 6:00 Uhr → 5 °C; 8:30 Uhr → 7 °C; 13:00 Uhr → 9 °C

d) 11:00 Uhr → 12 km; 11:30 Uhr → 23 km; 12:15 Uhr → 37 km

2 a)

x	3,5	7	8,5	35
y	28	56	68	280

b)

x	10,5	23,5	28,8	30,4
y	52,5	117,5	144	152

c)

x	2,1	3,6	4,8	9,3
y	0,7	1,2	1,6	3,1

d)

x	6,8	9,2	12,2	17,9
y	10,2	13,8	18,3	26,85

3 a) Der Anteil der Menschen, die im Durchschnitt mehr als drei Stunden Fernsehen pro Tag schauen, liegt bei den 14- bis 19-Jährigen bei etwa 50 %. Er sinkt für die nächsten beiden Altersgruppen jeweils leicht ab. In den 40ern steigt er dann zunächst leicht, ab den 50ern dann stärker an. Der Anstieg verlangsamt sich dann bei den über 70-Jährigen.

b) Zuordnung: *Altersgruppen → Anteil mit durchschnittlich mehr als 3 Stunden Fernsehen pro Tag*

c) Am größten ist der Anteil bei den über 70-Jährigen, am geringsten ist der Anteil bei den 30- bis 39-Jährigen.

4 a) Die Zuordnung ist proportional, weil (ohne Rabatte) zur doppelten, dreifachen, ... Anzahl an Übernachtungen der doppelte, dreifache, ... Preis gehört.
Beispiel:
1 Übernachtung → 35 € 3 Übernachtungen → 105 €
5 Übernachtungen → 175 €

b) Die Zuordnung ist proportional, weil zur doppelten, dreifachen, ... Menge an Wandfarbe auch die doppelte, dreifache, ... Größe der überstrichenen Fläche gehört.
Beispiel:
10 l → 70 m^2 5 l → 35 m^2 25 l → 175 m^2

c) Die Zuordnung ist umgekehrt proportional, weil zur doppelten, dreifachen, ... Anzahl an Teilnehmern (TN) die Hälfte, ein Drittel, ... des Preises pro Teilnehmer gehört. Dabei geht man davon aus, dass keine zusätzlichen Kosten durch mehr Teilnehmer anfallen.
Beispiel:
10 TN → 250 € pro TN 2 TN → 1250 € pro TN
50 TN → 50 € pro TN

d) Die Zuordnung ist in der Regel weder proportional noch umgekehrt proportional, da man üblicherweise für Stadtbustickets einen festen Preis innerhalb einer Tarifzone bezahlt, unabhängig von der Streckenlänge.

e) Die Zuordnung ist proportional, weil (ohne Rabatte) zur doppelten, dreifachen, ... Anzahl an Eiskugeln der doppelte, dreifache, ... Preis gehört.
Beispiel: 3 Eiskugeln → 1,65 € 6 Eiskugeln → 3,30 €
5 Eiskugeln → 2,75 €

f) Die Zuordnung ist umgekehrt proportional, weil zur doppelten, dreifachen, ... Anzahl an Gewinnern die Hälfte, ein Drittel, ... des Geldes pro Gewinner gehört.
Beispiel: 2 Gewinner → 5000 € pro Gewinner
4 Gewinner → 2500 € pro Gewinner
10 Gewinner → 1000 € pro Gewinner

5 a)

Masse in g	100	600	375	1500	750
Preis in €	0,88	5,28	3,30	13,20	6,60

b)

Masse in g	100	400	350	750	2500
Preis in €	1,38	5,52	4,83	10,35	34,50

c)

Masse in g	150	100	750	75	125
Preis in €	1,69	≈ 1,13	8,45	≈ 0,85	≈ 1,41

6 **a)** Man zeichnet ein sogenanntes Steigungsdreieck ein. Die Steigung ist dann der Quotient aus der „Höhe“ und der „Breite“ des Steigungsdreiecks.
Zum Vorzeichen:
fallender Graph: negatives Vorzeichen
steigender Graph: positives Vorzeichen
$m = \frac{1}{3} = \frac{1 \text{ „nach oben“}}{3 \text{ „nach rechts“}}$ (Steigungsdreieck)

b) $h: m = \frac{1}{5}$ $k: m = \frac{1}{1} = 1$ $l: m = \frac{0{,}5}{4} = \frac{1}{8}$

7 **a)** $y = \frac{1}{2}x - 1$ **b)** $y = -\frac{3}{2}x + 2$
c) $y = -2x + 20$ **d)** $y = -\frac{1}{2}x - 2$

Seite 129

8

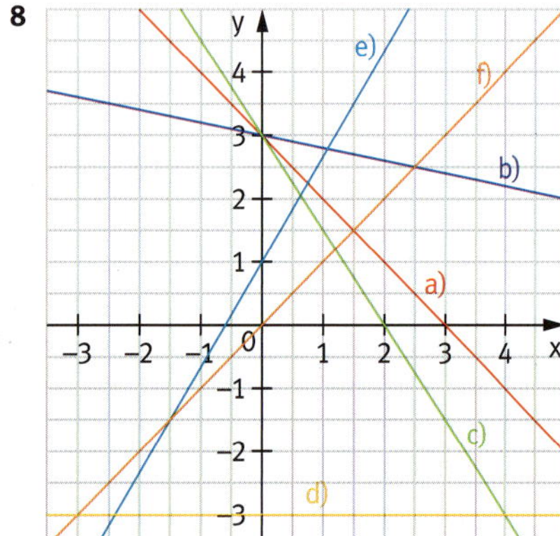

9 A – 2 B – 6 C – 5
D – 4 E – 1 F – 3

10 A (−3 | −11) B (3 | −1) $C\left(\frac{3}{5} \mid -5\right)$ $D\left(\frac{18}{5} \mid 0\right)$

11 **a)** $x_0 = 2$ **b)** $x_0 = -1{,}5$ **c)** $x_0 = 2$

12 **a)** $y = -\frac{3}{4}x - 3$ **b)** $y = -0{,}5x + 2$
c) $y = x - 2$ **d)** $y = -\frac{7}{2}x$

13 **a)** kein gemeinsamer Punkt: Die Steigungen sind jeweils gleich und die Geraden somit parallel.
b) zwei gemeinsame Punkte: Der Graph von y_1 schneidet die zueinander parallelen Graphen von y_2 und y_3 je ein Mal.
c) ein gemeinsamer Punkt: Alle drei Funktionsgraphen verlaufen durch den Punkt P (0 | 2), haben aber jeweils unterschiedliche Steigungen.
d) drei gemeinsame Punkte: Die Anstiege sind verschieden, der Graph von y_3 verläuft nicht durch den Schnittpunkt der Graphen von y_1 und y_2: Die Geraden bilden also ein Dreieck.

14 Die Aussage ist richtig.

15 Die Aussage ist falsch. Beispielsweise ist die Zuordnung *Preis in € → Parkdauer in min* nicht eindeutig, denn wenn die erste Stunde 1,50 € kostet, kann man nicht sagen, ob jemand 20 min, 40 min oder nur 12 min geparkt hat.

16 Die Aussage ist richtig.

17 Das ist falsch, denn es gibt auch nichtlineare Funktionen.

18 Das ist falsch, denn der y-Achsenabschnitt beträgt in diesem Falle bei y = 4.

19 Das ist richtig, die „übliche“ Darstellung ist in diesem Falle t = 4.

20 Das ist richtig.

21 Das ist richtig: Konstante Funktionen (z. B. y = 3) besitzen keine Nullstellen (Ausnahme: y = 0, unendlich viele Nullstellen).

22 Das ist richtig, weil für größere x-Werte auch die y-Werte größer werden.

23 Das ist richtig, weil f (0) = t.

24 Das ist richtig, die Grundgebühr entspricht dem y-Achsenabschnitt.

25 Das ist richtig, denn die beiden Steigungen sind gleich (m = 2).

26 Das ist falsch: Für m = 0 erhält man beispielsweise die Funktionsgleichung y = −2, deren Graph (da konstant und ≠ 0) die y-Achse nicht schneidet. In der Aussage wurden wohl y-Achsenabschnitt und Nullstelle verwechselt.

Lösungen zu „7.7 Das kann ich!“ – Seite 148

1 **a)** $\mathbb{L} = \left\{-1\frac{1}{12}\right\}$ **b)** $\mathbb{L} = \left\{\frac{9}{2}\right\}$

2 **a)** $-5x + 8 = 11 - 4x$
b) $-5x + 8 = 6 - 4x$
c) $-5x + 8 = 7\frac{1}{3} - 4x$

3 Die gesuchte Zahl heißt −2.

4 **a)** $y = 5 - \frac{1}{2}x$

b)

x	−3	−2	−1	0	1	2	3
y	6,5	6	5,5	5	4,5	4	3,5

c)

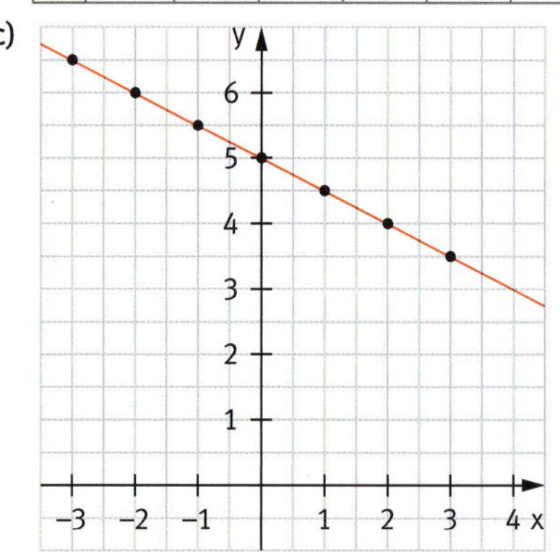

5 a) $(1|0,5)$ b) $(10|-13)$
c) $(5|-5,5)$ d) $(-3|6,5)$

6 a) $(-8|2)$ b) $(-2,5|3)$

7 I $y = -1,5x + 2$
II $y = -2x + 3$
Probe durch Einsetzen ergibt: Das Zahlenpaar $(2|-1)$ löst beide Gleichungen.

8 a) $\mathbb{L} = \{(7|6,5)\}$

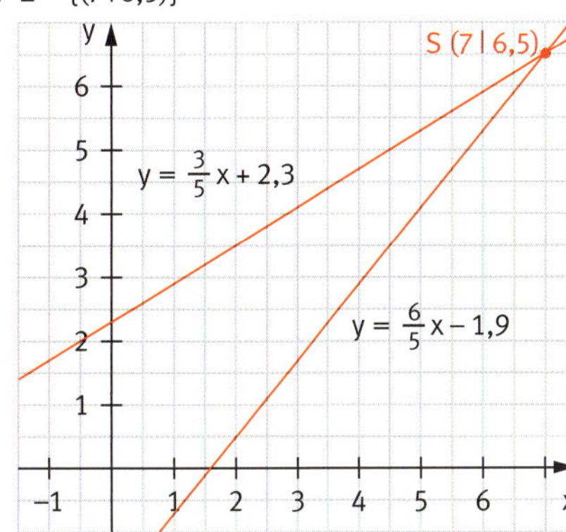

b) $\mathbb{L} = \{(1|-0,5)\}$

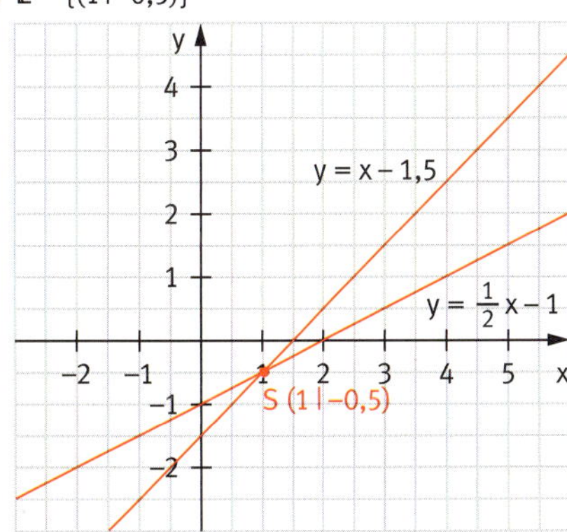

9 a) keine Lösung
b) genau eine Lösung: $(0|1,4)$

10 a) I $15 = x + 2y + 1$
II $2y = x + 10$

b) Die Waagen werden so verändert, dass auf den inneren Waagschalen jeweils gleich viel liegt: $x + 2y$. Man kann anschließend die beiden äußeren Waagschalen gleichsetzen und erhält eine Gleichung, die nur eine Variable (x) enthält.

1 I $15 = x + 2y + 1$ II $2y = x + 10$
2 I $14 = x + 2y$ II $x + 2y = 2x + 10$
3 $14 = 2x + 10$
4 $4 = 2x$
5 $2 = x$

Durch Einsetzen erhält man: $y = 6$, also $\mathbb{L} = \{(2|6)\}$.

Seite 149

11 a) $\mathbb{L} = \{(9|1)\}$ b) $\mathbb{L} = \{(-4|-1)\}$

12 a) $\mathbb{L} = \{(-20|-11,5)\}$ b) $\mathbb{L} = \{(-12,5|-2)\}$

13 a) $\mathbb{L} = \{(18|-3)\}$ b) $\mathbb{L} = \{(3,5|16)\}$

14 a) $\mathbb{L} = \{(18,5|-1)\}$ b) $\mathbb{L} = \{(12|15)\}$
c) $\mathbb{L} = \left\{\left(-2\frac{5}{11}\middle|2\frac{4}{11}\right)\right\}$ d) $\mathbb{L} = \{(12|-17)\}$

15 a: Alter von Ali in Jahren
o: Alter der Oma in Jahren
I $a + o = 110$
II $(a - 5) \cdot 3 = o - 5$
$a = 30$ $o = 80$
Ali ist jetzt 30, seine Oma 80 Jahre alt.

16 e: Kreditbetrag des ersten Kredits
z: Kreditbetrag des zweiten Kredits
I $e + z = 125\,000$
II $e \cdot 7,5\,\% + z \cdot 8\,\% = 9640$
$e = 108\,000$ $z = 17\,000$
Der eine Kredit beträgt 108 000 €, der andere 17 000 €.

17 n: Preis einer Laugenstange in €
k: Preis einer Brezel in €
I $15 \cdot (n + k) = 27$
II $12n + 18k = 27,90$
$n = 0,75$ $k = 1,05$
Eine Brezel kostet 1,05 €, eine Laugenstange 75 ct.

18 e: Einerziffer der Zahl
z: Zehnerziffer der Zahl
I $e + z = 10$
II $10e + z = 3 \cdot (10z + e) - 2$
$e = 8$ $z = 2$
Die erste Zahl heißt 28.

19 Sei $\gamma = 90°$ und α der kleinere der beiden spitzen Winkel.
I $\alpha + \beta + 90° = 180°$
II $5\alpha + \beta = 90°$
$\alpha = 15°$ $\beta = 75°$
Die Winkelgrößen betragen 15°, 75° und 90°.

20 Das ist richtig. Die Division durch x (Multiplikation mit x) ist nur dann eine Äquivalenzumformung, wenn man 0 von der Definitionsmenge ausschließt. Bei Multiplikation mit 0 würde das gesamte Produkt 0 und die Division durch 0 ist nicht zulässig.

21 Das ist falsch. Zur x-Achse gehört die Funktionsgleichung $y = 0$. Die y-Achse kann durch $x = 0$ beschrieben werden, was aber nicht die Gleichung einer Funktion ist.

22 Das ist richtig.

23 Das ist richtig. Beide Gleichungen beschreiben dieselbe Gerade und sind somit identisch.

24 Das ist richtig. Beim Gleichsetzungsverfahren kann man aber auch beide Gleichungen nach einem Term auflösen und dann gleichsetzen.

25 Das ist falsch, denn es entsteht „ausführlich“ das folgende Gleichungssystem:

I $x + 0y = 3$
II $0x + y = 4$

Die Lösung ist aber direkt ablesbar: (3|4).
$x = 3$ beschreibt eine zur y-Achse parallele Gerade, $y = 4$ eine Parallele zur x-Achse. Beide Geraden schneiden sich im Punkt P (3|4).

Lösungen zu „8.8 Das kann ich!“ – Seite 170

1 **a)/b)**

Augenzahl	Strichliste	H
1	𝍸 ||||	9
2	𝍸 |||	8
3	𝍸 𝍸	10
4	𝍸 ||	7
5	𝍸 ||	7
6	𝍸 ||||	9

c) 1: $\frac{9}{50} = 0{,}18 = 18\,\%$ 2: $\frac{8}{50} = 0{,}16 = 16\,\%$

3: $\frac{10}{50} = 0{,}20 = 20\,\%$ 4: $\frac{7}{50} = 0{,}14 = 14\,\%$

5: $\frac{7}{50} = 0{,}14 = 14\,\%$ 6: $\frac{9}{50} = 0{,}18 = 18\,\%$

d) Lösungsmöglichkeit:

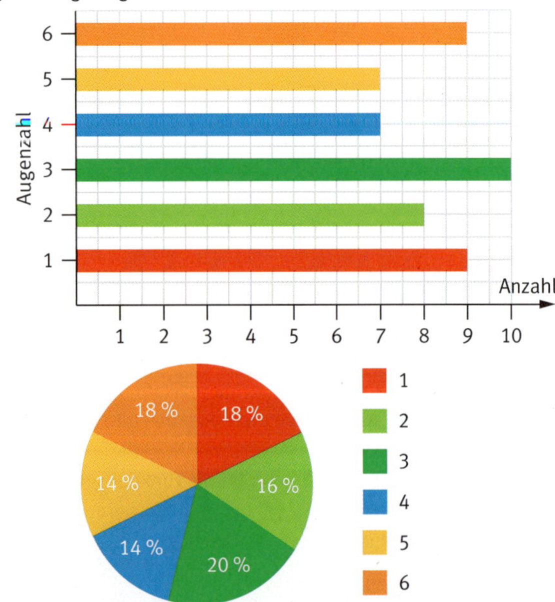

2 **a)** Das Verfahren ist geeignet, da die Auswahl zufällig ist. Kommen jedoch beispielsweise nur 100 Kunden täglich, so wäre die Stichprobe zu gering ausgewählt. Verbesserungsvorschlag: Es sollte jeder 5. Kunde befragt werden, um die Stichprobe zu vergrößern.

b) Das Verfahren ist nicht geeignet. Es ist davon auszugehen, dass sich überwiegend Jungs für Fußball interessieren. Das Ergebnis wird somit zu Gunsten des Fußballs verfälscht. Verbesserungsvorschlag: um zu einem für die Klasse repräsentativem Ergebnis zu gelangen, sollten gleichermaßen Jungs und Mädchen befragt werden. Das Ergebnis lässt sich jedoch nur eingeschränkt auf andere Klassen übertragen, da die Verteilung der Geschlechter abweicht.

c) Das Verfahren ist nicht geeignet, da davon auszugehen ist, dass Arbeitnehmer in der Münchner Innenstadt zu einem großen Teil öffentliche Verkehrsmittel benutzen (gutes Netz, schlechte Parkplatzsituation, ...). Verbesserungsvorschlag: die Umfrage sollte nicht nur auf die Münchner Innenstadt beschränkt sein, sondern auch auf kleine Ortschaften außerhalb Münchens erweitert werden.

3 **a)** 1 kg **b)** 235 m^2

4 Minimum: 7,75 m Maximum: 8,04 m
Spannweite: 0,29 m

5 **a)** Rangliste in min:

6:36 7:20 7:57 8:11 8:12 8:17 8:18
8:24 8:39 8:49 9:03 9:08 9:37 9:42

b) Rangliste in s:

396 440 477 491 492 497 498
504 519 529 543 548 577 582

$\bar{x} = \frac{396 + ... + 582}{14}$ s = 485,21 s ≈ 8:05 min

c) Modalwert: 519 s Median: 501 s

6

a)	0	1	3	4	2	
b)	10	40	30	10	60	
c)	0	1	2	3	4	0
d)	3	13	1	1	7	1
e)	5	2	5	9	13	
f)	4	17	8	12	7	8

7 **a)** Modalwert: 40–49 Jahre

b) Das Diagramm gibt keinen Aufschluss über das tatsachliche Alter der Gäste. Nimmt man daher für jede Altersgruppe einen Durchschnittswert des Alters von 5, 15, 25, ..., 65 Jahren an (kein Gast ist älter als 69), so kann man näherungsweise einen Durchschnittswert bestimmen:

$$\bar{x} = \frac{7 \cdot 5 + 2 \cdot 15 + 5 \cdot 25 + 12 \cdot 35 + 14 \cdot 45 + 3 \cdot 55 + 9 \cdot 6}{7 + 2 + 5 + 12 + 14 + 3 + 9}$$

$$\bar{x} = \frac{1990}{52} \approx 38{,}3 \text{ (Jahre)}$$